數控工具機

陳進郎　編著

全華圖書股份有限公司

國家圖書館出版品預行編目(CIP)資料

數控工具機 / 陳進郎編著. -- 八版. -- 新北市：
全華圖書股份有限公司, 2021.10
面 225 1
ISBN 978-986-503-839-7 (平裝)

1. CST：數控工具機

446.841029　　110012680

數控工具機

作者／陳進郎
發行人／陳本源
執行編輯／楊煊閔
封面設計／楊昭琅
出版者／全華圖書股份有限公司
郵政帳號／0100836-1 號
印刷者／宏懋打字印刷股份有限公司
圖書編號／0541005
八版二刷／2023 年 09 月
定價／新台幣 560 元
ISBN／978-986-503-839-7(平裝)
全華圖書／www.chwa.com.tw
全華網路書店 Open Tech／www.opentech.com.tw
若您對本書有任何問題，歡迎來信指導 book@chwa.com.tw

臺北總公司(北區營業處)
地址：23671 新北市土城區忠義路 21 號
電話：(02) 2262-5666
傳真：(02) 6637-3695、6637-3696

南區營業處
地址：80769 高雄市三民區應安街 12 號
電話：(07) 381-1377
傳真：(07) 862-5562

中區營業處
地址：40256 臺中市南區樹義一巷 26 號
電話：(04) 2261-8485
傳真：(04) 3600-9806(高中職)
(04) 3601-8600(大專)

序 言

一、本書係參照教育部最新頒定之大專院校課程標準編輯而成。適合各公私立大學、科大或技術學院相關科系「數控工具機」教學所用。

二、本書共分七章，由數控工具機之基本概念開始，數控工具機之構造與分類，數控工具機之座標與軸向設定，以迄 CNC 車床與銑床(切削中心機)之程式設計，及機器控制面板之實務操作。內容依學習之難易，循序漸進，理論與實際並重，俾使初學者能達到系統完整之學習效果。

三、本書 CNC 車床與 CNC 銑床之基本操作，筆者分別舉台中精機、麗偉機械、永進機械之操作面板爲例，個別介紹其功能及操作方式，並圖示說明，分析其中相同與相異之處。

四、CNC 車床與 CNC 銑床之銑削加工，除配合課程標準之教材大綱外，並加入 CNC 車床與銑床丙級和乙級之技能檢定相關試題解析，供讀者研習之用。

五、本書之所有工作程式，均採時下工業界所廣泛使用之富士通 FANUC 0i-TF 及 0i-MF 控制器指令爲主，並適時附註 10T 及 10M 控制器之不同指令，使學習者能適應不同系統之工具機類型。

六、爲方便教師之授課講解及同學之自我修習，本書所有工作程式之每一單節均附詳細之說明註解，並經筆者實機測試，以期配合上機實習之用，並提高同學之學習興趣與效果。

七、本書所有度量單位，均爲公制，所提及之專有名詞均係依據教育部公布之「機械工程名詞」及經濟部中央標準局編訂之「生產自動化名詞彙編」爲主，較特殊之數值控制術語則以工業界慣用之稱呼命名，並附原文，以供參考。

八、本書雖經多次校對，然內容或有疏漏不當之處，倘祈讀者先進不吝賜教指正，感激之至。

編者　謹識

編輯部序

「系統編輯」是我們的編輯方針，我們所提供給您的，絕不只是一本書，而是關於這門學問的所有知識，它們由淺入深，循序漸進。

本書由數值控制的基本概念開始說明，進而介紹數值控制機械的構造與系統分類、數控工具機之座標與軸向設定、以及 CNC 車床、銑床(綜合加工機)之程式設計及其操作，內容依學習之難易，循序漸進，理論與實際並重，使讀者能達到系統完整學習之效果。可作爲各大專院校機械系「數控工具機」課程之用書。

同時，爲了使您能有系統且循序漸進研習相關方面的叢書，我們以流程圖方式，列出各有關圖書的閱讀順序，以減少您研習此門學問的摸索時間，並能對這門學問有完整的知識。若您在這方面有任何問題，歡迎來函連繫，我們將竭誠爲您服務。

相關叢書介紹

書號：06049037
書名：EdgeCAM 銑床實作教學
(第四版)(附試用版光碟)
編著：李金龍.曾重誌
16K/664 頁/700 元

書號：0320903
書名：CNC 綜合切削中心機程式設計
(第四版)
編著：傅能展
16K/368 頁/400 元

書號：0572006
書名：CNC 綜合切削中心機程式
設計與應用(第七版)
編著：沈金旺
20K/456 頁/520 元

書號：05225017
書名：Mastercam 2D 繪圖與加工
教學手冊(9.1 SP2 版)
(附範例光碟片)(修訂版)
編著：鍾華玉.陳添鎮
16K/528 頁/490 元

書號：05226027
書名：Mastercam 3D 繪圖與加工
教學手冊(9.1 SP2 版)
(附範例光碟片)(第二版)
編著：鍾華玉.李財旺
16K/624 頁/590 元

書號：0245508
書名：CNC 車床程式設計實務與檢定
(第九版)
編著：梁順國
16K/464 頁/500 元

◎上列書價若有變動，請以最新定價為準。

流程圖

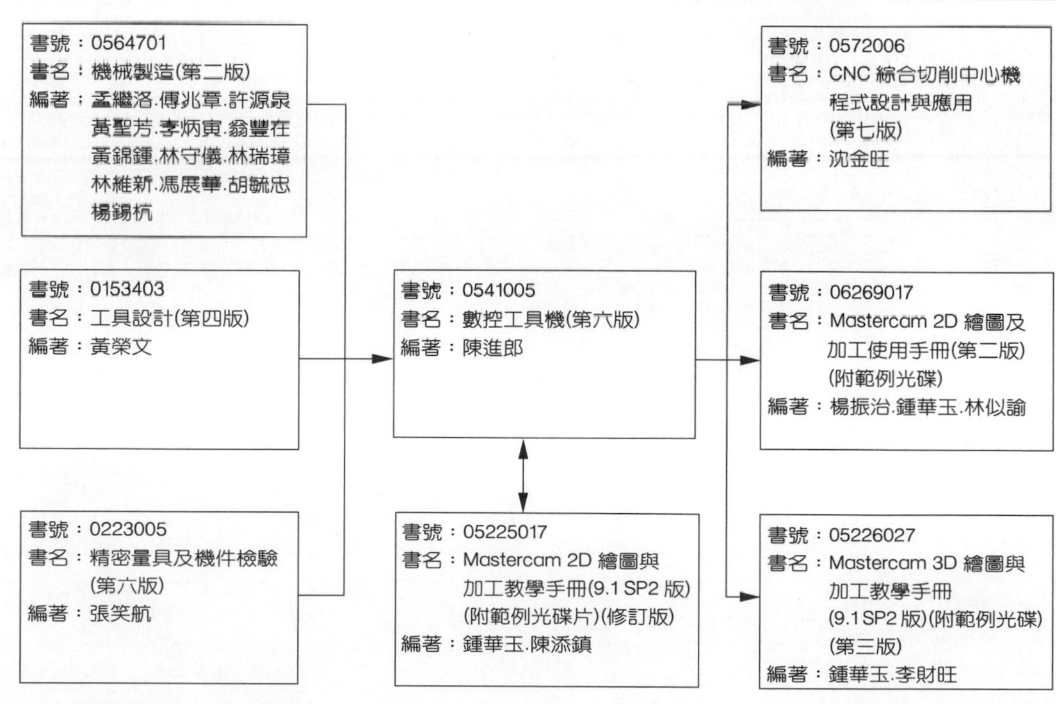

目 錄

第 1 章 概 論

第 2 章 數值控制工具機之構造與系統分類

第 3 章 數值控制工具機之座標軸向設定

第 4 章 CNC 車床工作程式設計

第 5 章 CNC 車床之基本操作

第 6 章 CNC 銑床工作程式製作

第 7 章 CNC 銑床之基本操作

附錄 A

附錄 B

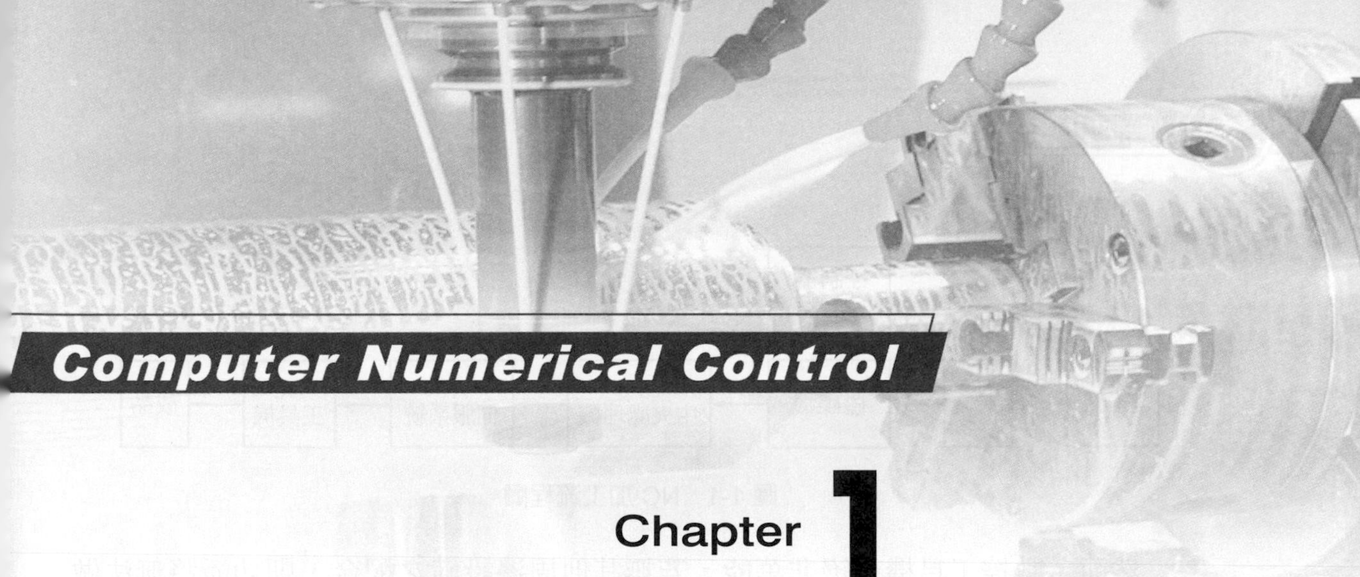

Chapter 1

概　論

我國由農業爲主之社會形態逐漸轉變爲今日之工業社會後，機械製造業即以一日千里之勢蓬勃發展，由二十年前之勞力密集，迅速轉化爲資本與技術密集之市場形態，對於產品零件之品質、精確度，重複性與互換性之要求大爲提升外，產品生產之速度、成本之降低、複雜而多樣式之產品變化及對技術工人之依存度等等，無一不在各企業主考慮之範圍。凡此種種，皆非昔日單純人工操作之能力所及，爲因應類此諸多問題，生產自動化之趨向，勢所難免，對於機械工業而言，數值控制工具機乃其中最主要之環節，近年來，更因其結合 CAD/CAM 之強大功能，而使其居於舉足輕重之地位與態勢已甚爲明顯。

1-1　數值控制之意義

所謂數值控制(numerical control)，簡稱 NC 或數控，乃經由控制器上之面盤或磁碟機將加工程式指令，輸入數控系統之記憶體後，經由電腦之計算與編譯，透過位移控制系統，將資訊傳至驅動器以驅動馬達之過程。圖 1-1 爲數值控制之加工流程。

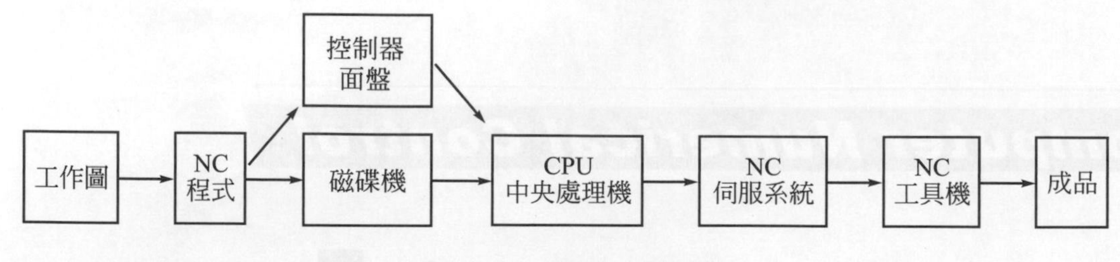

圖 1-1 NC 加工流程圖

然而，數控工具機也絕非萬能，若無其他周邊設備之配合，則功能將無法做淋漓盡緻之發揮，如數控車床若欠缺相關夾具或治具之輔助，則無法作偏心工作之切削，數控銑床如無法結合 CAM(電腦輔助製造)系統，則亦難以做 3D 之曲面加工，同時，對於簡易外形零件之大量生產，則其適應性也絕無法與單能機相互比擬，少量生產則又不符經濟效益之需求。故而數控工具機較適用於下列場合之中：

(1) 符合最大經濟效益時。

(2) 需求更高品質之產品與零件時。

(3) 要求提高產品之生產速度時。

(4) 複雜外形與輪廓之工件加工時。

1-2 數值控制工具機之演進與發展

自 1952 年美國麻省理工學院(Massachusettes Institute of Technology－MIT)開發成功機械工業史上第一部三軸向控制之 NC 銑床之後，初期之數控機械，其目的大多僅限於加工形狀較爲複雜或精密度較高之零件，然而，歷經四十年不斷地研究改進之後，不僅其運用機種已由原來之銑床或搪床，演進爲時下機械工業所廣用之十餘種機型外，控制器之體積隨著大幅縮小，其功能卻增強甚多，更由於近年來電腦資訊科技高度快速之發展，更將數值控制帶入一空前之境界，電腦化數值控制機械之問世，無疑的，將機械工業邁向一更高層次的里程。

數控機械雖萌芽於美國，但無庸置疑的，卻是日本的工業界將其發揚光大，而我國則著手研究數值控制之年代較晚，時至今日，國內各大機械製造廠商所研製之數控機械仍廣泛採用日本工業界所研發之控制器。

以下僅就數值控制之發展史作一概括性之敘述：

(1) 1952 年麻省理工學院接受帕森(John Parsons)公司之委託，為完成美國空軍飛機、火箭之零件製造，因而研發成功第一部與辛辛納提(Cincinnati Hydrotel)公司立式銑床結合的數值控制系統，NC 工作母機的時代於焉到來。
(2) 1955 年，帕森(John Parsons)公司得到 MIT 的技術轉移，順利的完成一部三軸向的數值控制銑床，工作母機 NC 化從此展開。
(3) 1958 年 Kearney & Trecker 公司研製成功附加自動刀具交換裝置 ATC(automatic tools change)之加工中心機(machining center)，同時 MIT 也研發出自動刀具程式 APT(automatic programming tools)系統。值此同時，日本的牧野(Makino)與富士通(Fanuc)兩大機械工業所合作的第一部銑床問世。
(4) 1960 年以後，美國各 NC 製造商，開始致力研究改進 NC 之功能，以致數值控制，已由最初之機械工業，逐漸推展到其他行業上，進而逐步改變工業界之生產結構。
(5) 1961 年日本日立工業第一台加工中心機問世，且於 1964 年附加自動刀具交換裝置成功。
(6) 1969 年美國 Sundstrands 公司的電腦控制系統(computer controller)呈現世人眼前，從此 CNC 時代來臨，數控工具機，其控制器的功能，隨著電腦科技的提升而大為增進。
(7) 1972 年日本研製之 CNC 上市，1975 年 Fanuc C 系統開始量產並銷售。
(8) 1976～1988 年日本富士通(Fanuc)公司，從 FANUC SYSTEM5 系列，歷經 1979 年的 FANUC SYSTEM6 系列，1980 年的 FANUC SYSTEM3 系列，1984 年的 FANUC 10/11/12 系列，一直到 1986 年上市，而目前仍為國內廠商所廣泛使用之 FANUC 0 系列，乃至於 1988 年之 FANUC15 系列，日本工業界已在數值控制領域的國際市場上，打下一片屬於自己的天空。

至於我國的數控發展史，則自民國 63 年楊鐵機械率先研製數控車床開始，民國 65 年正式量產銷售，大興機械與永進機械並相繼研製數值控制銑床成功，且於民國 67 年開始銷售，此一階段之數值控制大多採用孔帶指令操作。民國 68 年開始，國內廠商更致力於數控工具機之研發，並開始使用電腦化數值控制器。民國 69 年楊鐵再次推出斜背式電腦化數值控制車床，民國 70 年更開發成功國內第一部立式綜合切削中心機。然而，至此國內仍無力自製“控制器”(controller)。

民國 72 年 6 月，新訊電子機械公司自製之數控銑床控制器，成功的結合建德工業公司生產之砲塔式銑床，且順利的打入美國市場，爲純國產之數值控制機械寫下新的一頁。

根據經濟部民國 102 年的統計資料顯示，目前國內 CNC 工具機之控制器，市佔率較高者，計有日本發那科(FANUC)、三菱電子(MITSUBISHI)、德國西門子(SIEMENS)、德國海德翰(HEIDENHAIN)等四家外商企業。國內控制器之製造廠商，則有研華寶元(LNC)、台達電子(DELTA)、新代科技(SYNTEC)、億圖科技(HUST)……等。該年度控制器之需求量爲 5.5 萬套，國內生產之控制器供應量爲 15000 套，佔 27%，購自外國之控制器爲 40000 套，佔 73%，其中又以日系，發那科的 70%，28000 套爲最多，其次爲三菱的 16%，德國的西門子 11%及海德翰的 3%。

1-3 數値控制工具機之等級

數値控制工具機若依數控系統技術運用層次之不同及伺服驅動機構系統之不同，則可作如下等級之區分：

一、依數控系統技術應用層次之不同作等級之區分

1. 硬體 NC 系統

一般所謂的“數値控制”機械，其控制系統，均由硬體元件所組成，亦即全爲邏輯電路所構成，再與記憶元件結合成理想之電子迴路，以執行解碼、排序、邏輯、語碼轉換、程式儲存等等功能，因而稱之爲硬體 NC 系統。

2. 軟體化 NC 系統

所謂的電腦化 NC 系統(computer NC)，或簡稱爲 CNC，根據美國電子工業學會之定義，CNC 爲「使用一部專用之內儲程式電腦以完成部份或全部基本 NC 機能的一種數值控制系統。」

圖 1-2 所示爲 CNC 銑床。

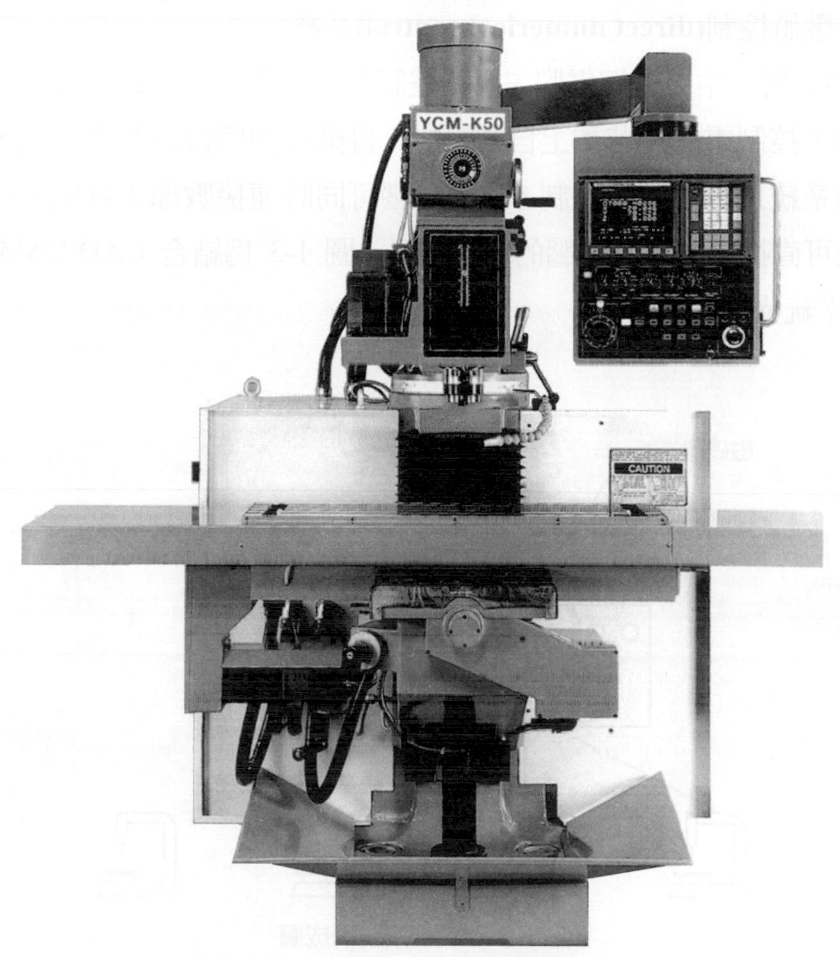

圖 1-2　CNC 銑床(楊鐵機械)

相對於硬體 NC 系統，CNC 乃將運用於工具機上之一切控制程式，作動機能，都交由微電腦之記憶軟體加以處理執行，故稱之爲軟體 NC 系統。由於電腦科技之進步，目前 CNC 系統之軟體至少擁有以下三大機能：

(1) 描述工件外形，各部位尺寸及切削條件如切削速度、進刀速率、長度、徑向補正等功能。

(2) 校正、編輯、修改數控程式之功能。

(3) 接受程式指令，並將其轉譯為系統所能接受之語碼，以控制信號並驅動機械作動之功能。

3. 直接式數值控制(direct numerical control)系統

DNC 乃利用一中央監控電腦，同時控制數台 CNC 工具機之作動，即 CNC 工具機群結合主控制電腦。若加上自動送料，自動量測與自動裝卸系統，即可構成一自動生產系統以利管理與控制。一部電腦可同時連接數部工具機，效率頗高，且工具機也可直接接收來自電腦的任何資訊。圖 1-3 為結合 CAD/CAM 系統所組成之 DNC 系統構成圖。

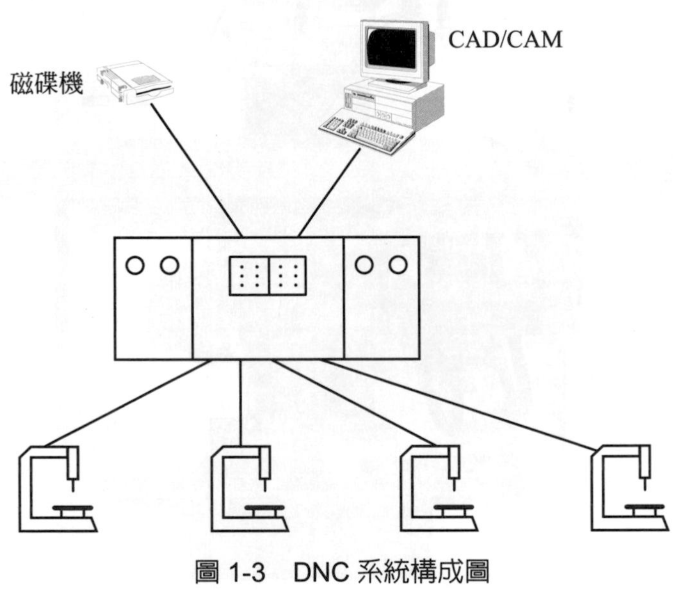

圖 1-3　DNC 系統構成圖

4. 電腦輔助設計/製造(CAD/CAM)系統

CAD 電腦輔助設計(computer aided design)乃設計者應用電腦繪圖設備，繪圖軟體及工程應用軟體，以進行產品式樣或工作圖之設計、創造與修改。即利用各種套裝軟體，於產品尚未製造前，先行設計、模擬、分析且測試其特性與品質，而後再繪出其工作圖或相關圖表。

CAM 電腦輔助製造(computer aided manufacturing)為運用電腦系統於各種與生產線上有關之電腦介面，以從事計劃、管理及控制整個生產過程之運作。即運用電腦軟體於與製造有關之作業上，如刀具切削路徑之模擬，製造程序設計、機具之控制及製造系統之規劃等。

CAD/CAM 系統與數控工具機連線之作業程序如下：

(1) 由 CAD 先完成欲加工之工作圖並存檔。

(2) 利用 CAM 系統完成刀具路徑之模擬：將工作圖叫出，標註加工路徑上各位置之座標，輸入切削條件之各項資訊(如轉速 rpm、進刀速率、機械原點座標及所需刀具資料、切削劑等等)，而後輸入切削位置檔(cutter location file)資訊，經後處理程序(post processor)轉換成工作母機所能理解之語碼，由打孔機、讀帶機製成數值控制用之紙帶(NC tape)或以鍵盤輸入數控系統，引導數值控制工具機於切削加工之前，先作刀具路徑之模擬切削。

(3) 程式路徑模擬完成後，即可於數控工具機上進行工件之切削加工。

5. FMS 彈性製造系統(flexible manufacturing system)

彈性製造系統主要係數值控制工具機結合自動裝卸材料之機器人(robot)，與自動搬運、自動倉儲、CAD\CAM 系統所組成，並應用電腦控制與管理科學將全部生產活動結合成一體之系統。

二、依伺服驅動系統之不同而分類

數控工具機之伺服系統，主要分為二類，即開環系統(open loop system)與閉環系統(closed loop system)，兩者之間最大之差異在於開環系統無法偵測伺服馬達之運動是否確實完成，因而不適用於需要較高精度加工之處。閉環系統則另加裝一轉換器(transducer)，藉信號之比較與補償，而檢測床台之運動位移與控制器之指令是否相同，如有不同，可適時加以調整，因此可獲得較高之精確度。至於開環與閉環之構成及實際作動之流程，將於第二章再作說明。

1-4 數值控制工具機之優越性與發展趨勢

一、數值控制工具機之優越性

就當前機械工業日益走上自動化、無人化之領域而言，數控工具機顯然將在其中扮演舉足輕重之角色，自然數控機械有其無可取代之優點，且就經濟層面之觀點而言，雖初期投資成本較高，然其投資報酬率與對各不同產品加工製造之適應性，卻絕非一般傳統性之工具機與專用機具所能比擬。儘管如此，數控工具機亦非毫無瑕疵可言，以下僅就其實際應用上之優劣點略作分析。

1. 功能上之優越性

(1) 可選擇最佳之加工條件，延長刀具壽命，改進產品品質。

(2) 保存程式得當，即可於任何時間、地點，從事相同產品之生產與製造，不需重設程式，省時省力。

(3) 自動換刀、送料，若與機械手臂(robot)結合，則可施行自動加工。三軸向之數控工具機甚至可加裝自動測定器，以進行自動量測。

(4) 適應控制：數控工具機將電流計、溫度計、振動計等之改變量轉換爲信號傳回控制器，永遠保持數控工具機於最佳狀況進行切削加工，此即爲數控機械之適應控制機能(adaptive control)。

2. 生產製造上之利益

(1) 成品外形複雜且要求精度高時，加工效率頗高且能提高產品品質，不良率得以降低，而不致因操作人員之因素而有所影響。

(2) 減少夾具、治具之製作費用，縮短加工前置作業之準備時間。

(3) 操作容易，減少對熟練技工之依賴，勞力成本得以降低。

(4) 多功能之加工，如圖 1-4 之數控車床刀塔可同時完成外徑、內孔之切削及鑽孔甚至銑削之加工。

(5) 對於少量多樣之產品加工，適用性甚佳，可減少單位成本之支出。

圖 1-4　數控車床之刀塔(金竑精密)

3. 人事管理上之便利性

(1) 一操作員可同時操作數台機器，因而得以減少人事費用之支出。

(2) 正確的預估單位成本、工程進度且可應付臨時發貨之急需。

(3) 生產計劃更富彈性且易於掌握，可有效解決庫存之壓力，減少呆料。

(4) 機械之保養簡單、管理容易，機械管理經費得以降低。

(5) 操作簡便，人員訓練費用減少。

儘管數值控制機械有如上之諸多優點，但無可避免地，仍有如下缺點存在：

(1) 初期之工具機添購成本較高，先衡量設備使用率之高低，方能達到合理之投資報酬。

(2) 機械使用過程中發生故障，若非維修之專業人員，則將無法及時排除，恐有影響生產進度之虞。

(3) 程式設計師、機械維修專業人員，其訓練與養成較一般技術員困難。

二、數值控制工具機之發展趨勢

由於科技之日益進步，市場競爭也隨之激烈，如何將有限之人力、物力作最大之運用，以提高生產力，降低成本，提升產品品質爲製造業者當前努力之目標。也因此數控工具機由傳統之硬體元件控制轉化至電腦軟體控制器，進而直接式數控系統，至與 CAD/CAM 連線更因而增進其設計與製造之空間，自動裝卸、機器手臂(robot)之問世則使得原本勞力不足之問題獲得抒解，業者再接再厲，自動搬運、自動倉儲應運而生，更將傳統之機械業推向更高之境界。有鑑於電腦科技之一日千里，勞工人力之日漸短缺及勞工意識之抬頭，於可預見之未來，自動化與無人化勢將爲機械工廠之所最愛，而今日之 FMS (Flexible Manufacturing System) 系統，甚至發展中的電腦整合製造系統 CIM 系統(computer integrated manufacturing system)，都已略具雛形。

控制器則將由早期體積龐大之眞空管，轉而採用電晶體、積體電路及今日之超大型積體電路(very large scale integrated)零件，不但其功能因而增強，體積更縮小甚多。

現今數控工具機之 NC 語言，將有較大幅之改進，由位址字碼與數據所組成之低階程式語言，將逐步演進，部份數控機械之控制器現已有對話式程式編輯功能，使操作者與工具機間能針對加工程序作相對溝通。未來 NC 程式，將以更簡易的字語涵蓋或描繪整個加工過程，使數控之程式語言不再繁複而難解，加工也更趨人性化與自動化。

購置金額龐大，是數控機械無法全面推廣之癥結所在，工業界應致力於經濟型數控機械之開發，以促使其應用範圍更爲廣泛。多功能數控機型之開發，亦不失爲應對之道。另外工具機本身之自我防護及自動偵測能力若能再予提升，勢必更爲業界所垂愛。

總括數控機械之優劣點與發展歷史，前瞻工業界自動化推動之必然，數控機械未來發展之走向大致有如下之趨勢：

(1) 控制元件之軟體化，數控系統之小型化。

(2) DNC 系統之全面推廣。

(3) 與 CAD/CAM 之連線，且結合機械手臂、自動裝卸材料系統，使其生產製程愈趨自動化。

(4) 程式語言之簡易化，加工程序之人性化。

(5) 多功能數控機械之開發，CNC 工具機之經濟化、合理化。

(6) 自我防護、自我偵錯(self diagnosis)、自我計量之功能再突破。

(7) FMS、CIM 系統之逐步實踐。

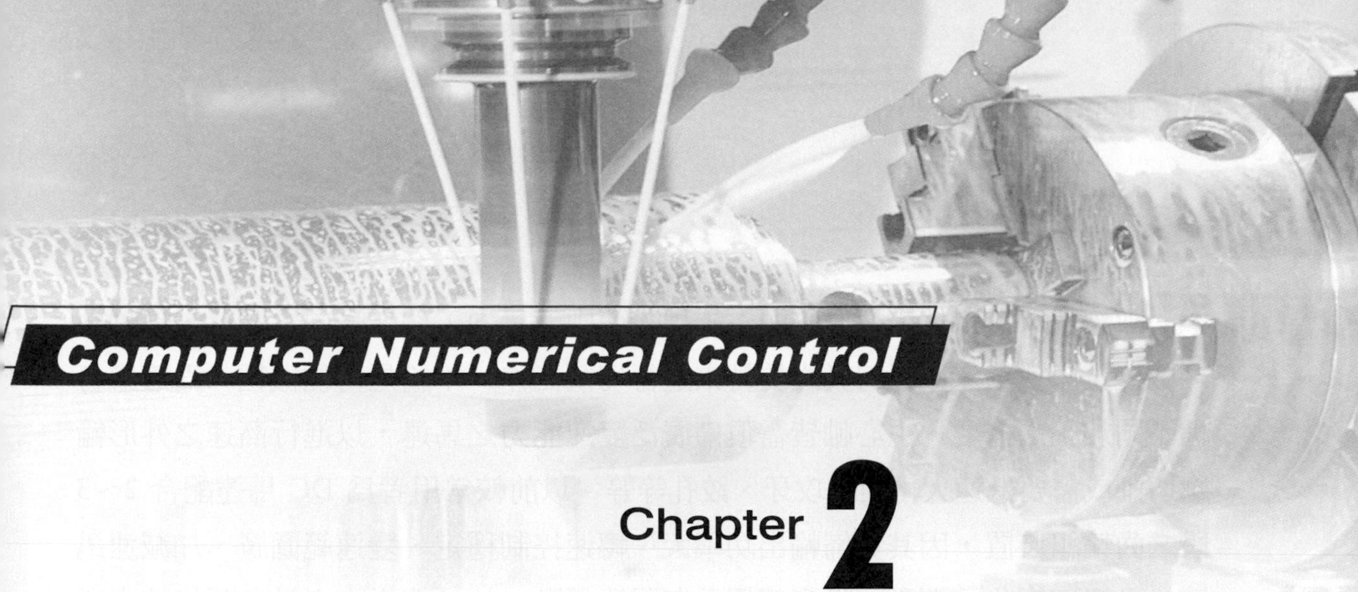

Chapter 2

數值控制工具機之構造與系統分類

數值控制機械因其類型與加工目的之不同，其構造也自必有所不同，逐一介紹各類型機械之結構，不僅浪費篇幅，著實也無多大之必要，且數控工具機自也有其與傳統工作母機所不同之特有構造與控制系統，本章即依據其結構與不同之系統分類，作一說明。

2-1 數值控制工具機之構造

通常一部完整的數值控制工具機，其組成應包含四大主要部份，即機械本體結構、伺服驅動系統、量測系統與數值控制系統。以下僅就此四部份之結構組成作一概括性之介紹。

一、機械本體結構

機械本體結構大致可分爲主心軸、床台與自動刀具交換裝置三個組成單元：

1. 主心軸

數控車床係工件夾持於夾頭上旋轉，而由刀具向工件作軸向之進給，三軸向之數控銑床或鑽床則以刀具之旋轉來進行切削工作。不論是何種機種，爲適應各種不同加工之需要，主心軸皆需俱備廣泛變速能力之馬達，以進行高速之外形輪廓切削或需要低速大轉矩之攻牙、鉸孔等等。以前較常用者爲 DC 馬達配合 2～3 段之齒輪組裝置，因其具備輸出功率大、轉速控制穩定、變速範圍廣、加減速迅速，且溫度變化、振動、噪音都極爲有限等優點，故頗符合主心軸各項條件之所需。近年開發成功之心軸用 AC 馬達，不僅具備 DC 馬達之特點，而且不需使用整流碳刷，故障少，使用壽命長，其高速化與重切削性能亦佳，上市後已逐步取代 DC 馬達，成爲市場之新寵。圖 2-1 即爲心軸用 AC 馬達。

圖 2-1　心軸用 AC 馬達(東方馬達)

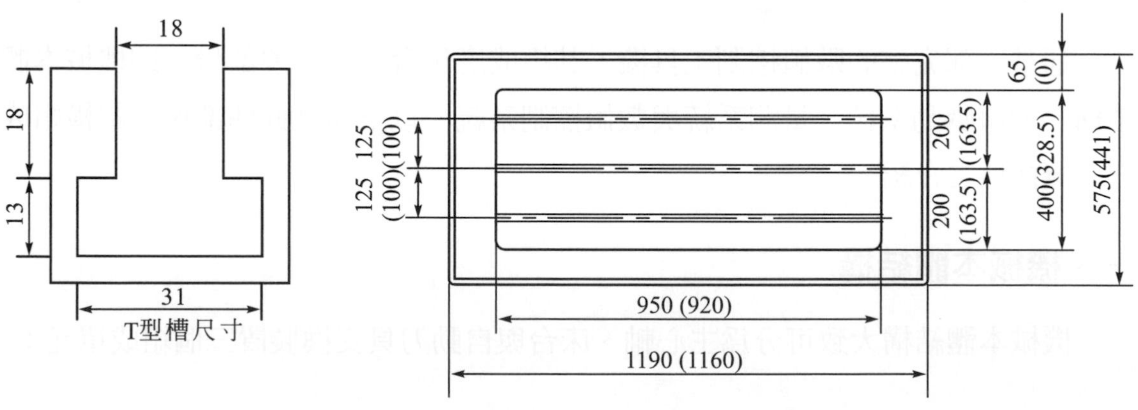

圖 2-2　YCM-VMC 72A，60A 系列工作台尺寸

2.　床台

一般三軸向之數控工具機，其床台大多採用具數條 T 型槽之長方形工作台以夾持或固定工作物，如圖 2-2，僅具二軸向位移之車床，則大多採用斜背後刀座式床台，如圖 2-3 所示。臥式切削中心機則更採用可分度之工作台以固定工件，減少位置設定之變更，提高其工作效率。其工作台之角度可作固定角度與任意角度之分度，固定角度係採用曲線連結器(curve coupling)，如圖 2-4，由一對鼓形與桶形之正齒輪所結合組成，齒形本身具向心性，所有齒同時嚙合，強度大、剛性佳、精度、安定性都極爲良好，通常每一嚙合爲 5 度，可將全圓周作 72 個等分度。任意角度之分度，則採用旋轉式光學編碼器(rotary optical encoder)，如圖 2-23，以 0.001 度爲一分度單位，可將圓周作 360000 個等分度，以利加工之所需。

圖 2-3　斜背式車床床台(楊鐵機械)

圖 2-4　運用曲線連結器之床台(鑫鋼企業)

數控工具機之床台因常需負荷較高之進給速度與工作負荷，因而過去均採用特殊之滑面與滑道設計，如靜液壓之運用，配合抗滑跳性之潤滑劑，其效果自然比傳統式之工具機台面僅藉表面硬化及保護切屑進入等裝置，具有較長之使用壽命。

抗摩擦之滑道與滑面設計，雖其抗摩擦特性良好、剛性佳、使用壽命長久，且能以預壓有效減少滑動面間之間隙，但低速運動時，床台所產生之震動卻無法吸收，對於非連續性之切削加工，如銑床之順銑加工，則有產生劇烈震動之虞。靜液壓滑道系統，雖有良好之物理特性，但因須具備一強大之油壓供應系統，潤滑油之過濾、保養又嫌繁複，因而影響其實用價值。

爲了改善此諸多缺失，乃有一類似鐵氟隆之碳氟化合物所製成之塑膠板滑動材，名爲塔塞特(turcite)之問市，此滑動材具有優良之自潤性與安定之低摩擦係數，貼附於床台之導引接觸面上，不但可減低加工所產生之震動，而且可改善金屬接觸面間緊縮之現象，消除接觸面間因靜摩擦係數過大所產生之附著滑動之情形。

另某些小型之工具機，則採用滾柱或滾珠之直線運動(linear motion)承座，因其將傳統之滑動接觸運動改爲滾動接觸，故而摩擦係數因而降低，附著滑動情形也獲得改善。圖 2-5 爲線性滾珠承座。

圖 2-5　線性滾珠承座(國際直線科技)

另一較特殊之床台形式爲“托板”，托板一般配合切削中心機之加工使用。傳統之數控切削中心機，即使配合最佳之夾具，雖裝卸簡單、快速而又精確，然於拆裝之際仍需停止機器之運轉，以確保安全。如此，將造成生產加工之中斷，導致人力之浪費與投資報酬減損，著實不符現代工業之經濟效益。而托板裝置正好可彌補此項缺失，因操作者可在機器仍然運轉加工之同時，安裝下一工作件，當前一加工件完成加工後，托板即執行交換作業，使下一工件之加工得以持續，如此即可節省因裝卸工件而停機所耗費的時間，而提高工具機之生產效率。

圖 2-6 爲裝置於床台上之托板，圖 2-7 則爲臥式切削中心機上配置托板之情形。

圖 2-6　托板(鑫鋼企業)

圖 2-7　配置托板之切削中心機(台中精機)

3. 自動刀具交換裝置

自動刀具交換裝置 ATC(automatic tools change)通常是指銑床或切削中心機之刀具自動交換裝置而言。車床上之刀具交換，則以可旋轉之刀塔行之。如圖 2-8。而所謂“自動刀具交換”係指預先將下一步驟加工所需之刀具調整定位於固定之換刀位置上而儲存於刀具儲藏庫中，待下一步驟加工來臨時，即以換刀指令(M06)將現正使用之刀具與預設於換刀位置上之刀具予以交換之步驟，以代替人工之換刀動作，不僅節省時間，而且安全精確。

ATC 裝置通常由刀具儲藏庫與刀具交換臂所組成，而其刀具儲藏庫之類型，常用者有三種，即轉塔型(圖 2-9)、圓筒型(圖 2-10、2-11)與鏈條型(圖 2-12)。

圖 2-9 轉塔型刀具儲藏庫與圖 2-10 之圓筒型刀具儲藏庫均爲無臂式換刀，圖 2-11 圓筒型及圖 2-12 鏈條型刀具庫則皆具有刀具交換臂。其中轉塔型刀具儲藏庫，刀具容量爲 6～12 支，藉其圓形或多角形之刀塔旋轉即可換刀。圓筒型則約爲 10～32 支，無臂式換刀，刀具庫係利用氣壓系統，進行直接式之換刀。具換刀臂之圓筒型則利用雙臂式自動換刀裝置及特殊之換刀機構，以油壓系統完成動作，力量大且刀具筒傾斜與扣刀同時完成，故而換刀動作精確迅速，鏈條型刀具庫換刀則動作較多，但亦可以圖 2-13 之五步驟加以完成：

(1) ATC 臂自水平位置旋轉 90 度，同時銜接主心軸與刀具庫。

(2) ATC 臂兩端抓住刀具後，向前移動，同時將刀具帶離刀具庫，另一端則自主心軸取下刀具。

(3) ATC 臂旋轉 180 度，更換兩刀具相互之位置。

(4) ATC 臂將取自刀具庫之刀具置於主心軸孔中，而使用過、取自主心軸之刀具則放回刀具庫。

(5) ATC 臂旋轉 90 度，再次回歸起始位置。

圖 2-8　旋轉式刀塔(台中精機)

圖 2-9　轉塔型刀具庫(台灣發那科公司)

圖 2-10　無臂圓筒型刀具庫(台中精機)

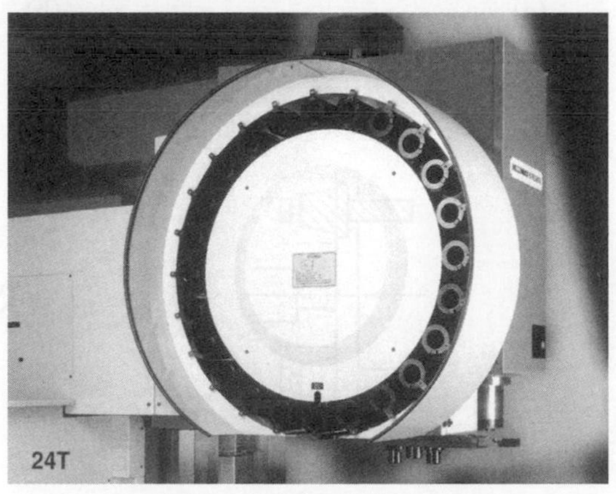

圖 2-11　有臂式圓筒型刀具庫(台中精機)

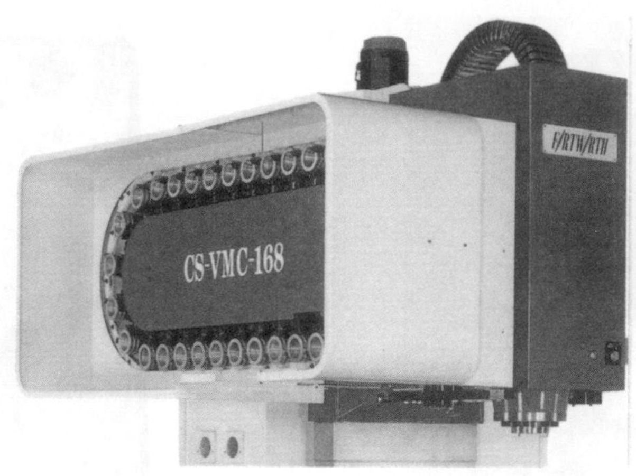

圖 2-12　鏈條型刀具庫(昌鑫機械)

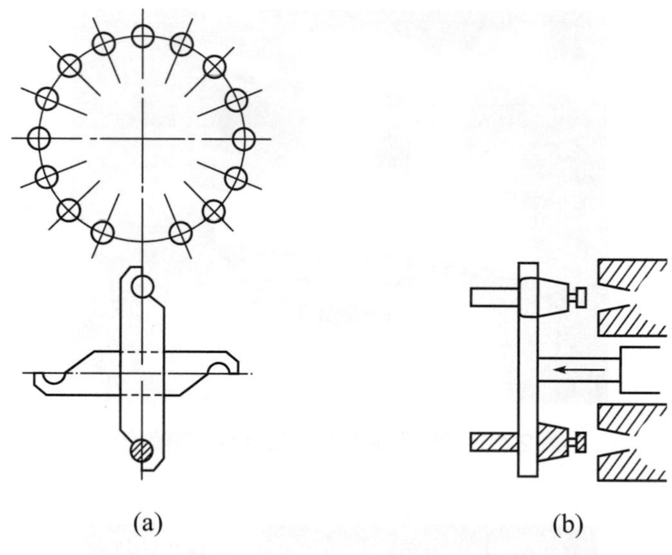

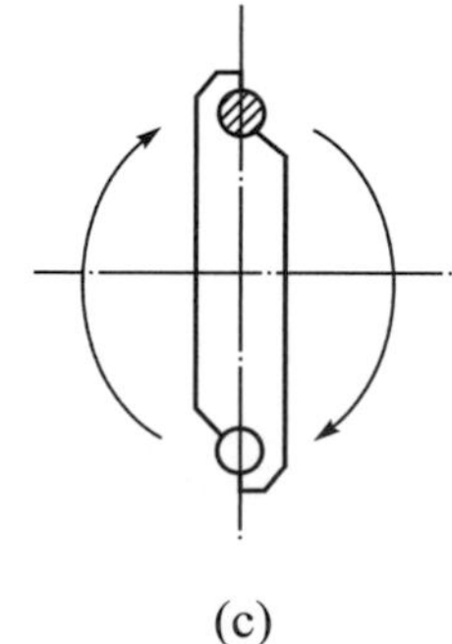

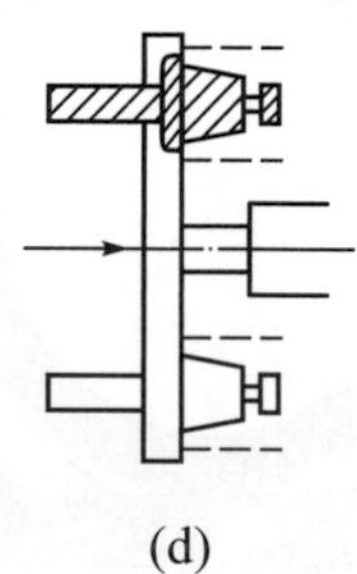

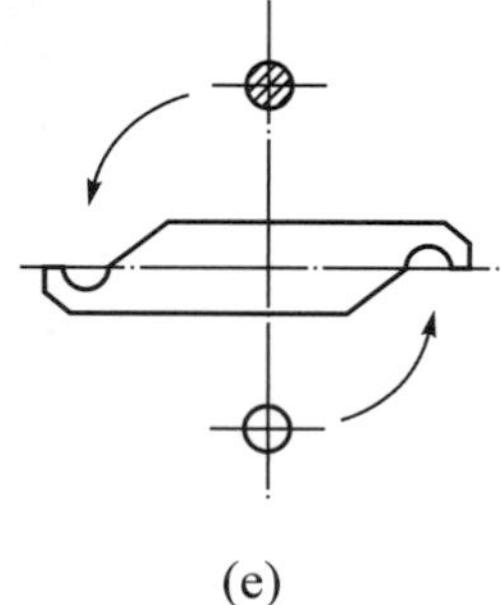

圖 2-13　有臂式刀具庫之換刀

刀具交換之過程中，自始至終，主軸均必須處於靜止之狀態。ATC 臂自刀具庫取出刀具之選擇方式有二，一爲按刀庫刀具之排列順序，依序選取，是爲順序選刀。另一則按刀庫之刀具編號，依加工之需要，就最近之方向任意選取，吾人稱之爲任意選刀。

不論是無臂抑或有臂式之刀具交換都須注意，工件或夾具若太大或太高均將影響刀具之正常交換。尤其有臂式之 ATC 裝置更須留心刀具、刀把之總重量是否超出 ATC 臂之所能負荷，總長度是否妨礙刀具之交換與加工之進行，刀具、刀把之最大力矩與刀具之旋轉直徑是否恰當等等，都不可有絲毫之疏忽，才能確保整個換刀與加工流程之順暢。

二、伺服驅動系統

數控工具機作動之原理乃經由控制器將工作程式解碼後，指令伺服馬達運轉，帶動滾珠導螺桿轉動，使其螺帽驅動床台而移動之。因而驅動系統之進給機構，最主要包括兩大部份，即伺服馬達與滾珠導螺桿，若於高精密之閉環系統中，則尚包含比較刀具或床台位移速度與距離之位置檢出器，本章將於稍後之單元再予敘述。

1. 軸向驅動伺服馬達

伺服馬達乃接受程式指令，旋轉並驅動導螺桿，使得床台或刀具依指示移動至指定之位置。一般而言，數控機械所採用之伺服馬達有脈衝馬達(pulse motor)即步進馬達，與直流伺服馬達(DC servo motor)及時下已廣泛採用之交流伺服馬達(AC servo motor)。

(1) 脈衝馬達：可分爲電氣脈衝馬達、油壓脈衝馬達與電氣油壓脈衝馬達等三種。數控工具機中之脈衝馬達，因其構造簡單，且不具回授控制即位置檢出器之裝置，因而多用於開環系

圖 2-14　脈衝馬達(東方馬達)

統，轉動時噪音較大，且轉矩有其限制，故僅適用於小功率之驅動，如欲傳動較高之轉矩，則須結合氣壓或油壓以放大轉矩，得到較大之輸出功率，此即爲早期所廣用之脈衝馬達(圖 2-14)。

脈衝馬達其迴轉速乃由每秒之脈衝數所控制，即脈衝馬達當其接受每一脈衝信號時，隨即旋轉一固定之角度，因而選用脈衝馬達應先考慮其步進角度，而此角度也決定了機械本身之精確度。如數控工具機採用脈衝馬達作軸向進給時，馬達旋轉一圈，軸向移動 0.3mm，若此機械所要求之精度爲 0.00lmm 時，則其步進角度= $\frac{360}{0.3} \times 0.001 = 1.2° / \text{step}$

(2) DC 伺服馬達：數值控制機械所使用之 DC 伺服馬達與一般之 DC 馬達不同，因其須具備獨特之轉矩與轉速，以控制工作母機之定位與切削運動，即低轉速時，具重切削之大轉矩，高轉速時，又能產生快速進給之速度。如圖 2-15 爲 DC 伺服馬達。

圖 2-15　DC 伺服馬達(立仲機械)

數控工具機所採用之 DC 伺服馬達須具備以下之特性：

① 可以產生大功率之輸出。

② 加減速反應靈敏、順暢。

③ 對於繁複之速度控制應能適應且能維持連續性之運轉。

④ 溫升少且能耐高溫、振動少。

⑤ 旋轉動作平滑，旋轉角須具高精密度。

⑥ 體積小且堅牢，可靠性高，壽命長且保養容易。

DC 伺服馬達雖具備上述優異之特性，然而其於整流時所發生之火花，直接限制其最高轉速，且因具碳刷等易磨損之零件，故而常需作定期之保養與維護，也因而減損其實用上之價值，其於數值控制機械中之地位，乃爲性能較其優越，且不需保養之 AC 伺服馬達所取代。

(3) AC 伺服馬達：AC 伺服馬達除具備 DC 伺服馬達之優點外，因其不需使用電刷，可大爲減少保修維護之時間，且突破本身控制上之困難，已爲工業界所廣泛採用，成爲現今 NC 工業之主流(如圖 2-16)。一般而言，AC 伺服馬達具備以下 DC 伺服馬達所欠缺之優越特點：

① 沒有碳刷，故而即使於惡劣之環境下，保養亦很簡便。

② 可直接冷卻定子鐵心，將溫升降至最低，又因轉子之構造特殊，因而轉子不耗電力，散熱容易。

③ AC 伺服馬達之加減速能力佳，位置驗出器因採用高精度之脈波產生器，所以旋轉精度高，插値精度因而大爲提高。

④ 高速運轉之下仍可維持高轉矩。

圖 2-16　AC 伺服馬達(台灣發那科公司)

2. 滾珠導螺桿

數控工具機中，將伺服馬達之旋轉動作轉換成螺帽之直線運動以驅動床台精密定位者爲滾珠導螺桿，如圖 2-17。

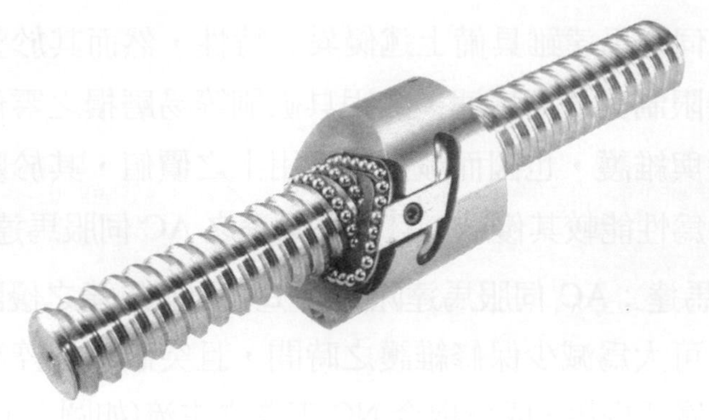

圖 2-17　滾珠導螺桿及其構造(銀泰科技)

滾珠導螺桿之主要構造包括螺桿、螺帽、回流管、滾珠等。較諸傳統的愛克姆螺桿，滾珠導螺桿係以滾動接觸不同於傳統的滑動接觸，且其滾珠、螺紋均經熱處理、精密研磨，因而使用壽命、精度、剛性，均遠在傳統導螺桿之上，故而得以提高數控工具機之定位精度，縮短其定位時間，且更耐重切削。總括而言，滾珠導螺桿比傳統之愛克姆螺桿具有以下之優點：

(1) 較高之機械傳動效率：愛克姆螺桿因其與螺帽間爲滑動接觸，接觸面積大，摩擦係數高，傳動效率大約僅爲 40%，而滾珠螺桿爲滾動接觸，接觸面積小，摩擦係數相對降低，傳動效率約可達 90%。

(2) 精確度高，位移迅速正確：滾珠導螺桿之導程或螺距，最高可達到 300mm 長，誤差值±0.0lmm 以下者，而且因其爲滾動接觸，傳動時無滑移之虞，可得到較高之定位精度。

(3) 溫升低，使用壽命長：滾動接觸傳動，摩擦熱減少，所以能保持於低溫操作，使用壽命得以延長。

(4) 螺距、背隙(backlash)誤差幾近於零：滾珠導螺桿與螺帽間，常施以預壓(preload)而組合，使其間之齒隙爲零，且能達到 μ 單位之精度。

(5) 起動時，驅動馬力較低：滾珠傳動，起動阻力低，且無振動現象，因而其驅動馬力甚低，可以減少電力之消耗。

(6) 線性位移平穩、順暢：滾珠螺桿起動時無阻滯現象，因而其線性速度穩定、順暢。

正因爲滾珠導螺桿具有高機械效率、高精度、使用壽命長與節約能源等傳統導螺桿所無法取代之優點，因而其於數控領域已佔有非常重要之地位，諸如精密工具機、航太工業、機器人(robot)、汽車工業等之傳動機構，滾珠導螺桿確已成爲不可或缺之重要元件。

3. 伺服馬達與滾珠導螺桿之連結

數值控制工具機中，床台之移動係以伺服馬達驅動滾珠螺桿，螺桿與螺帽連結後，再帶動床台作預期之移動與定位。而伺服馬達與滾珠螺桿之連結，依機械與結構之不同，有下列三種方式：

(1) 直接連結式：因應高慣性，低速大轉矩之 AC 伺服馬達上市後，直接連結式已漸爲工業界所廣泛採用。因其不須使用齒輪箱而更加便宜，且負載慣性減少、齒隙減小、噪音降低。其連結方式如圖 2-18。採用直接連結式結合伺服馬達與滾珠螺桿時，其螺桿應使用雙螺帽式滾珠螺桿以消除齒隙，爲避免馬達心軸與導螺桿間之偏心，可視需要採用撓性連軸器以對正馬達心軸與滾珠螺桿。

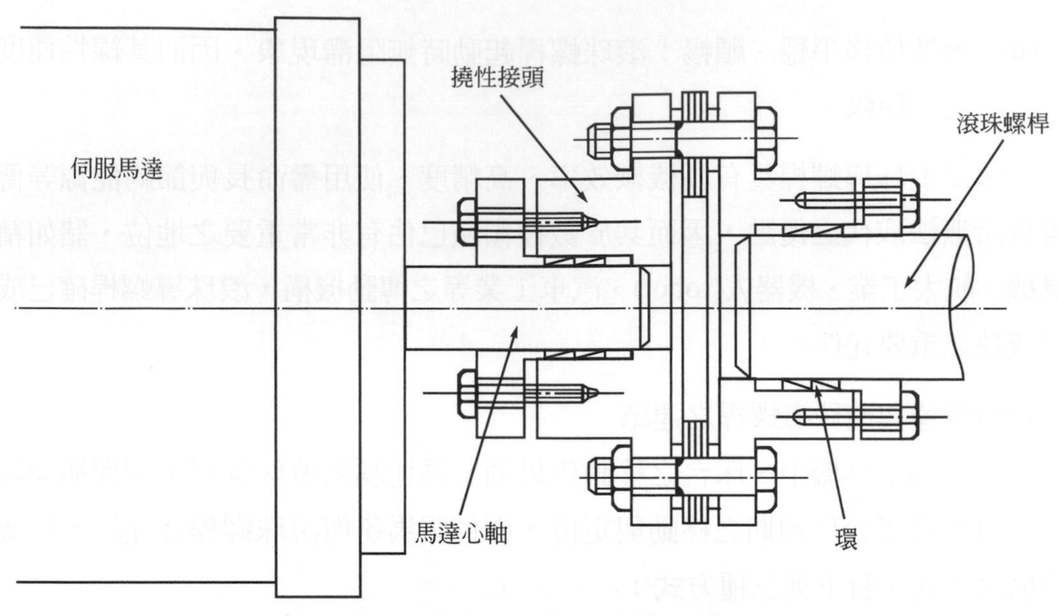

圖 2-18　馬達與滾珠螺桿直接連結

(2) 減速齒輪組連結式：此爲早期常用之方式，伺服馬達經齒輪組與滾珠螺桿間接連結之，通常用於構造上不適合採直接連結或所負載之轉矩大，而需放大伺服馬達之轉矩時所使用。齒輪組連結時，由於齒輪組裝配間之間隙，將直接影響其加工之精度，爲消彌此項缺失，齒輪組之零件製作必須十分精密，且於伺服馬達與齒輪組裝配時，必須加裝一偏心環，以調整齒輪中心距離、消除齒輪之背隙，凡此種種，都使得齒輪組連結方式之成本提高不少。圖 2-19 爲減速齒輪組連結之方式。

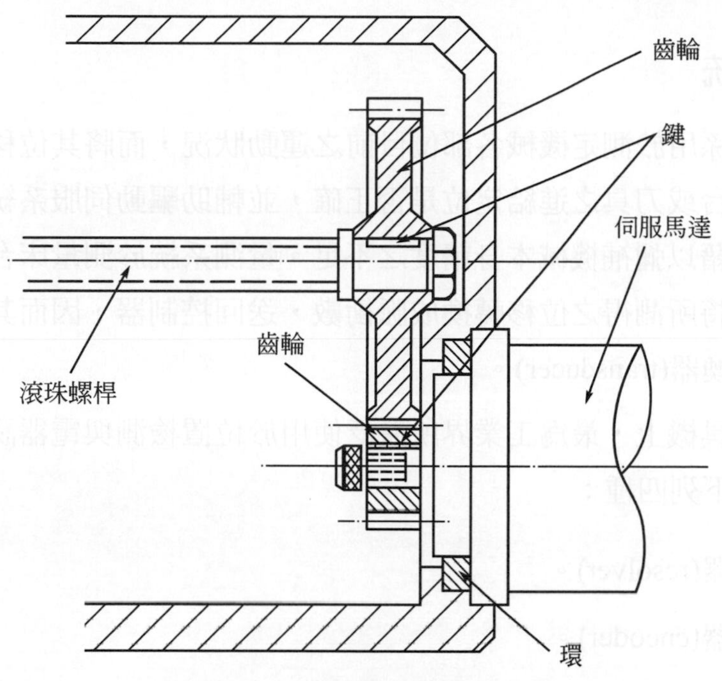

圖 2-19　減速齒輪組連結之方式

(3) 時規皮帶連結式：時規皮帶連結傳動之方式與齒輪連結式類似，然其製造成本較低且噪音較小，設計與製造皆較爲簡便，然於裝配時，仍須注意兩軸端皮帶輪之平行度，正確使用，方不致造成精度之誤差與使用壽命之縮短。

三、量測系統

量測系統係用於測定機械各部位目前之運動狀況，而將其位移座標回授至控制器以判定床台或刀具之進給定位是否正確，並輔助驅動伺服系統以達到更精確之進給定位，藉以彌補機械本身精度之不足。量測系統於測量床台或刀具之位移量之同時尚需將所測得之位移轉換成脈衝數，送回控制器，因而其本身亦可視爲一物理量之轉換器(transducer)。

於數控工具機上，最爲工業界所廣泛使用於位置檢測與電器訊號轉換之轉換器元件，計有下列四種：

(1) 解析器(resolver)。

(2) 編碼器(encoder)。

(3) 感應尺(inductosyn)。

(4) 光學尺(linear scale)。

1. 解析器(resolver)

解析器乃一利用電磁感應之旋轉角度檢測器，基本原理爲轉子轉動時，於不同之位置將感應不同之電壓輸出而成。連結的方式則於螺桿與解析器之間加上一齒輪而成，如圖 2-20。設若此系統中之齒輪比爲 1：100，螺桿之導程爲 6mm，轉子旋轉一周，即表示移動 $6\times\frac{1}{100}=0.06(mm)$ 。

解析器可直接裝置於伺服馬達之頂端，尺寸之檢出則以馬達之旋轉角度來測定，因而導螺桿必須具足夠之精度方能維持工具機之精度(如圖 2-21)。圖 2-22 爲解析器之構造圖。

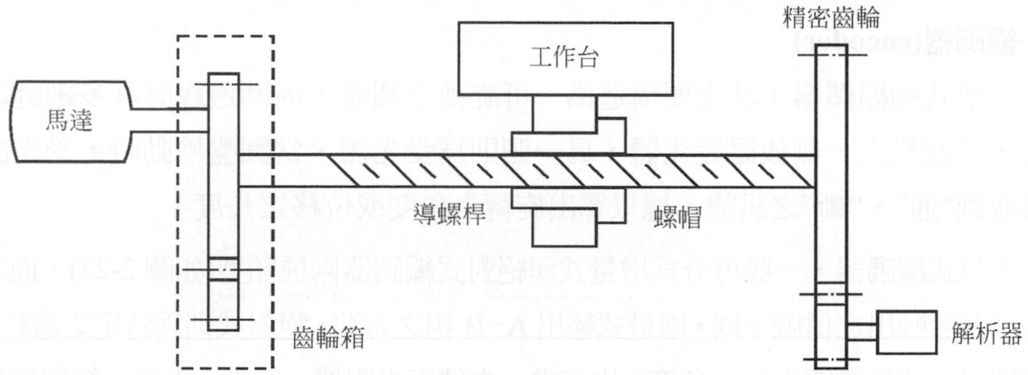

圖 2-20　裝置於導桿末端之解析器

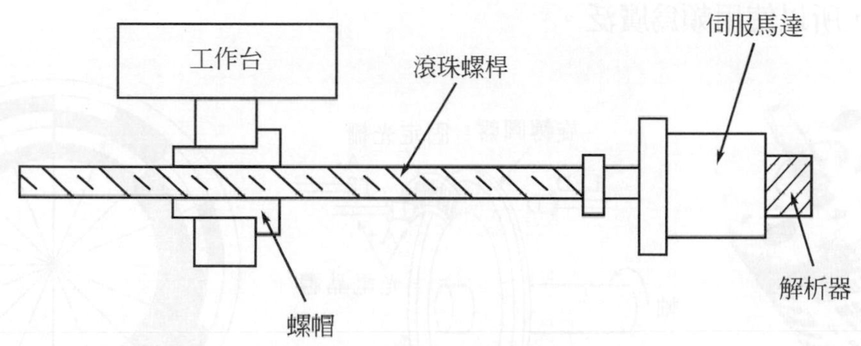

圖 2-21　裝置於馬達頂端之解析器

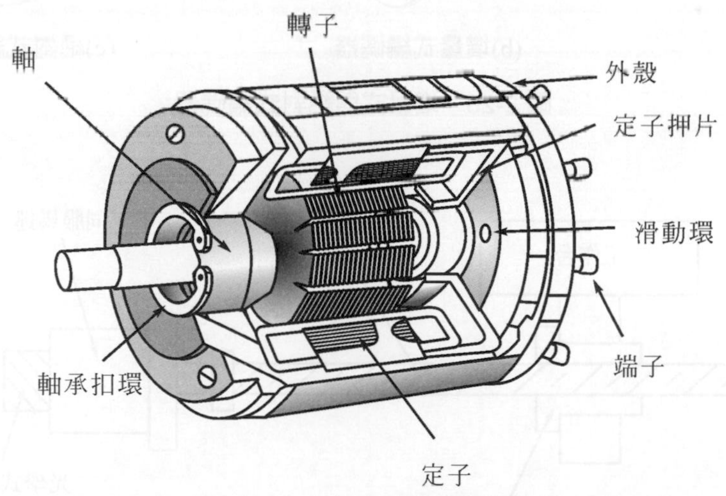

圖 2-22　解析器之構造圖

2. 編碼器(encoder)

光學式軸編碼器，其主要構造爲一可旋轉之圓盤，周圍邊緣有許多細縫之格子孔，於圓盤之一側放置發光體，另一側則爲受光體，當圓盤轉動時，受光體即可接收到"通"、"斷"之訊號，據以算出旋轉之角度或位移之長度。

光學式編碼器，一般可分爲增量式與絕對式編碼器兩種類型(如圖 2-23)，而其主要差別在於輸出之信號不同，增量式輸出 A、B 相之方波，絕對式則爲特定之數位碼，於編碼器之解析範圍內任一角度，均有唯一之碼與之對應。另外，光學式編碼器通常直接連結於馬達之軸端，如圖 2-24，且因其不容污損，故而常加蓋防護，因其安置方式簡便，所以使用頗爲廣泛。

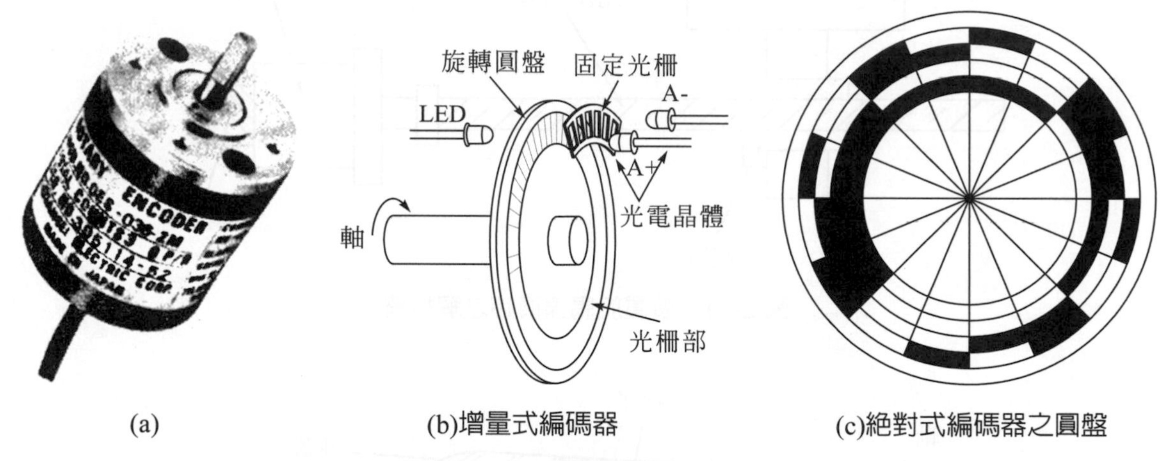

(a) (b)增量式編碼器 (c)絕對式編碼器之圓盤

圖 2-23　增量式與絕對式編碼器

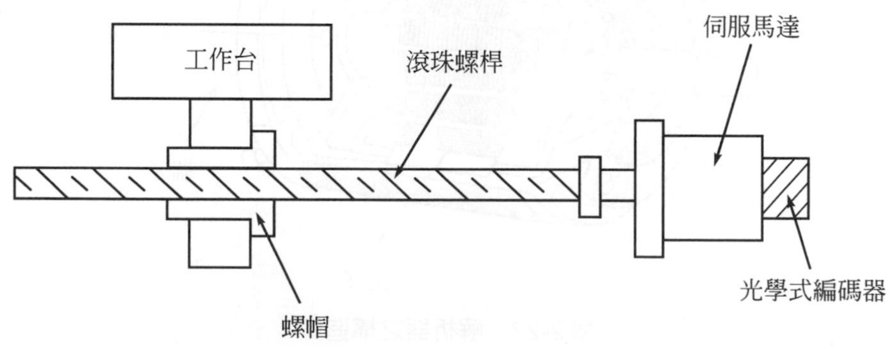

圖 2-24　光學式編碼器連結方式

3. 感應尺(inductosyn)

感應尺又稱爲移動式光學編碼器或磁力尺，乃使用一對長短不同之特製玻璃，利用光波干涉之原理以產生明暗相間且距離相等之干涉條紋，其動作原理如圖 2-25。當感應尺移動時，由於電磁所感受之明暗亮度不同，於另一方所產生之交流電壓亦隨之不同，感應尺即依據此感應電壓之變化以執行位置之檢出，即計算所產生之脈衝數而測得距離之變化。

感應尺中固定之量尺稱爲讀尺，移動之滑件則稱之爲讀頭，因其讀尺固定，讀頭移動，所以不論導螺桿之螺距精度與背隙大小如何，感應尺均可以精確檢測位移之距離。又感應尺有圓形與線性感應尺之分，圓形感應尺安置於軸端，用以測定心軸旋轉之角度，線性感應尺則安裝於機械之床台或鞍座以檢測其直線之位移。

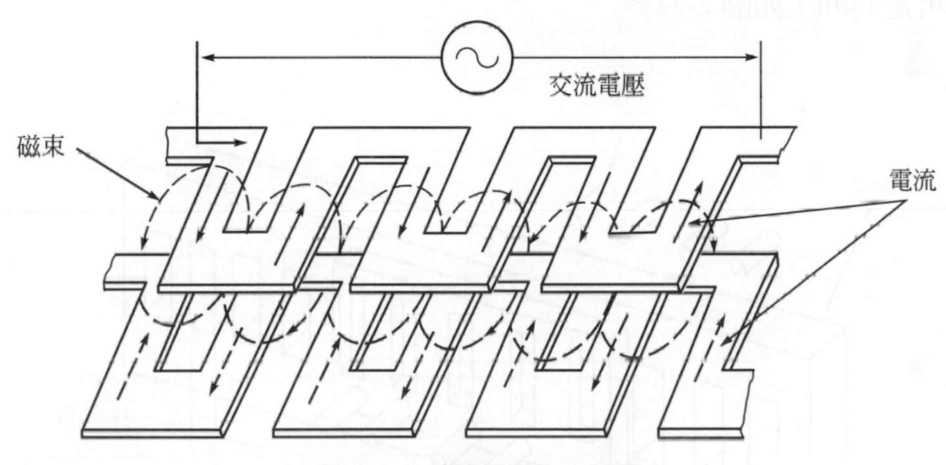

圖 2-25 感應尺動作之原理

4. 光學尺(linear scale)

光學尺或稱爲線性尺(linear scale)，如圖 2-26，可安置於數控工具機床台之側面，以其光電裝置量測床台之線性移動，經電子計數器之放大，其精度可達 1 μm。

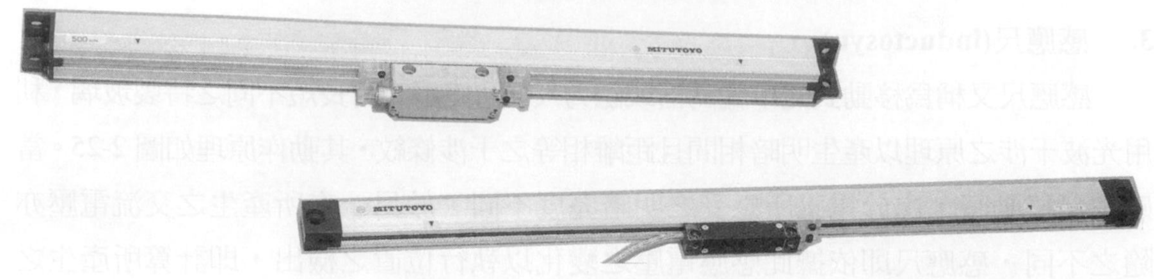

圖 2-26　光學尺(台灣三豐儀器)

其測量之原理乃利用特殊玻璃材料所製成之本尺與游尺，其每一光柵之刻畫間隔可達 4 μm，當游尺於本尺刻劃面上作直線運動時，即因其之是否透光而形成明暗相間之條紋，且呈週期性之重複出現，也因此，其四個光電管所接收之光線強度不同，乃形成類似正弦波之電流訊號，經電子計數器之放大後，顯示其數據，精確度可達 1 μm，如圖 2-27。

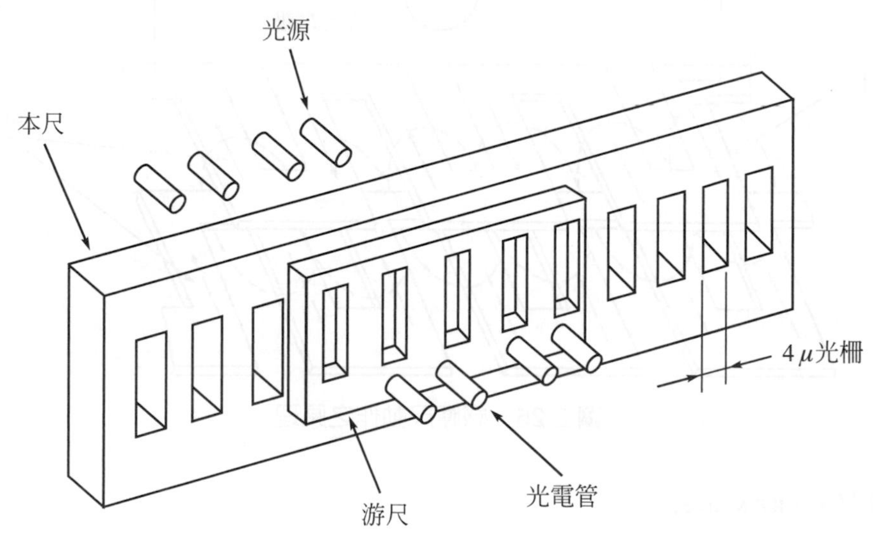

圖 2-27　光學尺測量原理

光學尺不受磁性影響，精確度高，且具防油、防塵之保護構造，因而維護容易，耐久性良好，使用時直接安置於工作台之側面，因而其量測之精度與螺桿之螺距誤差無關。

四、數控系統

數控系統為數值控制機械之大腦，與操作人員藉輸出入介面進行加工資料與訊息之交換與溝通，主要工作為程式之分析，判斷與指令之傳輸以驅動伺服系統，並作加工路徑之計算、進刀(F)與心軸轉速(S)之控制、刀具之補正及若干輔助控制之機能。目前數控系統皆採用裝設微處理機之控制器(controller)，可靠性高且能處理龐大而複雜之資料。

數控系統一般分為硬體結構與軟體功能兩大部份，分述如下：

硬體結構：數控工具機之硬體結構有中央處理機、記憶體與輸出入介面三個主要部份：

1. **中央處理機(CPU)**：目前之控制器，大多採用 32 位元之 CPU，是為 CNC 之心臟，職司所有工作程式中數據資料之運算與執行，舉凡電源之起動、螢幕上顯示功能之控制、重新設定(reset)、與系統程式之執行等等，皆由其所負責與執行。

2. **記憶體數控系統中，記憶體有以下兩種類型**

   (1) 唯讀記憶體(read only memory)：所儲存之資料，只能被讀出(read out)，而不能被寫入(write in)，因而資料不致被毀，即使切掉電源，資料亦不致消失，通常視需要之記憶容量由數個 ROM 晶片所組成，用以儲存系統之操作程式或由控制器製造廠商所設定之機械設定參數。一般標準機上均使用此種記憶體。

   (2) 隨機存取記憶體(random access memory)：所儲存之資料能被讀出，也能被寫入，若切斷電源，則所儲存之資料隨即消失。通常亦視需要之記憶容量，由多個 RAM 之晶片所組成，用以儲存工作程式或中央處理機(CPU)之變數、參數等。RAM 之記憶容量愈大，則吾人可利用之空間也愈大，通常控制器之記憶容量，即指 RAM 之容量。

   欲永久保存工作程式或參數，診斷資料則可採用打孔紙帶或電腦用之磁碟片，唯仍需妥善保存，以防止其毀損。

3. **輸出入介面主要包括控制面板和螢幕兩部份(圖 2-28)**

(1) 控制面板：乃操作者用以輸入資料或下達動作指令給控制器之媒介，時下數控工具機均採用軟式鍵控制面板，每一按鍵之功能不只一個，由螢幕顯示之功能加以定義，不僅節省空間，且操作容易。

一般控制面板可分為程式控制與操作控制面板兩種，程式控制面板用以編輯與修改程式，操作控制面板則控制機器之運轉，床台或刀具之手動位移等等。

(2) 顯示螢幕(CRT)：乃將工作程式、參數或診斷資料、機械加工形態等顯示於操作者之前，提供操作者真實之加工情形與相關之資訊情報，隨時掌握最佳之加工狀況。目前所使用之顯示螢幕為 9"、12"或 14"之彩色螢幕，同時兼具繪圖與資料顯示之功能，藉其資料與顯示之圖形，可隨時診視與修正加工之程式。

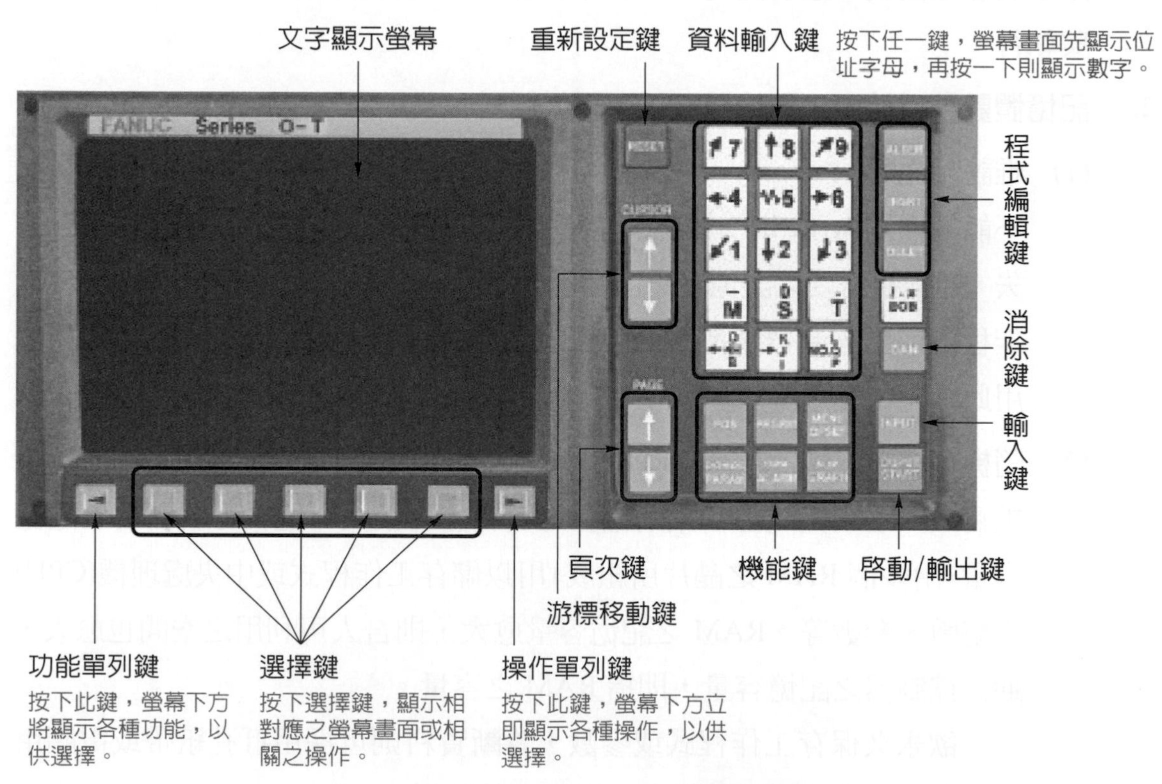

圖 2-28　數控系統之操作面板與顯示螢幕

至於軟體之功能，則視各工具機製造廠商生產之控制器機型之不同而有所差異。

2-2 數控工具機之分類

時下工業界所使用之數值控制機械，種類繁多，然總結其用途，則不外乎鏇削、銑削、鑽削、搪削、磨削……等，不論進行何種形式之加工，吾人皆可依下述不同之三種系統形態加以分類：

(1) 依刀具路徑型態之不同而分類。

(2) 依伺服驅動系統之不同而分類。

(3) 依座標系統之不同而分類。

一、依刀具路徑型態分類

由於數控工具機之形式不同，其加工定位型態自必有所差異，如鑽床之加工，大部份之刀具路徑僅爲定位之移動，車床、銑床則必須於位移路徑之同時進行切削，因而加工層次較高，所需之控制系統較爲複雜。然而，就路徑型態之不同，數控系統仍可分爲點到點控制、直線切削之動路控制與輪廓三軸向切削之控制等三大類型。

1. 點到點控制

以快速之移動或預先設定之速度，使刀具到達所欲加工之確切位置，即進行“定位”之任務，因此又稱爲定位控制。於其移動之路徑過程中，並不作任何切削加工，實際之切削加工於刀具到達確切目標點後，始得以行之。因而點到點控制之最終目的，僅爲“定位”至目標點，至於其刀具路徑，則未在吾人規範之內。CNC 鑽床、衝床之加工，都是點到點控制之應用。圖 2-29 爲點到點控制之刀具位移路徑。

點到點控制之型態，因僅作快速之定位，而不行切削之加工，因而其刀具路徑之是否“安全”，須特別注意。

2. 直線切削控制

直線切削控制之路徑型態與點到點控制頗為類似，唯前者於移動路徑之同時，進行切削工作，因而其切削速率與刀具路徑之嚴格控制，實屬必要，此種形態之切削控制，可進行單一軸或兩軸向之同時切削，即直線或斜線之切削加工，CNC 車床、銑床之加工常為此種控制型態之運用。圖 2-30 為直線切削控制之路徑型態。

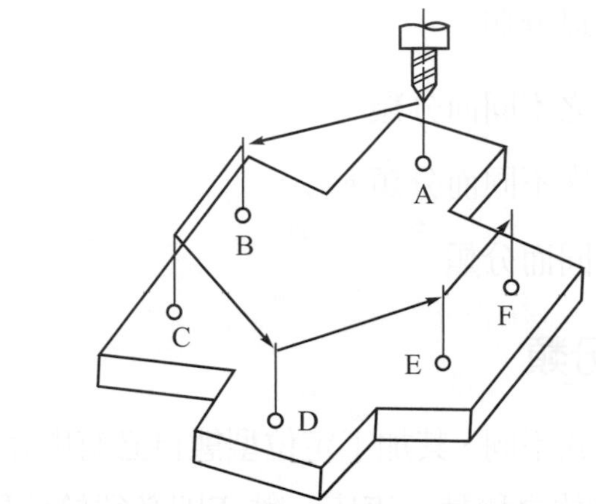

圖 2-29　點到點控制之刀具路徑

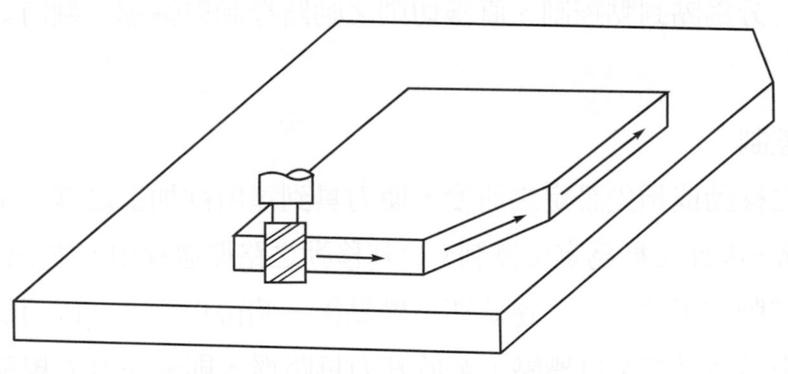

圖 2-30　直線切削控制之刀具路徑

3. 輪廓切削控制

輪廓切削控制或稱為連續路徑控制，乃使用多軸向同步驅動進給，刀具可同時作兩軸或多軸向之切削加工，對於工件複雜之外形或由斜度與曲線所構成之不規則輪廓進行快速且精確之加工，以解決傳統工具機與手工操作所難以完成之工作。亦即除了作直線之切削外，尚可執行曲線、弧線甚或螺旋線之加工。一般 CNC 車床或銑床複雜外形或曲線輪廓之加工，皆爲此類型控制方式之應用。圖 2-31 爲輪廓切削控制之應用圖例。

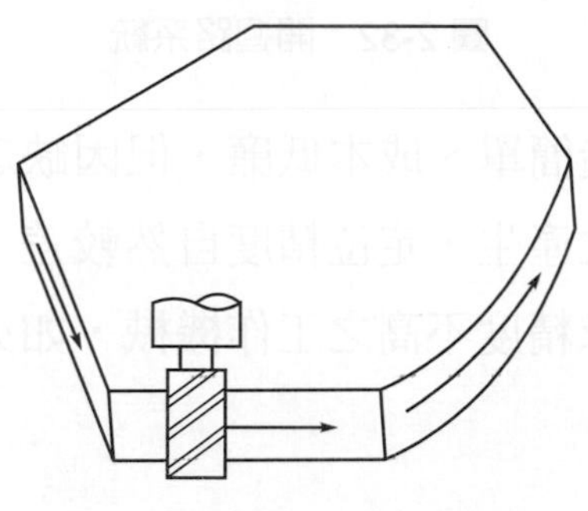

圖 2-31　輪廓切削控制之應用

二、依伺服驅動系統分類

伺服機構猶如人之手腳，接受來自大腦(數控系統)之命令，忠實的執行各項指令，正確的驅動工具機之床台，並適切的計算單位時間內指令所轉換之脈衝數以控制刀具之切削速度，因而伺服機構之任務乃兼具床台之位移與刀具切削速度之控制，可謂整部數控工具機之速度、精度、可靠性、安全性、與生產成本全繫於伺服機構之是否精良。

數控工具機之伺服驅動系統，依其回授裝置之不同，可分爲兩大類：

1.　開迴路系統(open loop system)

此系統無回授裝置，伺服機構接受命令後，依指令指示，驅動床台移動至程式所指定之位置，然而此時床台是否已到達預期之位置，則無法確認。因而開環系統控制之加工精度，完全取決於機器本身之精度。使用此系統控制之機械，必須選用具備背隙補償及螺距誤差補償功能之控制器以彌補其伺服機構能力之不足。

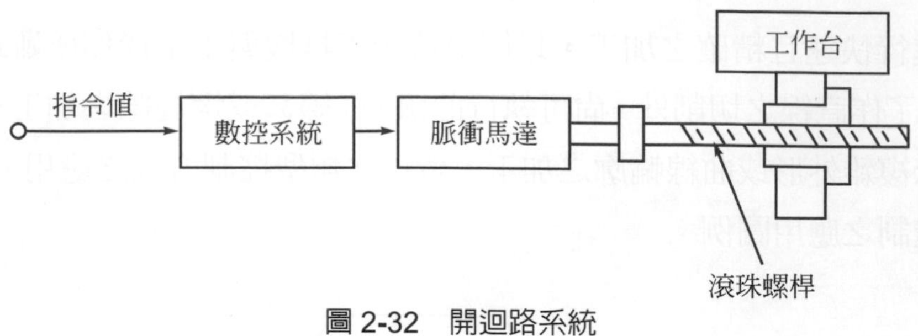

圖 2-32　開迴路系統

開迴路系統固然其構造簡單、成本低廉，但因缺乏回授裝置，無法作位置檢出之工作，因而易有誤差之產生，定位精度自然較差，時下以此種系統控制之數控工具機已不多見，唯要求精度不高之工作機械，如火焰切割機等，爲求降低成本，則仍可採用。

2.　閉迴路系統(closed loop system)

此系統之伺服驅動方式與開迴路系統之最大差別在於其回授裝置，即位置檢出器或轉換器(transducer)。當伺服機構承受指令驅動床台位移後，經轉換器將實際位置信號回授至比較器，並與控制器之指令作比較修正，若產生差異則繼續由伺服馬達驅動床台，直到其間之誤差爲零，因而其精度遠較開環系統爲高。

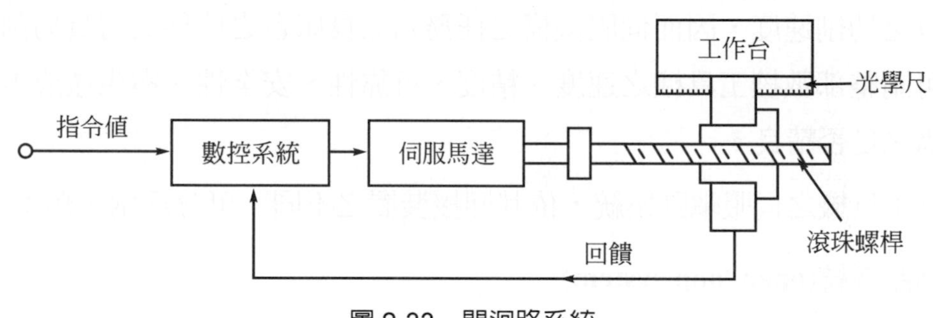

圖 2-33　閉迴路系統

閉環系統依其轉換器之不同，又可區分爲使用解析器(resolver)或旋轉式光學編碼器(rotory optical encoder)之半閉環系統，使用線性感應尺(inductosyn)或光學尺(linear scale)之閉環系統與兩種轉換器合併使用之併合伺服系統，關於轉換器，請參閱 2.1-3 量測系統。

(1) 半閉迴路系統：半閉迴路系統，解析器或旋轉式光學編碼器，直接裝置於伺服馬達之軸端，可以偵測出滾珠導螺桿之旋轉角度，據以推算出工作台之位移長度。因而半閉迴路系統之位置檢出乃間接測量而來，若導螺桿之精度不夠，則將直接影響床台之定位精度，目前數控工具機皆採用高精度之滾珠導螺桿，目的即藉以提高工作台之定位精度。圖 2-34 即爲半閉迴路系統。

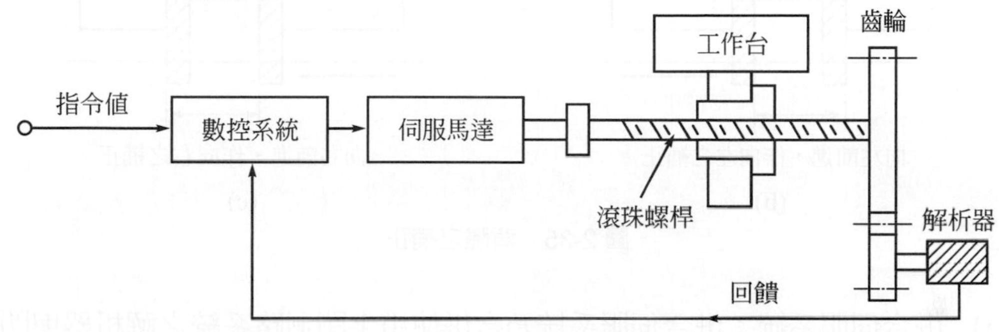

圖 2-34　半閉迴路系統

然而，若工作之加工精度要求高於滾珠導螺桿時，數控系統即須具備背隙補正之功能，以補正螺桿、螺帽間之背隙、連軸器之背隙、傳動齒輪間之背隙及機械元件組配時所造成之種種背隙(backlash)以提高精度，符合加工成品之所需求，其補正方法，如圖 2-35，圖(a)爲背隙存在之情形，圖(b)爲向左移動時，向左補正一個"背隙"之補正量，若此時仍繼續向左前進，則不需再作補正，若向右前進(圖(c))，則須再作向右之補正。

至於滾珠螺桿之螺距誤差，則由控制器之電腦系統計算其誤差值，再以補正脈衝，修正其誤差。

(2) 閉迴路系統：閉環系統乃利用感應尺或光學尺直接安置於工具機之床台或鞍座，以檢測工作台之實際位移，再將其回授至數控系統，使程式指令值與床台實際位移完全相符。因其位置之檢出乃工作台實際位移之距離，因而與導螺桿之精度無關，亦即絲毫不受螺桿螺距與背隙誤差之影響，如圖 2-33。

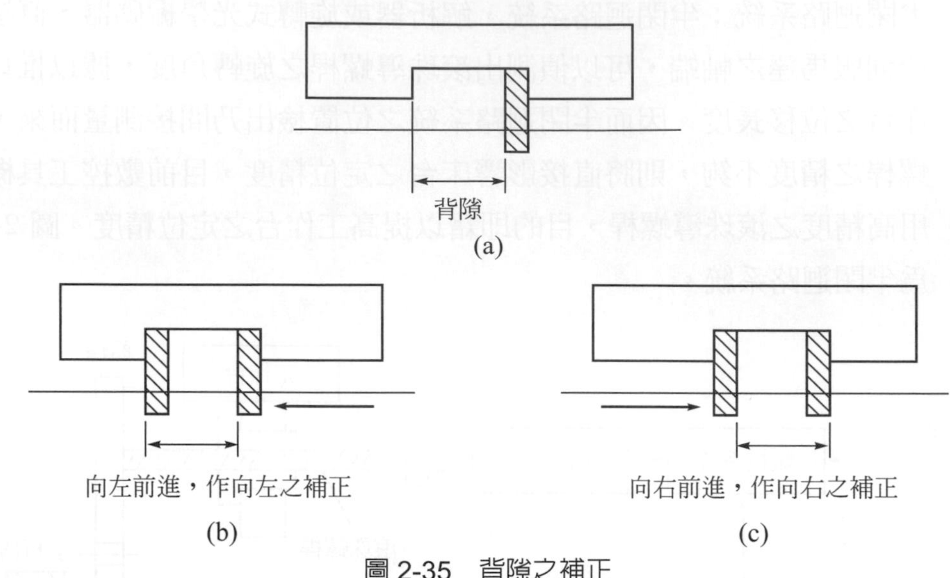

圖 2-35　背隙之補正

(3) 併合伺服系統：併合伺服系統乃合併使用半閉迴路系統之解析器與閉迴路系統之感應尺，如圖 2-36。解析器作位置之檢出，乃經由間接測量而來，不須介入控制系統，因此可提高控制系統之精確度與穩定性。感應尺或光學尺，則直接利用工作台之移動，偵測其線性位移，正可彌補半閉迴路方式所無法控制之機械誤差，以提高其精度。目前大型之數控工具機，大多採用此一伺服系統。

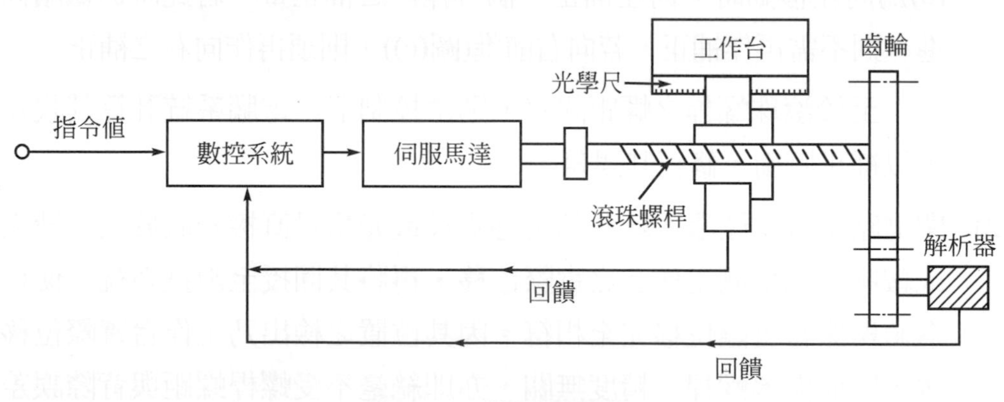

圖 2-36　併合伺服系統

三、依座標系統之不同而分類

本單元將於第三章再做詳盡之介紹。

2-3 數控工具機之型式

數控工具機之型式，通常依其刀具路徑型態之不同，而分為定位型(點到點控制式)數值控制機械，與輪廓或連續路徑切削控制式之數值控制機械兩大類，兩者間控制形式之差異與加工空間之限制，於本章 2-1 單元中已作概略性之說明，至於其應用於數控工具機之主要機型，則如圖 2-37～2-47。

圖 2-37　CNC 車床(台中精機)

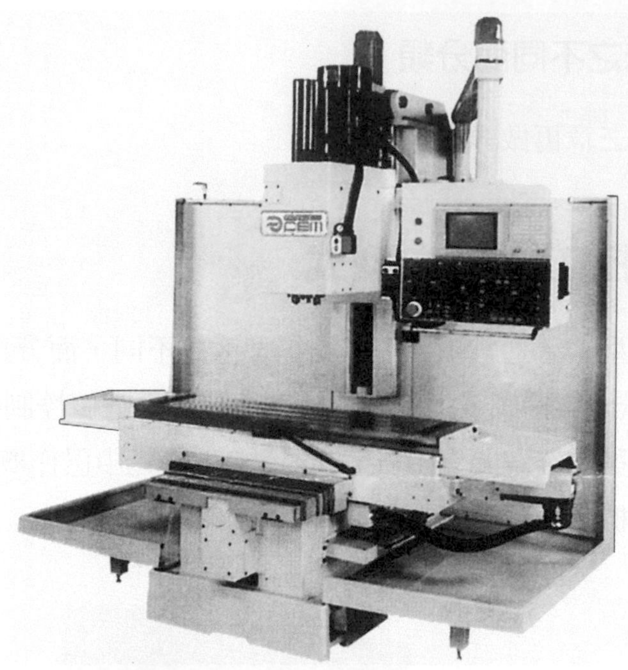

圖 2-38　CNC 銑床(鑫鋼企業)

圖 2-39　CNC 多軸銑床(鑫鋼企業)

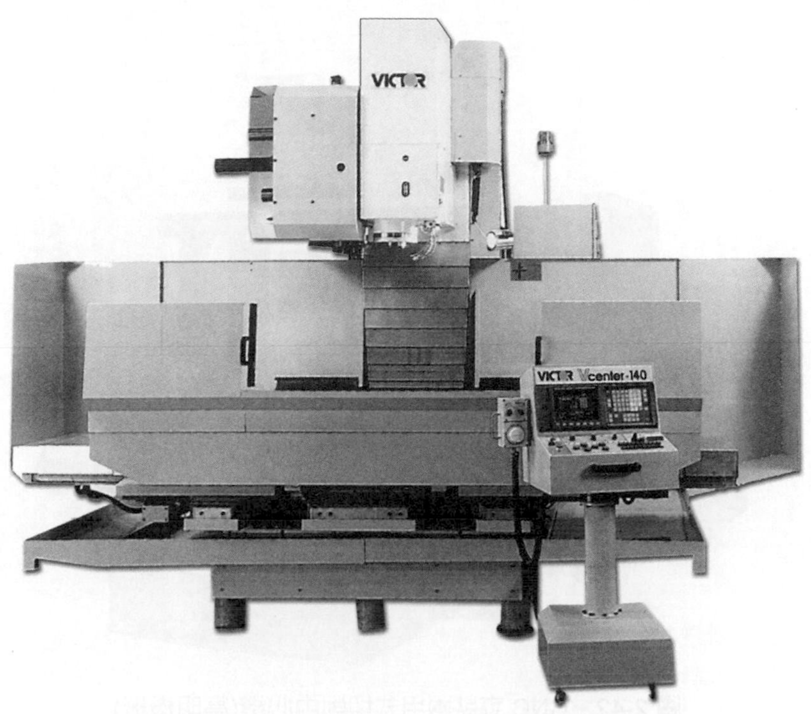

圖 2-40　CNC 立式切削中心機(台中精機)

圖 2-41　CNC 臥式切削中心機(大立機械)

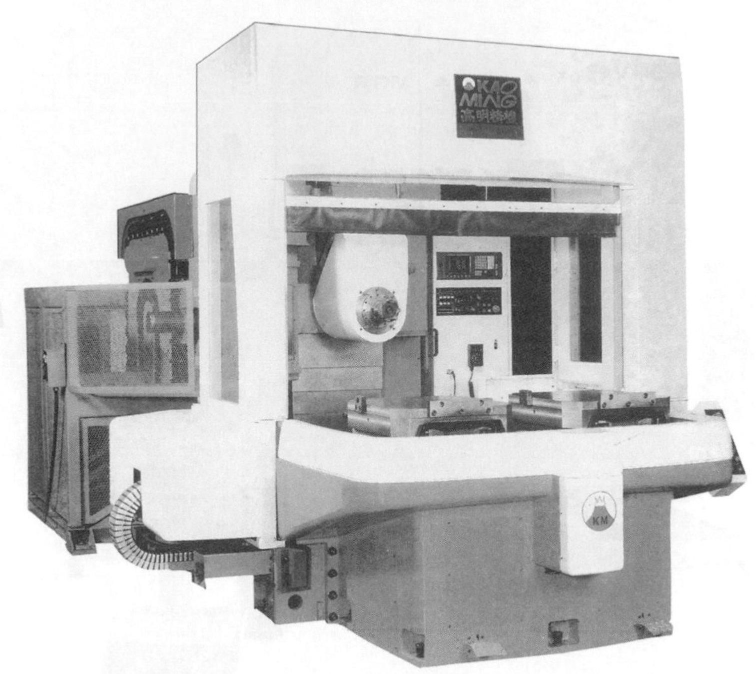

圖 2-42　CNC 立臥兩用式切削中心機(高明機械)

圖 2-43　CNC 仿削銑床(鑫鋼企業)

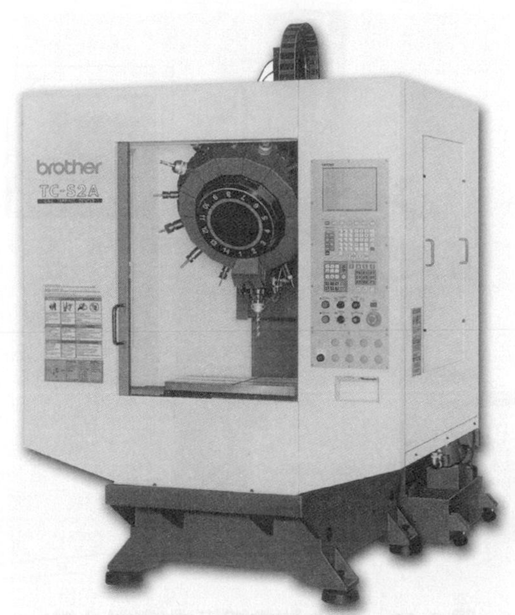

圖 2-44　CNC 鑽孔機(台灣兄弟國際行銷公司)

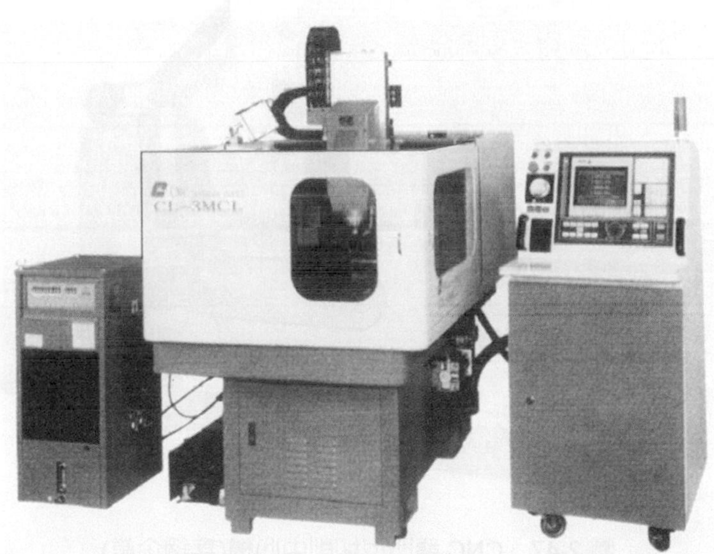

圖 2-45　CNC 線切割機(鑫鋼企業)

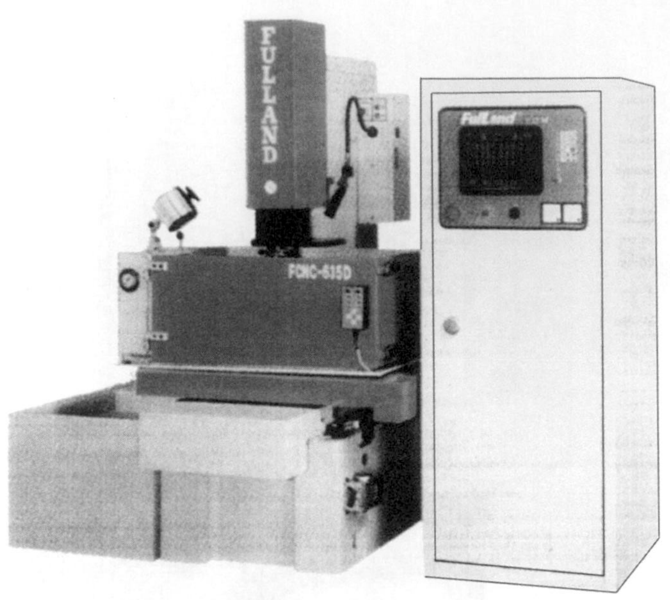

圖 2-46　CNC 放電加工機(鑫鋼企業)

圖 2-47　CNC 龍門型切削中心機(鑫鋼企業)

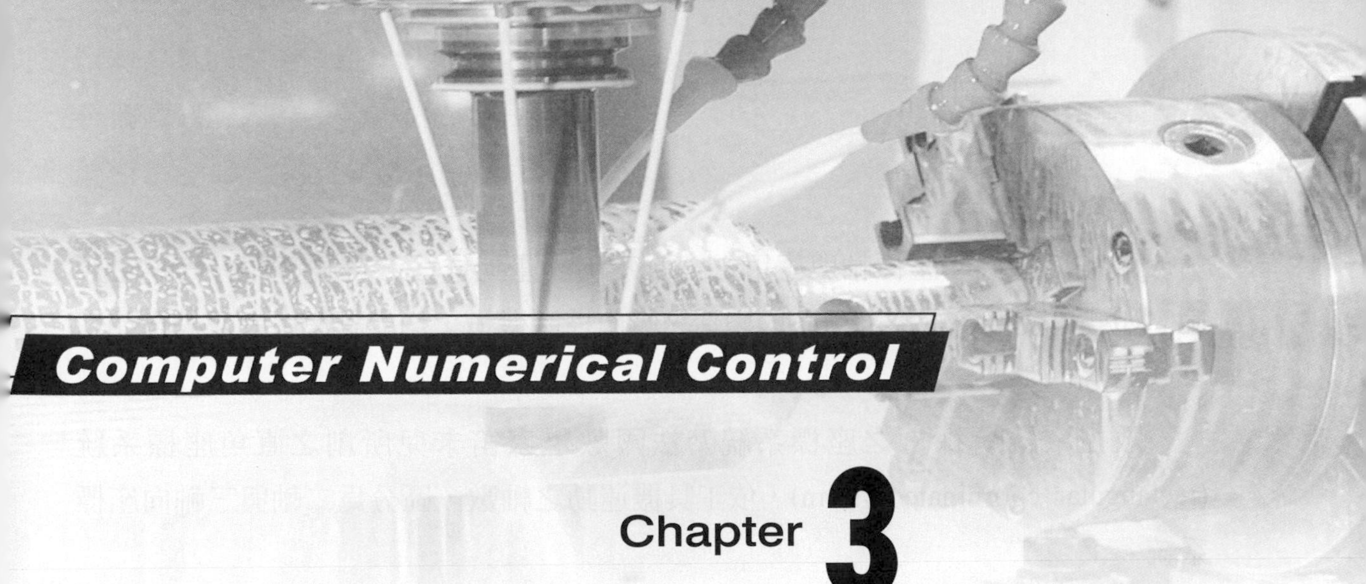

Chapter 3

數值控制工具機之座標軸向設定

數值控制工具機乃依據工作圖中，工件之尺寸與幾何形狀，依其加工進行之先後順序，即切削加工之刀具路徑，於妥善設定刀具與加工條件之後，撰寫程式，利用各種傳輸媒體(紙帶、磁碟或由控制器之面板直接鍵入)將其輸入控制器中，藉以驅動刀具或床台，對工作物進行預期之加工，以精確快速的完成完美之成品。然而，從工件的尺寸、外形之描述，到刀具路徑之決定，無一不需程式製作者給予座標與方向，以確定刀具或床台移動之方向與距離，因而對於程式設計者而言，座標系統之決定，有其絕對重要之必然性。

工具機中，凡能移動或控制之軸皆可稱為控制軸或座標軸；銑床之控制軸數包含 X、Y、Z 三個標準軸與 A、B、C 三個旋轉軸；車床上，則通常僅作 X、Z 軸向之加工。

3-1　座標系統

撰寫 CNC 程式時，刀具路徑必須以工件之形狀與尺寸為依據，因而其位移座標，實際上是由一連串之點、線與圓弧所組成之座標系統。中華民國國家標準(CNS)

對於數控工具機之座標軸與應用之座標系統，運動位移之符號等均有一定之規範，如此可使得各廠家甚至各國製造之數值控制機械，均能讓使用者操控自如而不致混淆。

數控系統所採行之座標系統乃法國數學家笛卡兒所創之直角座標系統 (rectangular coordinate system)，依工具機運動之軸數，區分為二軸與三軸向座標系統。

一、二軸向座標系統

二軸向座標系統即平面座標系統，乃由相互垂直之二直線所構成。如圖 3-1，係由 X 軸與 Y 軸線所組成之座標系統，兩軸線之交點，是為原點，其 X、Y 軸座標皆為零。兩軸線區分平面為四個等分，即四象限。右上角是為第一象限，X、Y 皆位於軸之正方向；因而 X、Y 皆為正值；左上角為第二象限，X 為負，Y 為正值，左下角第三象限，則 X、Y 均為負值，右下角第四象限，X 為正值，Y 為負值。

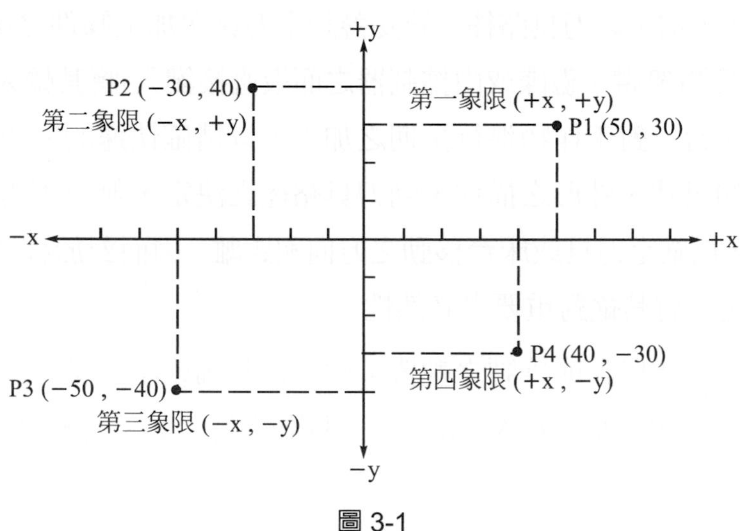

圖 3-1

車床為應用二軸向座標系統設定工作物座標，以撰寫工作程式之數控工具機，圖 3-2 為斜背後刀座式車床之座標軸，原點位於工件之左端面，若以絕對值座標標示其刀具路徑，則 A、B、C 三點均位於第一象限，因而 X、Z 座標均為正值。

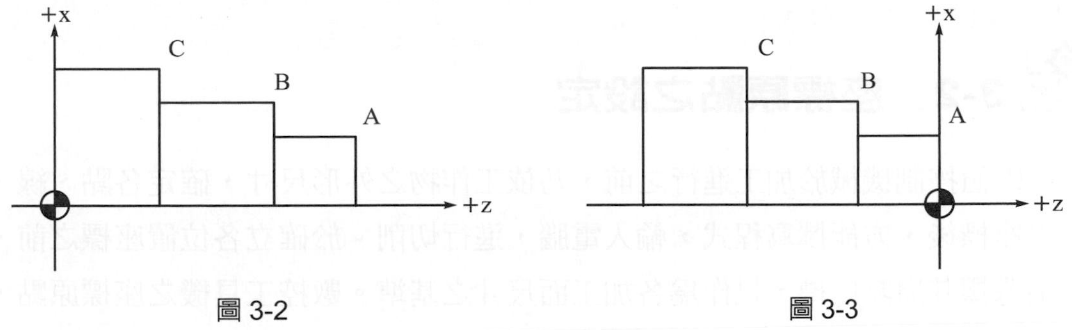

圖 3-2　　圖 3-3

惟若將座標原點右移至工件之右端面，如圖 3-3，則 A、B、C 三點，均位於第二象限，除 A 點 Z 座標爲零外，B、C 兩點 X 爲正值，Z 座標則均爲負值。

二、三軸向座標系統

於二軸座標系統中，若再加上垂直於此二直線之第三軸，即形成由相互垂直之三直線所構成之三軸向座標系統，一般亦稱爲 3D(three dimensions)或立體座標系統(如圖 3-4)。

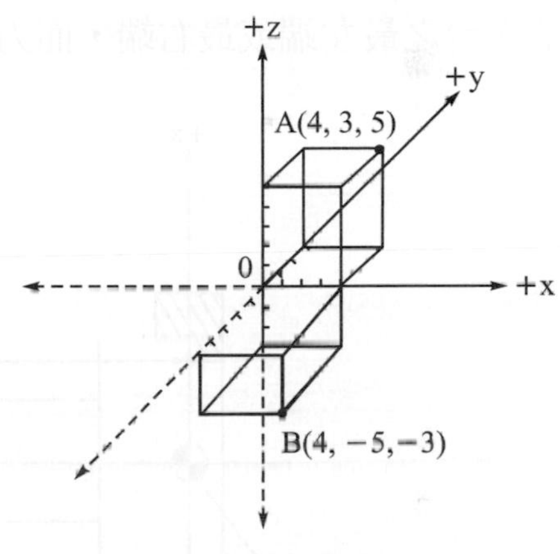

圖 3-4　三軸座標系統，
A 座標為(4，3，5)，B 座標(4，–5，–3)

銑床之切削加工，實則爲三度空間充分運用之數控機械，以其床台左右移動之方向爲 X 軸，前後移動之方向爲 Y 軸，刀具上下移動之方向爲 Z 軸，X、Y、Z 三軸向相互垂直，其交點則爲原點或零點。吾人於撰寫加工程式設定座標時，皆假定工件固定不動，而使刀具沿其欲加工之路徑進行切削，因而刀具路徑之正向，實爲工作台位移之負方向，圖 3-4 虛線部份即爲工作台位移之正向，實線爲刀具路徑之正向座標。圖 3-4 中，A 點之 X、Y、Z 座標皆位於座標軸之正向，因而皆爲正值。B 點則 X 軸座標爲正，Y、Z 軸座標因均位於原點之負方向，因而皆爲負值。

3-2 座標原點之設定

數值控制機械於加工進行之前，乃依工作物之外形尺寸，確定各點、線、圓弧之座標後，方能撰寫程式，輸入電腦，進行切削。於確立各位置座標之前，首先須選擇其原點座標，以作爲各加工面尺寸之基準。數控工具機之座標原點，依設定位置之不同，可分爲固定零點與浮動零點兩種。

一、固定零點

乃機械製造廠家所設立於工具機上一特定之原點座標或稱之爲機械原點，通常數控車床之固定零點位於主軸中心與夾頭端面之交點(如圖 3-5)，數控銑床則以工作台之最左端或最右端，而刀具主軸位於最頂端時之座標爲固定零點。

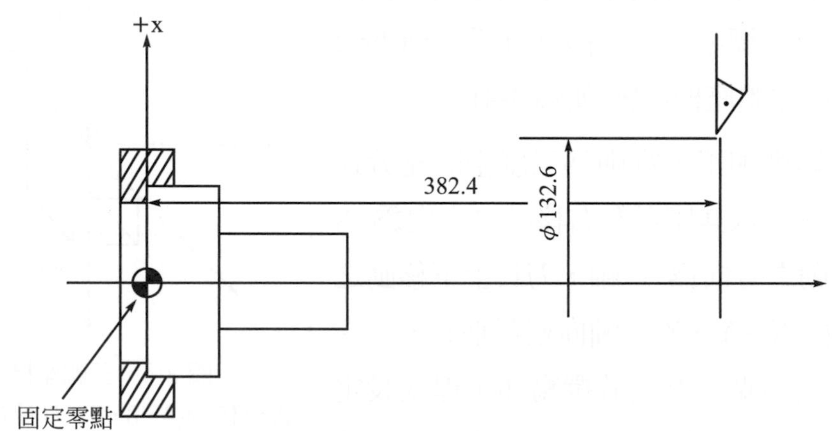

圖 3-5　數值控制車床之固定零點

撰寫加工程式時，若以此零點座標爲所有尺寸座標之基準時，則無論工件位於床台上之任何位置，則所有尺寸均需重新計算其至固定零點之相對座標(如圖 3-6、3-7)。工具機於完成加工或需作換刀時，則可以手動方式或以程式指令，使刀具回到此點。

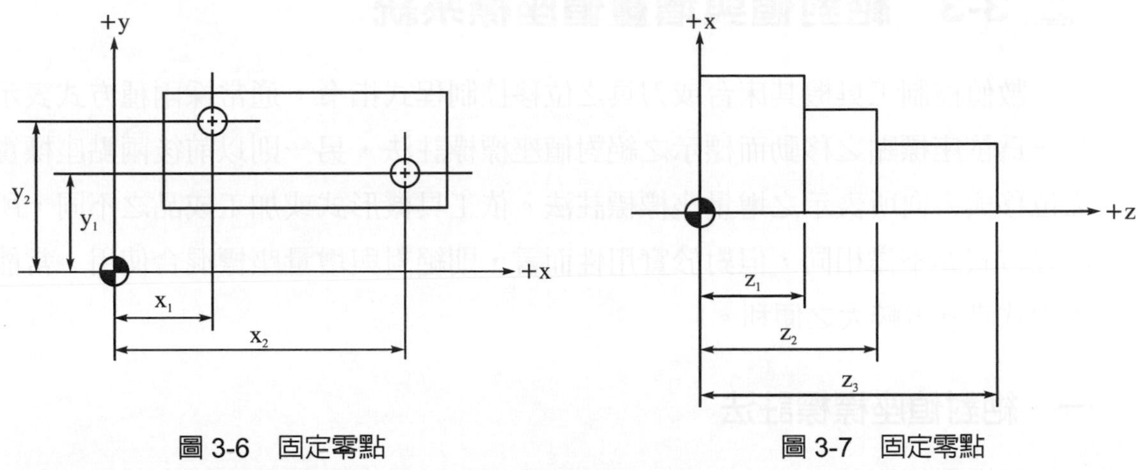

圖 3-6　固定零點　　圖 3-7　固定零點

二、浮動零點

程式設計時，設計者可依實際加工之需要，選擇工件上最方便於程式製作時，各位置座標値計算之一點，設定爲各尺寸座標基準之原點，是爲浮動零點，此零點可置於工件上任何位置。如數控車床，浮動零點可置於工件之左端面或右端面與心軸之交點，數控銑床或綜合加工中心機則可選擇工件之左下角、右下角或工作之中心位置，如以夾具夾持工件，則可選擇定位銷之中心爲原點。

浮動原點因其可設定於床台上之任何位置，於程式製作時，即可大爲簡化加工路徑座標之計算，且大型工件加工時，可於工件上同時設定若干零點，使程式製作更形簡便，因而目前數控程式之設計，大多採此種零點座標系統，如圖 3-8。

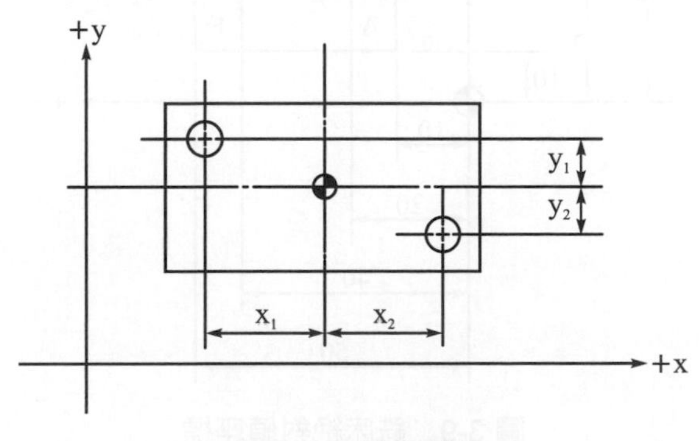

圖 3-8　浮動零點

3-3 絕對值與增量值座標系統

數值控制工具機其床台或刀具之位移控制程式指令，通常採兩種方式表示，其一爲依座標點之移動而標示之絕對值座標標註法，另一則以前後兩點座標實際之位移與方向所表示之增量座標標註法。依工具機形式或加工成品之不同，所採用之方式亦不盡相同，但對於實用性而言，則絕對與增量座標混合使用，常能給予程式設計者較大之便利。

一、絕對值座標標註法

以絕對值標註座標時，乃以工件之座標零點爲所有尺寸座標之基準，其座標設定爲(0，0)。刀具或床台之位移均以此零點爲依據，進行切削或定位，即所有切削、定位之位移指令值均以位移之目標點至座標原點間之軸向距離來表示。如圖3-9 爲銑床之絕對座標標註法，圖 3-10 則爲車床之絕對座標。

以絕對值座標撰寫銑床程式時，以 G90 定義之，車床則直接以 X、Z 表示絕對值座標，圖 3-9 之銑床工作，圖 3-10 之車床切削加工，刀具路徑以絕對值座標撰寫如下：

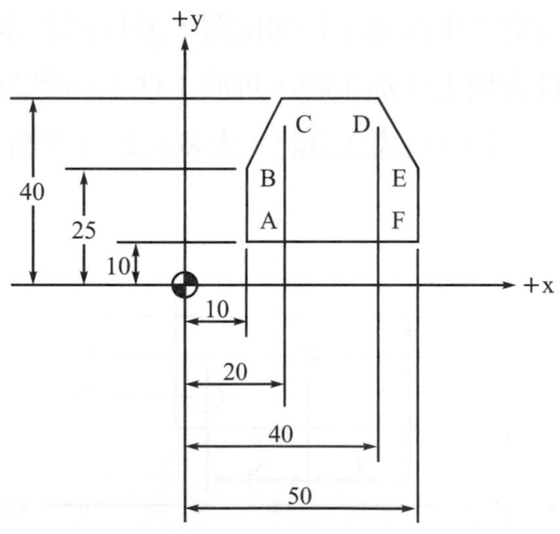

圖 3-9　銑床絕對值座標

```
O3009;
G90  G00  X10.0  Y10.0; ································O→A
               Y25.0; ································A→B
          X20.0  Y40.0; ································B→C
          X40.0;C→D
          X50.0  Y25.0; ································D→E
               Y10.0; ································E→F
          X10.0; ······································F→A
          X0    Y0; ····································A→O
```

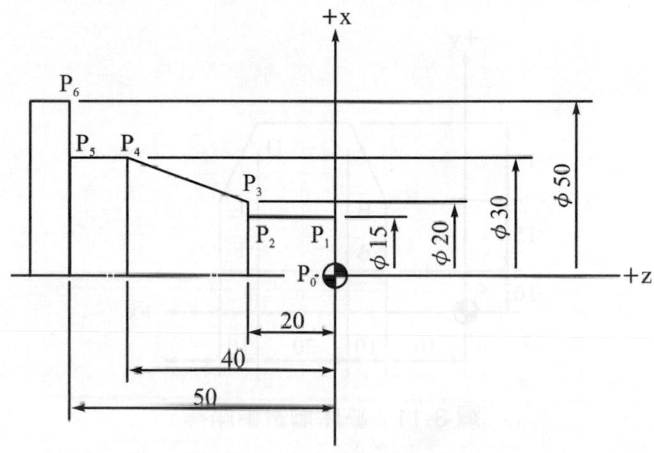

圖 3-10　車床絕對值座標

```
O3010;
  G00  X15.0; ·································P0→P1
       Z-20.0; ································P1→P2
       X20.0; ·································P2→P3
       X30.0  Z-40.0; ·························P3→P4
       Z-50.0; ································P4→P5
       X50.0; ·································P5→P6
```

二、增量值座標標註法

以增量值標註工件之尺寸時，刀具或床台之位移乃依據前一點之座標爲起點，以其與目前程式指令所要求到達位置間之增量值來表示。即程式指令之座標值，實爲刀具或床台本身的移動距離，換句話說，一單節之終點即爲另一單節位移之起點。圖 3-11 爲銑床程式之增量座標標註法，圖 3-12 則爲車床程式之增量座標標註法：

銑床程式之刀具路徑若以增量值表示時，以 G91 定義之，車床程式

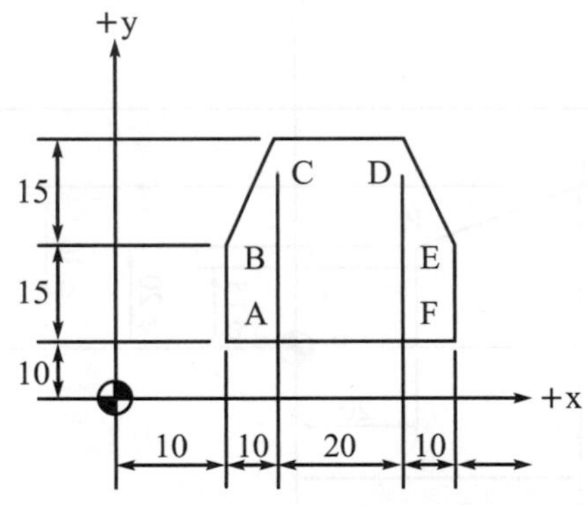

圖 3-11　銑床增量值座標

```
O3011;
  G91  G00  X10.0   Y10.0; ································O→A
            Y15.0;        ································A→B
            X10.0   Y15.0; ································B→C
            X20.0;        ································C→D
            X10.0   Y-15.0; ·······························D→E
                    Y-15.0; ·······························E→F
            X-40.0;       ································F→A
            X-10.0  Y-10.0; ·······························A→O
```

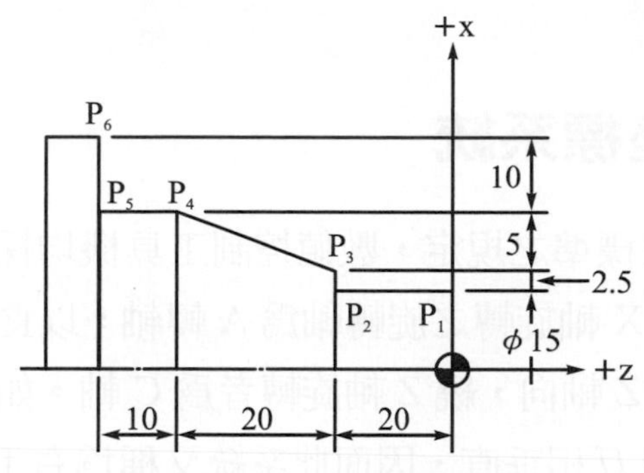

圖 3-12　車床增量值座標

之增量值，則以 U、W 分別表示 X、Z 軸之位移增量值。圖 3-11 銑床工作及圖 3-12 車床之切削加工，其刀具位移路徑，以增量值座標撰寫如下：

```
O3012；
  G00 U15.0；……………………………………………………P0→P1
      W-20.0；…………………………………………………P1→P2
      U5.0；……………………………………………………P2→P3
      U10.0  W-20.0；……………………………………………P3→P4
      W-10.0；…………………………………………………P4→P5
      U20.0；……………………………………………………P5→P6
```

無論撰寫程式時，係採用絕對或增量座標系統，皆各有其優缺點，以絕對座標撰寫程式，若某一點座標設定或計算錯誤，則僅須對該點座標加以修正即可，增量座標則勢將影響往後加工路徑上其他各點之座標。且絕對座標中，工件每一點均以原點爲基準，因而無累積誤差之虞，但若工件外形複雜則座標計算將十分繁複，此時，則以增量座標系統較爲適宜。一般而言，對稱性之工件以絕對座標較佳，工件外形複雜或呈階梯狀，則以增量座標方式較爲理想。另外，絕對與增量座標可以混合標示，以互補彼此之不足，發揮相輔相成之功效。

3-4 右手座標系統

依據 CNS 中國國家標準之規定，數值控制工具機均採右手座標系統，即以右手姆指代表 X 軸，環繞 X 軸旋轉之旋轉軸為 A 轉軸，以食指表示 Y 軸，繞其旋轉之軸是為 B 軸，中指為 Z 軸向，繞 Z 軸旋轉者為 C 軸。如圖 3-13，右手三指分別表示 X、Y、Z 三軸，且互相垂直，因而此系統又稱為右手直角座標系統。

圖 3-13 右手座標系統中，X、Y、Z 分別表示立體座標之三軸向，指尖方向分別為三軸之正向。若以數值控制立式銑床為例，則 X 軸表示床台之左右移動力向，Y 軸為床台前後移動之方向，Z 軸則為床台或刀具之上下進刀方向。至於旋轉軸之方向，則如圖所示，設以右手拇指指尖代表 X、Y 或 Z 軸之正向，則其餘四指之“旋向”，即為旋轉軸 A、B 或 C 之旋轉方向。

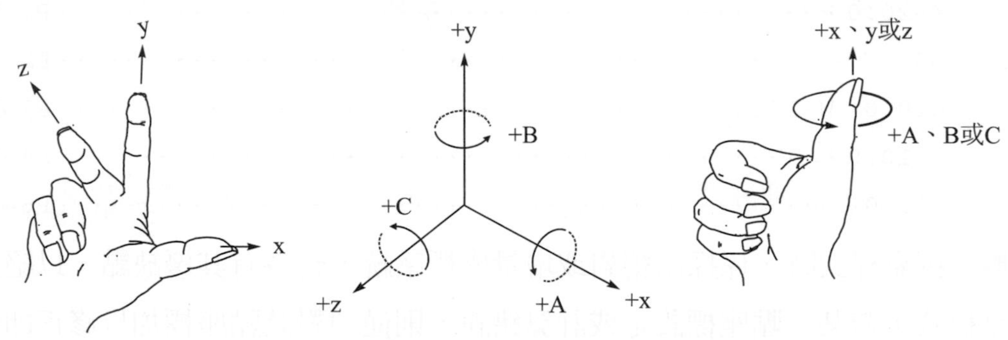

圖 3-13　右手座標系統

3-5 工具機之座標軸

數值控制工具機於執行切削加工之前，所撰寫之加工程式，其位移之軸向與距離必須與工具機之運動軸向相符，方不致因軸向認定之混淆而造成加工作業之缺失。根據 CNS 之規範，數控工具機之座標軸乃以右手座標系統定義之，可分為 X、Y、Z 三軸向運動之工具機(如 CNC 銑床、CNC 加工中心機、CNC 鑽床……等)，與二軸向運動者(如 CNC 車床、CNC 磨床……等)。至於軸向，則通常以心軸之方向為 Z 軸，X、Y 軸之方向則視工具機之不同而有所不同。以下將分別就工具機三個軸向之定義加以介紹：

一、工具機之 Z 軸

1. 工件旋轉之數控工具機

工件夾持於心軸且迴轉之工具機，其心軸方向即為 Z 軸之軸向，遠離夾爪或工件之方向為 Z 軸之正向，反之，則為負向。如車床，圖 3-14。

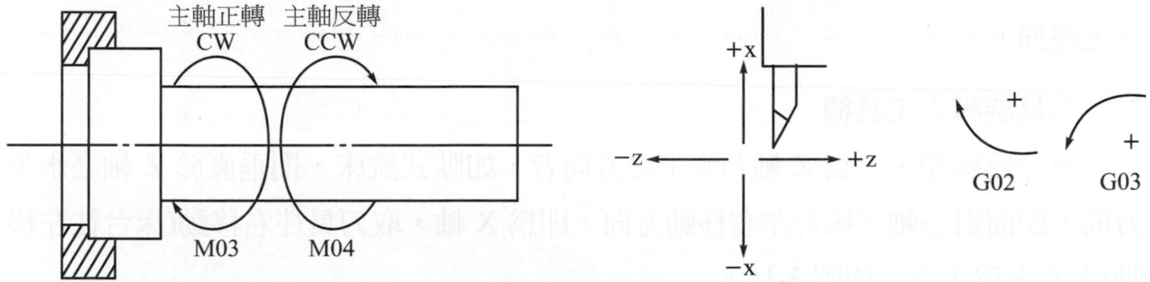

圖 3-14　後刀座式 CNC 車床之座標軸

2. 刀具旋轉之數控工具機

工件夾持固定於床台，刀具則安置於主軸上之工具機如銑床、綜合加工中心機即是，圖 3-15。其平行心軸之方向即定義為 Z 軸，而以刀具遠離床台之方向為 Z 軸之正向。

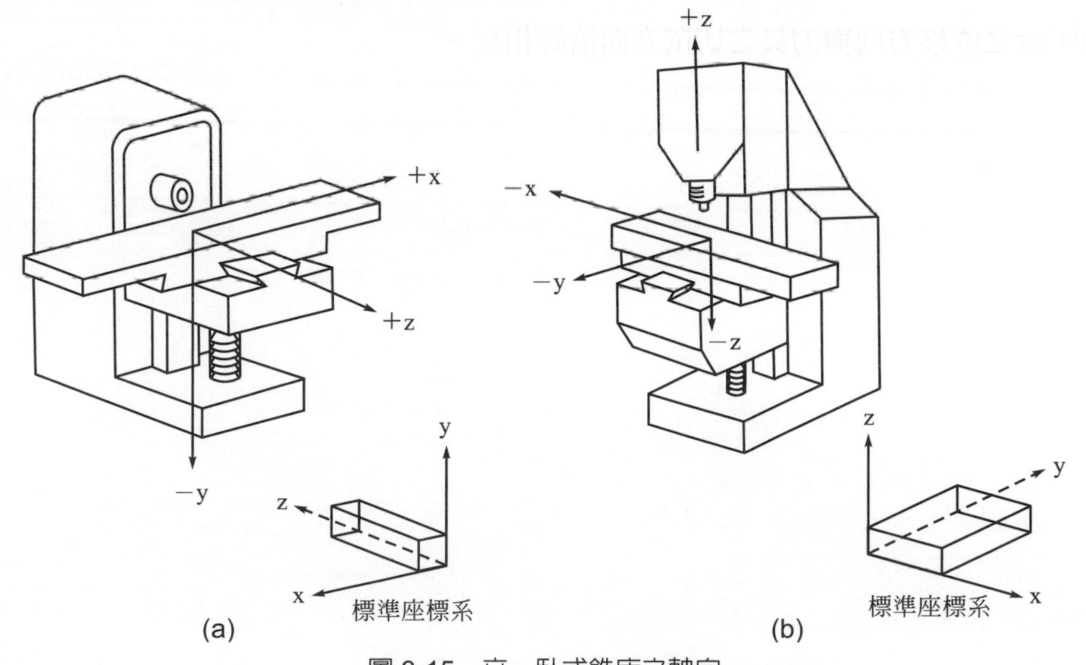

圖 3-15　立、臥式銑床之軸向

二、工具機之其他軸向

1. 工件旋轉之工具機

如車床(圖 3-14)與外圓磨床，因其僅爲二軸向之切削加工，因而，垂直於心軸之刀具運動方向即爲 X 軸，刀具遠離心軸之方向即爲 X 軸之正向，惟 X 軸實爲工件之徑向。

2. 刀具旋轉之工具機

可分爲兩類，一爲 Z 軸乃水平之方向者，如臥式銑床，則垂直於 Z 軸之水平方向，即面對心軸之床台左右移動方向，即爲 X 軸，取刀具往右移動(床台往左移動)之方向爲正向，如圖 3-15。

另一則 Z 軸爲縱向，如立式銑床或立式綜合加工中心機，取面對機器，床台左右移動之方向,即垂直於 Z 軸之床台左右移動方向爲 X 軸,而工作台向左移動(刀具向右移動)之方向是爲 X 軸之正向，如圖 3-15。

不論數值控制工具機之形式爲刀具旋轉或工作物旋轉，吾人於製作加工程式時，皆假定工作物爲固定不動，而刀具則沿工作物之切削路徑進行切削加工，因而床台之位移方向與刀具之切削方向恰好相反。

Computer Numerical Control

Chapter 4

CNC 車床工作程式設計

車床工作程式乃依據工作圖上工件之座標與數控工具機之規格，設定其加工條件，而後依加工程序撰寫成數值控制之語言即完成所謂程式之製作。一般而言，加工程式之撰寫，其程序如下：

(1) 數控工具機機種、類型之選定。

(2) 工件夾持方法，即夾具之製作與刀具之選擇。

(3) 加工程序之設計，如原點之設定、刀具路徑之規劃等。

(4) 切削條件如心軸轉速、進刀速率、切削劑等之決定。

4-1 CNC 車床程式製作之基本認識

一群爲操作機器而給予數控系統之指令稱爲程式，靠指令之設定，使刀具沿一直線或圓弧移動。並且於路徑程式中，依實際刀具移動之順序執行指令，以控制馬達之啓動或停止。

每一順序步驟之一群指令稱爲單節，而程式乃由一系列加工之一群單節所組成；其中辨別每一程式之號碼，稱爲程式號碼。單節與程式則如圖 4-1 之程式結構。

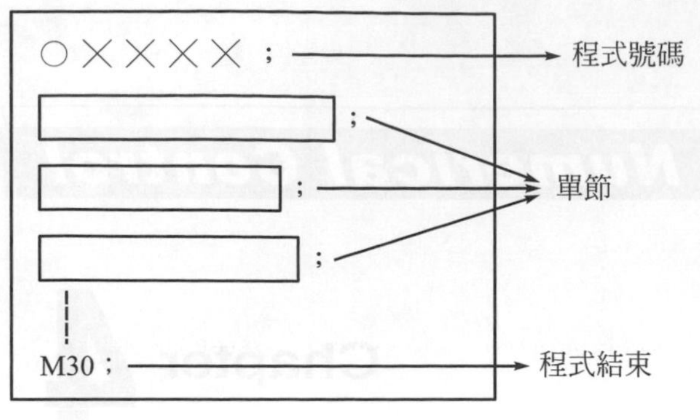

圖 4-1　程式之結構

每單節包含一順序號碼(位於單節之前頭，指示 CNC 操作之順序)，而以 EOB(End of Block)指示單節之結束。

通常每一程式之開始，有一程式號碼被指定在整個程式之最前頭，而以一程式結束之語碼(M02，M30)被指定於程式之結尾。

一、座標軸之設定

座標軸之設定決定刀具移動之方向與距離，座標字語則由刀具之移動方式、座標之移動方向及距離所組成。如 G01　X40.0　Z–15.0　F0.30；表示刀具作直線切削，終點座標爲 X 軸直徑 40mm，Z 軸則位於原點之負向 15mm，進刀速率爲 0.3mm/rev。

車床上僅選用 X 軸與 Z 軸爲其座標軸，X 軸爲垂直座標軸，Z 軸則爲水平座標軸；設若以工件之端面與心軸之交點爲原點，則原點之右方向爲 Z 軸之正值，左方向爲負值，原點之上方是爲 X 軸正值，下方則爲 X 軸之負值。如圖 4-2 所示。

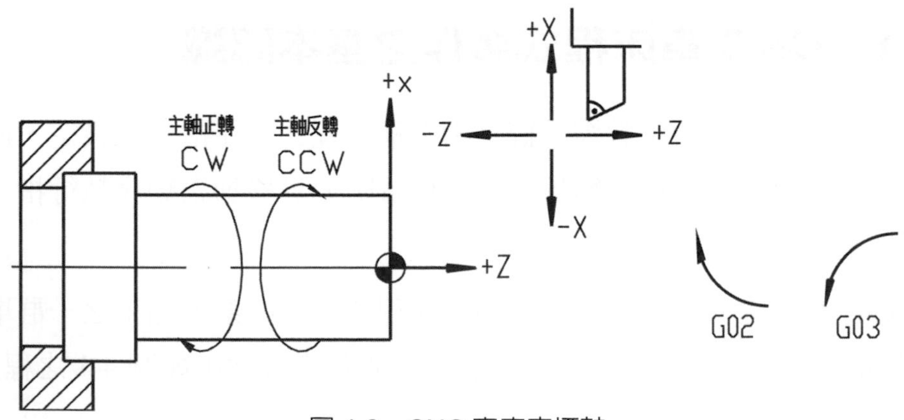

圖 4-2　CNC 車床座標軸

依據 CNC 車床座標軸向之設定，於處理刀具之座標位置與位移符號時，須注意以下幾點：

(1) 設計程式時，應遵照右手直角座標系統，即標準座標系統。

(2) 撰寫程式前應先確認工件原點與機械原點間之相對座標值，即工作座標系統須與程式座標系統一致(G50)，始能確保工件尺寸之精確性。如圖 4-3，車床中係以 G50 指令來確認程式之原點座標，即 G50 X___Z___；

(3) 程式設計時，必須假設工件爲固定不動，而刀具則沿著工作物移動，以做刀具路徑之切削。

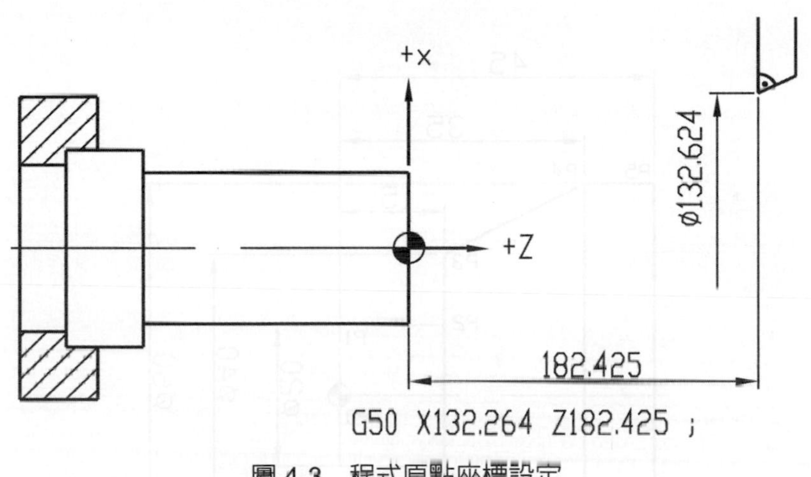

圖 4-3 程式原點座標設定

二、座標值與尺寸

CNC 車床上移動刀具的指令座標值，可用絕對值或增量值尺寸標示法來指出。

1. 絕對座標值表示法

刀具移動到另一點時，此點與座標系原點間之距離，即爲此一位置於程式中之座標值。即座標值之設定，完全以座標系統設定之零點爲基準者，稱爲絕對座標值指令法。於 CNC 車床程式中，直接以 X、Z 之值表示之。

2. 增量座標值表示法

以前一刀具位置為基點，計算下一位置點之座標值，即每一切削動作之終點，同時為下一切削動作之起點，此種座標標示法，是為增量座標值指令法，CNC 車床程式中，以 U、W 表示其 X 軸與 Z 軸向之增量值。

3. 絕對與增量混合併用之座標值表示法

於 CNC 車床程式中，除絕對、增量座標值常用以標示加工件之切削路徑外，亦可混合兩種座標值表示法於同一加工程式中使用，即併用 X、Z、U、W 指令值於同一程式中，以標示加工途徑上各點之尺寸座標。圖 4-4 為各種座標值表示法之應用。

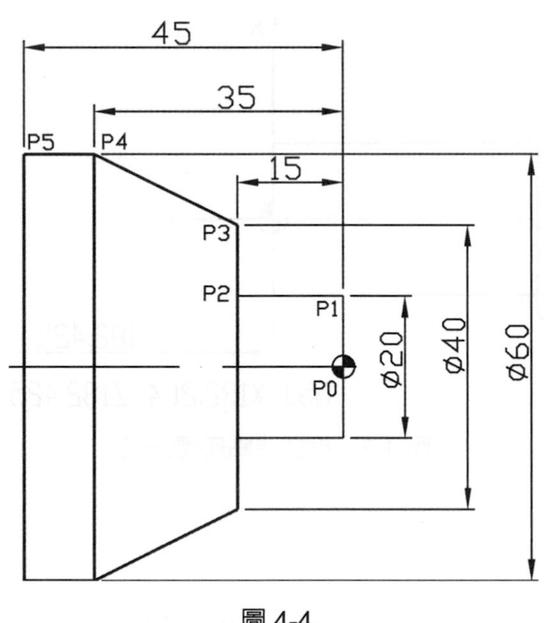

圖 4-4

絕對座標指令：

```
P0→P1  G01  X20.0  F0.3；
P1→P2       Z-15.0；
P2→P3       X40.0；
P3→P4       X60.0  Z-35.0；
P4→P5       Z-45.0；
```

增量座標指令

```
P0→P1  G01  U20.0  F0.3；
P1→P2       W-15.0；
P2→P3       U20.0；
P3→P4       U20.0  W-20.0；
P4→P5       W-10.0；
```

絕對與增量混合指令

```
P0→P1  G01  X20.0  F0.3；
P1→P2       W-15.0；
P2→P3       X40.0；
P3→P4       U20.0  Z-35.0；
P4→P5       W-10.0；
```

註 G01 為直線切削指令。

三、程式之組成

CNC 程式主要係由主程式(main program)與副程式(sub program)所組成。凡是包含於同一程式序號下之指令與機能，皆屬於主程式之範圍，而副程式則爲當加工相同之模型出現於同一程式之許多部位時，爲免浪費電腦記憶軟體之空間，並節省程式製作之時間，乃爲此模型另外撰寫一程式，此一程式即爲副程式。當執行主程式之過程中，若出現副程式之執行指令(M98)，副程式中之所有指令即被執行，而當副程式執行完成(M99)後，則依順序回到主程式，執行主程式中之下一單節指令。若於副程式中，仍有需要重複執行之指令組合時，則可另再撰寫"第二副程式"，此第二副程式爲"第一副程式"所呼叫執行，執行完成後，回到"第一副程式"，依序執行第一副程式之下一單節指令，當第一副程式之動作指令皆執行完畢後，即回到主程式，以繼續執行主程式之下一指單節令。圖 4-5 爲主程式與副程式間之加工流程。

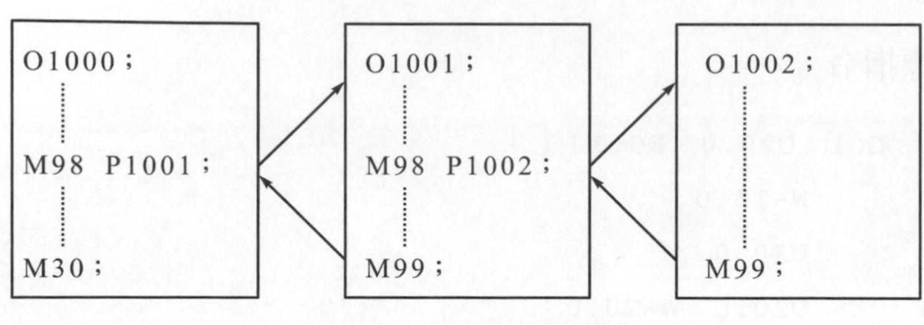

圖 4-5 加工程式流程圖

不論主程式抑或副程式，下列指令與機能均將涵蓋於其中，以下將逐一介紹：

1. 程式號碼

CNC 車床之數控系統可記憶若干程式，然為了控制儲存於記憶中之程式以便叫出執行，及程式與程式間之區分，通常於程式之最前端標註一程式號碼。程式號碼由英文字母 O 和 4 位數值所組成(1～9999)，如 O2468 表示編號 2468 之程式。每一 CNC 程式均由程式號碼開始，而以 M02 或 M30 作為程式之結束(副程式則以 M99 作為結束之指令)。如

O0001…………M02；	表示編號 0001 之程式，M02 則表示主程式之結束(記憶停留於最後之單節)。
O1000…………M30；	表示編號 1000 之程式，M30 則表示主程式之結束(記憶回到原程式號碼所在之單節)。
O0123…………M99；	表示編號 0123 之副程式，M99 表示副程式之終止(並回復至主程式)。

編寫程式號碼時須注意下列事項：

(1) /M02；，/M30；，/M99；等主、副程式結束指令之前若附加(/)，即單節刪除指令時，則須注意此指令之是否執行，若答案肯定，並不表示程式之結束。

(2) 若某一程式無程式號碼時，該程式最前端之順序號碼，將被視為程式號碼。

(3) 機械加工若以打孔紙帶之輸入進行，則可省略其程式號碼。

2. 順序號碼

每一 CNC 程式，均由一群單節(block)所組成，而每一單節之開始有一序號以表示其執行順序，此序號即稱爲順序號碼或程序號碼。

順序號碼由位址碼 N 與四位數(1～9999)所組成，序號使用時其次序可隨意且不連續，視程式需要，可在每一單節前均加以編號，也可僅於需要之範圍內編號，因此，順序號碼可有可無。然而，若進行複合循環(G70～G76)切削，則循環內之單節均須加以編號。

順序號碼於使用時，最好予以規則等距之順序排列，如 N0005……；N0010……；N0015……；以便於新增單節之插入，另順序號碼之組合數字中，前行之零可以省略，如 N0005……；可以 N05，甚至 N5 表示即可。

3. 字語(word)

數控程式中之每一單節係由一個或數個字語所組成，而每一個字語又由一位址碼字母(A～Z)和緊接於正負符號後之數字所組成。位址碼字母係用以指定其後數值的意義，如

Z　　　　–50.0

位址碼　　數字

字語

位址碼之意義，依所設定之程式機能不同，而有不同的意義。表 4-1 爲位址碼於不同機能中所代表之意義。

表 4-1

機　　能	位　　址	意　　義
程式號碼	:(EIA)/O(EIA)	程式號碼
序　　號	N	序　　號
準備機能	G	機能模式指定(如直線等)
尺寸字	X，Z，U，W	座標軸移動指令
	R	圓弧半徑，轉角R
	I，K	圓弧中心座標

表 4-1(續)

機　　　能	位　　　址	意　　　義
進給機能	F	進給速度指定，螺紋導程指定
主軸機能	S	主軸速度指定
刀具機能	T	刀具號碼指定，刀具補正號碼指定
輔助機能	M	機械側 ON/OFF 控制指定
	C	倒角量
暫　　停	P，X，U	暫停時間指定
程式號碼指定	P	副程式號碼指定
重覆次數	P	副程式重覆次數(0T)
序號指定	P，Q	程式重覆部份之序號指定

4. 單節

數控程式是由一群指令所組成，而每一個指令就叫做一個"單節"，或稱爲"區段"。每一單節之終了，以"；"作爲單節結束碼。

例如：

```
G50  X200.164  Z197.430  S2000；
G96  S120  M03；
T0101；
```

以上每一行均爲一個單節，單節中並未限制字語(word)之數量，當單節結束，則以"；"符號作爲兩單節間之分隔。

5. 最小設定單位、最小移動單位

最小設定單位是指能爲數値控制器所接受之最小數値，而其單位則包括 mm 與 inches。爲一最小之輸入單位。

最小移動單位，則不論公、英制，都是指令刀具所能移動之最小單位，爲一最小之輸出位移量。表 4-2 爲 FANUC 0T 系列之最小設定單位與最小移動單位。

6. 小數點之使用

製作程式時，小數點之使用具有其選擇性，凡屬於座標軸位移指令，如 X、Z、I、K、U、W、R，或用於進給指令之位址碼 F，其後所緊接之數値均可使用小數點，但其他址碼則不可使用小數點。如

```
X15.02 ················· 表示 X15.02mm 或 X15.02inch。
U23.04 ················· 表示 X 軸增量座標正方向 23.04mm 或 23.04inch
G01  X24.20  F0.3 ······· 表示 X24.20mm F0.3mm/rev 或 X24.20inch，
                          F0.3 in/rev。
G04  P2500(X2.5 或 U2.5) · 皆表示暫停 2.5 秒，使用 P 址碼時，不能使用小數點。
```

表 4-2

輸出入系統	最小設定單位	最小移動單位
公制輸入公制輸出	X : 0.001mm(直徑指定) Z/Y : 0.001mm C : 0.001deg	X : 0.0005mm Z/Y : 0.001mm C : 0.001deg
	X : 0.001mm(半徑指定) Z/Y : 0.001mm C : 0.001deg	X : 0.001mm Z/Y : 0.001mm C : 0.001deg
英制輸入公制輸出	X : 0.0001inch(直徑指定) Z/Y : 0.0001inch C : 0.001deg	X : 0.0005mm Z/Y : 0.001mm C : 0.0001deg
	X : 0.0001inch(半徑指定) Z/Y : 0.0001inch C : 0.001deg	X : 0.001mm Z/Y : 0.001mm C : 0.0001deg
公制輸入英制輸出	X : 0.001mm(直徑指定) Z/Y : 0.001mm C : 0.001deg	X : 0.00005inch Z/Y : 0.0001inch C : 0.001deg
	X : 0.001mm(半徑指定) Z/Y : 0.001mm C : 0.001deg	X : 0.0001inch Z/Y : 0.0001inch C : 0.001deg
英制輸入英制輸出	X : 0.0001inch(半徑指定) Z/Y : 0.0001inch C : 0.001deg	X : 0.0005inch Z/Y : 0.0001inch C : 0.001deg
	X : 0.0001inch(半徑指定) Z/Y : 0.0001inch C : 0.001deg	X : 0.0001inch Z/Y : 0.0001inch C : 0.001deg

7. 資料之輸入格式

程式中每一單節內字語(word)之輸入，有其一定之格式，製作程式時須遵此格式，否則 NC 系統將不予執行，若格式錯誤，而系統接受，則亦將造成極大之錯誤。以下僅就 FANUC 0 系列之格式作一介紹。

(1) 公制單位輸入格式

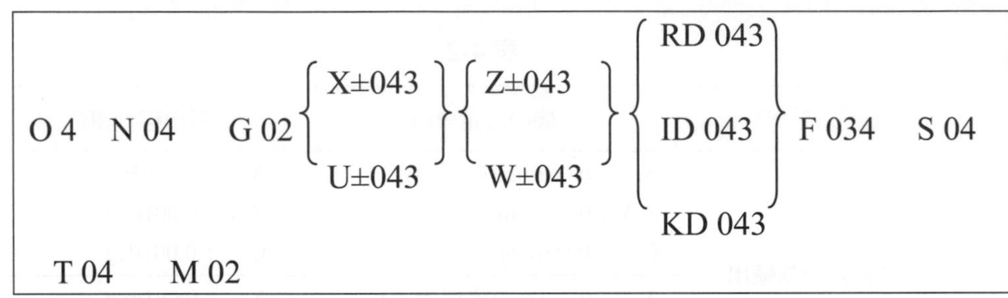

(2) 英制單位輸入格式

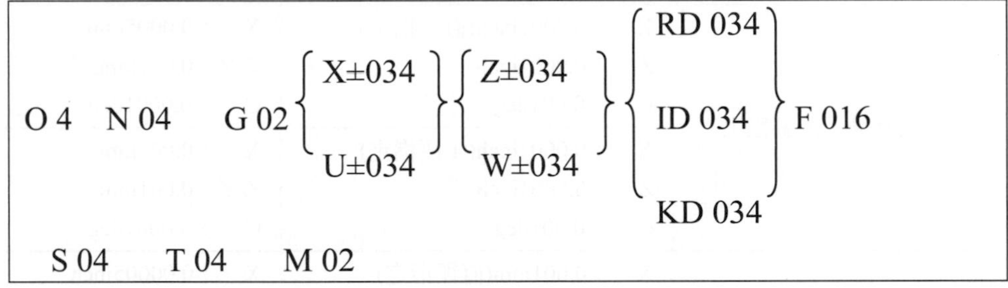

以上輸入格式之意義如下：

① O4：程式號碼 O 後面可接 4 位數，如 O1234 表示編號為 1234 之加工程式。

② N04：順序號碼 N 後面可接 4 位數，前行零可以省略，如 N0024 可寫成 N24，表示編號 24 之單節。

③ G02：準備機能 G 碼之後可加 2 位數，前行零可省略，如 G01 可寫成 G1，意指直線切削。

④ X±043：

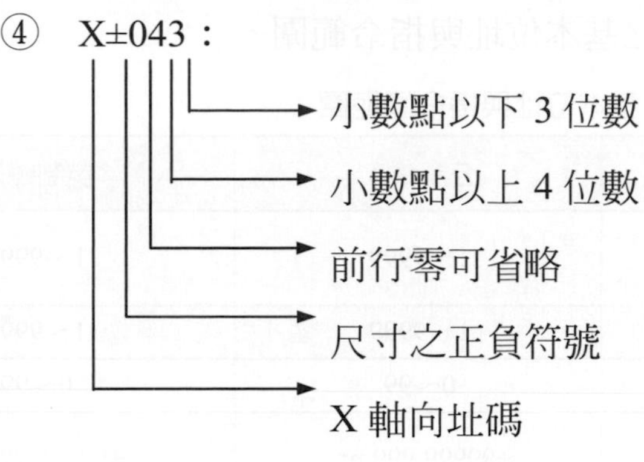

如 X – 28.426；

⑤ RD034：

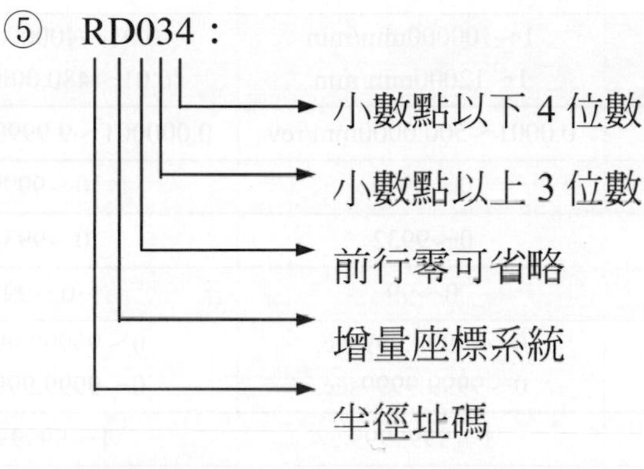

如 R25.50

⑥ F034：

小數點以下 4 位數
小數點以上 3 位數
前行零可省略
進刀速率

如 F150 或 F0.35

⑦ S04：主心軸轉速機能，輸入格式爲 4 位數正整數，前行零可省略，如 S1200 表示 1200rpm。

⑧ T04：刀具機能，輸入格式爲 4 位數整數，如 T0202 表示 2 號刀具二號補正。

⑨ M02：輔助機能，輸入格式爲 2 位數整數，如 M30 表示程式結束，記憶還原。

表 4-3 為 FANUC 0 系列之基本位址與指令範圍。

表 4-3 基本位址與指令值範圍

機　　能	位　址	公制輸入	英制輸入
程式號碼	: (ISO) O(EIA)	1～9999	1～9999
序號	N	1～9999	1～9999
準備機能	G	0～99	0～99
尺寸字設定單位	X，Z，U W，R，C A，I，K	±99999.999mm ±9999.9999mm	±999.9999inch ±999.99999inch
每分鐘進給率設定單位	F	1～100000mm/min 1～12000mm/min	0.01～40000.00inch 0.01～480.00inch/min
每轉進給率螺紋導程	F	0.0001～500.0000mm/rev	0.000001～9.999999inch/rev
主軸機能	S	0～9999	0～9999
刀具機能	T	0～9932	0～9932
輔助機能	M	0～99	0～99
暫停設定單位	X，U，P	0～99999.999sec. 0～9999.9999sec.	0～99999.999sec. 0～9999.9999sec.
序號指定重覆次數	P	1～9999999	1～9999999
序號指定	P，Q	1～9999	1～9999

8. 選擇性單節跳越功能(optional block skip function)

在單節之最前端有斜線記號"/"時，機械操作面板上的選擇性單節刪除(block delete)開關在"ON"的位置時，紙帶或記憶之運轉操作，將對應於開關"ON"的指令，致使"/"單節跳越之功能生效，而直接跳過該序號之單節即不予執行該單節之動作指令。但若選擇性單節刪除開關在"OFF"位置時，則"/"單節跳越之功能即失去效用，亦即該單節之指令將仍然被執行。因此單節前端之"/"單節跳越功能，可由操作者自由選擇其是否執行。

選擇單節刪除開關為"ON"時，其不執行之範圍如下：

```
  N020   G00   X40.0   Z–20.0 ;
/ N025   G01   X25.0   F0.3 ;
  |←—— 不執行之範圍 ——→|
  N030   G00   X40.0 ;
```

註 1. 單節跳越"/"之斜線必須於單節開始時指定，若加於單節之其他位置指令中，則從斜線"/"符號至"；"單節終了間之指令，將遭致全數刪除。

註 2. 選擇性單節跳越是從記憶或紙帶中將情報讀入緩衝儲存器時識別，用斜線處理的單節讀入緩衝記憶後，即使選擇性單節跳越開關打開，也不會刪除輸入的單節。

註 3. 本機能於序號尋找時也將有效。

四、基本機能簡介

1. 準備機能(G 機能)

準備機能乃指令機械之刀具作何種方式之移動或加工，各址語皆有其一定之意義與正確之使用要領，而由位址字碼 G 和 00～99 兩位數所組成。表 4-4 為標準 G 語碼和其隸屬組群與機能一覽表。

表 4-4 G 語碼機能一覽表

標準 G 語碼	特殊 G 語碼	組 群	機 能
※G00	※G00	01	定位(快速定位)
G01	G01		直線切削
G02	G02		圓弧切削順時針
G03	G03		圓弧切削反時針
G04	G04	00	暫停
G10	G10		資料設定
G20	G20	06	英制資料輸入
G21	G21		公制資料輸入
※G22	G22	09	記憶行程檢查 ON
G23	G23		記憶行程檢查 OFF
※G25	※G25	08	主軸速度變動檢出 OFF
G26	G26		主軸速度變動檢出 ON
G27	G27	00	原點復歸檢查
G28	G28		原點復歸
G30	G30		第二原點復歸
G31	G31		跳躍切削
G32	G33	01	螺旋切削
G34	G34		可變導程螺紋
G36	G36	00	自動刀具補正 X
G37	G37		自動刀具補正 Z
※G40	※G40	07	刀鼻半徑補正取消
G41	G41		刀鼻半徑左補正
G42	G42		刀鼻半徑右補正

表 4-4　G 語碼機能一覽表(續)

標準 G 語碼	特殊 G 語碼	組　群	機　　能
G50	G92	00	座標系統設定，最大主軸轉速設定
G65	G65		自設程式群取消
G66	G66	12	程式群持續呼叫
G67	G67		程式群持續呼叫取消
G68	G68	04	對向刀架鏡射 ON
※G69	※G69		對向刀架鏡射 OFF
G70	G70	00	精車削加工循環
G71	G71		軸向切削循環
G72	G72	00	徑向切削循環
G73	G73		成型加工循環
G74	G74		Z 軸鑽深孔循環
G75	G75	00	X 軸切溝槽循環
G76	G76		螺旋切削複循環
※G80	※G80	09	鑽孔固定循環取消
G81	G81		鑽孔循環、點搪孔
G83	G83		啄式鑽孔循環
G84	G84		攻牙循環
G86	G86		搪孔循環
G87	G87		反搪孔循環
G88	G88		鉸孔循環
G89	G89		搪孔循環
G90	G77	01	外徑／內徑切削循環
G92	G78		螺旋切削循環
G94	G79		端面切削循環
G96	G96	02	周轉速一定控制(切削速度設定)
※G97	※G97		周轉速一定控制取消(固定轉速設定)
G98	G94	05	每分鐘進給率
※G99	※G95		每轉進給率
—	※G90	03	絕對座標系設定
—	G91		增量座標系設定
—	G98	11	初期點復歸
—	G99		R 點復歸

註 1.　當電源開關打開(ON)時，標註“※”記號之 G 語碼即被設定。

註 2. 組群號碼為 00 者，屬於一次式 G 碼，僅在它們被指令之單節內有效。其餘組群則一經指令，除非同一組群之 G 碼出現取代，否則持續維持其機能，是為"模式"(modal)G 碼。

註 3. 指定一個該工具機所沒有之 G 機能，則控制系統將發出警告訊號。

註 4. 不屬於同一組群之 G 機能可在同一單節中使用，屬同一組群之 G 機能若出現於同一單節，則最後指定之 G 語碼有效。

範例 4-1

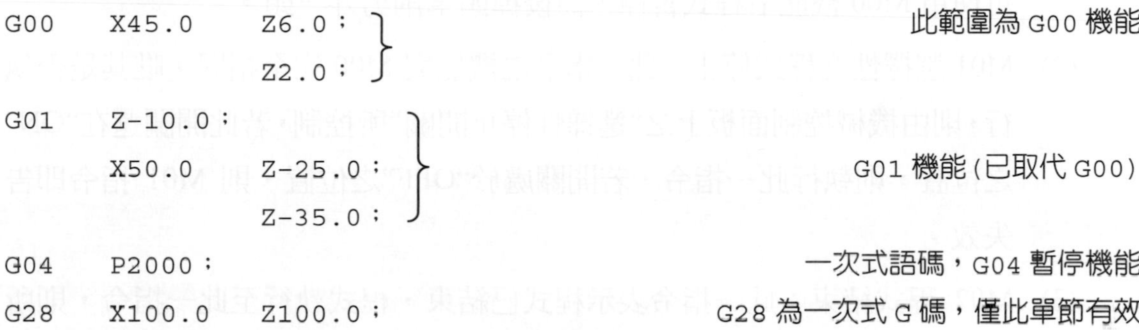

```
G00    X45.0    Z6.0；  }
                Z2.0；  }                    此範圍為 G00 機能
G01    Z-10.0；         }
       X50.0    Z-25.0；}                    G01 機能（已取代 G00)
                Z-35.0；}
G04    P2000；                               一次式語碼，G04 暫停機能
G28    X100.0   Z100.0；                     G28 為一次式 G 碼，僅此單節有效
```

2. 輔助機能(M 機能)

輔助機能即 M 機能，為數值控制機械上主司機械元件之開與關(ON/OFF)等動作之機能，舉凡啓動心軸、冷卻劑之開關、尾座心軸之伸縮、夾頭之鬆緊……等。其表示方法乃於址碼 M 之後附加兩位數字(00～99)所組成；其功能如表 4-5 所示。

表 4-5　輔助機能表

M 碼	機　　能	M 碼	機　　能
M00	程式停止	M13	尾座心軸收回
M01	選擇性之程式停止	M14	尾座前進
M02	程式結束	M15	尾座後退
M03	主軸正轉	M16	尾座緊固鬆開
M04	主軸反轉	M21	安全門裝置
M05	主軸停止	M30	程式結束
M08	冷卻(切削)劑開啓	M40	主軸空檔
M09	冷卻(切削)劑關閉	M41	主軸低速檔
M10	油壓夾頭鎖固	M42	主軸高速檔
M11	油壓夾頭鬆開	M98	副程式呼叫
M12	尾座心軸伸出	M99	副程式結束

(1) M00 程式停止：程式執行至 M00 指令即強制停止，此時主軸停止，冷卻劑關閉，若欲繼續執行往後之程式，則需按循環啓動鈕(cycle start)方可動作。

M00 於程式中常配合"/"單節跳越指令使用，吾人可利用機械控制面板上之開關決定此指令之是否執行或跳越。當工件之一端車削完畢，則可使用 M00 機能令程式暫停，而後掉頭車削另外一頭。

(2) M01 選擇性之程式停止：此一指令之機能與 M00 完全相同，唯其是否執行，則由機械控制面板上之"選擇性停止開關"所控制，若此開關選在"ON"之位置，則執行此一指令，若開關處於"OFF"之位置，則 M01 指令即告失效。

(3) M02 程式結束：此一指令表示程式已結束，程式執行至此一指令，則所有動作均告停止，且螢幕上游標之位置將停留於最後之字語即"M02"上。

(4) M03 主軸正轉：不論前刀座或後刀座之數控車床，此一指令均爲主軸正向旋轉，即面對夾頭時之逆時針方向旋轉。

(5) M04 主軸反轉：指令主軸作反方向之旋轉，即面對夾頭之順時針方向旋轉。

(6) M05 主軸停止：指令主軸之停止，一般而言，主軸於更換迴轉速之高低檔，變更其正反轉或程式結束之前皆使用此一指令使主軸先停止其轉動。

(7) M08 切削劑之開啓：指令切削劑馬達之轉動，以噴出切削劑，便利於切削加工之進行。

(8) M09 切削劑關閉：指令切削劑停止噴出。

(9) M30 程式結束：程式執行至此一指令，則表示程式終了，所有指令動作均告停止，程式游標並回復至程式之開端，即程式號碼之位置(即記憶還原)。

(10) M40 主軸空檔：指令主軸於空檔之位置。

(11) M41 主軸低速檔：CNC 車床通常爲兩檔式無段變速，低速檔因其轉矩較大，故適用於重切削。

(12) M42 主軸高速檔：高速檔之轉速，不僅指高迴轉速度，且亦包括 1000rpm 以下之低轉速，但轉矩則較小，通常皆以 M42 作一般性之切削。

(13) M12 尾座心軸伸出：指令尾座之心軸伸出頂住工作物。

(14) M13 尾座心軸收回。

(15) M98 副程式呼叫指令：此指令乃主程式於執行過程中，叫出副程式並執行副程式之指令動作之機能。

(16) M99 副程式結束：副程式之指令動作執行完畢後，即以 M99 作爲結束之指令，且隨即回復至主程式中繼續執行主程式之下一單節。

3. 主心軸轉速(S)機能

無段變速之主心軸轉速機能，乃用以指令主軸轉速之直接指定、切削速度之設定及主心軸最高轉速之限定等用途，其指令方式則有以下三種：

(1) 主軸轉速之直接指定：係配合 G97 機能之使用，所指令之轉速即爲每分鐘固定不變之迴轉速，如

G97 S500；.. 表示主軸的迴轉速爲 500rpm
G97 S1200；................................ 則表示主軸每分鐘之迴轉速爲 1200rpm

(2) 切削速度之設定指令：係配合 G96 機能之使用，所謂切削速度乃於 G96 之後設定 S 之數字，S 之值即爲刀具之切削速度，而控制器即可依其程式中之 X 軸位置，核算出主軸於該處之 rpm，因而刀具位於同一工件不同直徑之處，其轉速也自必不同。如

G96 S150；.. 表示切削速度爲 150m/min

一般而言，G96 所設定之指令值較適用於外徑車削之場合，工件直徑愈小，迴轉速(rpm)愈快，頗符合所謂之“切削原理”。G97 所設定之轉速則爲一定之 rpm，不因工件直徑之不同而有所改變，較適於螺紋車削及鑽孔時指定轉速之用。

(3) 主軸最高轉速設定：係指 G50 之機能而言，於其後所指令之 S 轉速，即爲整個程式加工過程中最高之迴轉速限(除非以 G97 指令取而代之)

G50 指令常配合 G96 切削速度設定機能之使用，如 G50　S2000；若車削工件直徑ϕ20，且切削速度設定爲 G96　S300；則

$$N = \frac{1000 \times 300}{\pi \times 20} = 5000 \text{ rpm}$$

雖依切削速度 300m/min 推算，其迴轉速爲 5000rpm，但因 G50 已設定其最高速限爲 2000 rpm，故而 G96 亦不可能作 2000rpm 以上之迴轉進給加工。如此，可防止主軸轉速過高，離心力過大，而使得工件之夾持力降低因而脫落之意外發生。

4. 進給機能(F 機能)

通常所謂進給機能乃指切削進給速度而言，可分爲每分鐘進給量(mm/min)與每迴轉進給量(mm/rev)兩種形態。但若用於螺紋切削時之 F 機能，則代表螺紋之導程。

(1) 每迴轉進給(mm/rev)：車床工作切削過程中，因工件之直徑大小不同，爲了控制其切削速度，一般均以 F 值配合 G99 之指令機能，以表示“工件一迴轉，刀具沿其軸向所移動之距離”，其指令表示方法如下：

範例 4-2

G99　G01　X40.0　Z–20.0　F0.25； ------ 刀具以每迴轉 0.25mm 之進給速度切削

(2) 每分鐘進給(mm/min)：F 值配合 G98 使用時，其指令表示每分鐘刀具沿工件軸向所移動的距離。表示方法如下：

範例 4-3

G98　G01　X40.0　Z–20.0　F120；-- 表示刀具以每分鐘 120mm 之進給速度切削

以上之 F 值，不論是 mm/rev 或 mm/min，通常其最小設定單位均為 0.01mm，且進給速度都可利用操作面板上之旋鈕開關，以控制其進給值之比例，其 F 指令值可在 0%～150%之間選擇其最佳之進給速度(每刻度之調整率為 10%)。如旋鈕開關於 100%之位置，則刀具之進給與指令 F 之值完全相同，如旋鈕開關位於 50%之位置，則刀具之進給為程式指令 F 值之 50%。

每分鐘進給與每迴轉進給之相互關係如下：

$$F_m = F_r \times S$$

F_m ：每分鐘進給量

F_r ：每迴轉進給量

S ：每分鐘迴轉數

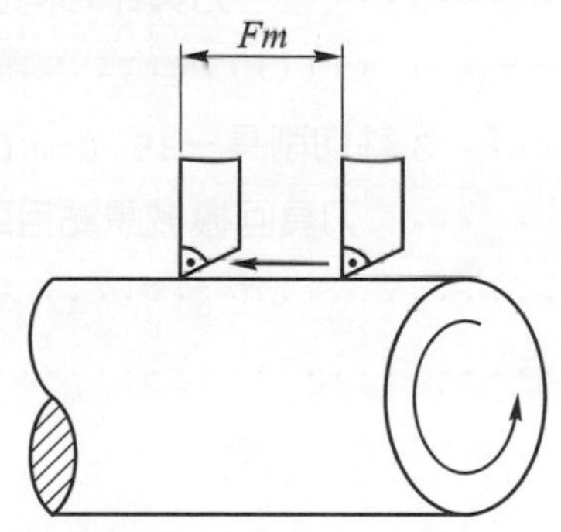

每分鐘進給 (mm/min or inch/min)

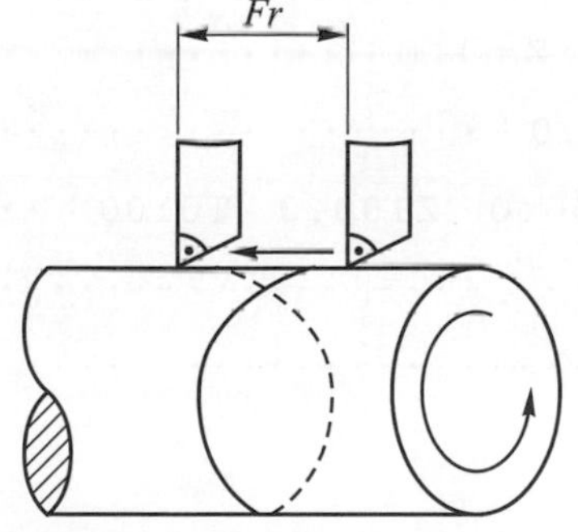

每迴轉進給 (mm/rev or inch/rev)

圖 4-6　每迴轉進給與每分鐘進給量示意圖

5. 刀具機能(T 機能)

刀具機能乃用以作所欲使用之刀具選擇及刀具位置補正號碼之用。目前市面上常用之數控車床，其刀具數目大多爲 16 把，故而刀具之編碼最多爲 16。其奇、偶刀號常爲外徑刀與內孔刀，鑽頭則視各製造廠商之規格不同而有所差異，但幾乎各廠牌之刀具機能，都以 T 字碼後接四位數字所組成，如 T0204 表示選擇 2 號刀具而作 4 號之補正值。

每一把刀具使用時，皆必須附帶其補正號碼，然而爲了程式製作時指令之方便且避免混淆，通常刀具之選擇與其補正，都使用同一號碼加以指令。如 T0303 表示選擇 3 號刀具，且作 3 號補正量之補正。

爲了避免加工過程中不必要之失誤，每一刀具加工終了換刀之前，皆需將刀具之補正量取消，如下加工程式例：

```
O0004；…………………………………………………… 4 號程式
G50  X200.24  Z198.72  S3000；……………… 座標系及最高速限設定
T0101；…………………………………………… 取 1 號刀具作 1 號補正
G96  S120  M03； ………………… 切削速度設定 120m/min，主軸正轉
G00  X50.0  Z5.0； ………………… 快速定位至 X50.0，Z5.0 之位置
G01  Z0  F0.3； ……………………………… 刀具作軸向切削至端面
 X52.0  Z－1.0；………………………………………… 倒 1C 之角
 Z－35.0；……………………………… Z 軸切削長－35.0mm(負向切削)
G28  X100.0  Z100.0  T0100；…………… 刀具回機械原點且取消補正量
 M05；…………………………………………………… 主心軸停止
 M30；…………………………………………………… 程式結束
```

4-2 準備機能

一、G00 快速定位

G00 爲快速移動之定位，只能作點到點之定位，而不能有任何切削動作之產生，車床程式中，如由機械原點至工件切削起始點或切削完成後回到機械原點，或至"安全點"換刀等動作通常皆以 G00 執行之。

絕對指令時，刀具以快速之定位速度，於工作座標系上移動至某一位置，增量指令，則由目前之位置，以某一距離，移動至另一座標位置，其指令格式如下：

G00 X(U)____ Z(W)____ ;

格式中之 X、Z 座標係指其終點或目標點之位置，可以絕對指令或增量座標指令表示，亦可增量與絕對指令同時混合使用，如圖 4-7。

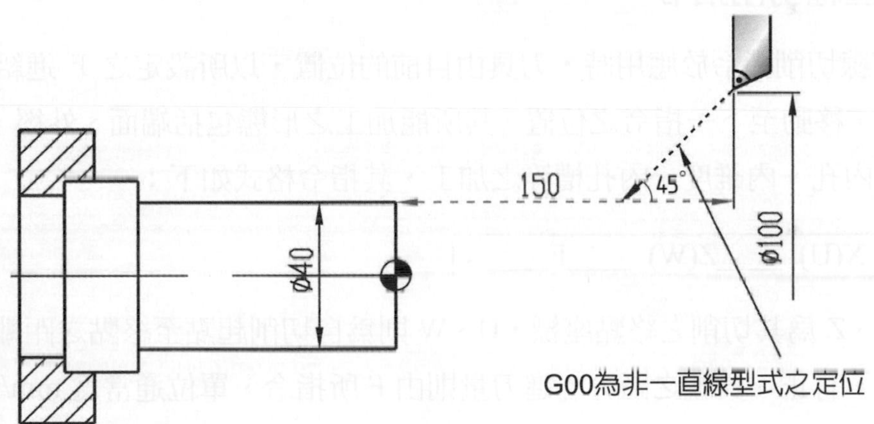

圖 4-7

絕對值程式指令格式

```
G50  X100.0  Z150.0； ································程式原點設定
G00  X40.0  Z0； ································快速定位 P1→P2
```

增量值程式指令格式

```
G50  X100.0   Z150.0；································程式原點設定
G00  U－60.0  W－150.0；··························快速定位 P1→P2
```

倘若由 P_1 至 P_2 點，即機械原點至工件切削起始點間並不適宜作兩軸向之快速移動定位時，可先指令刀具作 Z 軸向之定位，而後再作 X 軸之移動，如下即爲其路徑程式：

```
G50  X100.0  Z 150.0； ··························· 程式原點設定
G00  Z0.； ······································· 絕對指令 P1→P3
  U-60.0； ······································· 增量指令 P3→P2
```

上例爲絕對與增量值混合使用之程式格式，另外，G00 之快速定位刀具路徑，乃由 X 與 Z 軸分別執行其定位，因而不一定爲一直線。而其定位速度，由各機械製造廠分別對兩軸設定，因而撰寫程式時，其定位速度，不能於位址碼 F 內設定。

G00 執行其定位模式時，刀具於單節的開始先行加速至預定的速度，而於單節即將結束時，再予減速，如此可避免刀具以快速衝撞工件。

二、G01 直線切削指令

G01 直線切削指令於應用時，刀具由目前的位置，以所設定之 F 進給指令，做直線切削，移動至下一指令之位置。其所能加工之形態包括端面、外徑、錐度、槽、倒角、內孔、內錐度、內孔槽等之加工，其指令格式如下：

G01　X(U) ____Z(W) ____F____ ；

其中 X、Z 爲其切削之終點座標，U、W 則爲自切削起點至終點之距離，視其位移之方向，有正、負號之區分。進刀量則由 F 所指令，單位通常爲 mm/rev。圖 4-8 爲應用 G01 於工件外形切削之一例。

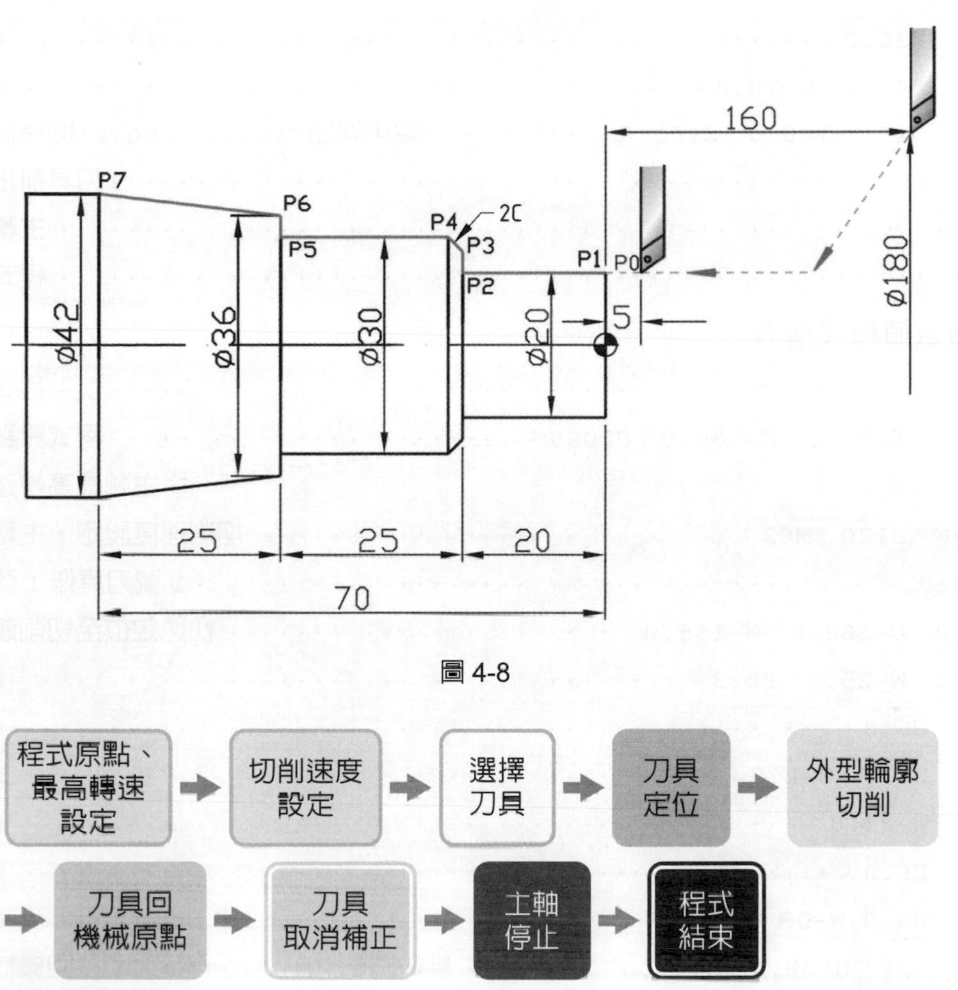

圖 4-8

程式原點、最高轉速設定 → 切削速度設定 → 選擇刀具 → 刀具定位 → 外型輪廓切削 → 刀具回機械原點 → 刀具取消補正 → 主軸停止 → 程式結束

絕對值程式指令

```
O4008；·········································程式號碼
  G50  X180.0  Z160.0  S2000 ·······················程式原點設定
                        ····························主軸最高轉速設定
  G96  S120  M03；···················切削速度設定，主軸正轉
  T0101；··································1 號刀具作 1 號補正
  G00  X20.0  Z5.0；·························快速定位至切削起始點
  G01  Z-20.0  F0.3；··································P0→P2
     X26.0；·········································P2→P3
     X30.0  Z-22.0；·································P3→P4
     Z-45.0；········································P4→P5
```

```
    X36.0；·································· P5→P6
    X42.0  Z-70.0；··························· P6→P7
    G28  X100.0  Z100.0；········經中間點(100.0，100.0)回機械原點
  T0100；······································刀具補正取消
  M05；········································主軸停止
  M30；········································程式結束
```

增量值程式指令

```
O4008；········································程式號碼
  G50  X180.0  Z 160.0  S2000 ···················程式原點設定
                                    ········主軸最高轉速設定
  G96  S120  M03；·····················切削速度設定，主軸正轉
  T0101；································1 號刀具作 1 號補正
  G00  U-160.0  W-155.0；················快速定位至切削起始點
  G01  W-25.0  F0.3；···························· P0→P2
    U6.0；·································· P2→P3
    U4.0  W-2.0；··························· P3→P4
    W-23.0；································ P4→P5
    U6.0；·································· P5→P6
    U6.0 W-25.0；··························· P6→P7
    G28  U100.0  W100.0；······經中間點(U100.0，W100.0)回機械原點
  T0100；······································取消刀具補正
  M05；········································主軸停止
  M30；········································程式結束
```

三、G02(G03)順(逆)時針方向圓弧切削

此二指令之功能乃使刀具於設定之 X、Z 平面上，完成所指定之圓弧切削工作。其程式指令格式如下：

$$\left.\begin{matrix} G\,02 \\ \\ G\,03 \end{matrix}\right\} X(U)\_\_\_\_\ \ Z(W)\_\_\_\_\ \left\{\begin{matrix} R\_\_\_\_ \\ \\ I\_\_\_\_\ \ K\_\_\_\_ \end{matrix}\right\}\ F\_\_\_\_\ ;$$

其中 G02、G03 係指刀具之運動方向，若於目前工業界所採用之後刀座型 CNC 車床，則

G02　：表示順時針方向圓弧切削。

G03　：表示逆時針方向圓弧切削。

X、Z：表示圓弧之終點座標以絕對值方式指令。

U、W：表示圓弧之終點座標以增量值方式指令。

R　　：圓弧之半徑(限於 180°之內)。

I、K　：圓弧之中心點位置，即自圓弧起點至圓心之 X(Z)軸向距離，視其方向有正負號之別。

F　　：切削進給率。

圖 4-9 爲 G02、G03 之刀具運動方向。

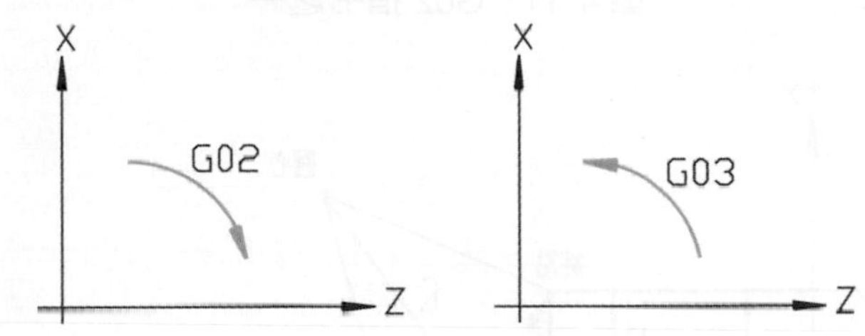

圖 4-9　後刀座型 CNC 車床之 G02、G03

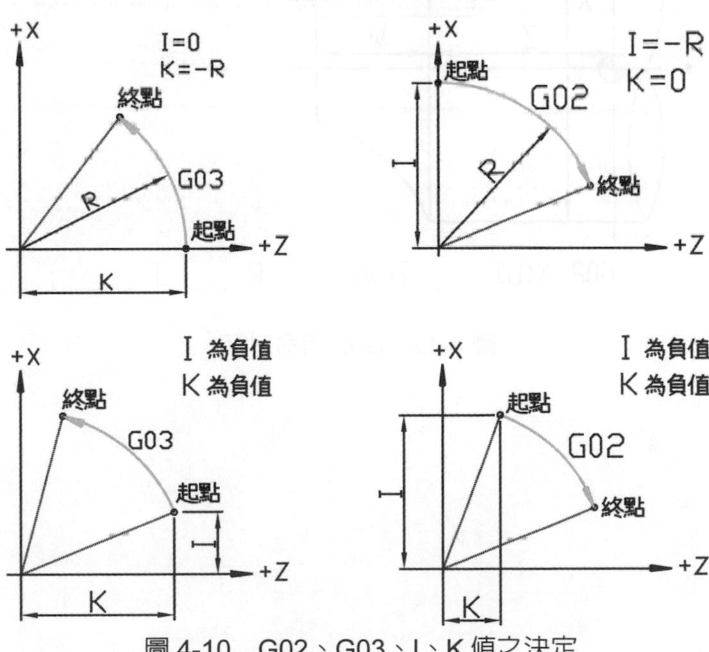

圖 4-10　G02、G03、I、K 值之決定

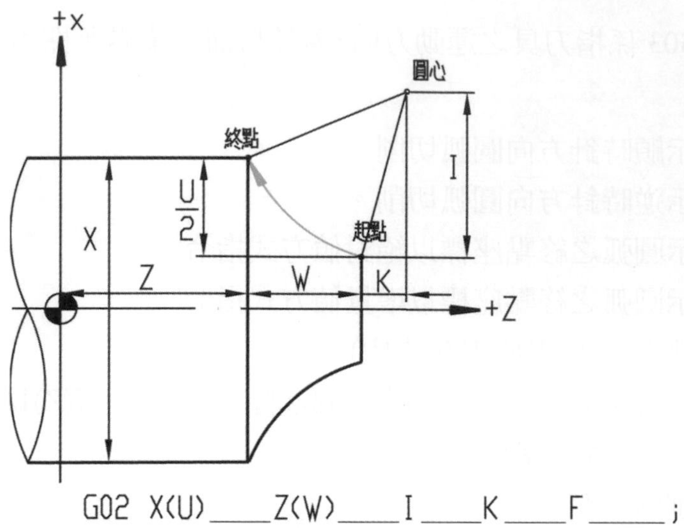

圖 4-11　G02 指令之一

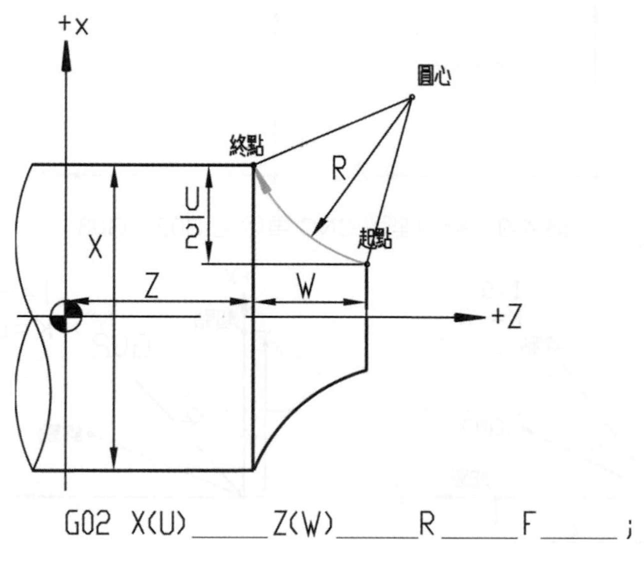

圖 4-12　G02 指令之二

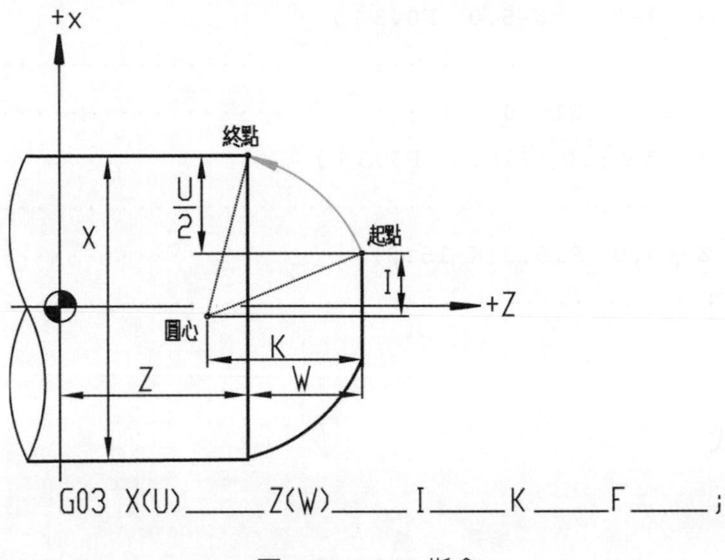

圖 4-13　G03 指令

範例 4-4

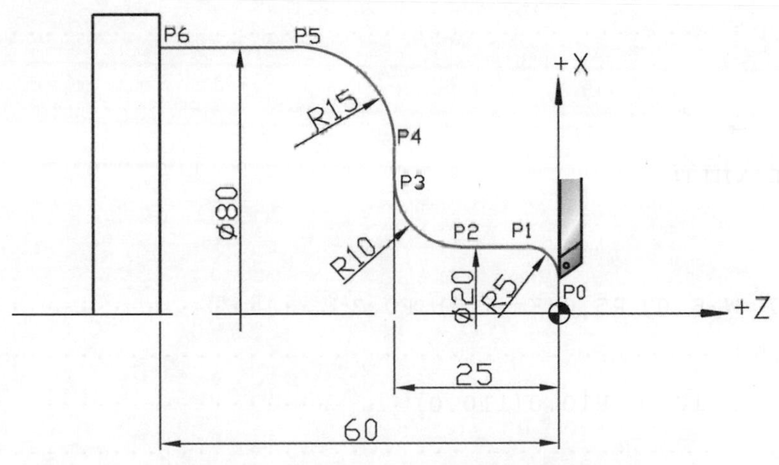

圖 4-14　G02、G03 刀具路徑練習

絕對值程式

```
:
:
:

G03  X20.0  Z-5.0  R5.0  F0.3；............................ P0→P1
```

```
(或G03  X20.0  Z-5.0  K-5.0  F0.3；)
G01  Z-15.0；································· P1→P2
G02  X40.0  Z-25.0  R10.0；····················· P2→P3
(或G02  X40.0  Z-25.0  I10.0  F0.3；)
G01  X50.0；·································· P3→P4
G03  X80.0  Z-40.0  R15.0(K-15.0)；·············· P4→P5
G01  Z-60.0；································· P5→P6
 ⋮
```

增量值程式

```
 ⋮
G03  U10.0  W-5.0  R5.0(K-5.0) F0.3；············ P0→P1
G01  W-10.0；································· P1→P2
G02  U20.0  W-10.0  R10.0(I10.0)；················ P2→P3
G01  U10.0；·································· P3→P4
G03  U30.0  W-15.0  R15.0(K-15.0)；·············· P4→P5
G01  W-20.0；································· P5→P6
 ⋮
```

混合式程式指令

```
 ⋮
G03  X20.0  W-5.0  R5.0(K-5.0) F0.3；············ P0→P1
G01  W-10.0；································· P1→P2
G02  X40.0  W-10.0  R10.0(I10.0)；················ P2→P3
G01  X50.0 ；································· P3→P4
G03  X80.0  W-15.0  R15.0(K-15.0)；·············· P4→P5
G01  W-20.0；································· P5→P6
 ⋮
```

範例 4-5

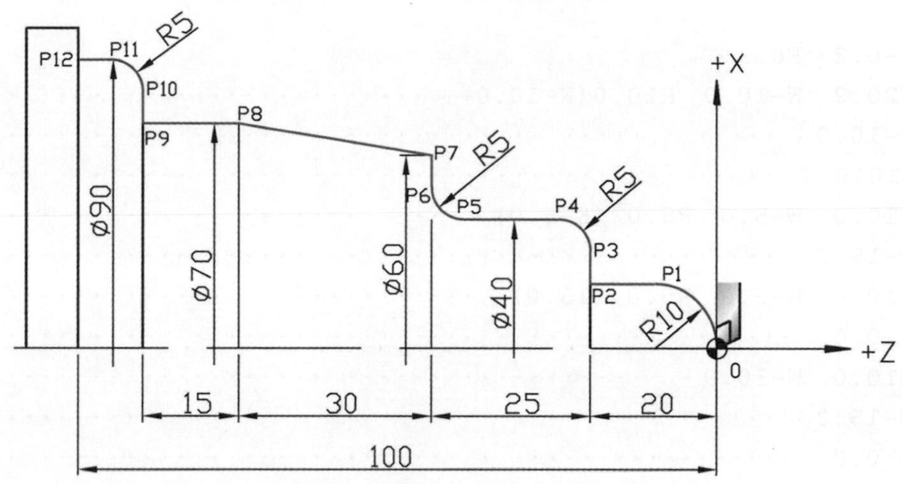

圖 4-15　G01、G02、G03 刀具路徑練習

絕對值程式

```
 :
 :
 :
G01  X-0.2  F0.3；
G03  X20.0  Z-10.0  R10.0(K-10.0)；························· O→P1
G01  Z-20.0；··············································· P1→P2
     X30.0 ；··············································· P2→P3
G03  X40.0  Z-25.0  R5.0 (K-5.0)；·························· P3→P4
G01  Z-40.0；··············································· P4→P5
G02  X50.0  Z-45.0  R5.0 (I5.0)；··························· P5→P6
G01  X60.0；················································ P6→P7
      X70.0  Z-75.0；······································· P7→P8
      Z-90.0；·············································· P8→P9
      X80.0；··············································· P9→P10
G03  X90.0  Z-95.0  R5.0 (K-5.0)；·························· P10→P11
G01  Z-100.0；·············································· P11→P12
 :
 :
 :
```

增量值程式

```
 :
 :
 :
G01  U-0.2  F0.3；
G03  U20.2  W-10.0  R10.0(K-10.0)；·························· O→P1
G01  W-10.0；··········································· P1→P2
     U10.0 ；··········································· P2→P3
G03  U10.0  W-5.0  R5.0 (K-5.0)；·························· P3→P4
G01  W-15.0；··········································· P4→P5
G02  U10.0  W-5.0  R5.0 (I5.0)；··························· P5→P6
G01  U10.0；············································ P6→P7
     U10.0  W-30.0；···································· P7→P8
     W-15.0；··········································· P8→P9
     U10.0；············································ P9→P10
G03  U10.0  W-5.0  R5.0 (K-5.0)；························· P10→P11
G01  W-5.0；············································ P11→P12
 :
 :
 :
```

混合式程式

```
 :
 :
 :
G01  X-0.2  F0.3；
G03  X20.0  W-10.0  R10.0(K-10.0)；·························· O→P1
G01  W-10.0；··········································· P1→P2
     X30.0 ；··········································· P2→P3
G03  X40.0  W-5.0  R5.0 (K-5.0)；·························· P3→P4
G01  W-15.0；··········································· P4→P5
G02  X50.0  W-5.0  R5.0 (I5.0)；··························· P5→P6
G01  X60.0；············································ P6→P7
     X70.0  W－30.0；··································· P7→P8
     W-15.0；··········································· P8→P9
     X80.0；············································ P9→P10
G03  X90.0  W-5.0  R5.0 (K-5.0)；························· P10→P11
G01  W-5.0；············································ P11→P12
 :
 :
 :
```

執行 G02、G03 切削指令時應注意下列事項：

(1) 以 I 或 K 值表示圓心位置時，若其中一值為 0，則可省略不寫。

(2) 若圓心位置同時以 I、K、R 表示時，則此圓弧之指定以 R 為優先，I、K 將被省略。

(3) 進刀指令 F 碼，為一"模式"址碼，除非另一新的進給率被設定，否則其"數值"持續有效。

(4) F 碼之設定單位通常皆為 mm/rev。

(5) 設定圓弧之圓心位置以半徑 R 表示較為方便，惟若大於 180°時，則必須分為兩個單節指令。

四、G04 暫停指令

G04 為車床上作鑽孔加工或切槽時，於加工至適當之距離，指令刀具作短暫之停留以切斷鐵屑，使孔深更加精確，或切槽後之表面光度更佳，更具眞圓度。其程式指令格式如下：

G04 X (t)；G04 U (t)；G04 P (t)；

G04 之功能為執行上一單節之指令完畢時，經過 t 秒之後才繼續執行下一單節。最大之指令時間為 9999.999 秒，指令之單位為秒，但其中 P 位址，不能使用小數點，因而若停留時間為 2.5 秒，則其指令各為：

```
G04 X2.5 ;
G04 U2.5 ;
G04 P2500 ;
```

G04 於前一單節所指令之進給率達到零之後，暫停動作才開始，因此若主軸轉速每分鐘 300rpm，則每秒鐘轉 300÷60=5 轉，若欲使刀具切削至槽底之後稍作停留，讓主軸旋轉 2 轉，再行退刀，則 2÷5=0.4，刀具就必須停留 0.4 秒，因此，暫停時間之計算公式為：

$$T = \frac{Z \times 60}{N}$$

其中 T：暫停時間。

Z：欲停留之轉數。

N：每分鐘迴轉數。

若 G04 係與 G98 配合使用，單位為秒，如 G98　G04　X1.5；表暫停 1.5 秒，但若與 G99 配合，則單位為轉，如 G99　G04　X1.5；表暫停主軸 1.5 轉之時間。惟設定方式，通常由參數指令，一般設定其單位為秒。

五、G20(G21)英(公)制單位設定

通常 CNC 車床之使用單位均為公制，因而於開機之同時即已設定為公制之機能，程式中亦不需要再次指令 G21。若程式資料欲改為英制輸入時，則須於程式之最前端，即 G50 程式原點設定之前，即以 G20 設定程式為英制單位。以下項目之單位系統均須隨之變更：

(1) F 碼之進給率指令。

(2) 位置座標之顯示。

(3) 補正量、刀具補償值。

(4) 手動脈波產生器(MPG)之刻度單位。

(5) 絕對或增量座標值(X、Z、U、W)之單位。

(6) 參數數值之單位。

同一程式執行加工程序過程中，只能選擇 G20、G21 之一使用，兩種單位不得混合使用，且使用此指令時，一般均指定於獨立之一單節中，單位轉換時，須取消所有補正機能，任何相關數據均須隨系統之改變而重新設定。

六、G27 原點復歸檢測指令

原點乃機械本體上之一固定點，又稱爲機械原點。G27 原點復歸檢測指令，乃指定機械原點之座標，使刀具確實回歸，以檢測其是否眞正到達。其指令格式如下：

G27 X(U)____Z(W)____ ;

其 X、Z 之座標值乃機械原點之絕對座標位置之所在，而 U、W 則爲增量值之表示方法。使用 G27 指令時，刀具將以快速移動速率(G00)，移動至指定之位置，若刀具已確實到達原點，則原點復歸燈將亮起，若原點僅一軸到達，則僅該軸指示燈亮起，若指令執行之後，刀具尙未到達原點，則錯誤之警告即會隨之顯示。此外，G27 所執行之原點復歸動作，其位移路徑並非一直線，因而必須考慮其途中是否有障礙物之存在，及是否將損及刀具及工件，G27 指令執行之時機爲當自動運轉完成一循環動作之後；程式終止之前，因此必須將刀具補正及鏡像機能取消之後，始得以行之，以確保原點座標之正確無誤。

七、G28 自動復歸指令

G28 指令乃刀具經中間點座標快速回到機械原點之機能，指令格式如下：

G28 X(U)____Z(W)____ ;

其中 X、Z 之座標值乃吾人所設定之中間點位置。G28 指令執行時，先移動至中間點之後，再自動回機械原點。而所指定之中間點位置必須確定不致對工作物造成損傷，其移動之速度爲 G00，兩軸同時作動，位移路徑亦非一直線，刀具回到機械原點時，原點指示燈將亮起。否則將有錯誤警告之顯示。如同 G27 指令，

G28 執行前亦須將刀具補正機能取消，才能確保原點之復歸動作正確無誤。圖 4-16 爲 G28 指令執行時之刀具路徑。

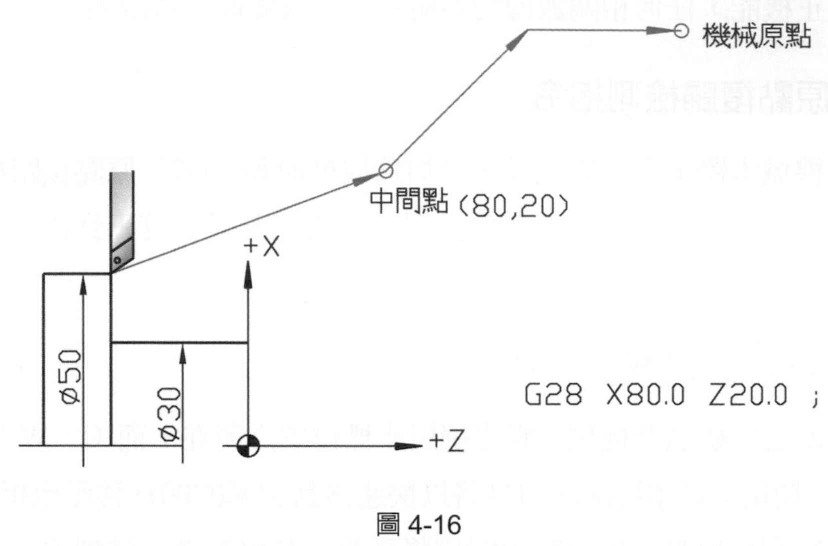

圖 4-16

八、G30 第二參考點自動復歸指令

一般而言，CNC 車床所設定之第二參考點，通常爲工件之中心，即 X0.之位置，以便鑽孔時，鑽頭或中心鑽自動對正中心之用，然而，某些情形之下，爲便於換刀，也可於距離機械原點之適當位置設定參考點，進行換刀動作，以提高效率，所以參考點之座標位置，完全由參數所設定。其指令方式如同 G28，格式如下：

G30 X(U)____Z(W)____ ;

其中 X、Z 座標爲中間點之位置，此外 G30 指令執行之前，必須先使刀具回歸機械原點(G28)，始得行之。

九、G32 螺紋切削指令

螺紋切削指令可用以切削等導程之直線平行螺紋、錐度螺紋及渦形螺旋即端面螺紋，如圖 4-17，其指令格式爲：

(1) 平行螺紋：G32　Z(W)____F____ ;
(2) 錐度螺紋：G32　X(U)____Z(W)____F____ ;
(3) 端面螺紋：G32　X(U)____F____ ;

其中 X、Z 爲螺紋切削之終點座標。

U、W 爲螺紋切削之起點至終點之增量距離。

F 爲螺紋導程。

切削錐度螺紋時，若螺紋錐度≦45°時，則螺紋導程取 Z 軸上之長度即 L_Z，若錐度＞45°，則導程取 X 軸上之長度即 L_X。如圖 4-18。

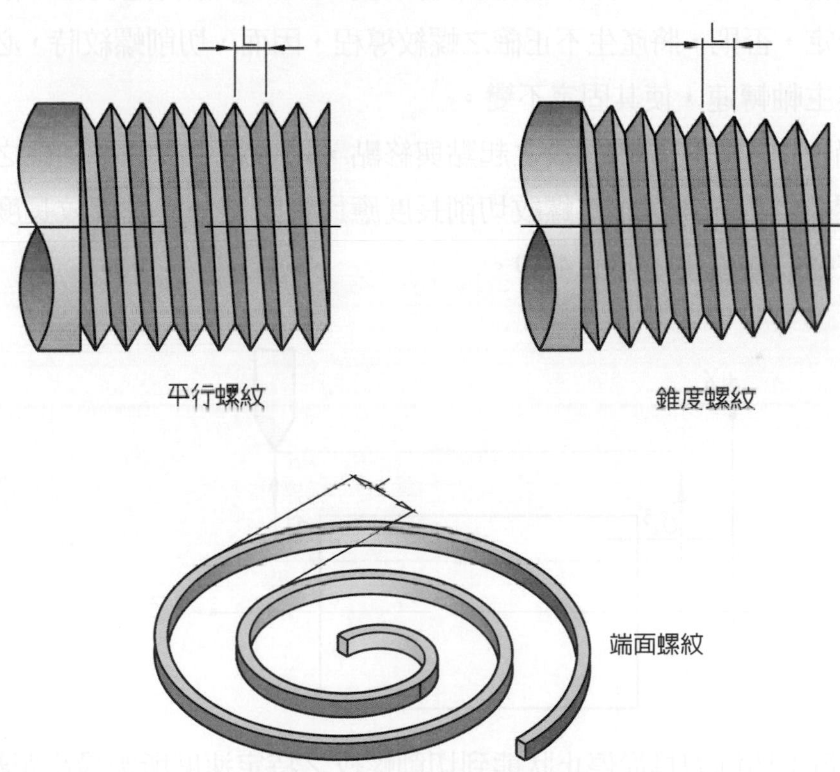

圖 4-17　可切削之螺紋種類

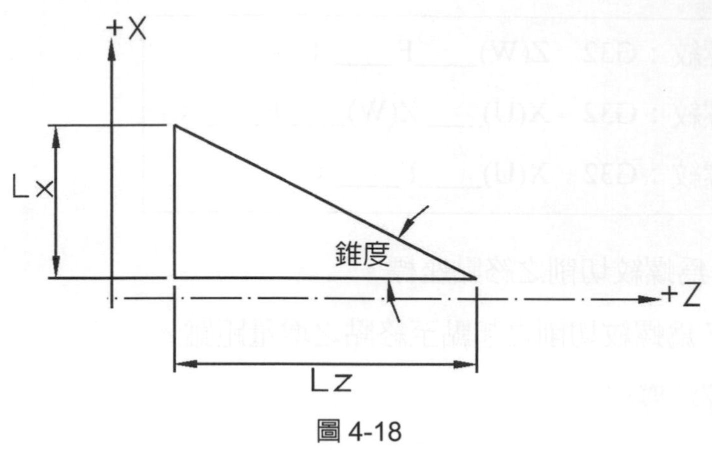

圖 4-18

通常，一螺紋之切削，從粗車削到精車削是重複沿著相同的路徑，亦即一再重複螺紋切削時，工件上的刀具路徑不曾改變，故而主軸轉速從粗車削到精車削必須保持一定，否則，將產生不正確之螺紋導程，因而，切削螺紋時，必須以 G97 指令控制其主軸轉速，使其固定不變。

切削螺紋過程中，於所切削螺紋之起點與終點，均會產生少許不正確之導程，即不完整之螺紋螺距，所以指定螺紋切削長度應比實際被加工之螺紋長度稍長，以防止不完整螺紋之產生，如圖 4-19。

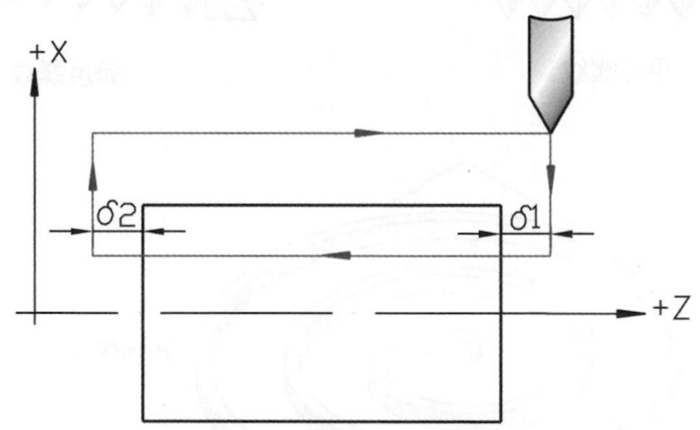

δ_1：切削刀具從停止狀態到切削螺紋之特定速度所需最小距離。

δ_2：切削刀具從特定之切削速度到停止所需之最小距離。

圖 4-19

$\delta_1 \doteqdot \dfrac{S\times P}{400}$　　　$\delta_2 \doteqdot \dfrac{S\times P}{1800}$

其中 S：主軸迴轉速。

P：螺距。

範例 4-6

車削螺紋導程 2.5mm，400rpm 主軸轉速時，

$$\delta_1 = \frac{S\times P}{400} = \frac{400\times 2.5}{400} = 2.5\ (mm)$$

$$\delta_2 = \frac{S\times P}{1800} = \frac{400\times 2.5}{1800} = 0.556\ (mm)$$

實際切削時，因顧慮切削刀具與工件間之安全餘隙，故而可將 δ_1 與 δ_2 之距離適當拉大。

螺紋車削時，主軸迴轉速(rpm)受機械本體結構及控制器機能之限制，最高轉速有其一定之限度，且隨各製造廠商之機種不同，而有所不同，通常主軸轉速可由以下的公式求得其速限

$S \times P \leqq 4000$

其中 S：rpm

P：導程

範例 4-7

車削 M20 × 2.5 之螺紋，切削速度 100m/min(圖 4-20)。

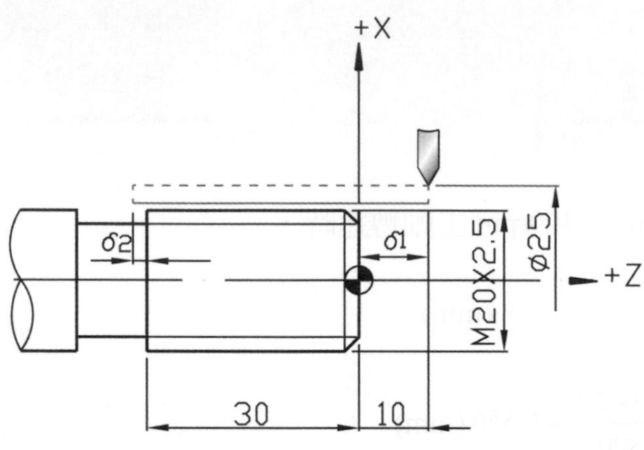

圖 4-20　平行螺紋切削

1.　主軸轉速之決定

$S \times P \leqq 4000 \Rightarrow S \times 2.5 \leqq 4000 \Rightarrow S \leqq 1600$

$S = \dfrac{1000V}{\pi \times D} = \dfrac{1000 \times 100}{3.14 \times 20} \fallingdotseq 1592$ (rpm)

$\therefore$ $S \leqq 1600$ (rpm)------------最高速限

由以上二式，為確保切削之安全順利，故主軸以 1400rpm 進行切削。

2.　計算切削之前後餘隙 δ_1 與 δ_2

$\delta_1 = \dfrac{S \times P}{400} = \dfrac{1400 \times 2.5}{400} = 8.75$ (mm)

$\delta_2 = \dfrac{S \times P}{1800} = \dfrac{1400 \times 2.5}{1800} = 1.96$ (mm)

$\therefore$ 取 $\delta_1 = 10$mm　　$\delta_2 = 2$mm

3.　計算牙深及底徑

牙深 $D_P \fallingdotseq 0.65 \times P = 0.65 \times 2.5 = 1.625$

$\therefore$ 底徑 $= 20 \quad 1.625 \times 2 = 16.75$

4. 流程圖

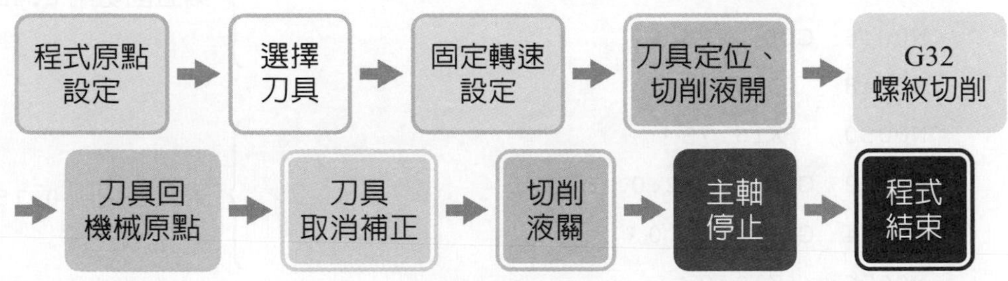

5. 程式製作

(1) 絕對值指令

```
O4020； ··························· 程式號碼
 N0002  G50  X210.0  Z120.0； ············ 程式原點設定
 N0004  T0700； ······················· 切削刀具選擇
 N0006  G97  S1400  M03； ············· 轉速設定 1400rpm
 N0008  G00  X25.0  Z10.0  T0707  M08； ·· 快速定位至切削起始點
 N0010  X19.0；                    ┐
 N0012  G32  Z-32.0  F2.5；        │ 第一回切削 1.0mm
 N0014  G00  X25.0；               │
 N0016    Z10.0；                  ┘
 N0018    X18.3；                  ┐
 N0020  G32  Z-32.0  F2.5；        │ 第二回切削 0.7mm
 N0022  G00  X25.0；               │
 N0024    Z10.0；                  ┘
 N0026    X17.7；                  ┐
 N0028  G32  Z-32.0  F2.5；        │ 第三回切削 0.6mm
 N0030  G00  X25.0；               │
 N0032    Z10.0；                  ┘
 N0034    X17.3；                  ┐
 N0036  G32  Z-32.0  F2.5；        │ 第四回切削 0.4mm
 N0038  G00  X25.0；               │
 N0040    Z10.0                    ┘
```

```
N0042    X16.90；                                    ┐
N0044  G32  Z-32.0  F2.5；                           ├ 第五回切削 0.4mm
N0046  G00  X25.0；                                  ┘
N0048    Z10.0；
N0050    X16.75；                                    ┐
N0052  G32  Z-32.0  F2.5；                           ├ 第六回切削 0.15mm
N0054  G00  X25.0；                                  ┘
N0056    Z10.0；
N0058  G28  X80.0  Z80.0  T0700  M09；刀具經中間點回機械原點，
                                       並取消補正，關閉切削劑
N0060  M05；··································主軸停止
N0062  M30；··························程式結束，記憶還原
```

(2) 絕對值、增量值指令混合使用

```
O4020；·········································程式號碼
N0002  G50  X210.0  Z120.0；··················程式原點設定
N0004  T0700；································切削刀具選擇
N0006  G97  S1400  M03；··················轉速設定 1400rpm
N0008  G00  X25.0  Z10.0  T0707  M08；···快速定位至切削起始點
N0010  X19.0；                                       ┐
N0012  G32  W-42.0  F2.5；                           ├ 第一回切削 1.0mm
N0014  G00  U6.0；                                   ┘
N0016    Z10.0；
N0018    X18.3；                                     ┐
N0020  G32  W-42.0  F2.5；                           ├ 第二回切削 0.7mm
N0022  G00  U6.0；                                   ┘
N0024    Z10.0；
N0026    X17.7；                                     ┐
N0028  G32  W-42.0  F2.5；                           ├ 第三回切削 0.6mm
N0030  G00  U6.0；                                   ┘
N0032  Z10.0；
```

```
N0034  X17.3；                              ┐
N0036  G32  W-42.0  F2.5；                  │ 第四回切削 0.4mm
N0038  G00  U6.0；                          │
N0040    Z10.0                              ┘
N0042  X16.90；                             ┐
N0044  G32  W-42.0  F2.5；                  │ 第五回切削 0.4mm
N0046  G00  U6.0；                          ┘
N0048    Z10.0；
N0050    X16.75；                           ┐
N0052  G32  W-42.0  F2.5；                  │ 第六回切削 0.15mm
N0054  G00  U6.0；                          │
N0056    Z10.0；                            ┘
N0058  G28  X80.0  Z80.0  T0700  M09；刀具經中間點(80.0，80.0)
                                   回機械原點，取消補正，關閉切削劑
N0060  M05；·································主軸停止
N0062  M30；·····························程式結束，記憶還原
```

範例 4-8

錐度螺紋車削，導程 2.5mm，螺紋高 1.62mm，錐度 T＝1/5，切削速度 100m/min。如圖 4-21。

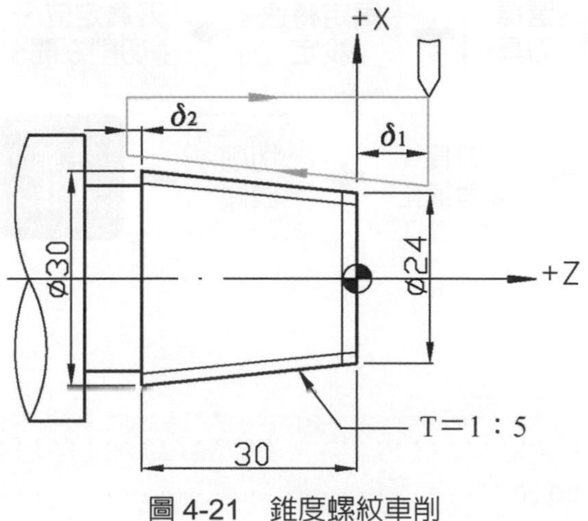

圖 4-21　錐度螺紋車削

1. 主軸轉速之決定

$S\times P \leqq 4000 \Rightarrow S\times 2.5 \leqq 4000$

$\therefore S \leqq 1600$ (rpm)---------最高速限

$$S=\frac{1000\times V}{\pi D}=\frac{1000\times 100}{3.14\times 30}=1060\ (\text{rpm})$$

由以上二式，決定主軸切削此螺紋之迴轉速爲 1000rpm。

2. 計算切削之前後餘隙 δ_1 與 δ_2

$$\delta_1=\frac{S\times P}{400}=\frac{1000\times 2.5}{400}=6.25\ (\text{mm})$$

$$\delta_2=\frac{S\times P}{1800}=\frac{1000\times 2.5}{1800}\doteqdot 1.39(\text{mm})$$

$\therefore$ 取 $\delta_1=8$mm，$\delta_2=2.0$(mm)

3. 計算牙深與底徑

牙深 $D_P \doteqdot 0.65\times P=0.65\times 2.5\doteqdot 1.625$

小端底徑 $=22.4-1.625\times 2=19.15$ (切削起始點 Z8.0 處之底徑)

大端底徑 $=30.4-1.625\times 2=27.15$ (切削終點 Z－32 處之底徑)

4. 流程圖

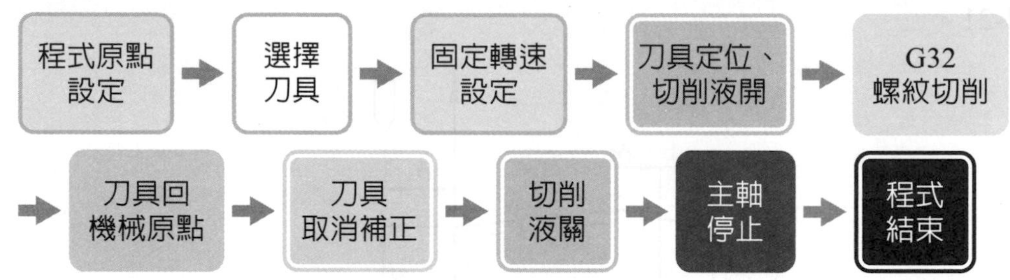

5. 程式製作

絕對值指令

```
O4021；··············································程式號碼
  G50  X210.0  Z120.0；·······························程式原點設定
```

```
T0700； ········································選擇 7 號刀車削螺紋
G97  S1000  M03； ·····························主軸轉速 1000rpm
G00  X35.0  Z8.0  T0707  M08； ·················快速定位至切削起點
N02  X21.4；                                    ┐
   G32  X29.4  Z-32.0  F2.5；                   ├ 第一回切削 1.0mm
   G00  X35.0；                                 ┘
   Z8.0；
N04  X20.7；                                    ┐
   G32  X28.7  Z-32.0  F2.5；                   ├ 第二回切削 0.7mm
   G00  X35.0；                                 ┘
   Z8.0；
N06  X20.1；                                    ┐
   G32  X28.1  Z-32.0  F2.5；                   ├ 第三回切削 0.6mm
   G00  X35.0；                                 ┘
   Z8.0
N08  X19.7；                                    ┐
   G32  X27.7  Z-32.0  F2.5；                   ├ 第四回切削 0.4mm
   G00  X35.0；                                 ┘
   Z8.0
N10  X19.3；                                    ┐
   G32  X27.3  Z-32.0  F2.5；                   ├ 第五回切削 0.4mm
   G00  X35.0；                                 ┘
   Z8.0
N12  X19.15；                                   ┐
   G32  X27.15  Z-32.0  F2.5；                  ├ 第六回切削 0.15mm
   G00  X35.0；                                 ┘
   Z8.0；
G28  X80.0  Z80.0  T0700  M09； ··回機械原點，取消刀具補正，切削劑關閉
M05； ·············································主軸停止
M30； ·············································程式結束
```

以 G32 指令車削螺紋時，須注意下列事項：

(1) 螺紋車削過程中，進給率(override)設定無效，且固定於 100%之位置。

(2) 螺紋車削，進刀深之計算方式如下：

第一刀：Δd

第二刀：$\Delta d(\sqrt{2}-1)$

第三刀：$\Delta d(\sqrt{3}-\sqrt{2})$

第四刀：$\Delta d(2-\sqrt{3})$

⋮

即每一回之切削深$=\Delta d(\sqrt{n}-\sqrt{n-1})$。

(3) 執行螺紋車削之單節，不可指令倒角或圓角之機能。

(4) G32 螺紋車削指令可對工件作連續路徑之螺紋車削，如圖 4-22。

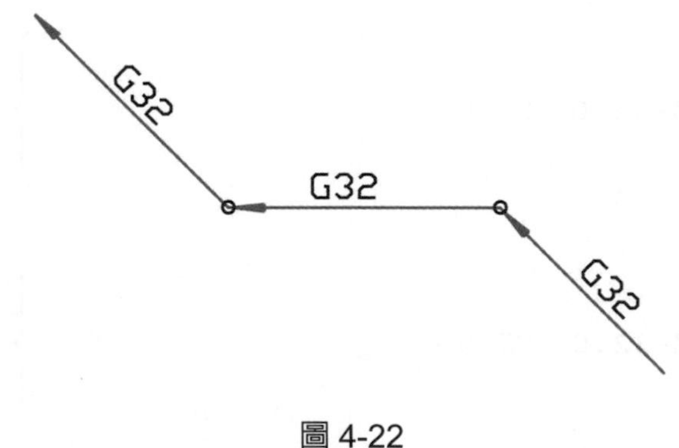

圖 4-22

4-3 自動倒斜角及圓弧角

當前後兩單節之切削位置成 90 度之交角時，可以一單節之指令表示其倒角或圓弧角之動作，而簡化程式之製作。

1. 倒斜角(由 X 軸至 Z 軸向之倒角)如圖 4-23，其指令格式如下

G01 X(U)____C(K)____ ;

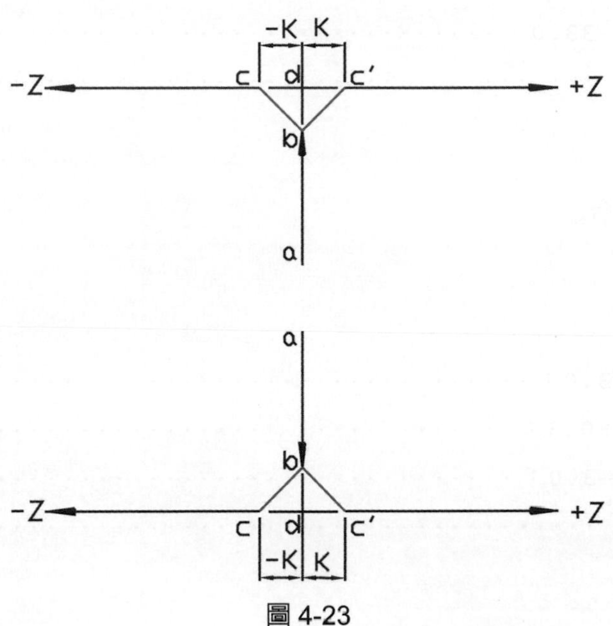

圖 4-23

其中 d 點爲 X 或 U 之指令點，C 或 K 之正負值則如圖所示。

範例 4-9

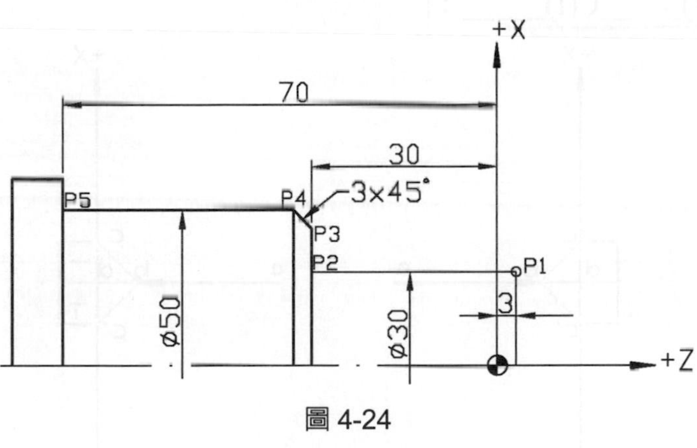

圖 4-24

一般指令

```
O4024；
  ⋮
  G00  X30.0  Z3.0； ··································· P1
  G01  Z-30.0  F0.3； ······························ P1→P2
       X44.0； ····································· P2→P3
```

```
     X50.0  Z-33.0； ·································· P3→P4
     Z-70.0； ······································· P4→P5
  ：
  ：
  ：
```

自動倒斜角指令

```
O4024；
  ：
  ：
  ：
 G00  X30.0  Z3.0； ······································ P1
 G01  Z-30.0  F0.3； ··································· P1→P2
      X50.0  C-3.0； ··································· P2→P4
      Z-70.0； ········································· P4→P5
  ：
  ：
  ：
```

2. 倒斜角(由 Z 軸至 X 軸向之倒角)，如圖 4-25，其指令格式如下

G01 Z(W)_____C(I)_____ ;

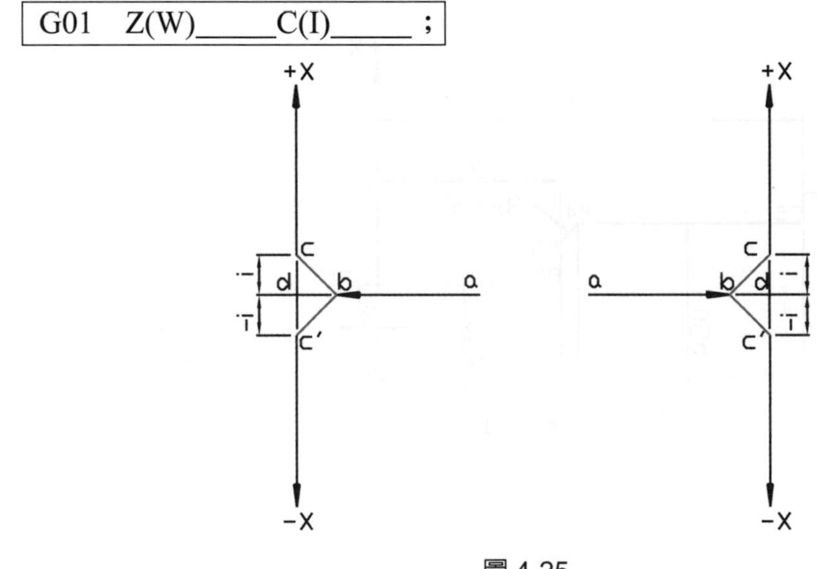

圖 4-25

其中 d 點爲 Z 或 W 之指令點，至於 C 或 I 之正負值則如圖所示。

範例 4-10

一般指令

```
O4026；
  ⋮
  ⋮
```

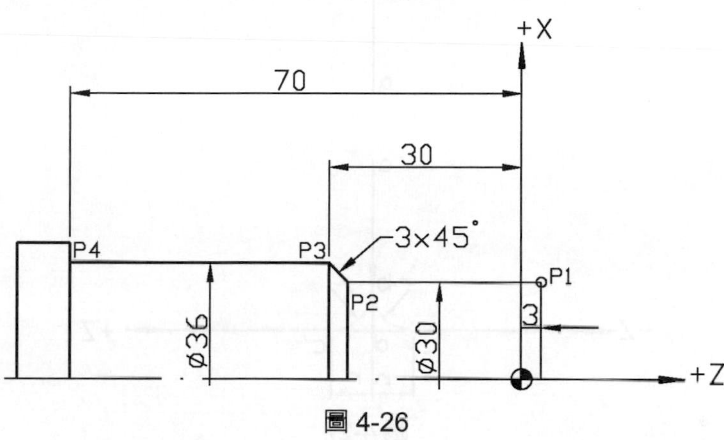

圖 4-26

```
G00  X30.0  Z3.0； ………………………………………………… P1
G01  Z-27.0  F0.3； ……………………………………………… P1→P2
     X36.0  Z-30.0； ……………………………………………… P2→P3
     Z-70.0； ………………………………………………………… P3→P4
  ⋮
```

自動倒斜角指令

```
O4026；
  ⋮
  ⋮
 G00  X30.0  Z3.0； ………………………………………………… P1
 G01  Z-30.0  C3.0； ……………………………………………… P1→P3
      Z-70.0； ………………………………………………………… P3→P4
  ⋮
```

3. **倒圓弧角(由 X 軸至 Z 軸之圓弧角)，如圖 4-27，其指令格式如下**

G01　X(U)______R______ ;

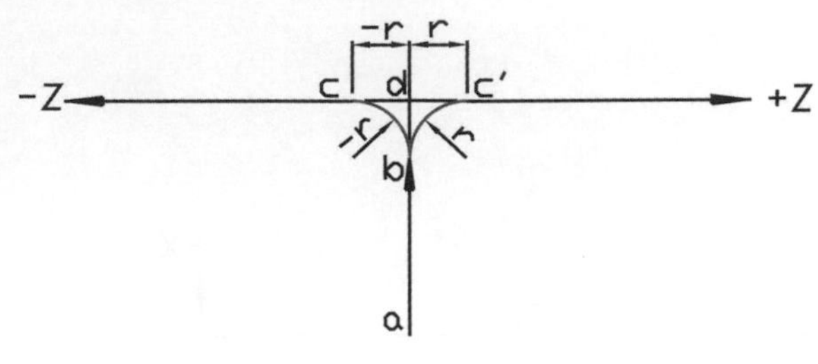

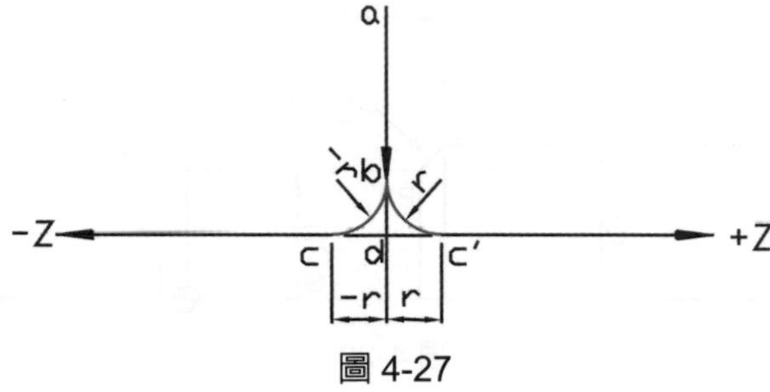

圖 4-27

其中 d 點為 X 或 U 之指令點，R 之正負值則如圖 4-27 所示。

範例 4-11

一般指令

```
O4028
  :
  :
  :
```

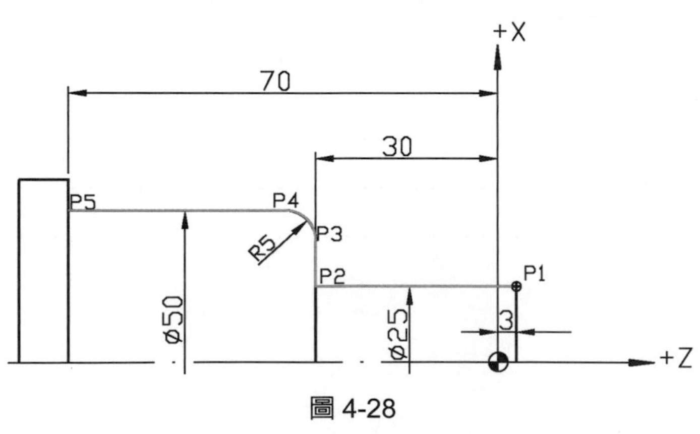

圖 4-28

```
G00  X25.0  Z3.0； ······································ P1
G01  Z-30.0  F0.3；···································· P1→P2
     X40.0； ·········································· P2→P3
G03  X50.0  Z-35.0  K-5.0；···························· P3→P4
G01  Z-70.0； ········································· P4→P5
  ⋮
```

自動倒圓弧角指令

```
O4028
  ⋮
G00  X25.0  Z3.0；······································ P1
G01  Z-30.0  F0.3；···································· P1→P2
X50.0  R-5.0； ········································ P2→P4
Z-70.0；··············································· P4→P5
```

4. 倒圓弧角(由 Z 軸至 X 軸之圓弧轉角)，如圖 4-29，指令格式如下

G01 Z(W)_____ R_____ ;

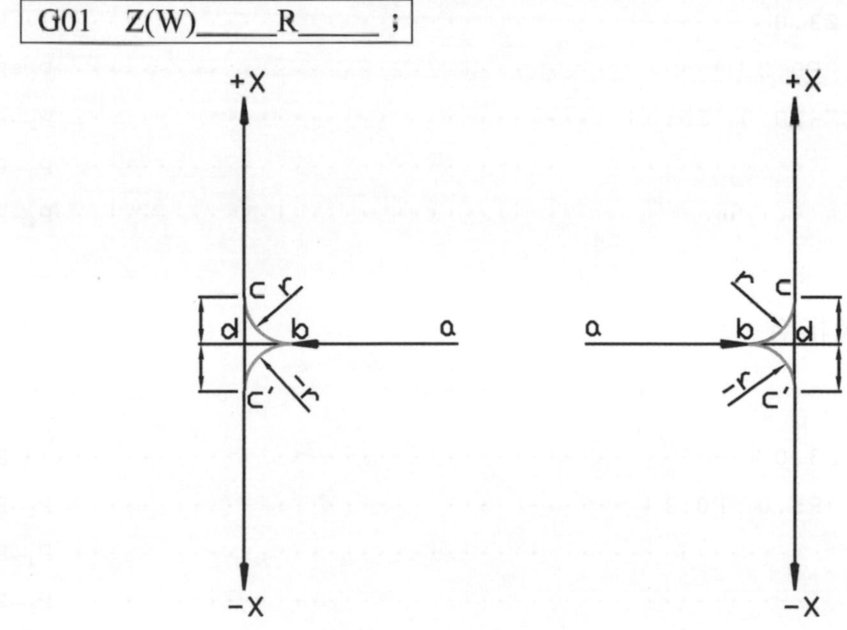

圖 4-29

其中 d 點爲 Z 或 W 之指令點，R 之正負值如圖 4-29 所示。

範例 4-12

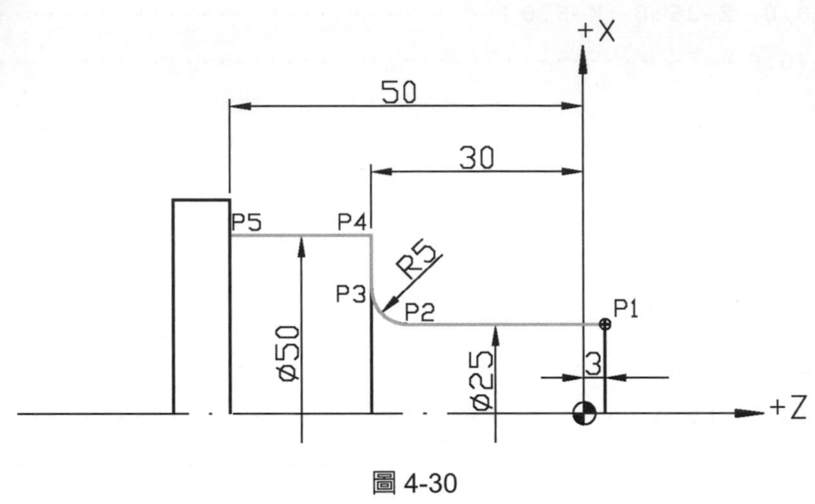

圖 4-30

一般指令

```
O4030
  :
  :
  G00  X25.0  Z3.0; ·································· P1
  G01  Z-25.0  F0.3; ······························ P1→P2
  G02  X35.0  Z-30.0  I5.0; ······················· P2→P3
  G01  X50.0; ····································· P3→P4
       Z-50.0; ···································· P4→P5
  :
  :
```

自動倒圓弧角指令

```
O5308
  :
  G00  X25.0  Z3.0; ·································· P1
  G01  Z-30.0  R5.0  F0.3; ························· P1→P3
       X50.0; ····································· P3→P4
       Z-50.0; ···································· P4→P5
  :
```

使用自動倒斜角或圓弧角方式之指令時，須注意下列事項：

(1) 自動倒斜角或圓弧角之指令動作，必須由 G01 指令 X 或 Z 之任一軸，且其下一單節之切削軸向必須與前一單節之移動軸相互垂直。

(2) 斜角之自動切削指令，僅適用於倒 45 度之斜角。

(3) 斜角及圓弧角之自動切削，不能於切削螺紋時使用。

(4) 以 G01 自動切削斜角或圓弧角時 X、Z 址碼不得同時使用，I、K、R 指令，亦僅能配合切削形態，擇一使用。

5. 程式範例

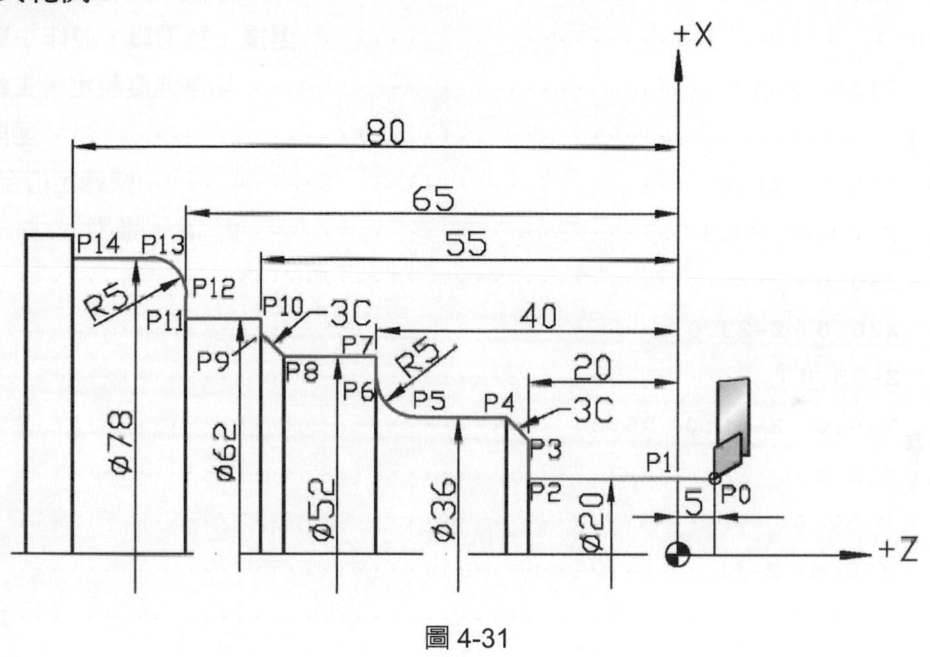

圖 4-31

流程圖

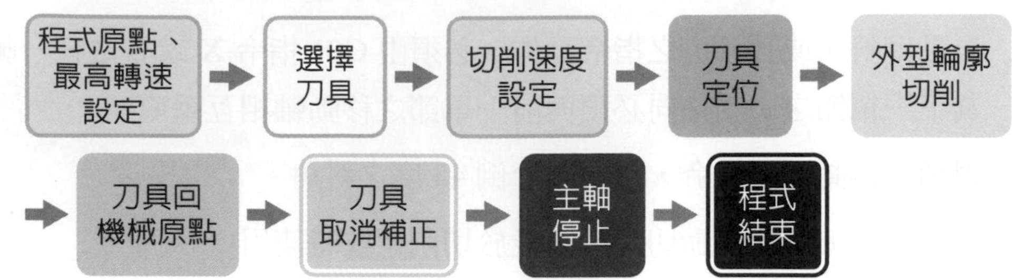

一般程式：

```
O4031；··································· 程式號碼
  G50  X200.0  Z200.0  S2000；··········· 程式原點，主軸最高轉速設定
  T0101；······························· 選擇 1 號刀具，並作 1 號補正
  G96  S120  M03；······················· 切削速度設定，主軸正轉
  M08；································· 切削劑開
  G00  X20.0  Z5.0；····················· 快速定位至 P0 點
  G01  Z-20.0  F0.3；···················· P0→P2，進刀 0.3mm/rev
       X30.0；··························· P2→P3
       X36.0  Z-23.0；··················· P3→P4
       Z-35.0；·························· P4→P5
  G02  X46.0  Z-40.0  R5.0；·············· P5→P6
  G01  X52.0；··························· P6→P7
       Z-52.0；·························· P7→P8
       X58.0  Z-55.0；··················· P8→P9
       Z-65.0；·························· P9→P10
       X68.0；··························· P10→P11
  G03  X78.0  Z-70.0  K-5.0；············· P11→P12
  G01  Z-80.0；·························· P12→P13
  G28  X80.0  Z80.0  T0100  M09；··· 回機械原點，取消刀具補正，切削劑關
  M05；································· 主軸停止
  M30；································· 程式結束
```

自動倒斜角及圓弧角程式

```
O4031；
  G50  X200.0  Z200.0  S2000；
  T0101；
  G96  S120M03；
  M08；
  G00  X20.0  Z5.0；
  G01  Z-20.0  F0.3；································· P0→P2
       X36.0  C-3.0；································ P2→P4
       Z-40.0  R5.0；································ P4→P6
       X52.0；  ······································ P6→P7
       Z-55.0  C3.0；································ P7→P9
       X62.0；  ······································P9→P10
       Z-65.0；  ···································· P10→P11
       X78.0  R-5.0；································ P11→P13
       Z-80.0；  ···································· P13→P14
  G28  X80.0  Z80.0  T0100  M09；
  M05；
  M30；
```

6. 指定角度(A)車削功能

FANUC　0IT 控制器，新增一種角度車削之標準機能，加工程式僅須在 G01 指令中，給予角度(A)及 X 或 Z 任一軸之終點座標，系統即可自動計算另一軸之坐標並加以車削。以下將舉二例說明。至於詳細之指令格式及刀具位移之行程，請參閱附錄 A。

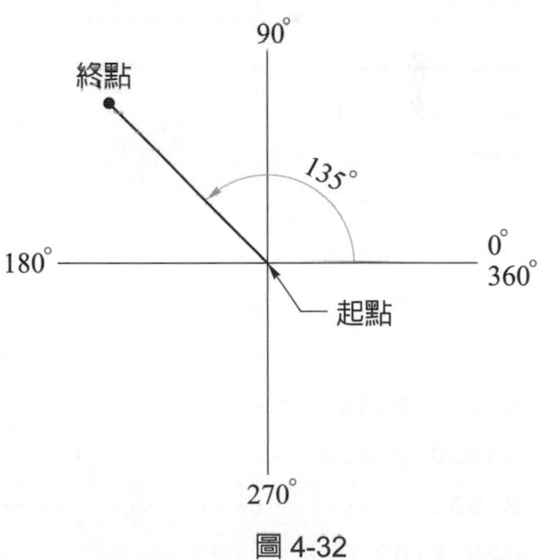

圖 4-32

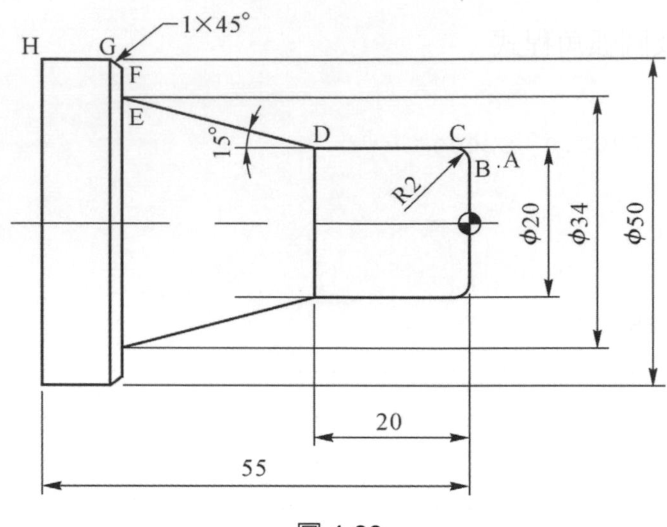

圖 4-33

流程圖

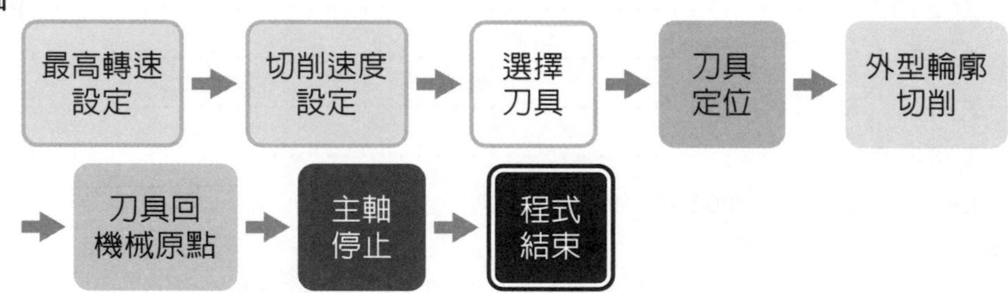


```
O4033；
G50 S2000；
G96 S120 M03；
T0101；
G00 X16.0 Z5.0；·································刀具定位至 A 點
G01 Z0 F0.2；·········································A→B
G03 X20.0 Z-2.0 R2.0；································B→C
G01 Z-20.0；··········································C→D
X34.0 A165.0；········································D→E
X50.0 C-1.0；·········································E→G
Z-55.0；··············································G→H
G28 X100.0 Z100.0；
M05；
M30；
```

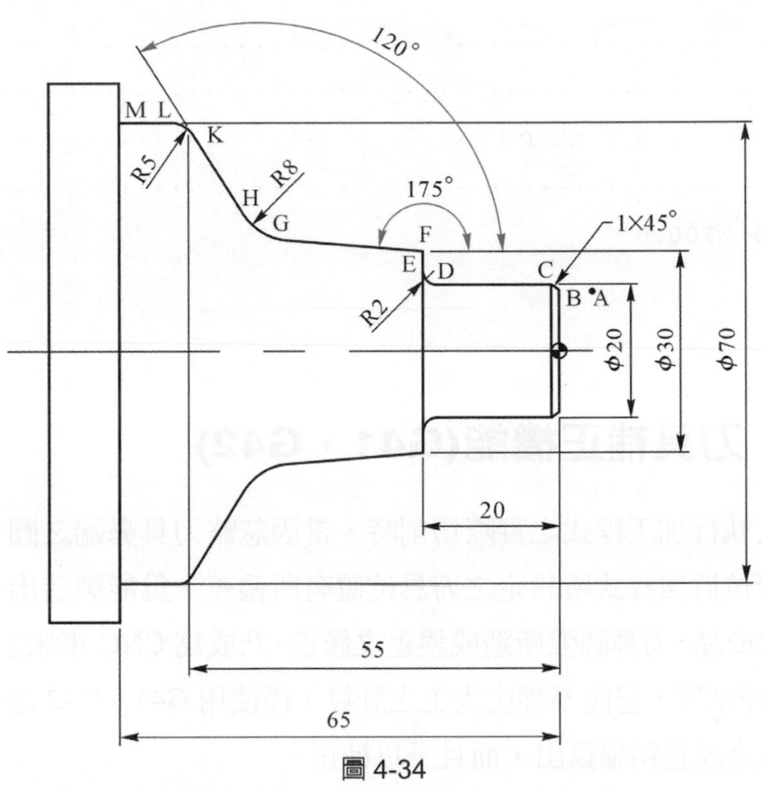

圖 4-34

流程圖

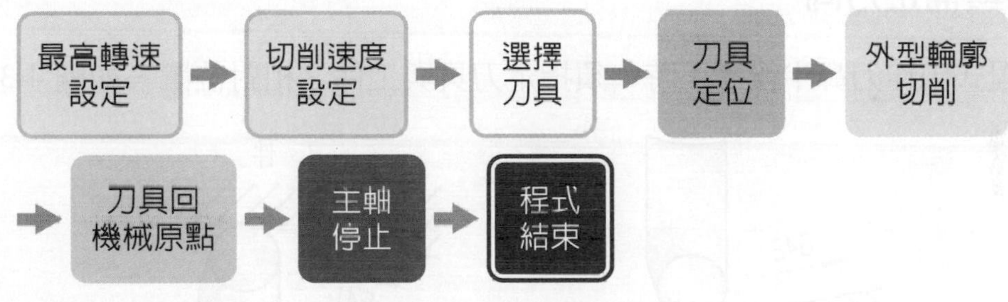


```
O4034；
G50 S2000；
G96 S120 M03；
T0101；
G00 X18.0 Z5.0；································刀具定位至 A 點
G01 Z0 F0.2；·······································A→B
X20.0 Z-1.0；·······································B→C
Z-20.0 R2.0；·······································C→D→E
```

```
X30.0；··························· D→F
A175.0 R8.0；······················ F→G→H
X70.0 Z-55.0 A120.0 R5.0；········· H→K→L
Z-65.0；··························· L→M
G28 X100.0 Z100.0；
M05；
M30；
```

4-4 刀具補正機能(G41，G42)

通常吾人執行加工程式之實際切削時，常因忽略刀具鼻端之圓弧半徑，而致使刀具之實際位置與程式所設定之刀具位置有所偏差，爲能製造出完全符合工件外形與尺寸之成品，刀鼻圓弧所造成誤差之修正，乃成爲 CNC 車床工作之所必須，目前之 CNC 控制器，已能不經由人工之計算，僅使用 G41、G42 之機能，即可自動將刀鼻半徑之誤差精確算出，而且予以補正。

一、刀具補正方向

於程式中作刀鼻半徑補正時，須指定刀具與工件之相對位置，如圖 4-35。

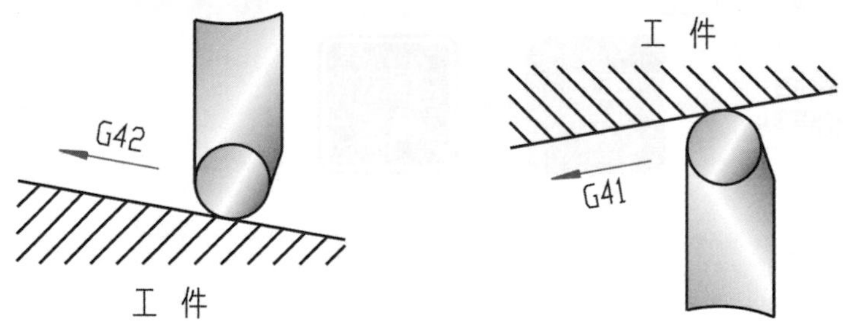

圖 4-35

其中 G41 爲刀鼻半徑偏工件之左側補正。

G42 爲刀鼻半徑偏工件之右側補正。

G40 則爲取消刀鼻半徑之補正。

刀具加工位置與其加工路徑之關係如下：

表 4-6

G　碼	工　件　位　置	刀　具　路　徑
G40	不偏任一側	沿程式路徑移動
G41	於程式路徑之右側	沿程式路徑左側移動
G42	於程式路徑之左側	沿程式路徑右側移動

目前工業界廣泛採用之後刀座式 CNC 車床，G41 均用於內徑車削時之偏左補正，G42 則用於外徑車削時刀鼻半徑之補正。如圖 4-36。

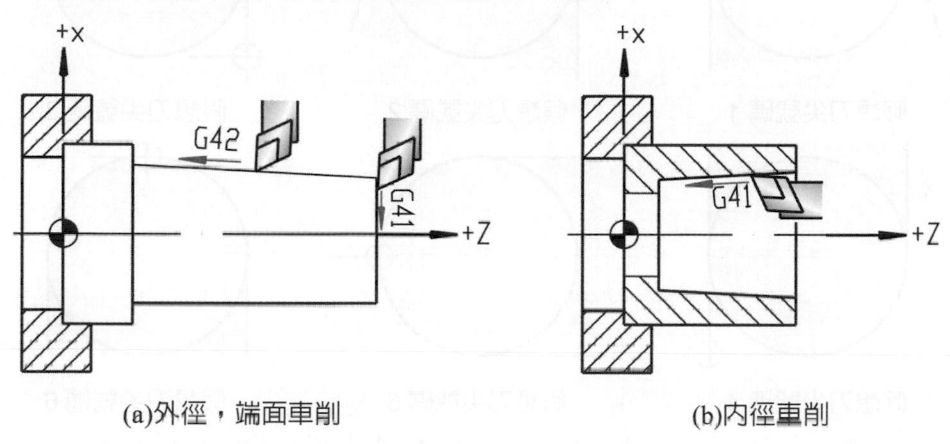

(a)外徑，端面車削　　(b)內徑車削

圖 4-36　G41 與 G42 之應用例

二、補正值之設定

程式中作補正時，除給予補正方向之指令外，尚須給予其對應之補正值，CNC 車床補正值係由 MDI 輸入，其格式如表 4-7，而此格式則位於控制面板之 OFFSET 機能內。

表 4-7

補　正　號　碼	OFX　X 軸補正量	OFZ　Z 軸補正量	OFR　刀尖半徑補正量	OFT　刀尖方向號碼
01	0.040	0.020	0.20	2
02	0.060	0.030	0.25	3
⋮	⋮	⋮	⋮	⋮
31	–0.060	0.020	0.15	6
32	0.050	0.040	0.25	3

表 4-7 中，吾人輸入四個數值，如補正號碼爲 2 號，即 2 號刀具，其刀鼻半徑爲 0.25mm 之外徑車刀，車削結果，外徑較標準尺寸小了 0.06，長度短少 0.03，假想刀尖方句爲 3 號，則 OFX、OFZ、OFR、OFT 應分別鍵入 0.06、0.03、0.25、3 等數值。

其中假想刀尖方向之號碼，共有如圖 4-37 所示之九種位置，但其中 0 號與 9 號乃假想程式中刀具路徑之指令位置點即爲刀鼻之中心點。

假想刀尖號碼 1　　假想刀尖號碼 2　　假想刀尖號碼 3

假想刀尖號碼 4　　假想刀尖號碼 5　　假想刀尖號碼 6

假想刀尖號碼 7　　假想刀尖號碼 8　　假想刀尖號碼 0 或 9

r

刀尖半徑補正量

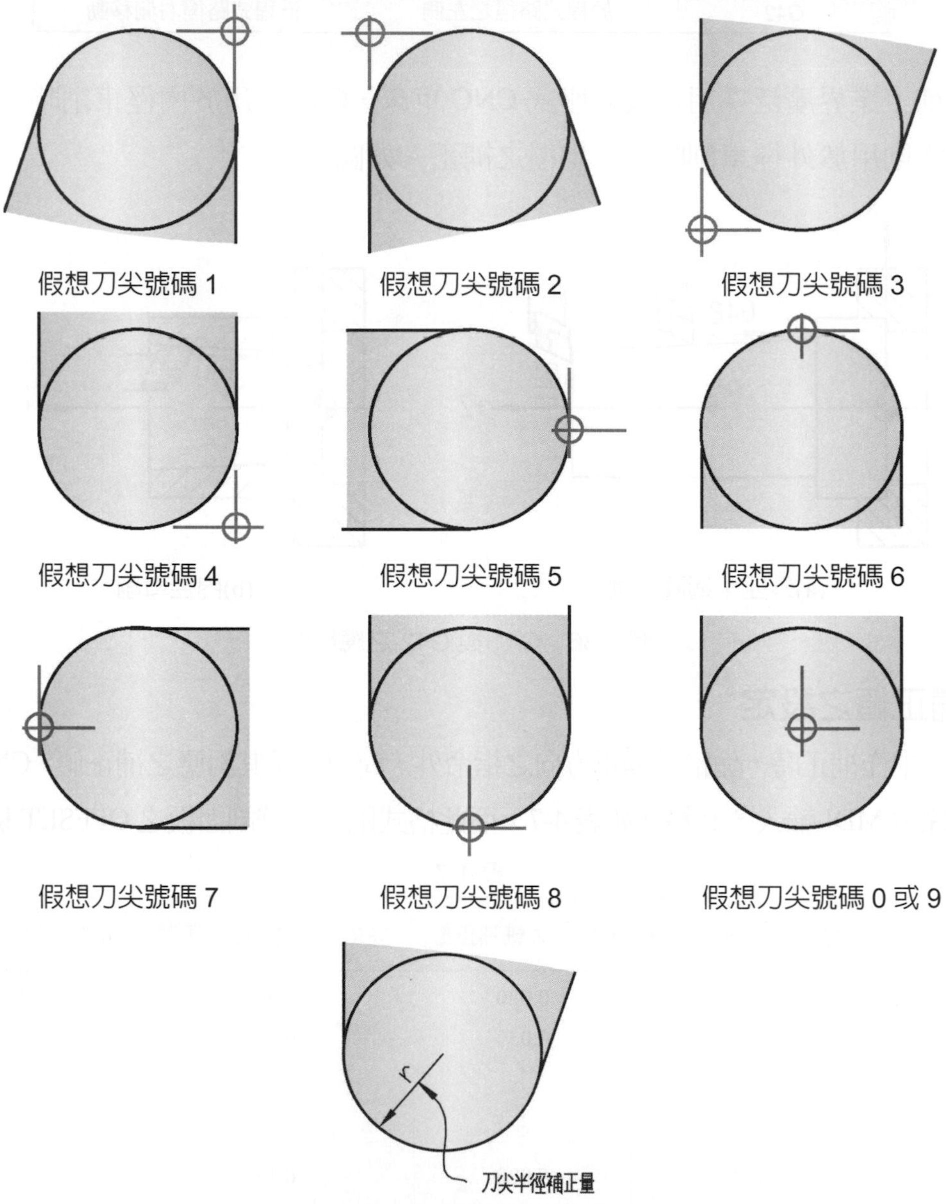

圖 4-37　假想刀尖方向之號碼

範例 4-13

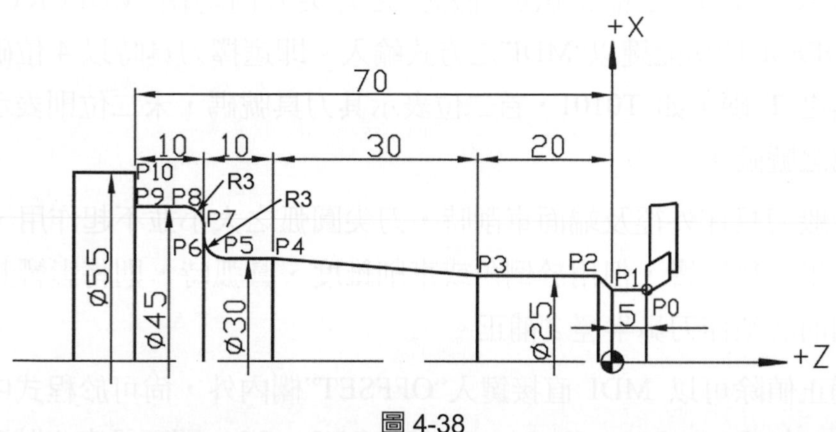

圖 4-38

```
O4038；
  ⋮
G42  G00  X21.0  Z5.0  T0101；  ‧刀具偏右補正，補正值為 OFFSET 之 1 號且
                                  快速定位至 a 點
G01  Z0  F0.3；  ………………………………………………………… P0→P1
     X25.0  Z-2.0；  ……………………………………………………… P1→P2
     Z-20.0；  …………………………………………………………… P2→P3
     X30.0  Z-50.0；  …………………………………………………… P3→P4
     Z-57.0；  …………………………………………………………… P4→P5
G02  X36.0  Z-60.0  R3.0；  ……………………………………… P5→P6
G01  X39.0；  ………………………………………………………… P6→P7
G03  X45.0  Z-63.0  R3.0；  ……………………………………… P7→P8
G01  Z－70.0；  ……………………………………………………… P8→P9
  X55.0；  ……………………………………………………………… P9→P10
  ⋮
G40  G28  X80.0  Z80.0  T0100；  ‧‧‧ 刀具經中間點回機械原點，並取消補正
M05；  ……………………………………………………………………… 主軸停止
M30；  ……………………………………………………………………… 程式結束
```

當工件程式作刀鼻半徑之補正時，宜注意下列事項：

(1) 刀鼻半徑 R 之補正值與“假想”之刀尖方向均由 MDI/CRT 面板上之“OFFSET”功能鍵以“MDI”之方式輸入。即選擇刀具時以 4 位碼表示其刀具之 T 碼，如 T0101，首二位表示其刀具號碼，末二位則表示刀具補正值之號碼。

(2) 一般刀具作外徑及端面車削時，刀尖圓弧之大小並不起作用，對於車削結果並無影響，但用於倒角或車削錐度、圓弧時，則將影響其精確度，因而必須作刀鼻半徑之補正。

(3) 補正值除可以 MDI 直接鍵入“OFFSET”欄內外，尚可於程式中以指令設定，如 G10 P01 X0.04 Z0.02 R0.2 Q3，即可設定 1 號刀具作 X、Z 軸及刀鼻半徑之補正。

(4) 除上述補正方式外，CNC 之數控系統尚可作幾何形狀及刀具磨耗之補正，通常試車結果或刀尖位置之誤差以幾何形狀作補正，而刀具之磨損則以磨耗補正設定之。

4-5 單一型固定循環切削指令

固定循環乃將車床加工中特有之重複切削動作指令群，以一特別設定之 G 碼表示之。而單一型固定循環之切削指令則將每一切削動作，從開始至完成之四個步驟，視爲一個循環而以一 G 碼代表。

一、G90 Z 軸向單一型固定循環切削指令

G90 指令用於內、外徑之軸向切削，其指令格式爲

1. 直線切削循環

G90 X(U)_____Z(W)_____F_____ ;

若使用增量值指令，則 U、W 之符號，其正負值完全視路徑 1 及 2 之方向而定，如圖 4-39 所示，圖中 U 及 W 之數值皆爲負號。

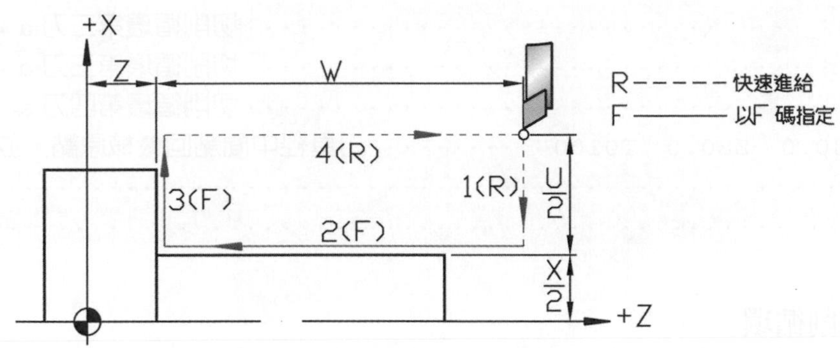

圖 4-39 G90 直線切削之路徑

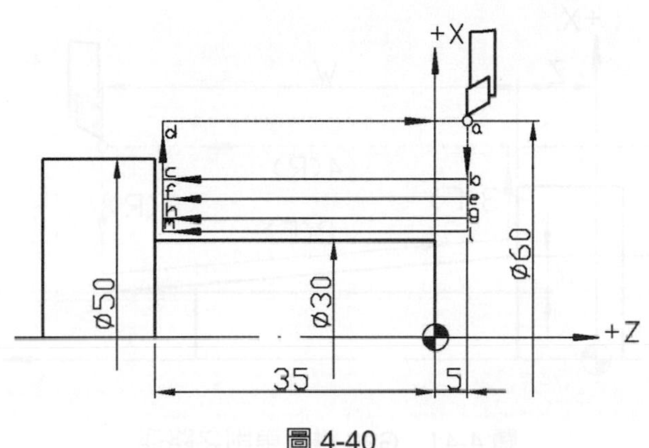

圖 4-40

流程圖

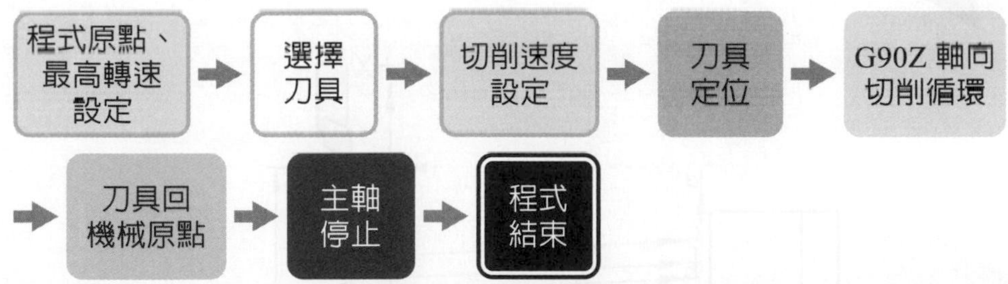


```
O4040；……………………………………………程式號碼
  G50  X200.0  Z200.0  S2000；…………… 程式原點及最高轉速設定
  T0100；…………………………………………選擇 1 號刀具
  G96  S120  M03；………… 切削速度設定 120m/min，主軸正轉
  G00  G42  X60.0  Z5.0  T0101；………………… 快速定位至 a 點
  G90  X44.0  Z-35.0  F0.3；……………切削循環第一刀 a→b→c→d→a
```

```
  X38.0； ································切削循環第二刀 a→e→f→d→a
  X32.0； ································切削循環第三刀 a→g→h→d→a
  X30.0； ································切削循環第四刀 a→l→m→d→a
G28  X80.0  Z80.0  T0100； ········ 刀具經中間點回機械原點，並取消補正
M05； ················································· 主軸停止
M30； ················································· 程式結束
```

2. 錐度切削循環

G90 X(U)_____Z(W)_____R_____F_____ ;

圖 4-41 爲 G90 之錐度車削路徑，若採用增量值指令，則 U、W、R 皆爲負號。

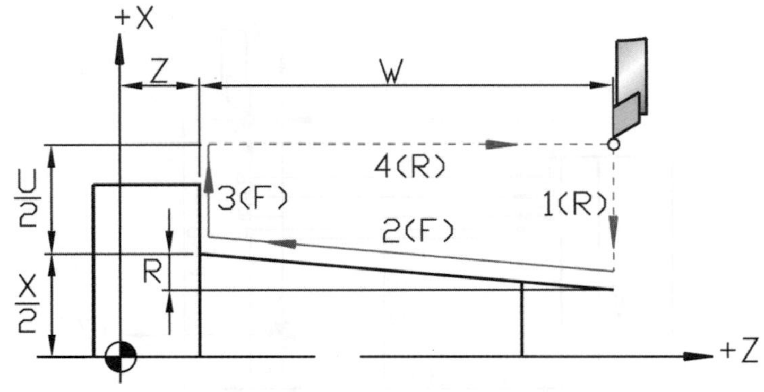

圖 4-41　G90 錐度車削之路徑

範例 4-15

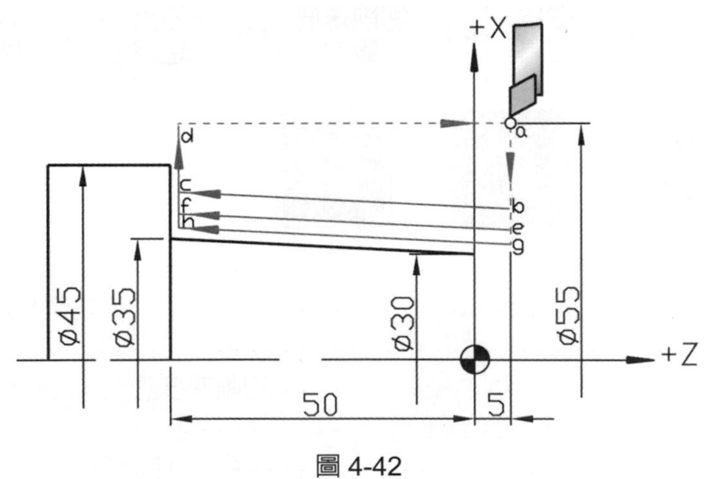

圖 4-42

流程圖

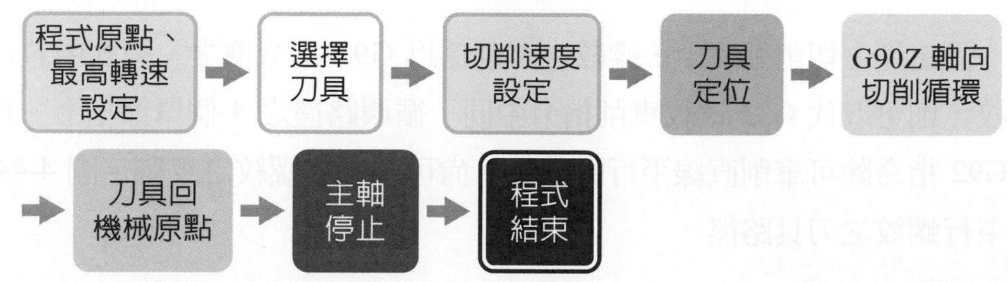


```
O4042；··················································· 程式號碼
  G50  X200.0  Z200.0  S2000；················ 程式原點及最高轉速設定
  T0100；········································ 選擇 1 號刀具
  G96  S120  M03；···················· 切削速度設定 120m/min，主軸正轉
  G00  G42  X55.0  Z5.0  T0101；·· 刀具偏右補正，補正值為 OFFSET 之 1 號
                                    且快速定位至 a 點
  G90  X40.0  Z-50.0  R-2.75  F0.3；··················· a→b→c→d→a
       X36.0；········································ a→e→f→d→a
       X35.0；········································ a→g→h→d→a
  G28  G40  X80.0  Z80.0  T0100；··· 刀具經中間點回機械原點，並取消補正
  M05；··················································· 主軸停止
  M30；··················································· 程式結束
```

G90 指令若以增量指令撰寫程式，則 U、W 及 R 值之正負符號及刀具路徑間之關係如圖 4-43(後刀座型車床之外徑與內徑切削)。

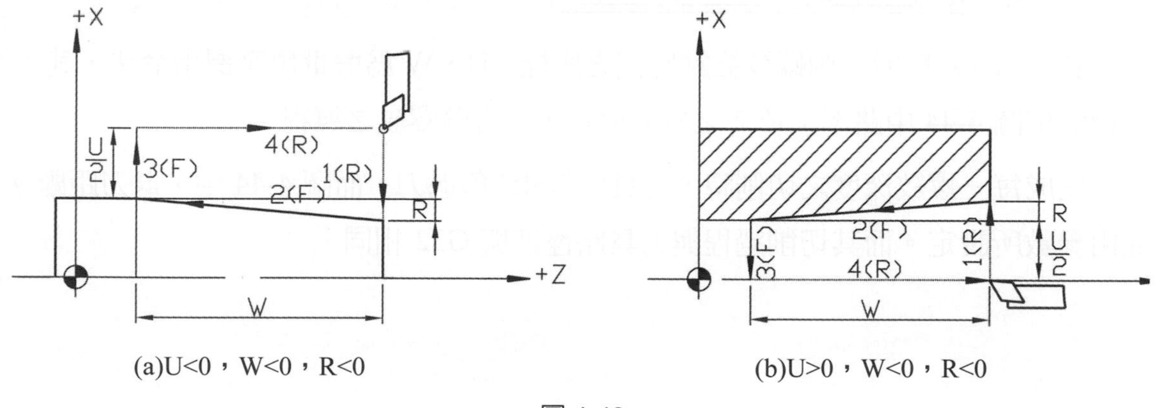

(a)U<0，W<0，R<0　　(b)U>0，W<0，R<0

圖 4-43

二、G92 螺紋切削循環指令

單一固定型之切削循環中，螺紋之車削係以 G92 指令爲之，程式中若以 G92 車削螺紋，則可取代 G32 螺紋車削指令中同一循環路徑之 4 個單節指令。實際應用上，G92 指令除可車削直線平行螺紋外，尚可作錐度螺紋之車削。圖 4-44 爲車削直線平行螺紋之刀具路徑。

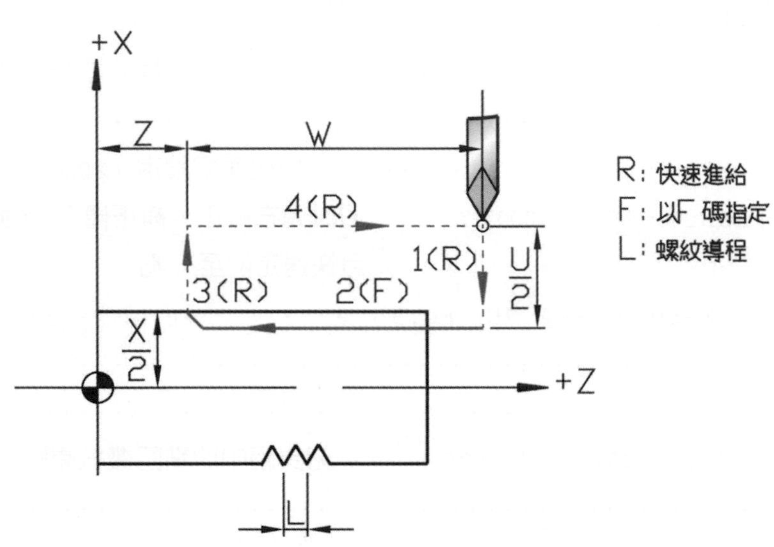

圖 4-44　直線平行螺紋切削循環之路徑

1.　直線平行螺紋車削循環

G92　X(U)_____Z(W)_____F_____ ;

其中 X、Z 爲所車削螺紋終點底徑之座標，U、W 爲增量值座標指令法，其正負符號依圖 4-44 中路徑 1 及 2 之方向而定，F 則爲螺紋之導程。

完成每一螺紋深度之切削時，刀具係以 45°角退刀，而圖 4-44 中，退刀距離 γ 係由參數所設定。而其切削過程與刀具路徑則與 G32 相同。

範例 4-16

流程圖

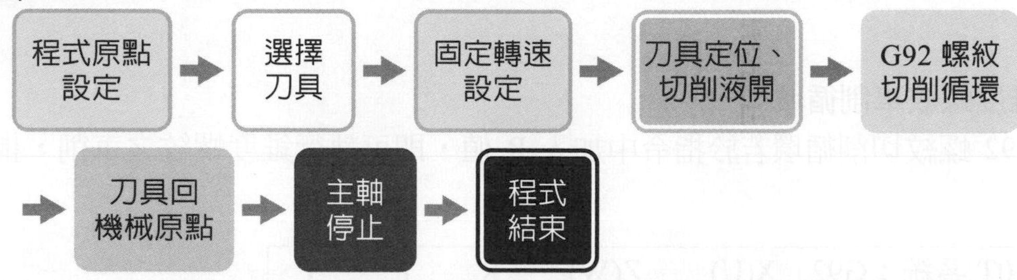


```
O4045； ······································· 程式號碼
  G50  X200.0  Z200.0；··························· 程式原點設定
  T0707； ········································ 選擇車牙刀具
  G97  S600  M03；······························ 固定主軸轉速 600rpm
  G00  X26.0  Z8.0  M08； ······················· 快速定位至 a 點
```

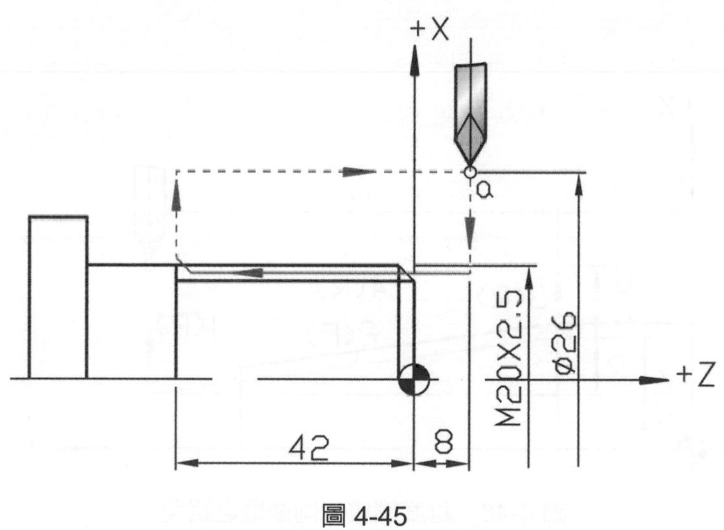

圖 4-45

```
  G92  X19.0  Z-42.0  F2.5； ···················· 第一刀螺紋切削循環
       X18.3； ································· 第二刀螺紋切削循環
       X17.7； ································· 第三刀螺紋切削循環
       X17.3； ································· 第四刀螺紋切削循環
       X16.9； ································· 第五刀螺紋切削循環
```

```
     X16.75； ··································第六刀螺紋切削循環
G28  X80.0  Z80.0 ；···················經中間點(80，80)回機械原點
M05；···························································主軸停止
M30；···························································程式結束
```

2. 錐度螺紋車削循環

G92 螺紋切削循環若於指令中加入 R 值，即可執行錐度螺紋之車削，指令格式為：

0T 系統：G92　X(U)____Z(W)____R____F____ ；
10T 系統：G92　X(U)____Z(W)____I____F____ ；

其中 X、Z 為所車削螺紋之終點牙底座標，U、W 為增量值座標指令法，其正負符號之決定，與平行直線螺紋相同，R 則為螺紋車削之起始點與終點之半徑差值，其正負符號則以終點位於起點之正負方向而決定，圖 4-46 為錐度螺紋車削循環之路徑。

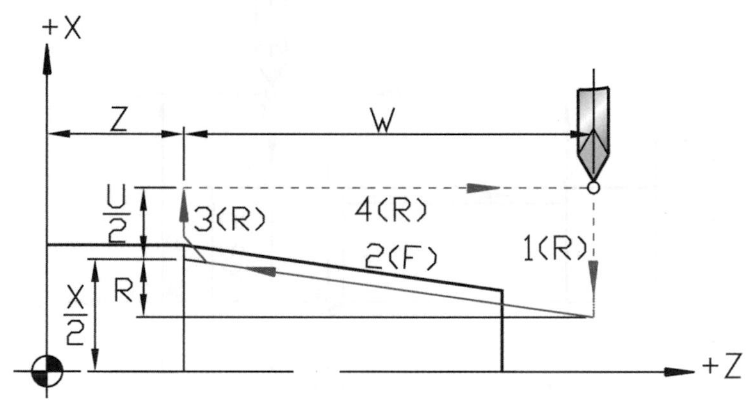

圖 4-46　錐度螺紋車削循環之路徑

範例 4-17

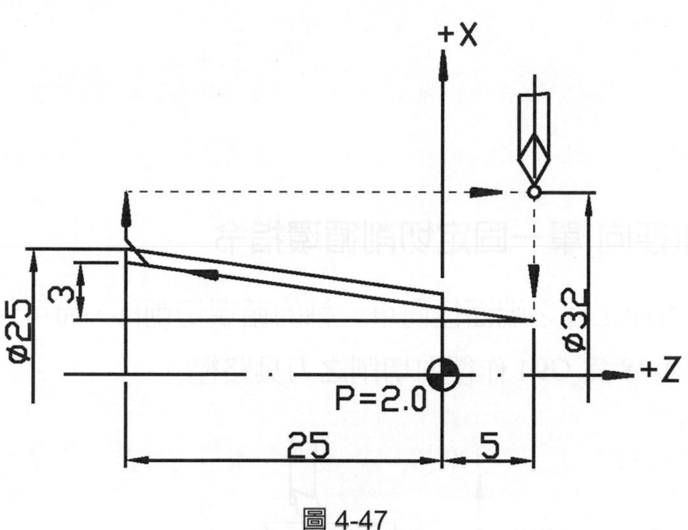

圖 4-47

流程圖

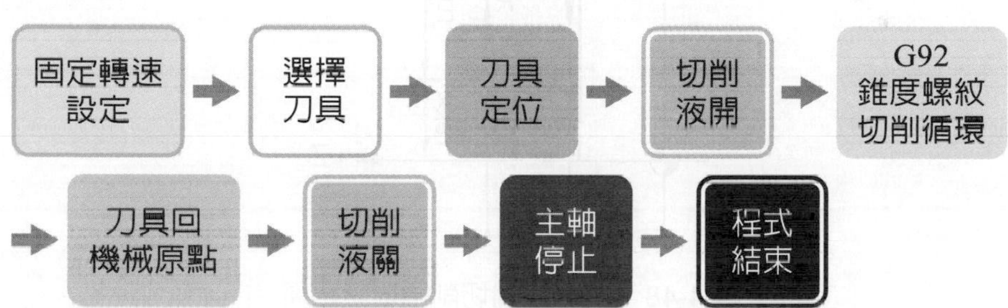


```
O4047；
   G97  S500  M03；
   T0707；
   G00  X32.0  Z5.0；
   M08；
   G92  X24.1  Z-25.0  R-3.0  F2.0；················螺紋切削循環第一刀
或 10T(G92  X24.1  Z-25.0  I-3.0  F2.0)；
   X23.5；································螺紋切削循環第二刀
   X22.9；································螺紋切削循環第三刀
   X22.5；································螺紋切削循環第四刀
   X22.4；································螺紋切削循環第五刀
```

```
G28  X80.0 Z80.0；....................經中間點(80，80)回機械原點
M09；
M05；
M30；
```

三、G94 X 軸(徑向)單一固定切削循環指令

G94 指令除可作工件之端面徑向單一軸的循環切削外，尚可作 X、Z 兩軸向之錐度車削，如圖 4-48 爲 G94 作徑向切削之刀具路徑。

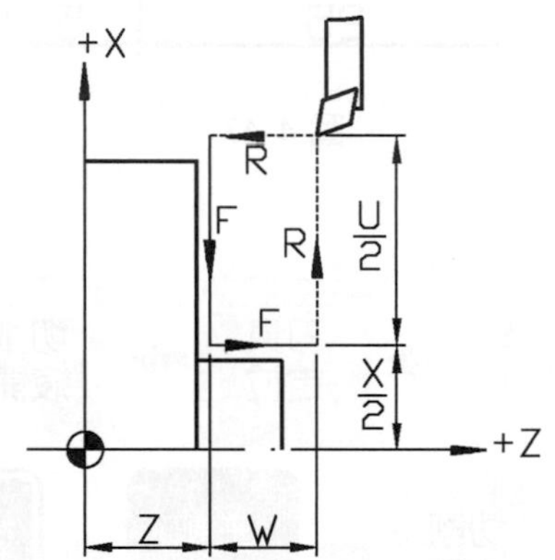

圖 4-48　G94 徑向切削循環之路徑

1.　X 軸直線徑向切削循環

指令格式爲

G94X(U)____Z(W)F____ ；

其中 X、Z 爲徑向車削循環之終點座標，F 爲進刀速度。若以增量值指令，則 U、W 之正負符號，端視刀具路徑所作切削之方向而定。

範例 4-18

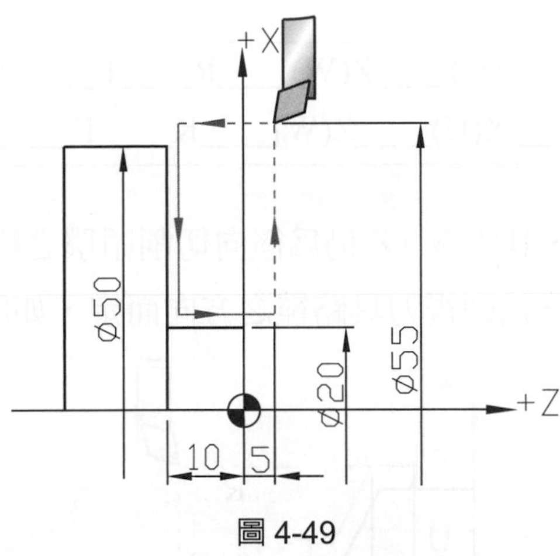

圖 4-49

流程圖

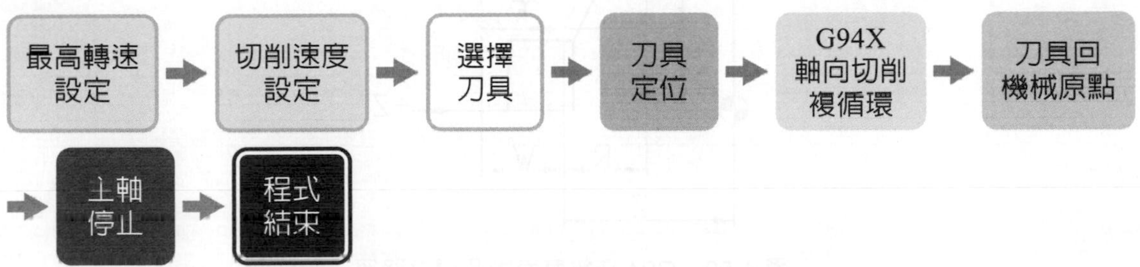


```
O4049；
  G50  S2000；
  G96  S120  M03；
  T0101；
  G00  X55.0  Z5.0；
  G94  X20.0  Z-3.0  F0.3； ·························· 徑向循環第一刀
       Z-6.0； ································· 徑向循環第二刀
       Z-9.0； ································· 徑向循環第三刀
       Z-10.0； ································ 徑向循環第四刀
  G28  X80.0  Z80.0  T0100；
  M05；
  M30；
```

2. 徑向錐度車削循環

指令格式爲

0T 系統：G94____X(U)____Z(W)____R____F____ ;
10T 系統：G94____X(U)____Z(W)____K____F____ ;

刀具路徑如圖 4-50，其中 X、Z 仍爲徑向切削循環之終點座標，R 則爲起點至終點之長度差值，正負符號則視刀具路徑之方向而定，如圖 4-51。

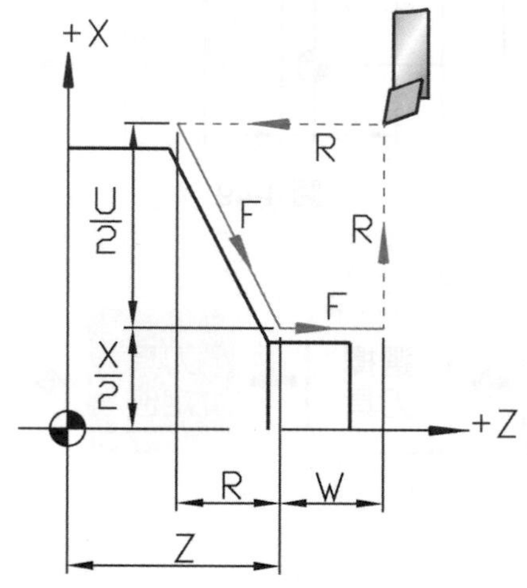

圖 4-50　G94 作錐度車削循環之路徑

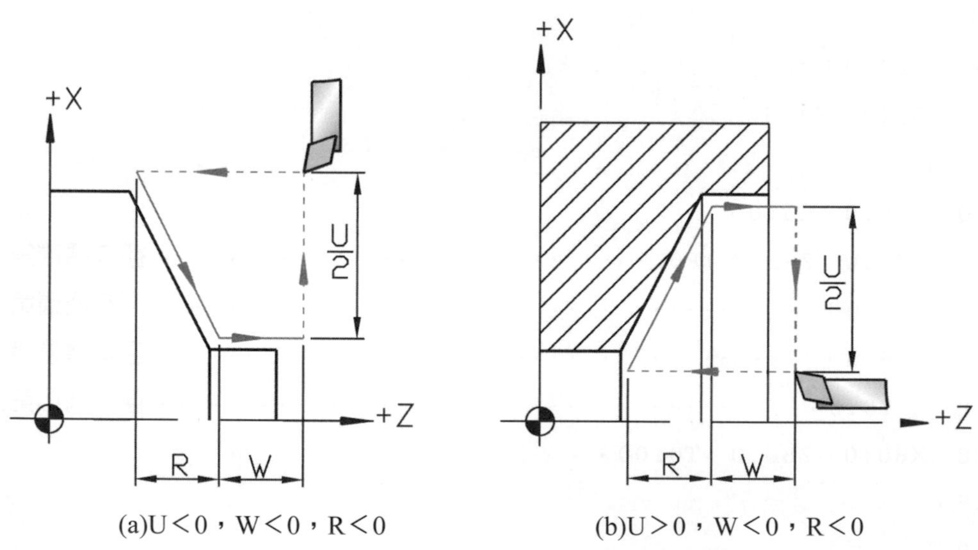

(a)U＜0，W＜0，R＜0　　(b)U＞0，W＜0，R＜0

圖 4-51　G94 錐度車削循環之數值符號關係

4-6 複合型固定循環切削指令

CNC 車床當其對外形輪廓複雜之成品進行加工時，若採用一般之基本切削指令，則不但各加工位置之座標尺寸難以計算，且程式冗長難耐。複合形固定循環切削指令，則只需設定工件完成後之各部位外形尺寸，及切削條件，如進刀深度、精修預留量、進刀速率……等，控制器即可自行計算每一切削循環之刀具路徑，不但電腦之高速計算功能得以發揮，且加工程式也將大幅縮減。

一、G71 Z 軸向(外徑)粗車削循環

程式格式

0T 系統：

```
G71  U(Δd)  R(e) ;
G71  P(ns)  Q(nf)  U(Δu)  W(Δw)  F(f)  S(s)  T(t) ;
```

10T 系統：

```
G71  P(ns)  Q(nf)  U(Δu)  W(Δw)  D(Δd)  F(f)  S(s)  T(t) ;
```

其中 Δd：每回車削深度(半徑值，無正負值符號)。

e　：每回切削退刀量。

ns　：切削循環開始之單節順序號碼。

nf　：切削循環最後之單節順序號碼。

Δu　：X 軸(外徑)方向精修預留量(直徑值)。

Δw　：Z 軸(長度)方向精修預留量。

f　：進刀速率。

s　：主軸轉速設定。

T　：刀具號碼。

圖 4-52 爲 G71 Z 軸向粗切削循環之刀具路徑，其中 Δd 是切削深度，$\frac{\Delta u}{2}$ 和 Δw 分別為 X、Z 軸之精修預留量。

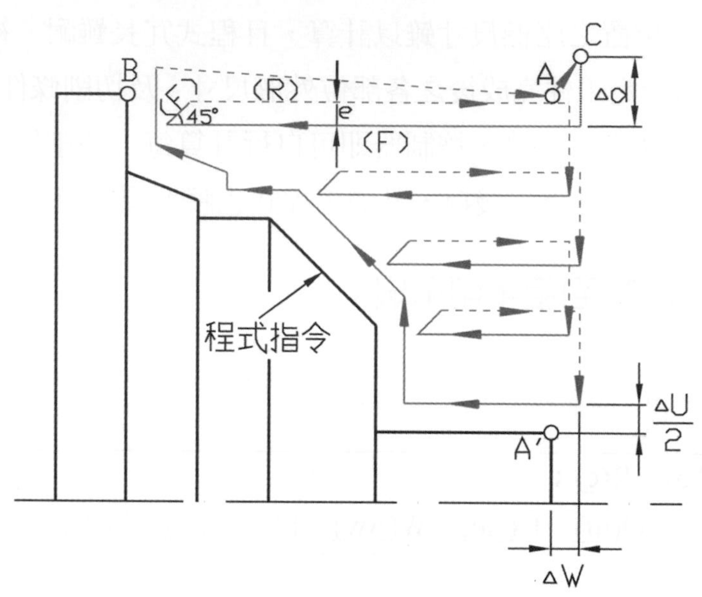

圖 4-52　G71 Z 軸向粗車削門循環之路徑

應用 G71 作工件輪廓之切削時，有二種形式，如圖 4-53，此二種刀具路徑可運用於後刀座式車床作外、內徑之切削使用。

不論作何種形式之車削，以下事項皆爲其必須注意之共通點：

(1) F、S、T 機能寫在 ns 至 nf 間之單節均無效，只有寫在 G71 單節內方有效用。

(2) 在 G71 指令所包含之切削循環內之指令單節，不能作副程式之呼叫。

(3) G71 指令所包含之指令單節，若有刀尖補正之指令均將無效，但其補正值將加入預留之尺寸中。

(4) G71 指令作切削循環時，最後一刀之切削加工，其切削尺寸爲成品之尺寸加上預留量。

(5) G71 指令中第一個單節 ns 不能有 Z 軸之移動指令。

(6) G71 作切削循環時，其刀具路徑上各部位之尺寸必須爲純增大或純減小，然此僅爲 0T 系統中獨有之限制。10T 系統則可作插入車削。

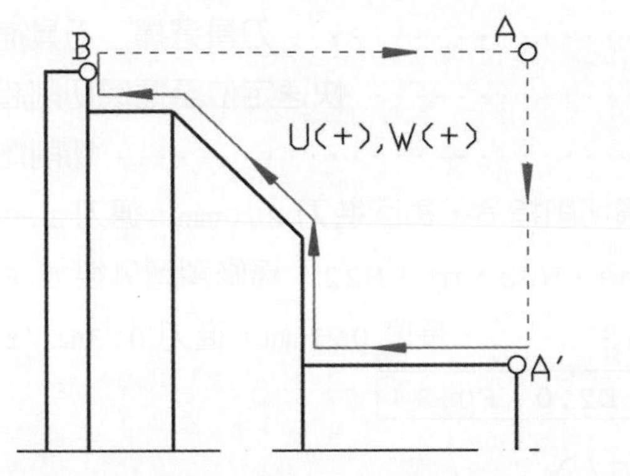

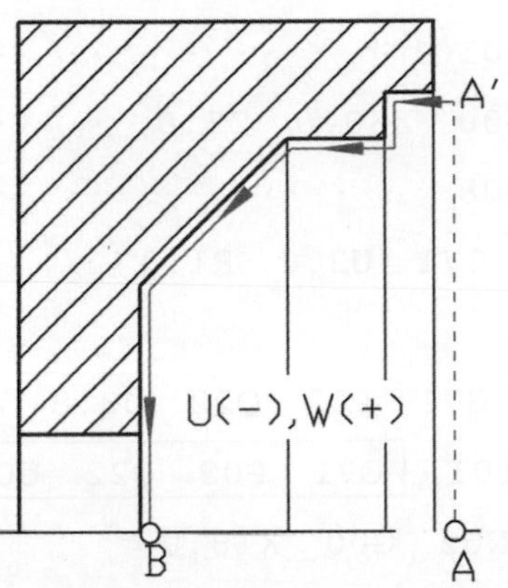

圖 4-53　G71 Z 軸向粗切削循環之路徑形式

範例 4-19

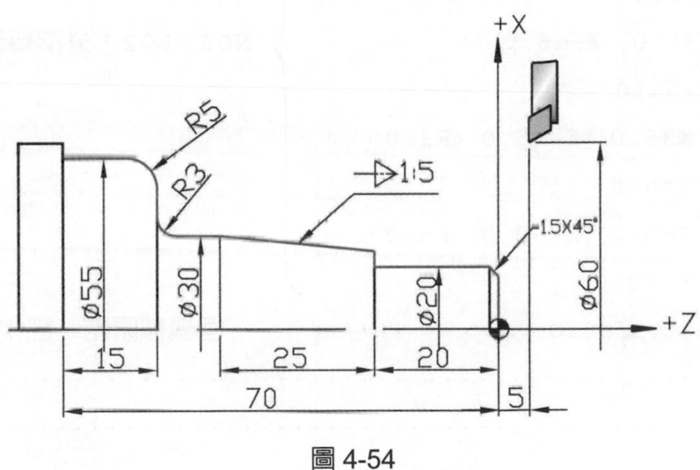

圖 4-54

流程圖

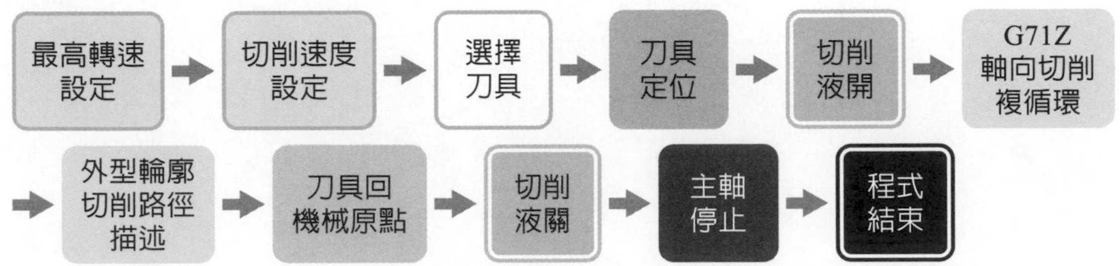

```
O4054；··························································程式號碼
  G50  S2000； ················································最高轉速設定
  G96  S120  M03；·····································切削速度設定，主軸正轉
  T0101；················································刀具選擇、刀具補正
  G00  X60.0  Z5.0；·································快速定位至循環切削起點
  M08；··························································切削劑開
   ⎧G71  U2.0  R1.0；            ⎫··循環切削指令，每回進刀 2.0mm，退刀 1.0mm
OT ⎨                              ⎬   ，ns：N02，nf：N22，精修預留外徑 0.8mm
   ⎩G71  P02  Q22  U0.8  W0.1    ⎭ F0.3；        、長度 0.1mm，進刀 0.3mm/rev
或 10T：│G71  P02  Q22  U0.8  W0.1  D2.0  F0.3；│
   N02  G00  X18.0；                          ⎫
   N04  G01  Z0；                             ⎪
   N06       X20.0  Z-1.0；                   ⎪
   N08       Z-20.0；                         ⎪
   N10       X25.0；                          ⎪
   N12       X30.0  Z-45.0；                  ⎬ N02～N22：外形輪廓描述
   N14       Z-52.0；                         ⎪
   N16  G02  X36.0  Z-55.0  R3.0；            ⎪
   N18  G01  X45.0；                          ⎪
   N20  G03  X55.0  Z-60.0  R5.0；            ⎪
   N22  G01  Z-70.0；                         ⎭
     G28  X80.0  Z80.0； ················回機械原點，經中間點(80，80)
     M09；···················································切削劑關
     M05；···················································主軸停止
     M30；···················································程式結束
```

二、G72 X 軸向(端面)粗車削循環

當工件之直徑大而長度短，即車床上欲作直徑方向之切除量大於軸向時，即以 G72 指令為之，其指令格式為：

0T 系統：

G72 W(<u>Δd</u>) R(<u>e</u>)；
G72 P(<u>ns</u>) Q(<u>nf</u>) U(<u>Δu</u>) W(<u>Δw</u>) F(<u>f</u>) S(<u>s</u>) T(<u>t</u>)；

10T 系統：

G72 P(<u>ns</u>) Q(<u>nf</u>) U(<u>Δu</u>) W(<u>Δw</u>) D(<u>Δd</u>) F(<u>f</u>) S(<u>s</u>)；

其中 Δd ：每回切削長度(無正負符號)。

e ：每回切削退刀量。

ns ：開始作切削循環之單節順序號碼。

nf ：切削循環最後單節之順序號碼。

Δu ：X 軸(外徑)方向精車削之預留尺寸(直徑值)。

Δw ：Z 軸(長度)方向精車削之預留量。

f ：進給速率。

s ：主軸轉速設定。

t ：刀具號碼。

圖 4-55 為 G72 X 軸向粗車削循環之刀具路徑，其中 Δd 是切削長度，$\frac{\Delta u}{2}$ 和 Δw 分別為 X、Z 軸之精車削預留量。

應用 G72 徑向車削循環可對工件外形作二種形式之切削，如圖 4-56，為後刀座式車床作外、內徑車削之路徑形態。

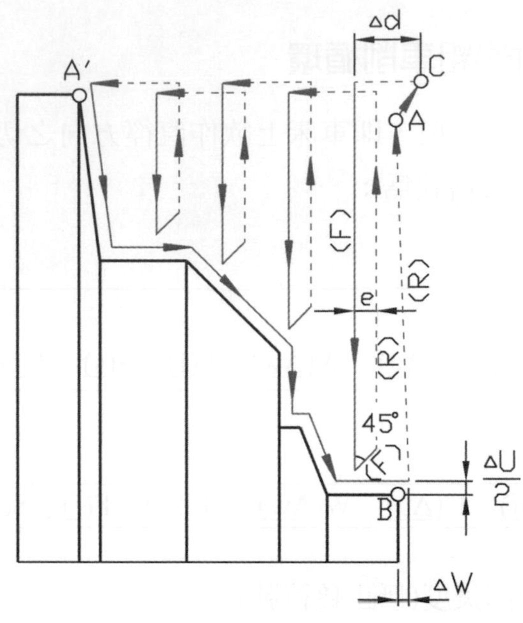

圖 4-55　G72 X 軸向粗車削循環之路徑

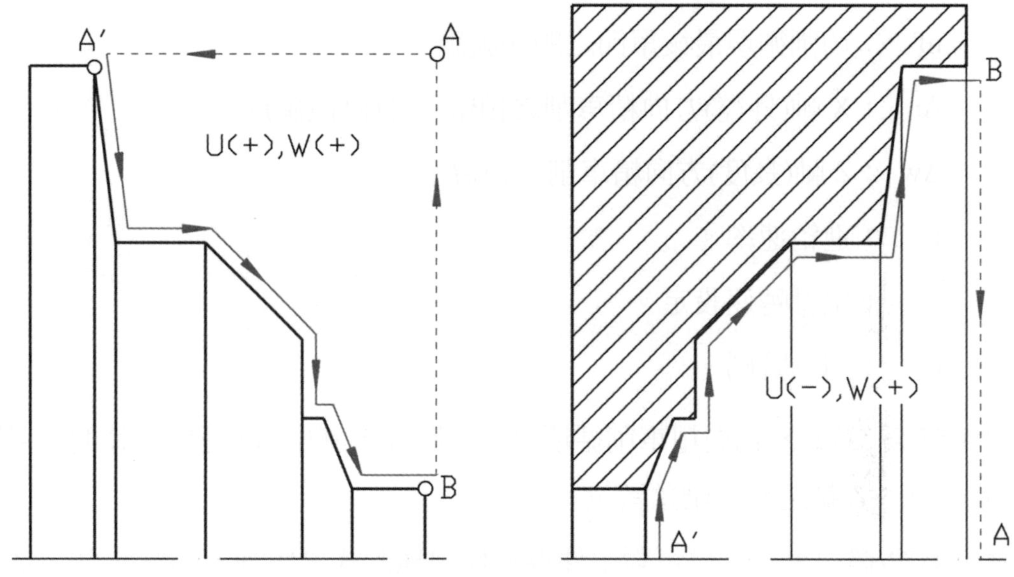

圖 4-56　G72 徑向粗車削循環之路徑形式

範例 4-20

```
O4057；··························程式號碼
  G50  S2000；·················最高轉速設定
  G96  S120  M03；··············切削速度設定
  T0101；······················刀具選擇，刀具補正
  G00  X65.0  Z5.0；···········快速定位至循環切削起始點
```

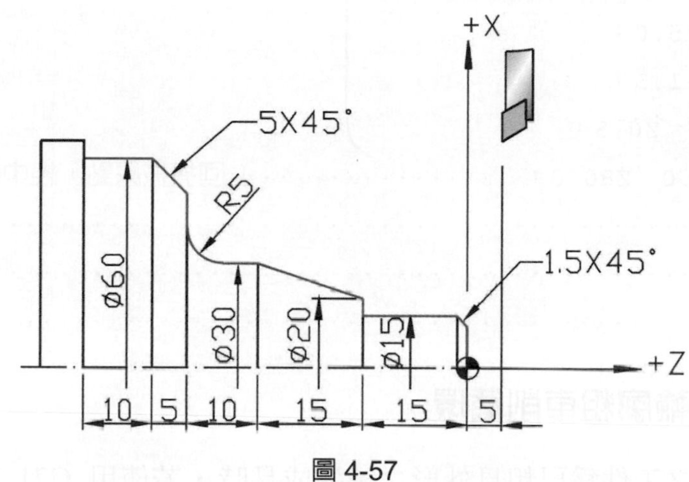

圖 4-57

流程圖

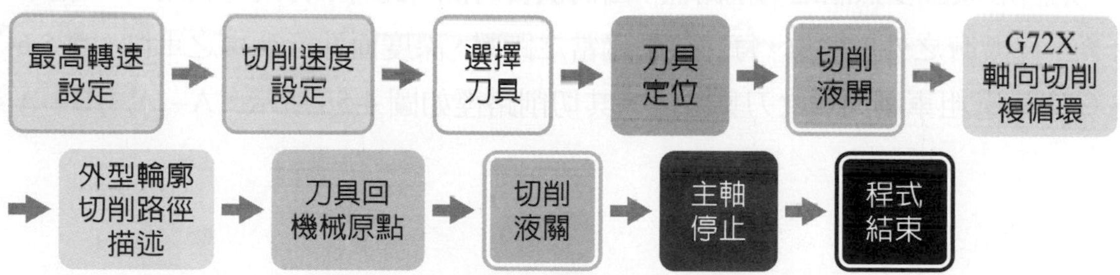


```
M08；·····························切削劑開
    ┌G72  W3.0  R1.0；                ┐ 徑向切削循環指令，每回進刀 2.0mm，
OT  │                                  │ 退刀 1.0mm，ns：N02，
    │                                  │ nf：N22，精修預留外徑 0.8mm、
    └G72  P02  Q22  U0.8  W0.2  F0.3；┘ 長度 0.1mm，進刀 0.3mm/rev
或 10T：G71  P02  Q22  U0.8  W0.1  D2.0  F0.3；
```

```
N02  G00  Z-55.0；
N04  G01  X60.0；
N06       Z-45.0；
N08       X50.0  Z-40.0；
N10       X40.0；
N12  G03  X30.0  Z-35.0  R5.0；    N02～N22：外形輪廓描述
N14  G01  Z-30.0；
N16       X20.0  Z-15.0；
N18       X15.0；
N20       Z-1.5；
N22  X11.0  Z0.5；
  G28  X80.0  Z80.0；················ 回機械原點，經中間點(80，80)
  M09；······································· 切削劑關
  M05；······································· 主軸停止
  M30；······································· 程式結束
```

三、G73 成型輪廓粗車削循環

當所欲車削之工件為已粗具外形之鑄造成品時，若使用 G71 或 G72 車削指令，則將形成許多無謂之切削路徑，因而浪費時間，此時，吾人可利用 G73 指令，沿著工件既有之外形輪廓，每次移動適當之距離、深度而進行重複之車削。圖 5.6-7 為 G73 輪廓粗車削循環之刀具路徑，其切削路徑如圖 4-58 所示：A→A'→B→A。

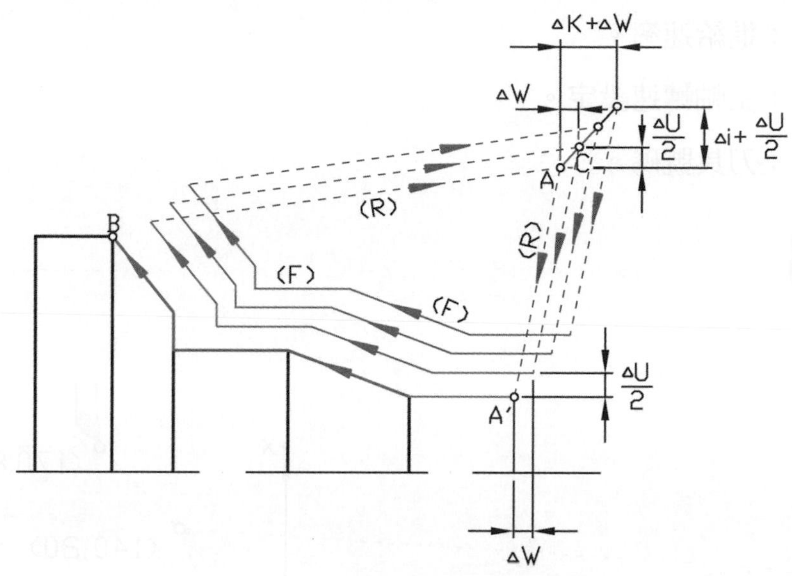

圖 4-58　G73 輪廓粗車削循環之路徑

指令格式爲

0T 系統：

G73　U(Δi)　W(Δk)　R(d)；
G73　P(ns)　Q(nf)　U(Δu)　W(Δw)　F(f)　S(s)　T(t)；

10T 系統：

G73　P(ns)　Q(nf)　I (Δi)　K(Δk)　U(Δu)　W(Δw)　D(d)　F(f)　S(s)；

其中 Δi　：X 方向(外徑)粗胚之預留量(以半徑値表示)。

Δk　：Z 方向(長度)粗胚之預留量。

d　：切削次數。

ns　：循環開始之單節順序號碼。

nf　：循環結束之單節順序號碼。

Δu　：X 方向精車削預留量。

Δw　：Z 方向精車削預留量。

f　：進給速率。

s　：主軸轉速設定。

t　：刀具號碼。

範例 4-21

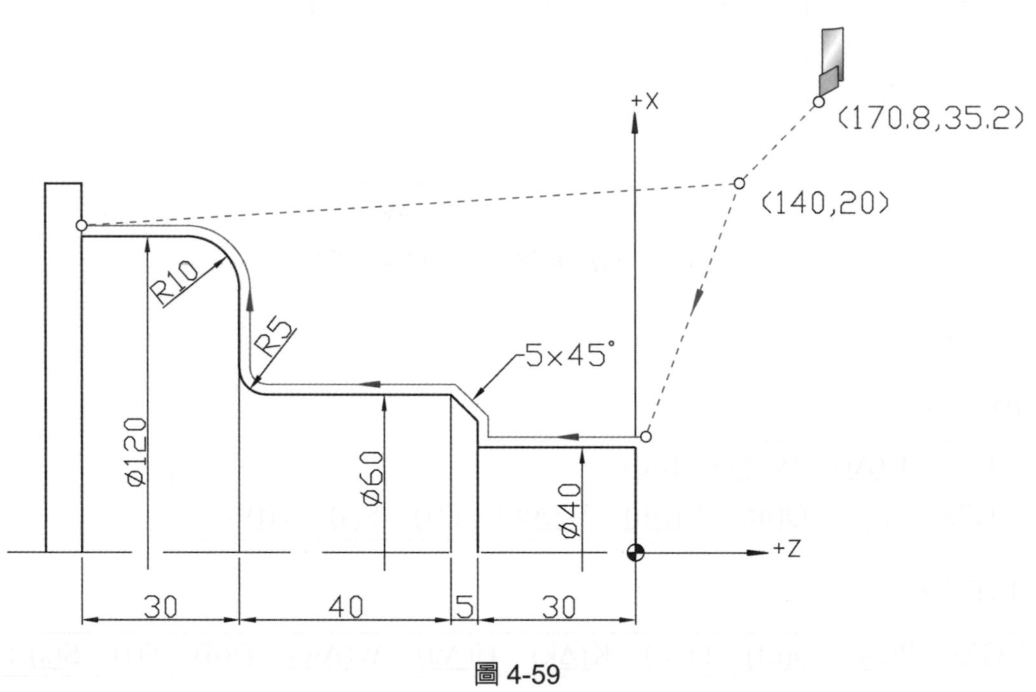

圖 4-59

流程圖

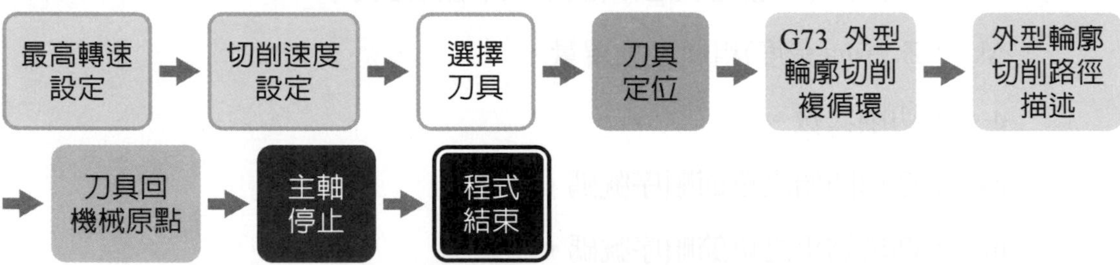


```
O4059；········································程式號碼
  G50  S2000；·································最高轉速設定
  G96  S120  M03；·····························切削速度設定
```

```
T0101；·········································刀具選擇，刀具補正
G00  X140.0  Z20.0；·························快速定位至循環切削起始點
   ┌G73  U15.0  W15.0  R3；          ┐外形輪廓粗切削循環指令，外徑粗胚 15mm，
OT ┤                                  ├長度粗胚 15mm，三次車削完成，循環序號 N02
   └G73  P02  Q18  U0.8  W0.2  F0.3；┘～N18，外徑精車預留 0.8mm，軸向精車預留
                                       0.2mm，進刀速度 0.3mm/rev
或 10T：G73  P02  Q18  I15.0  K15.0  U0.8  W0.2  D3  F0.3；
       N02  G00  X40.0  Z5.0；            ┐
       N04  G01  Z-30.0；                 │
       N06  X50.0；                       │
       N08  X60.0  Z-35.0；               │
       N10  Z-70.0；                      ├N02～N18 外形輪廓描述
       N12  G02  X70.0  Z-75.0  R5.0；    │
       N14  G01  X100.0；                 │
       N16  G03  X120.0  Z-85.0  R10.0；  │
       N18  G01  Z-105.0；                ┘
    G28  X120.0  Z120.0；······經中間點(120.0，120.0)刀具回機械原點
    M05；·········································主軸停止
    M30；·········································程式結束
```

四、G70 精車削複循環指令

G71、G72、G73 分別爲 Z 軸、X 軸及外形輪廓之粗切削循環指令，加工之後，外徑、長度皆留下預先設定之精加工尺寸，必須使用 G70 指令，方能執行最後之精加工，使得尺寸與光度都能達到吾人之所需求。其指令格式爲

G70　P(ns)　Q(nf)；

其中 ns：開始切削循環之單節順序號碼。

　　nf：切削循環結束之單節順序號碼。

使用 G70 指令必須注意下列事項：

(1) 精車削之 F、S 在 G71、G72、G73 所在之指令單節中指定者無效，而以其 P(ns)～Q(nf)範圍內之單節所設定之 F、S 方爲 G70 精車削之 F、S。

(2) 工作程式中，若無 G71～G73 指令，則 G70 指令不得使用。

(3) G70 指令切削完畢後，刀具會回到 G71～G73 的切削起始點。

(4) 使用 G70～G73 任一指令，其 ns 到 nf 間之任一單節，皆不得作副程式之呼叫。

以下分別爲 G70 配合 G71、G72、G73 之應用例：

範例 4-22

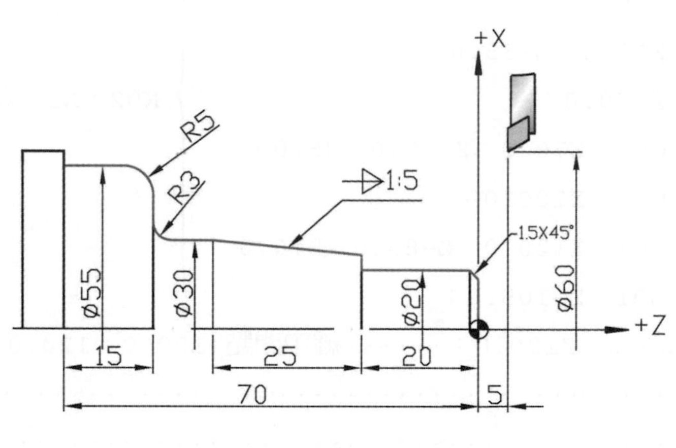

圖 4-60

流程圖

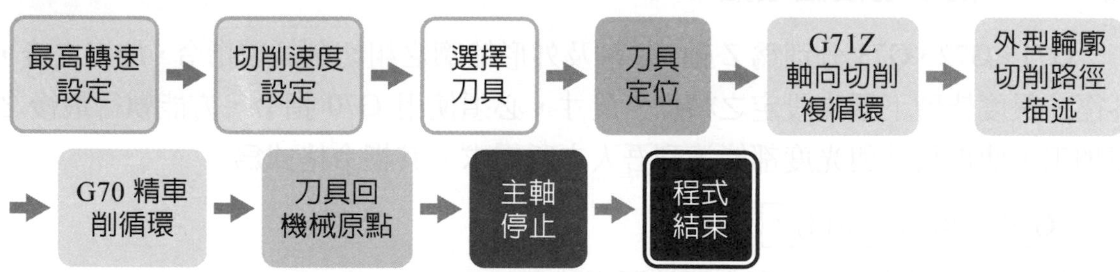


```
O4060；·································程式號碼
    G50  S2000；························最高轉速設定
    G96  S120  M03；····················切削速度設定
    T0101；·····························刀具選擇與補正
    G00  X55.0  Z5.0；··················快速定位至切削循環起始點
```

```
  ┌G71  U2.0  R1.0；··························每回進刀深 2.0，退刀 1.0
OT┤
  └G71  P02  Q20  U0.8  W0.1  F0.4；···預留外徑精削 0.8 長度精削 0.1mm
或 10T：G71  P02  Q20  U0.8  W0.1  D2.0  F0.4；
    N02  G00  X17.0；                  ┐
    N04  G01  Z0  F0.2；               │
    N06  X20.0  Z-1.5；                │
    N08  Z-20.0；                      │
    N10  X25.0；                       │
    N12  X30.0.  Z-45.0；              ├---------------- 切削循環之路徑
    N14  Z-50.0；                      │
    N16  G02  X40.0  Z-55.0  R5.0；    │
    N18  G01  X50.0；                  │
    N20  Z-70.0；                      ┘
    G70  P02  Q20；·································· 精車削循環
    G28  X80.0  Z80.0；···························刀具回機械原點
    M05；·············································主軸停止
    M30；·············································程式結束
```

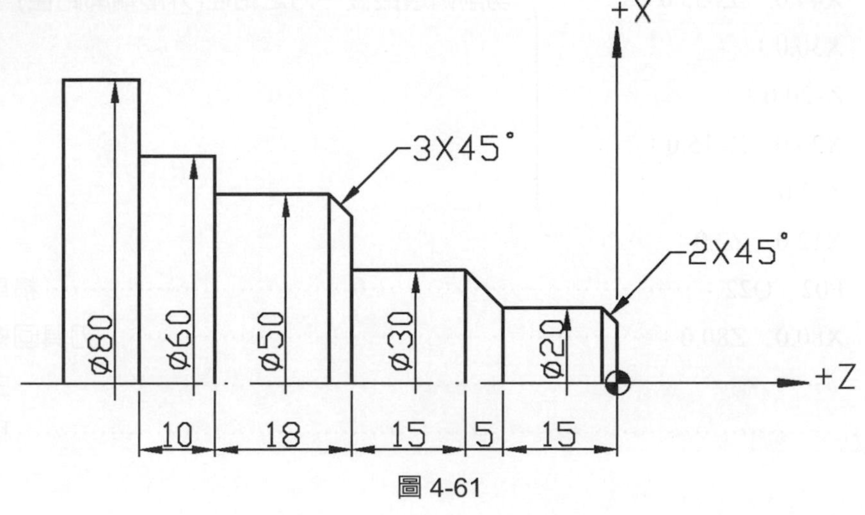

圖 4-61

流程圖

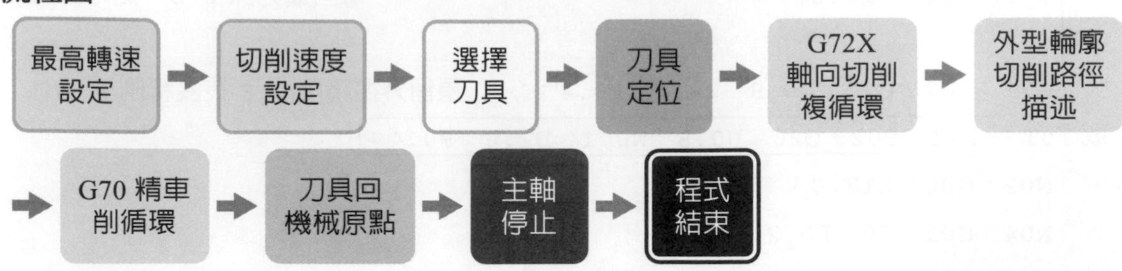


```
O4061；…………………………………………………………程式號碼
    G50  S2000；…………………………………………最高轉速設定
    G96  S120  M03；……………………………………切削速度設定
    T0101；………………………………………………刀具選擇與補正
    G00  X85.0  Z2.0；……………………………快速定位至切削循環起始點
   ┌G72  W4.0  R1.0；……………………………粗車削每回長 4.0，退刀 1.0
OT ┤
   └G72  P02  Q22  U0.8  W0.1  F0.3；……預留外徑精削 0.8 及長度精削 0.1
10T：| G72  P02  Q22  U0.8  W0.1  D4.0  F03； |
    N02  G00  Z–63.0；        ┐
    N04  G01  X60.0  F0.15；  │
    N06  Z–53.0；             │
    N08  X50.0；              │
    N10  Z–38.0；             │
    N12  X44.0.  Z–35.0；     ├ 切削循環最後一刀之路徑(外形輪廓路徑)
    N14  X30.0；              │
    N16  Z–20.0；             │
    N18  X20.0  Z–15.0；      │
    N20  Z–2.0；              ┘
    N22  X12.0  Z2.0；
    G70  P02  Q22；……………………………………………精車削循環
    G28  X80.0  Z80.0；…………………………………刀具回機械原點
    M05；……………………………………………………………主軸停止
    M30；……………………………………………………………程式結束
```

範例 4-24

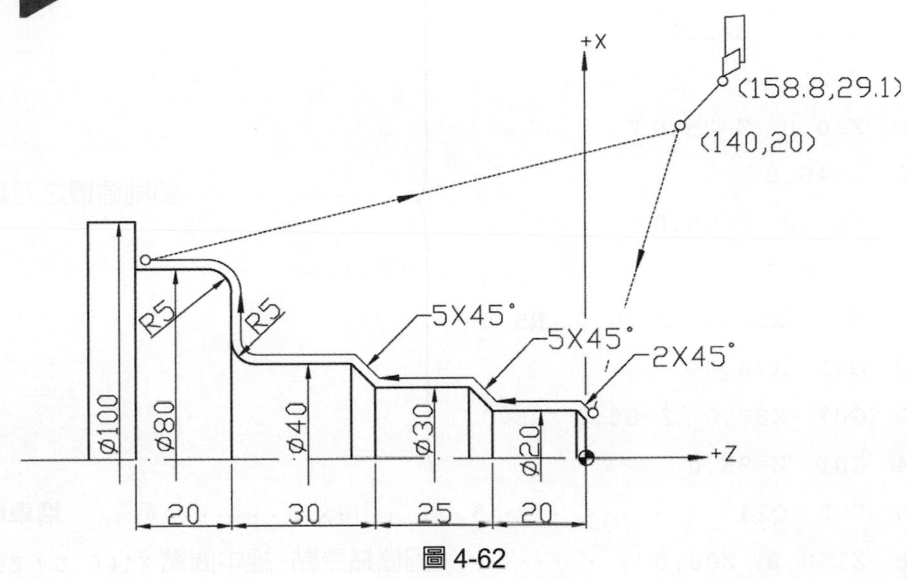

圖 4-62

流程圖

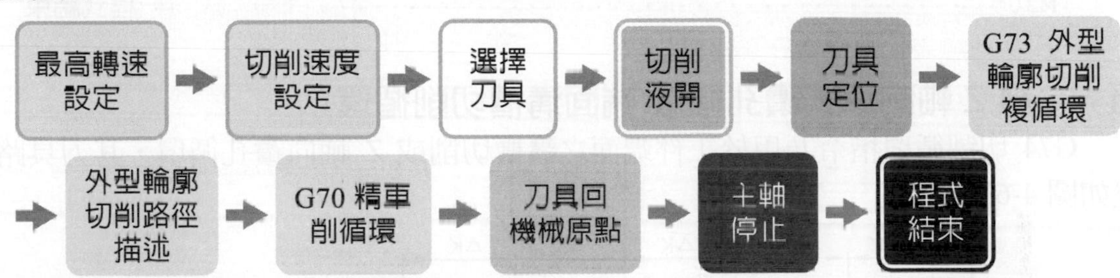


```
O4062；·························································· 程式號碼
    G50   S2000；················································ 最高轉速設定
    G96   S120   M03；·········································· 切削速度設定
    T0101；·················································· 刀具選擇與補正
    M08；························································ 切削劑開
    G00   X140.0   Z20.0；··························· 快速定位至切削循環起始點
   ┌G73   U9.0   W9.0   R3；  · X 軸粗胚預留 9.0(半徑值)Z 軸粗胚預留 9.0(長度)
OT┤
   └G73   P02   Q24   U0.8   W0.1   F0.3；  ··· 預留外徑精削 0.8 及長度精削 0.1
10T：| G73   P02   Q24   I9.0   K9.0   U0.8   W0.1   D4.0   F0.3； |
```

```
N02  G00  X16.0  Z2.0；
N04  G01  Z0  F0.15；
N06  X20.0  Z-2.0；
N08  Z-20.0；
N10  X30.0  Z-25.0；
N12  Z-45.0；                                    ---------- 切削循環之刀具路徑
N14  X40.0  Z-50.0；
N16  Z-70.0；
N18  G02  X50.0  Z-75.0  R5.0；
N20  G01  X70.0；
N22  G03  X80.0  Z-80.0  R5.0；
N24  G01  Z-95.0；
G70  P02  Q24；······························ 精車削循環
G28  X160.0  Z80.0；··········回機械原點(經中間點 X160.0，Z80.0)
M05；········································· 主軸停止
M30；········································· 程式結束
```

五、G74 Z 軸向琢式鑽孔循環(端面溝槽切削循環)

G74 切削循環指令乃用於工件端面之溝槽切削或 Z 軸向鑽孔循環，其刀具路徑如圖 4-63。

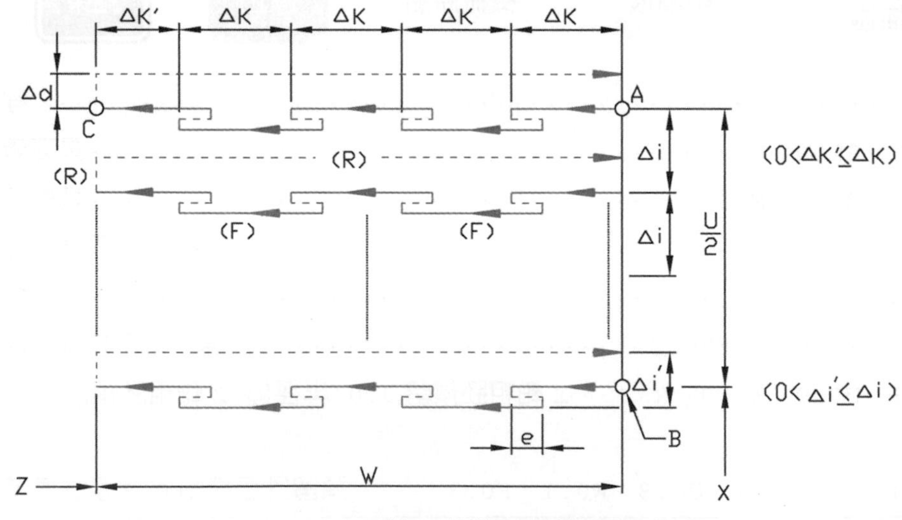

圖 4-63　G74 Z 軸琢式鑽孔(溝槽)循環之路徑

其指令格式爲

0T 系統：

```
G74  R(e)；
G74  X(u)  Z(w)  P(Δi)  Q(Δk)  R(Δd)  F(f)；
```

10T 系統：

```
G74  X(u)  Z(w)  I(Δi)  K(Δk)  D(Δd)  F(f)；
```

其中各指令之意義如下。

e ：退刀量(Z 軸向車削 Δk 後之退刀量)。

X ：B 點之 X 座標(直徑值)。

u ：A 點至 B 點之增量值(直徑)。

Z ：C 點之 Z 座標。

w ：A 點至 C 點之增量值。

Δi ：X 軸向每回切削之移動量，以半徑值表示，不需正負符號。

Δk ：Z 軸向每一回之切削長度，不需正負符號。

Δd ：切削至終點時，X 軸向之退刀量(鑽孔時其值爲零)。

f ：進刀速率。

G74 指令於使用時，Z 軸向每切削 Δk 距離，即可作 e 量之退刀，因而不僅可作工件端面溝槽及外徑之斷續切削，用於工件之深孔鑽削，效果亦頗爲良好。

範例 4-25

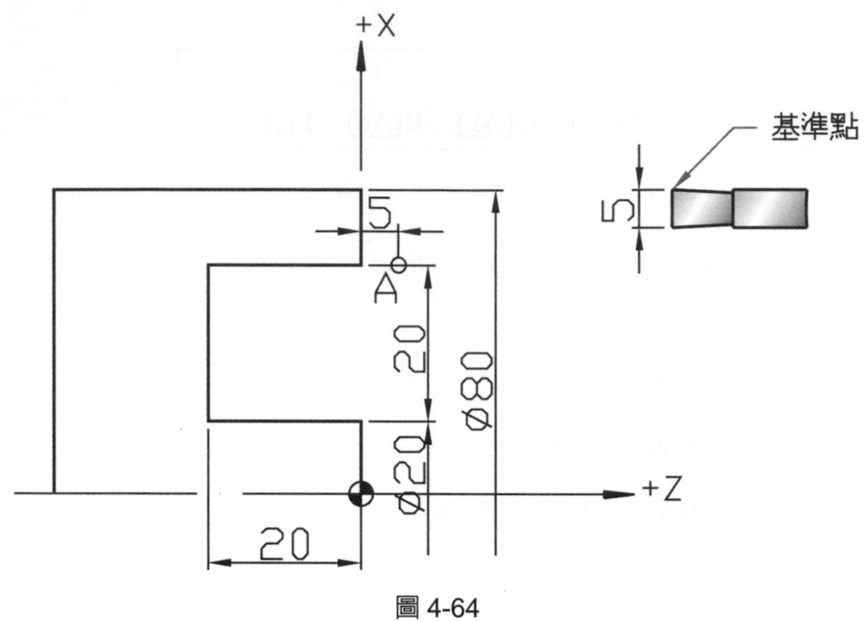

圖 4-64

流程圖

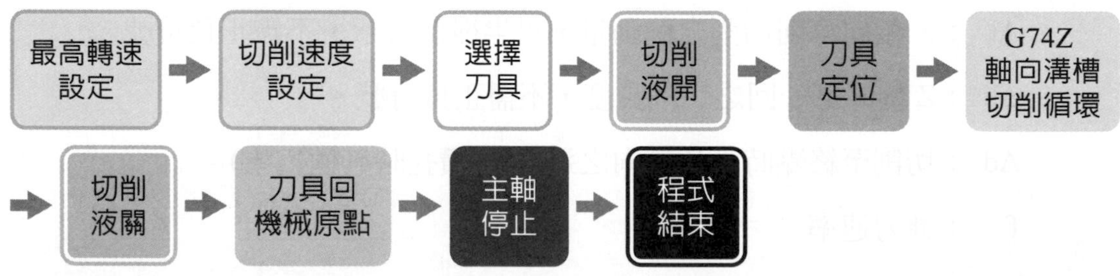


```
O4064；·········································· 程式號碼
   G50  S1000；································ 最高轉速設定
   G96  S100  M03；···························· 切削速度設定
   T0202； ···································· 刀具選擇與補正
   M08； ········································ 切削劑開
   G00  X60.0  Z5.0；·························· 刀具定位至 A 點
  ┌G74  R1.0；································ 每切削 10.0 退刀 1.0
OT┤
  └G74  X30.0  Z-20.0  P4000  Q10000  F0.15；····· X 軸每回移動 4.0，
                                               Z 軸每回進刀 10.0
```

```
10T：G74  X30.0  Z-20.0  I4.0  K10.0  D0  F0.15；
    M09； ··············································· 切削劑關
    G28  X100.0  Z100.0； ································ 回機械原點
    M05； ··············································· 主軸停止
    M30； ··············································· 程式結束
```

六、G75 X 軸向(外徑)溝槽切削循環

G75 X 軸向(外徑)溝槽切削循環其刀具切削循環之路徑與 G74 之路徑相同，惟其切削方向爲徑向之溝槽切削，如圖 4-65。

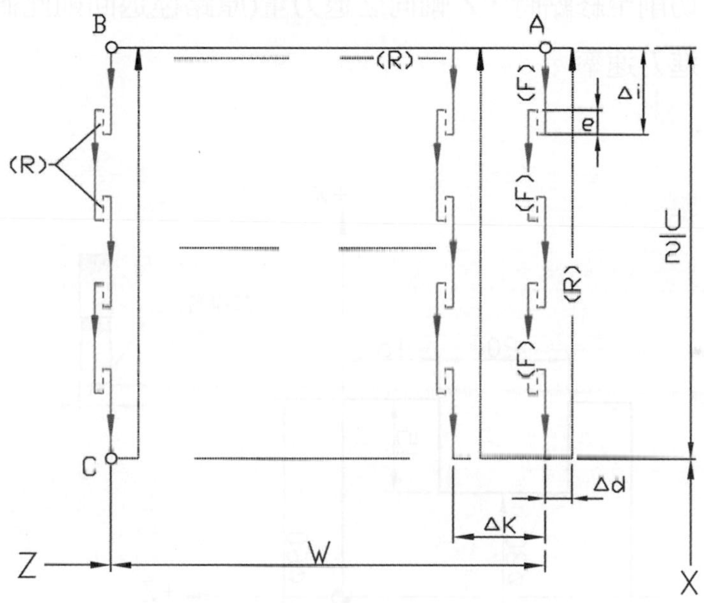

圖 4-65　G75 徑向溝槽切削循環之路徑

其指令格式爲

0T 系統：

G75　R(e)；
G75　X(u)　Z(w)　P(Δi)　Q(Δk)　R(Δd)　F(f)；

10T 系統：

G75 X(u) Z(w) I(Δi) K(Δk) D(Δd) F(f)；

其中 e ：退刀量(X 軸向車削 Δi 後之退刀量)。

X ：C 點之 X 座標(直徑值)。

u ：B 點至 C 點之增量值(直徑)。

Z ：C 點之 Z 座標。

w ：A 點至 B 點之增量值。

Δi ：X 軸向每一回之切削深度，以半徑值表示，不需正負符號。

Δk ：Z 軸向每一回之切削之移動長度，無正負符號。

Δd ：切削至終點時，Z 軸向之退刀量(原路徑退回則此值爲零)。

f ：進刀速率。

範例 4-26

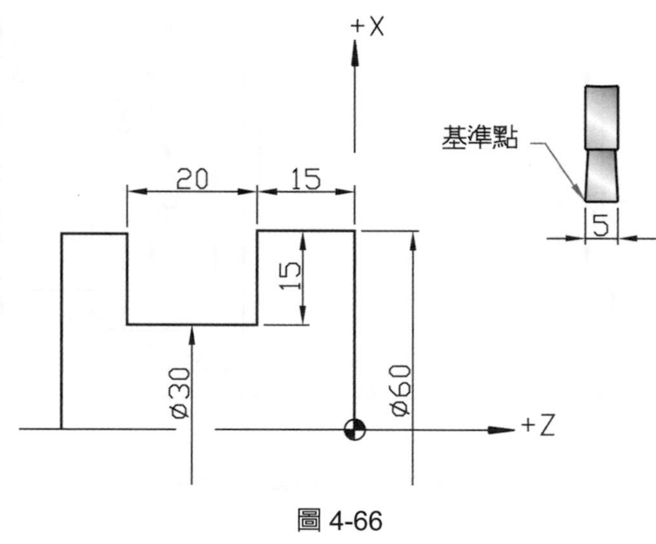

圖 4-66

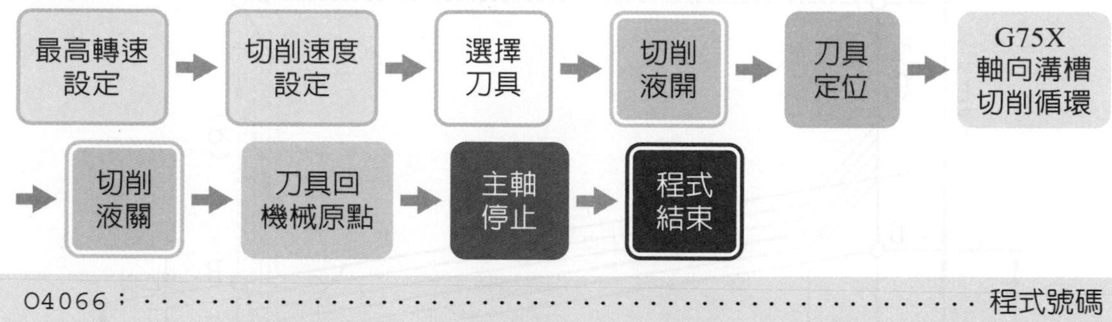


```
O4066；·················································· 程式號碼
    G50  S1000；·········································· 最高轉速設定
    G96  S100  M03；······································ 切削速度設定
    T0303；··············································· 刀具選擇與補正
    M08；················································· 切削劑開
    G00  X65.0  Z5.0；···································· 刀具定位至 A 點
         Z-20.0；········································· 定位至切削起始點
   ┌G75  R1.0；············································ 每切削 10.0 退刀 1.0
OT ┤
   └G75  X30.0  Z-35.0  P8000  Q4000  F0.15；······ X 軸每回切深 8.0，
                                                     Z 軸每回進刀 4.0
10T：G75  X30.0  Z-35.0  I8.0  K4.0  D0  F0.15；
    M09；················································· 切削劑關
    G28  X80.0  Z80.0；··················· 回機械原點，經(80.0，80.0)
    M05；················································· 主軸停止
    M30；················································· 程式結束
```

七、G76 螺紋複循環車削

CNC 車床上螺紋之車削方法有三：一為 G32，車削螺紋時，4 個單節之指令，方能完成一次螺紋深度之車削，因而程式之撰寫耗事費時。二為 G92 螺紋車削之“單一”循環指令，一個單節指令可完成一次螺紋深度之車削，但任何螺紋均須經多次之進刀方能完成，因此以 G92 撰寫工作程式仍嫌冗長。G76 則僅須一個指令，即可完成螺紋之全部車削，可使程式製作大為簡化，乃所有螺紋切削指令中，最有效率之單節指令。其切削路徑如圖 4-67。

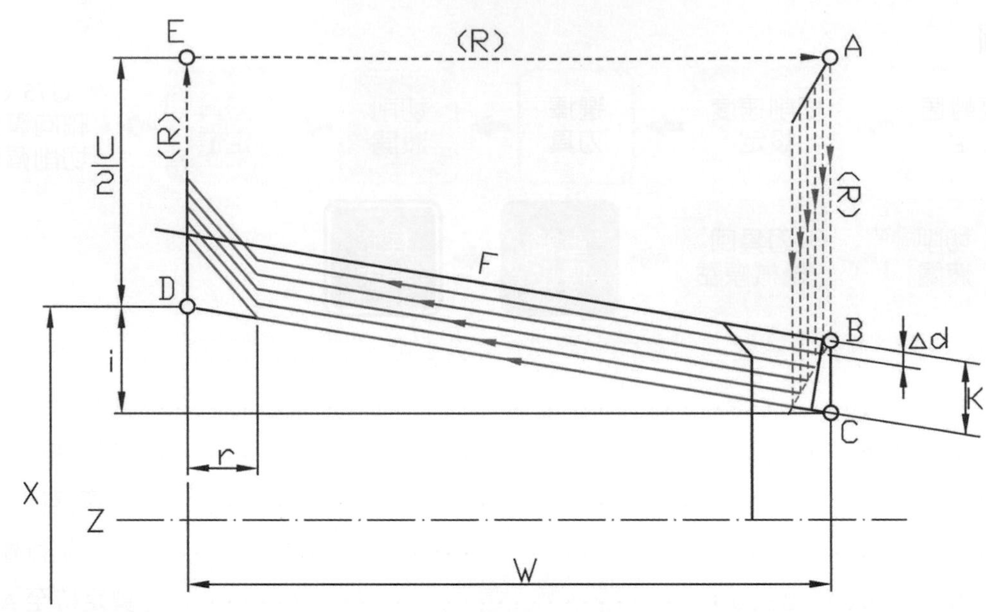

圖 4-67　G76 螺紋複循環切削之路徑

指令格式為

0T 系統：

G76　P(m)(r)(a)　Q(Δdmin)　R(d)； G76　X(U)　Z(W)　R(i)　P(K)　Q(Δd)　F(l)；

10T 系統：

G76　X(U)　Z(W)　I(i)　K(k)　D(Δd)　F(l)　A(a)；

其中 m　　：精車次數。

r　　：倒角長度之倍數(以導程計算)，若倒角=導程，則此值為"10"。

a　　：刀具角度。

Δdmin：最小之車削深度(每一車削間之差距)。

d　　：精車削預留量。

X　　：D 點之 X 座標(直徑值)。

Z　　：D 點之 Z 軸座標。

i　　　：螺紋之斜度差距(半徑值)。正負值由 A 到 C 之路徑方向而定。

k　　　：螺紋深度。

Δd　　：第一刀切削之深度。

l　　　：導程。

範例 4-27

m＝2，r＝1.2l，a＝60°，則程式如下：

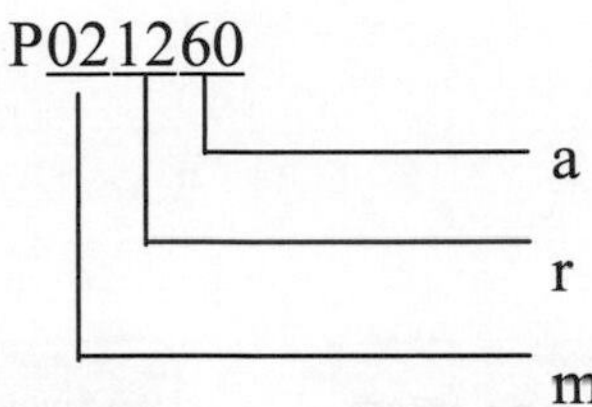

圖 4-68 則為 G76 螺紋複循環車削中，牙刀每一回切削之深度圖示；圖中，螺紋第一刀之切削深度為 Δd，第二刀為 $\Delta d\sqrt{2}$，第 n 刀則為 $\Delta d\sqrt{n}$ 之深度，d 則為最後精車削之預留量。

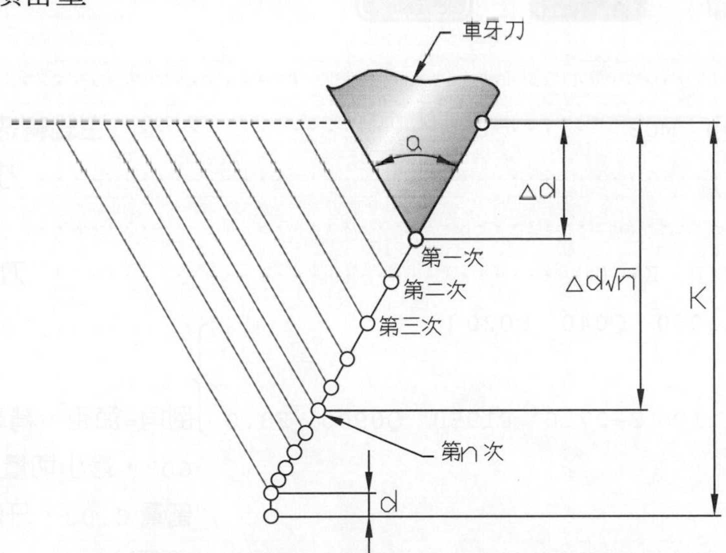

圖 4-68　螺紋車削之進刀方式與深度示意圖

範例 4-28

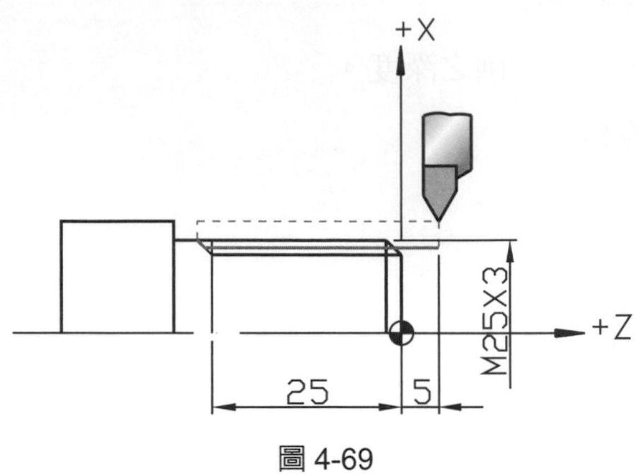

圖 4-69

流程圖

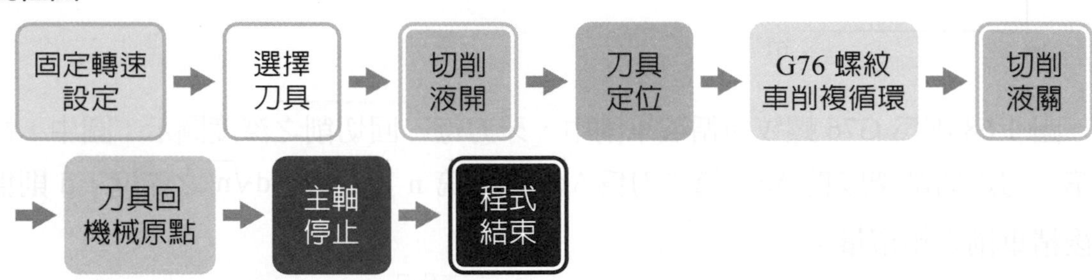


```
O4069; ........................................................ 程式號碼
    G97  S600  M03; ................................ 主軸轉速設定 600rpm
    T0505; ........................................... 刀具選擇與補正
    M08; ................................................... 切削劑開
    G00  X30.0  Z5.0; ................................. 刀具定位至 A 點
   ┌G76  P011060  Q040  R020;
OT ┤                                                   ┐
   └G76  X21.10  Z-27.0  P1950  Q0900  F3.0;           ┘倒角=節距，精車一次，牙角=
                                                        60°，最小切量 0.04mm 精車預
                                                        留量 0.02，牙深 1.95，第一
                                                        刀深 0.9
10T: G76  X21.10  Z-27.0  I0  K1.95  D0900  F3.0  A60;
    M09; ................................................... 切削劑關
```

```
G28  X80.0  Z80.0； ················ 經(80.0，80.0)，回機械原點
M05； ········································ 主軸停止
M30； ········································ 程式結束
```

八、複合型固定循環切削指令執行時注意事項

G70～G76 程式指令執行時應注意：

(1) G70～G76 循環每一單節內之 P、Q、X、Z、U、W 和 R 必須正確。

(2) 使用 G71、G72、G73 之指令，其循環範圍內所包含之單節，必須有 G00 或 G01 之指令，否則將出現警告(alarm)之訊號。

(3) G71、G72、G73 不能以 MDI 之方式執行，G74、G75、G76 則可以 MDI 方式輸入。

(4) G70、G71、G72、G73 循環範圍內之單節，不可有 M98、M99 指令。

(5) G70、G71、G72、G73 循環範圍內所包含之單節不可使用下列之指令機能：

① 暫停(G04)指令。

② 除了 G00、G01、G02、G03 以外之 G 機能不能使用。

③ G 碼中之第六群，即 G20 及 G21 機能。

④ M98 或 M99。

⑤ T 機能。

(6) G70～G76 循環指令可以於執行中停止或以手動方式介入，但要再啓動時，必須先回到停止或手動介入時之位置，然後再啓動。

(7) G70～G73 執行時，係由程式之最前端開始尋找 P 與 Q 間之順序號碼，因而循環內之單節不得有相同之順序號碼。

4-7 副程式

執行同一工件之切削加工時，若有多處加工部位須重複相同之加工順序時，則可將這些相同的加工順序寫成另一個程式，即副程式。如此，於主程式中執行至某一段加工時，即可呼叫副程式，以此副程式即可重複執行無數個相同程序之加工，不僅可簡化程式，節省電腦記憶空間及時間之浪費，而且副程式本身即可單獨測試，避免程式製作上之錯誤。

一、副程式之製作與執行

一般副程式之程式格式如下：

```
o××××；………………………………………………… 副程式之號碼
  G01……；  ┐
  G02……；  │
  G01……；  ├ ……………………………………… 程式內容
  ⋮         │
  ⋮         ┘
  M99；……………………………………………… 副程式結束指令
```

副程式可由主程式於執行加工過程中呼叫或由另一副程式呼叫以執行其加工指令，其指令格式為：

0T 系統：

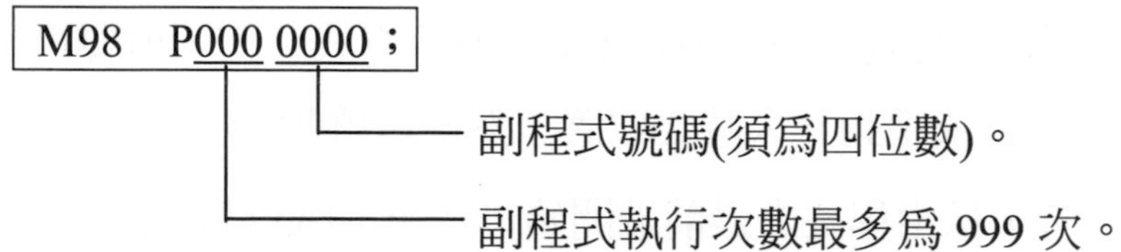

若執行次數被省略時，則副程式僅執行一次。

範例 4-29

M98　P0051004

即代表呼叫副程式 O1004，重複執行五次。

10T 系統：

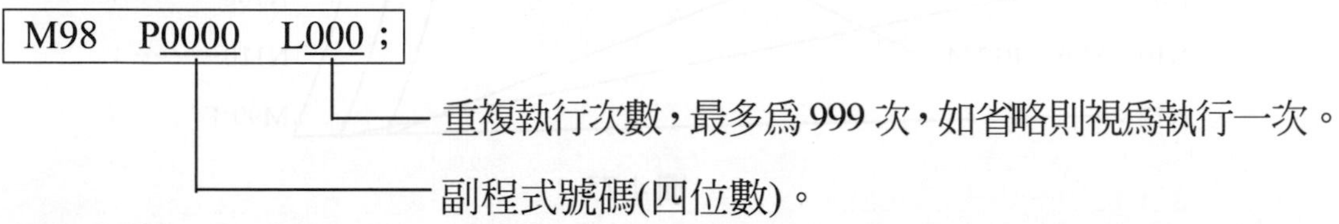

範例 4-30

M98　P1234　L3

表示呼叫副程式 O1234，執行三次。

圖 4-70 爲主程式呼叫副程式之方式。

圖中副程式爲主程式所呼叫時，可作爲單迴路副程式呼叫，亦可爲雙迴路呼叫，但最多僅能作四迴路之呼叫，同時，一呼叫指令則可重複的呼叫同一副程式 999 次。

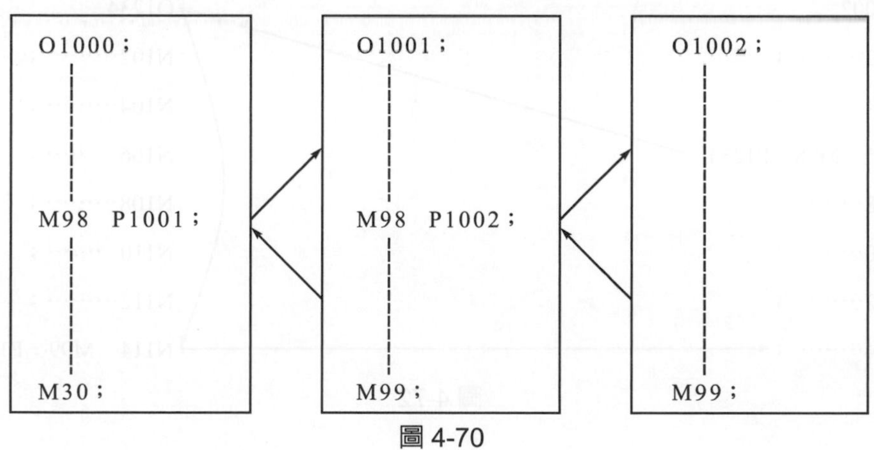

圖 4-70

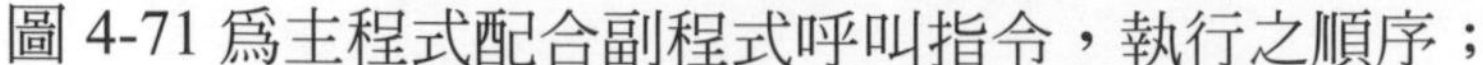
圖 4-71 爲主程式配合副程式呼叫指令，執行之順序；

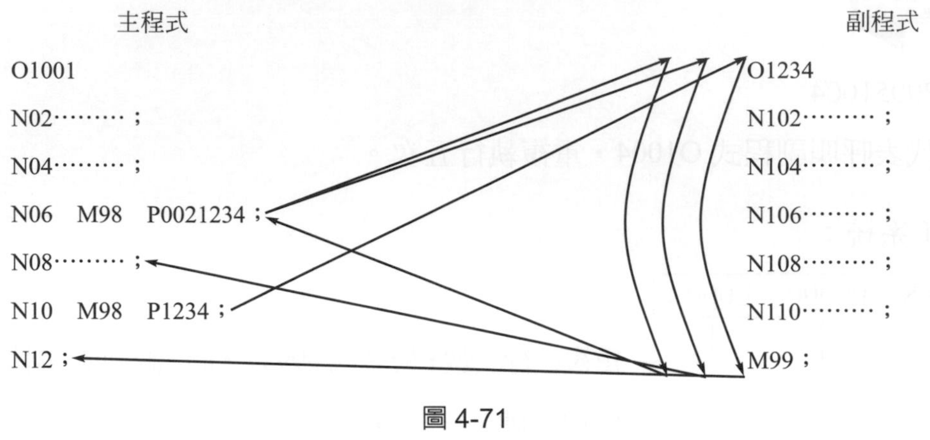

圖 4-71

二、副程式之特殊用法

副程式除了如上所述之執行方式外，尚可於最後結束單節指令 M99 之後，附加以 P 之指令，則此副程式執行完畢後，將回到主程式，執行 P 所指令之順序號碼所在之單節，亦即此時 P 所指令並非程式號碼，而係單節之順序號碼。

範例 4-31

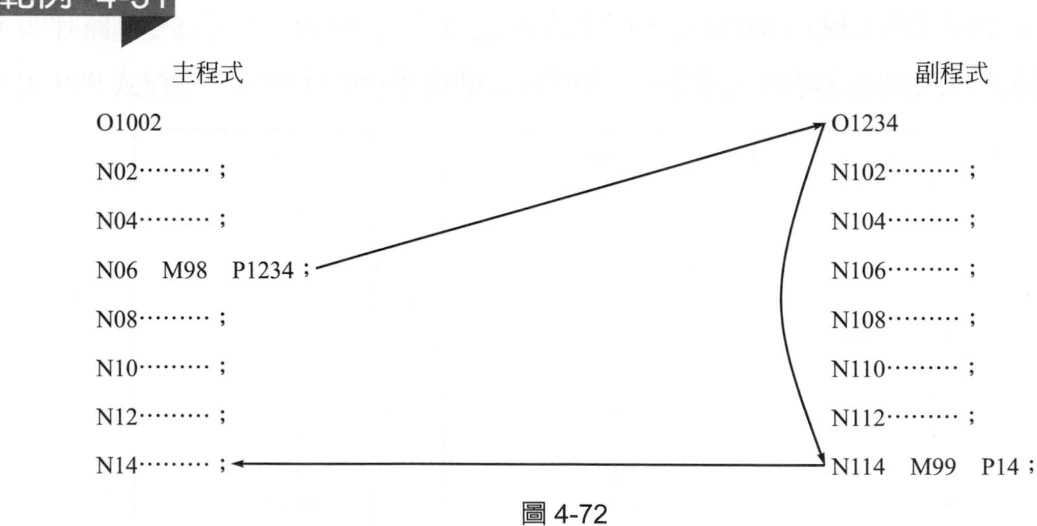

圖 4-72

三、副程式應用範例

範例 4-32

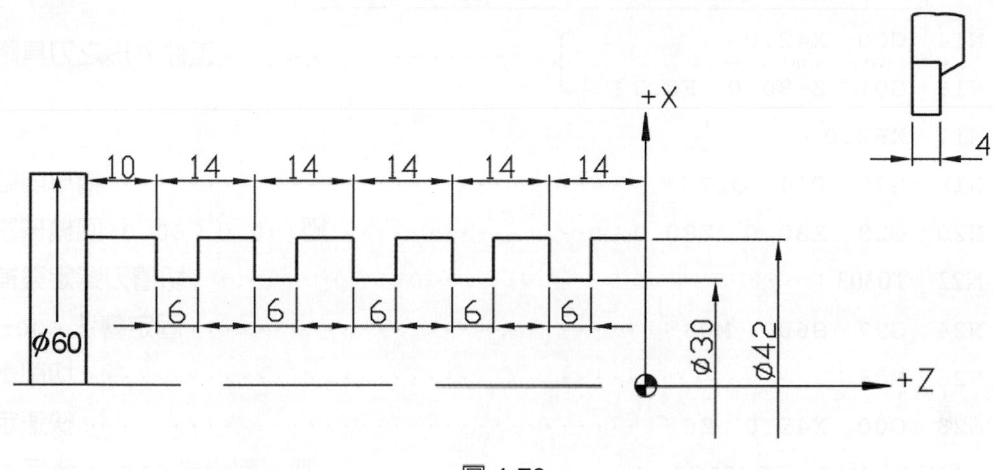

圖 4-73

流程圖

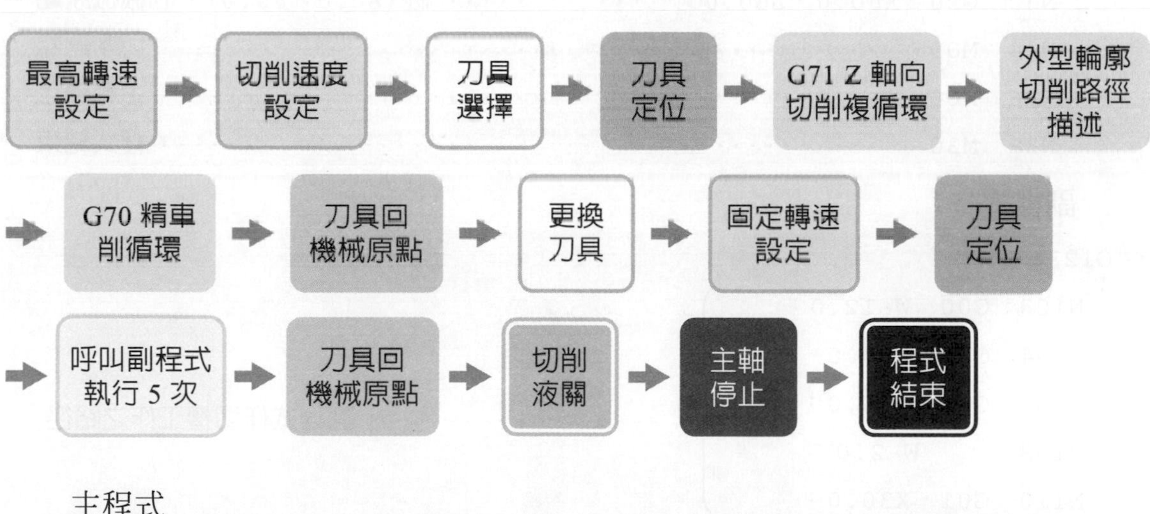

主程式

```
O4073；·························································程式號碼
    N02  G50  S2000；··········································最高轉速設定
    N04  G96  S120  M03；·····································切削速度設定
    N06  T0101；···································外徑車刀選擇與補正
```

```
    N08  G00  X62.0  Z3.0； ································ 快速定位
   ┌N10  G71  U3.0  R1.0；                        ┐
OT ┤                                              ├
   └N12  G71  P14  Q16  U0.8  W0.1  F0.3；       ┘ ············ 外徑粗車削循環
或10T：G71  P14  Q16  U0.8  W0.1  D3.0  F0.3；
    N14  G00  X42.0；                   ┐
    N16  G01  Z-80.0  F0.2；            ┘ ----------------- 工件外形之刀具路徑
    N17  X62.0；
    N18  G70  P14  Q17； ·································· 精車削循環
    N20  G28  X80.0  Z80.0； ··············· 經(80.0，80.0)回機械原點
    N22  T0303； ··········································· 切槽刀選定與補正
    N24  G97  S600  M03； ························ 固定轉速600rpm
    N26  M08； ············································· 切削劑開
    N28  G00  X45.0  Z0； ································ 快速定位
(0T)：N30  M98  P0051234； ················· 呼叫副程式O1234執行5次
或10T：M98  P1234  L5
    N32  G28  X80.0  Z80.0； ············ 經(80.0，80.0)，回機械原點
    N34  M09； ············································· 切削劑關
    N36  M05； ············································· 主軸停止
    N38  M30； ············································· 程式結束
```

副程式

```
O1234；
  N102  G00  W-12.0；         ┐
  N104  G01  X30.0  F0.2；    │
  N106  G00  X45.0；          ├ ------------------ 副程式作切槽工作之路徑
  N108       W-2.0；          │
  N110  G01  X30.0；          ┘
  N112  G00  X45.0；
  M99；
```

4-8 程式範例

一、綜合車削練習題一

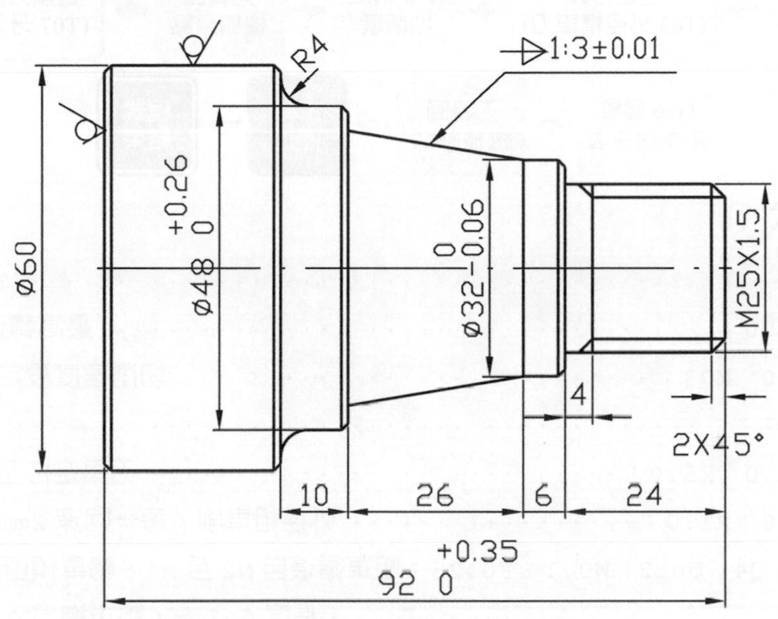

註　未標示尺度之去角皆為 1×45°。

圖 4-74

1.　使用刀具

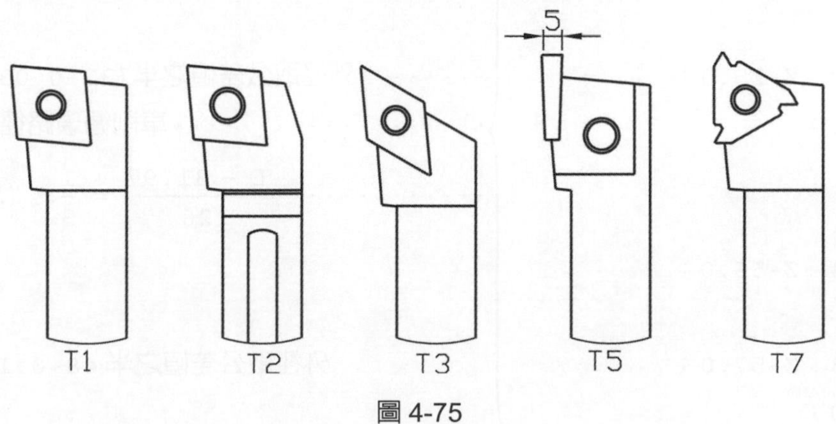

圖 4-75

2. **S45C，ϕ65×95*l***

3. **流程圖**

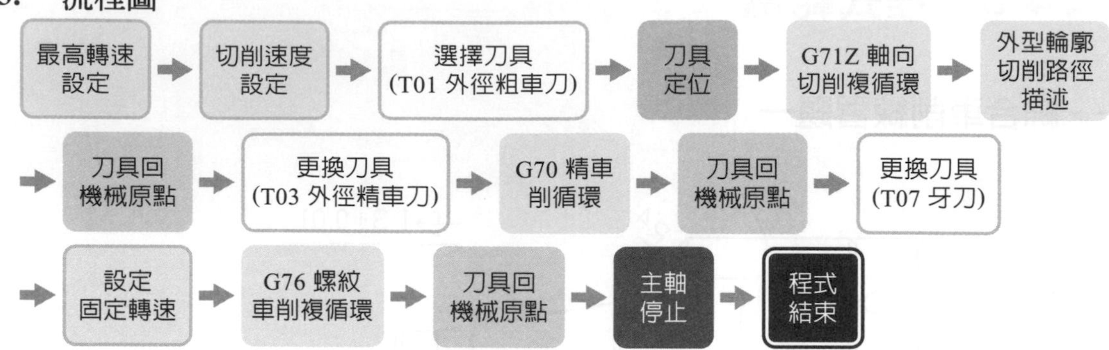

4. **加工程式**

```
O4074；··········································程式號碼
  G50  S2500；······························最高轉速 2500rpm
  G96  S150  M03；··························切削速度設定 150m/min
  N1  T0101；································外徑粗車刀
  G00  X65.0  Z5.0；··························刀具定位至車削起始點
  G71  U2.0  R1.0；··················外徑粗車削，每一回深 2mm，退刀 1mm
  G71  P2  Q4  U0.2  W0.1  F0.25；粗車循環自 N2 至 N4，精車預留直徑 0.2mm
                                   ，長度 0.1mm，粗車進刀 0.25mm/rev
  N2  G00  X21.0；
  G01  Z0  F0.1；          ··················精車削進刀 0.1mm/rev
  X24.9  Z-2.0；           ···············車牙時，外徑應略小約 0.1mm
  Z-24.0；
  X30.0；
  X31.97  Z-25.0；         ······· 外徑取公差值之半(32-0.03=31.97)
  Z-30.0；                 ···················車削循環路徑 N2→N4，
```

$$\frac{D-31.97}{26}=\frac{1}{3}，\therefore D=40.64$$

```
  X40.64  Z-56.0；
  X46.0；
  X48.13  Z-57.0；         外徑取公差值之半 48+0.13=48.13
  Z-62.0；
```

```
G02  X56.0  Z-66.0  R4.0；
G01  X58.0；
N4  X62.0  Z-68.0；
G28  X100.0  Z100.0；…………刀具回機械原點(經中間點(100,100))
N5  T0303；……………………………………外徑精車刀
G96  S180  M03；…………………………切削速度 180m/min
G42  G00  X65.0  Z5.0；……………刀具偏右補正，定位至循環起始點
G70  P2  Q4；……………………………………外形輪廓精車削
G28  G40  X100.0  Z100.0；……………取消補正，刀具回機械原點
N6  T0707；……………………………………………牙刀
G97  S500  M03；…………………………固定轉速 500rpm
M08；…………………………………………………切削劑開
G00  X30.0  Z5.0；…………………………牙刀定位至車牙起始點
G76  P020560  Q30  R0.02；  車牙循環，精車二次，退刀距離=0.5P，牙角 60°
                            粗車最後一刀 0.03mm，精車預留 0.02mm(半徑)
G76  X22.9  Z-20.0  P1000  Q300  F1.5；…… 底徑 φ22.9，牙深 1mm，第
                                          一刀深 0.3mm，節距 P=1.5
G28  X100.0  Z100.0；……………………………牙刀回機械原點
T0700；………………………………………………取消補正
M09；…………………………………………………切削劑關
M05；…………………………………………………主軸停止
M30；…………………………………………………程式結束
```

二、綜合車削練習題二

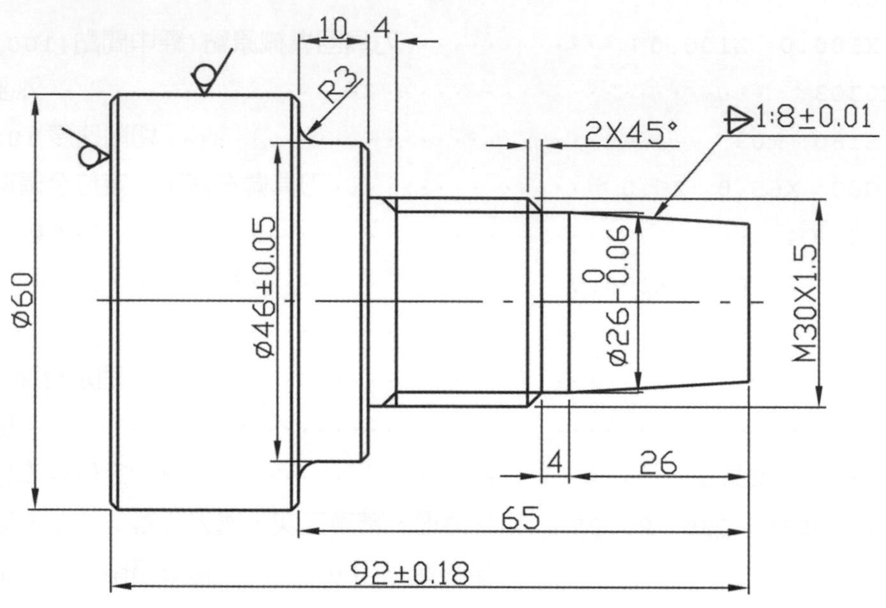

註　未標示尺度之去角為 1×45°。

圖 4-76

1. 使用刀具：請參考圖 4-75
2. 材料：S45C，ϕ 65×95*l*
3. 流程圖

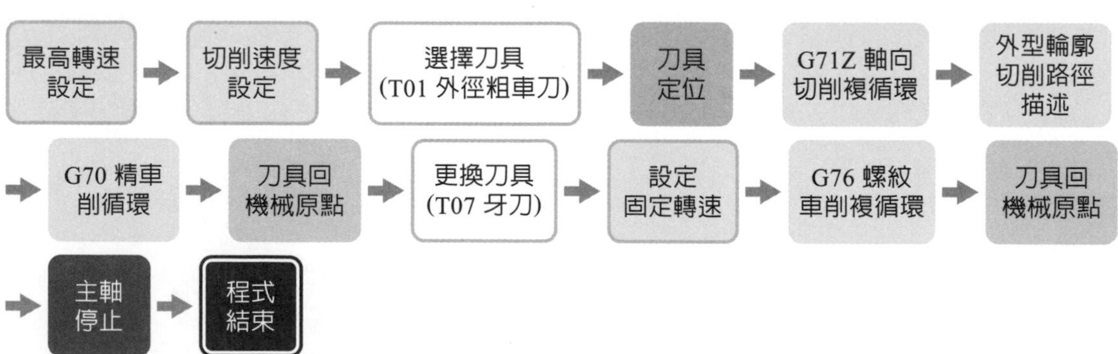

4. 加工程式

```
O4076；
  G50  S2500；
  G96  S150  M03；
  N1  T0101；··································· 外徑粗車刀
  G00  X65.0  Z10.0；
  G71  U2.0  R1.0；              }              外徑粗車削循環 N2→N4
  G71  P2 Q4  U0.2  W0.1  F0.25；}  --------  粗車削進刀 0.25mm/rev
  N2  G00  X21.97；
  G01  Z6.0  F0.1；}  ---  錐度車削，大徑取公差值之半，即 26-0.03=25.97
  X25.97  Z-26.0；}             (25.97 − d)/(6 + 26) = 1/8，∴d=21.97
  Z-30.0；
  X29.9  Z-32.0；··························· 車牙時，外徑略小 0.1mm
  Z-55.0；
  X44.0；
  X46.0  Z-56.0；
  Z-62.0；
  G02  X52.0  Z-65.0  R3.0；
  G01  X58.0；
  N4  X62.0  Z-67.0；
  G28  X100.0  Z100.0；
  N5  T0303；··································· 外徑精車刀
  G96  S180  M03；············· 切削速度 180m/min(精車削時，轉速應較高)
  G42  G00  X65.0  Z5.0；··············· 刀具偏右補正，定位至循環起始點
  G70  P2  Q4；································· 精車削循環 N2→N4
  G40  G28  X100.0  Z100.0；
  N6  T0707；··························· 60°牙刀(7 號刀 7 號補正)
  G97  S500  M03；······························· 固定轉速 500rpm
  M08；
  G00  X35.0  Z-25.0；·························· 牙刀定位至車牙起始點
```

```
G76  P020560  Q30  R0.02；                        ⎫..        車牙複循環，
G76  X27.9  Z-51.0  P1000  Q300  F1.5；           ⎭      牙深=0.65×1.5≒1mm，
                                                   牙底直徑=29.9-2×牙深=27.9
G28  X100.0  Z100.0；
T0700；
M09；
M05；
M30；
```

三、綜合車削練習題三

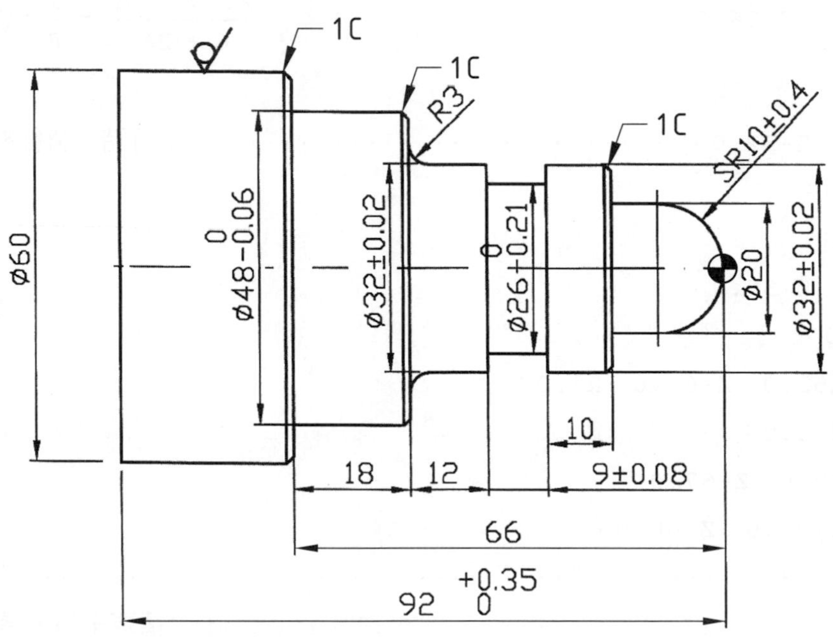

註 未標示尺度之去角為 1×45°。

圖 4-77

1. **使用刀具：**請參考圖 4-75
2. **材料：**S45C，ϕ65×95l

3. 流程圖

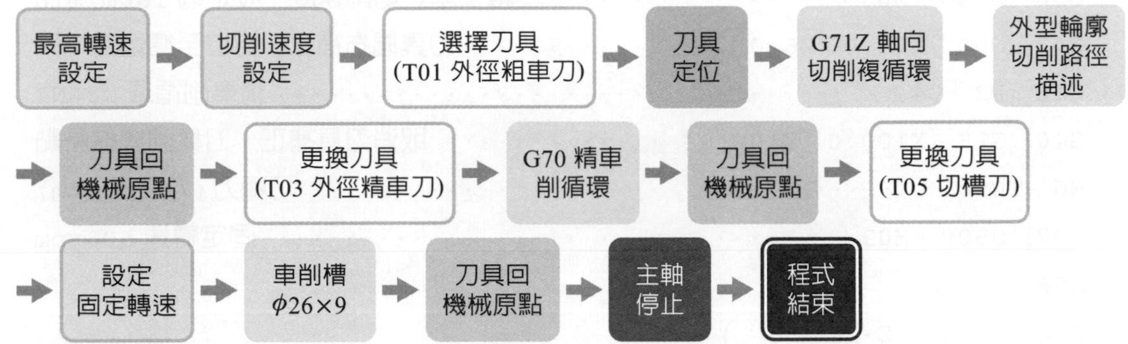

4. 加工程式

```
O4077；
  G50  S2500；
  G96  S150  M03；·························· 粗車之切削速度設定 150m/min
  N1  T0101；······························ 外徑粗車刀(1 號刀具 1 號補正)
  G00  X65.0  Z5.0；
  G71  U2.0  R1.0；                    }············ 外徑粗車削循環 N2→N4
  G71  P2  Q4  U0.2  W0.1  F0.25；     }             粗車削進刀 0.25mm/rev
  N2  G00  X0；
  G01  Z0  F0.1；································ 精車進刀 0.1mm/rev
  G03  X20.0  Z-10.0  R10.0；······················ φ 20 半圓球車削
  G01  Z-17.0；
  X30.0；
  X32.0  Z-18.0；
  Z-45.0；
  G02  X38.0  Z-48.0  R3.0；························ R3 之圓弧車削
  G01  X46.0；
  X48.0  Z-49.0；
  Z-66.0
  X58.0；
  N4  X62.0  Z-68.0；······················ 倒角 2×45°可順勢修去毛角
  G28  X100.0  Z100.0；
```

```
N5  T0303；···································· 外徑精車刀
G96  S180  M03；·················· 精車削之切削速度，設定為 180m/min
G42  G00  X65.0  Z5.0；··············· 刀具偏右補正，定位至循環起始點
G70  P2  Q4；································· 精車削循環 N2→N4
G40  G28  X100.0  Z100.0；············· 取消刀具補正，刀具回機械原點
N6  T0505；······························ 切槽刀(刀口寬 5mm)
G97  S500  M03；······························· 固定轉速 500rpm
M08；
G00  X35.0  Z-32.1；  ⎫
G01  X26.1  F0.1；    ⎪
G00  X35.0；          ⎬············· 切槽ϕ 26.1×8.81(預留直徑 0.1，
Z-35.9；              ⎪               長度 0.2 精車削)
G01  X26.1；          ⎭
G00  X35.0；
Z-32.0；              ⎫
G01  X26.0  F0.05；   ⎬························· 精切削槽ϕ 26×91
Z-36.0；              ⎭
X35.0；
G28  G00  X100.0  Z100.0；
T0500；
M09；
M05；
M30；
```

四、綜合車削練習題四

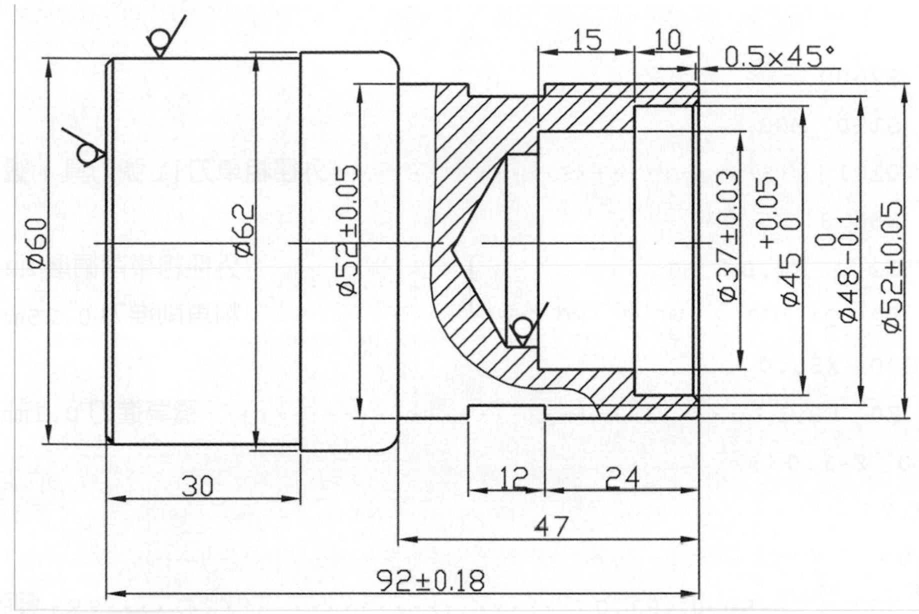

註　未標示尺度之去角為 1×45°。

圖 4-78

1. 使用刀具：與圖 4-75 相同
2. 材料：S45C，ϕ65×95*l*
3. 流程圖

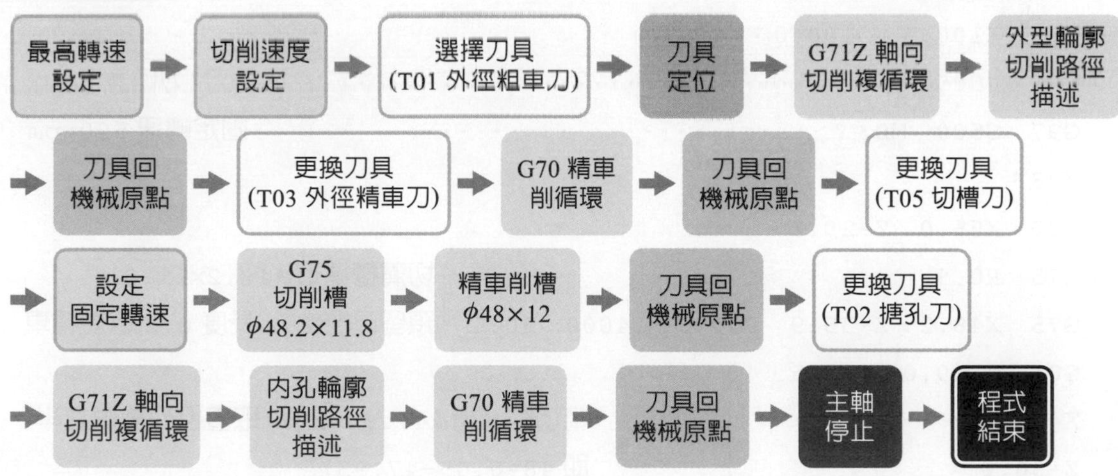

4. 加工程式

```
O4078；
  G50  S2500；
  G96  S150  M03；
  N1  T0101；··························· 外徑粗車刀(1 號刀具 1 號補正)
  G00  X65.0  Z5.0；
  G71  U2.0  R1.0；                 }·········· 外徑粗車削循環 N2→N4
  G71  P2  Q4  U0.2  W0.1  F0.25；  }           粗車削進刀 0.25mm/rev
  N2  G00  X50.0；
  G01  Z0  F0.1；································· 精車進刀 0.1mm/rev
  X52.0  Z-1.0；
  Z-47.0；
  X56.0；
  G03  X62.0  Z-50.0  R3.0；························· R3 圓弧車削
  N4  G01  Z-65.0；
  G28  X100.0  Z100.0；
  N5  T0303；··································· 外徑精車刀
  G96  S180  M03；···························· 精車之切削速度 180m/min
  G00  X65.0  Z5.0；
  G70  P2  Q4；································ 精車削循環 N2→N4
  G28  X100.0  Z100.0；
  N6  T0505；································ 切槽刀(刀口寬 5mm)
  G97  S500  M03；······························· 固定轉速 500rpm
  M08；
  G00  X55.0  Z-29.1；
  G75  R0.5；                                    } 切溝槽循環φ48.2×11.8l
  G75  X48.2  Z-35.9  P4000  Q4000  F0.1；       } 預留直徑 0.2 長度 0.2 以便精車
  G01  Z-29.0  F0.05；   }
  X47.95；               }·····  精切削溝槽φ47.95×12l(取直徑公差值之半，
  Z-36.0；               }       即 48-0.05=47.95)
  X55.0；
```

```
G28  X100.0  Z100.0；
N7  T0202；…………………………………………………搪孔刀
G96  S120  M03；……………………………………切削速度 120m/min
G00  X28.0  Z5.0；       }
G71  U1.0  R0.5；        }  內徑粗車削循環 N2→N4 孔徑預留 0.2mm
G71  P8  Q10  U-0.2  W0.1  F0.2；(負值)，長度 0.1mm，粗車進刀 0.2mm/rev
N8  G00  X46.0；
G01  Z0  F0.1；……………………………………精車削進刀 0.1mm/rev
X45.02  Z-0.5；…………孔徑取公差值之半，即φ45.02，倒角 0.5×45°
Z-10.0；
X37.0；
Z-25.0；
N10  X28.0；
G70  P8  Q10；………………………………………精車削循環 N2→N4
G28  X100.0  Z100.0；
T0200；
M05；
M09；
M30
```

五、綜合車削練習題五

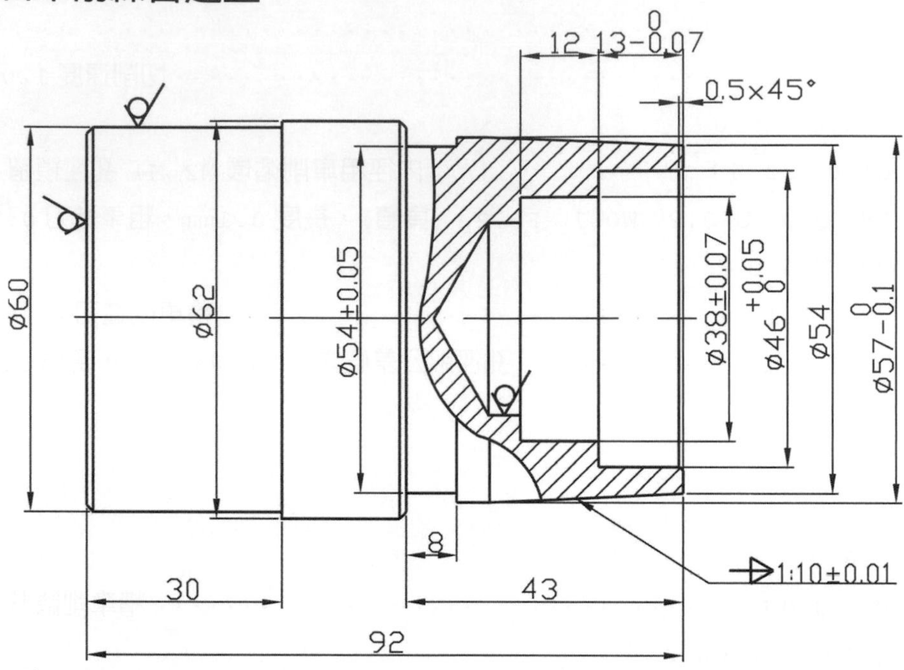

註 未標示尺度之去角為 1×45°。

圖 4-79

1. 使用刀具：請參考圖 4-75
2. 材料：S45C，$\phi 65\times 95l$
3. 流程圖

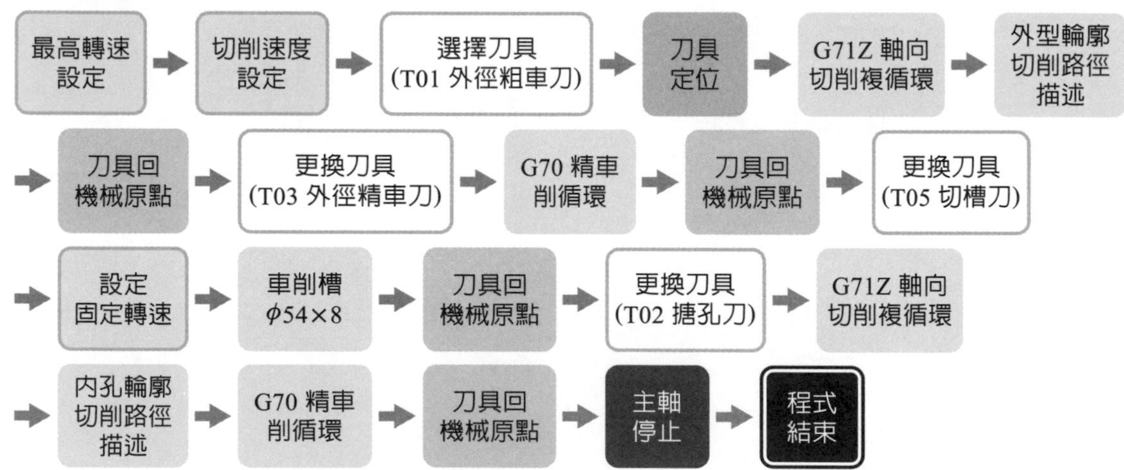

4. 加工程式

```
O4079；
  G50  S2500；
  G96  S150  M03；
  N1  T0101； ………………………………… 外徑粗車刀
  G00  X65.0  Z10.0；
  G71  U2.0  R1.0；                 } ……….   外徑粗車削循環 N2→N4
  G71  P2  Q4  U0.2  W0.1  F0.25；          粗車削進刀 0.25mm/rev
  N2  G00  X53.45；      }               精車削進刀 0.1mm/rev，錐度 1/10，車
  G01  Z5.0  F0.1；      } …….          削大徑取公差之半即 57-0.05=56.95，
  X56.95  Z-30.0；       }               則 (56.95-d)/(30+5) = 1/10，∴d=53.45
  Z-43.0；
  X60.0；
  X62.0  Z-44.0；
  N4  Z-65.0；
  G28  X100.0  Z100.0；
  N5  T0303； ……………………………外徑精車刀(3 號刀 3 號補正)
  G96  S180  M03；…………………………………精車削速度 180m/min
  G42  G00  X65.0  Z10.0； ……………偏右補正，刀具定位至循環起始點
  G70  P2  Q4；…………………………精車削循環 N2→N4，進刀 0.1mm/rev
  G28  G40  X100.0  Z100.0；
  N6  T0505； ………………………………… 切槽刀(刀口寬 5mm)
  G97  S500  M03；……………………………………固定轉速 500rpm
  M08；
  G00  X65.0  Z-40.1；   }
  G01  X54.2  F0.1；     }
  G00  X65.0；           } …….     溝槽粗切削φ54.2×7.81，預留直徑
  Z-42.9；               }          0.2mm，長度 0.1mm，進刀 0.2mm/rev
  G01  X54.2；           }
```

```
G00  X65.0；
G01  Z-43.0；  ┐
X54.0  F0.05； ├ ............................溝槽精車削φ54×8l
Z-40.0；       ┘
X60.0；
G28  X100.0  Z100.0；
N7  T0202； ............................ 搪孔刀(2 號刀具 2 號補正)
G96  S120  M03；............................切削速度 120m/min
G00  X28.0  Z5.0；
G71  U1.0  R0.5；                    ┐內徑粗車削循環 N8→N10 孔徑預留 0.2mm
G71  P8  Q10  U-0.2  W0.1  F0.2；    ┘(負值)，長度 0.1mm，進刀 0.2mm/rev
N8  G00  X47.0；
G01  Z0  F0.1；
X46.02  Z-0.5； ......................外徑取公差值之半，即φ46.02
Z-12.96； .................. 長度取公差值之半，即-(13-0.04)=-12.96
X38.0；
Z-25.0；
N10  X28.0；
G70  P8  Q10；............................精車削循環 N8→N10
G28  X100.0  Z100.0  T0200；
M05；
M09；
M30；
```

六、CNC 車床乙級技術士檢定試題一

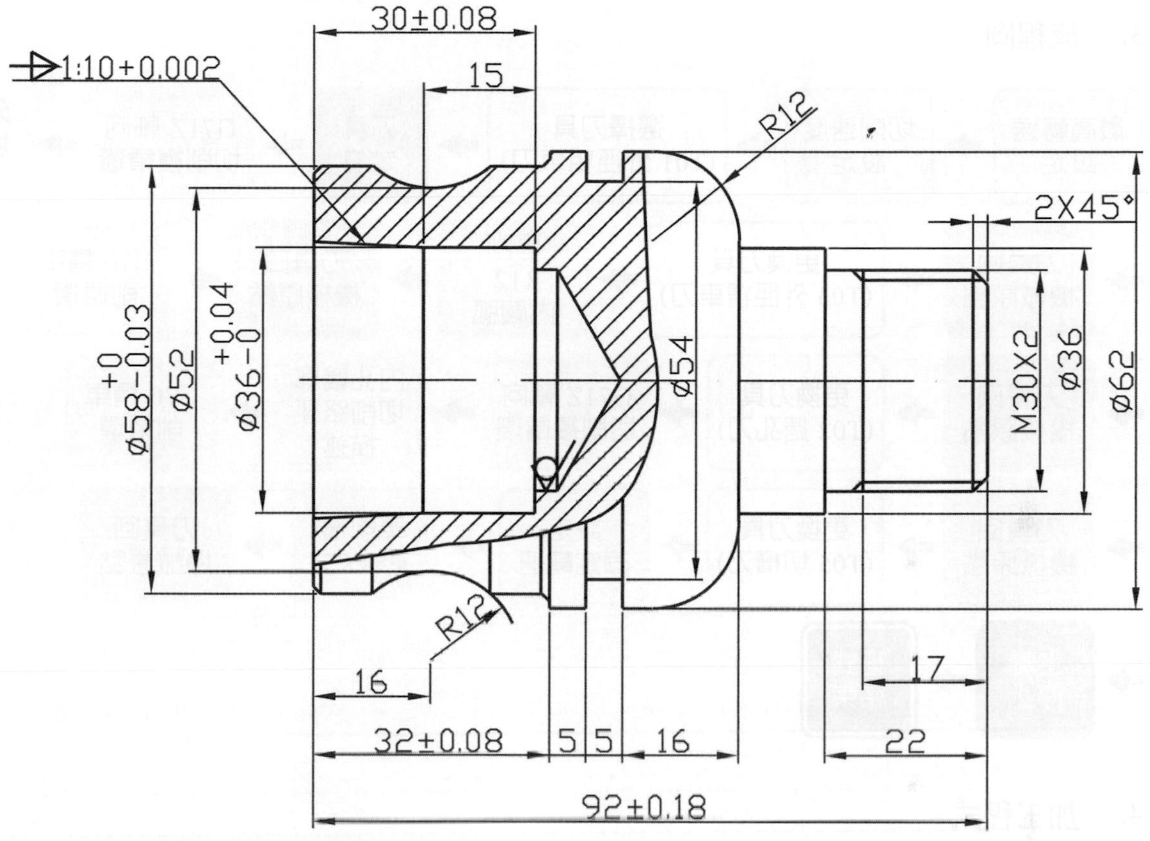

註 未標示尺度之去角為 1×45°。

圖 4-80

1. **使用刀具：請參考圖 4-75**
2. **材料：S45C，ϕ65×95*l***

程式說明

(1) 此工件以程式 O4801 完成工件左側部份(含內孔)之加工，以程式 O4802 完成工件右側部份之加工。

(2) 應車削ϕ65(粗胚直徑)，及ϕ58(掉頭車削)之軟爪，以便夾持工件。

(3) 執行程式加工前，應先取長度，裕留約 0.5～1mm，掉頭後，作為設定程式原點之用。

3. 流程圖

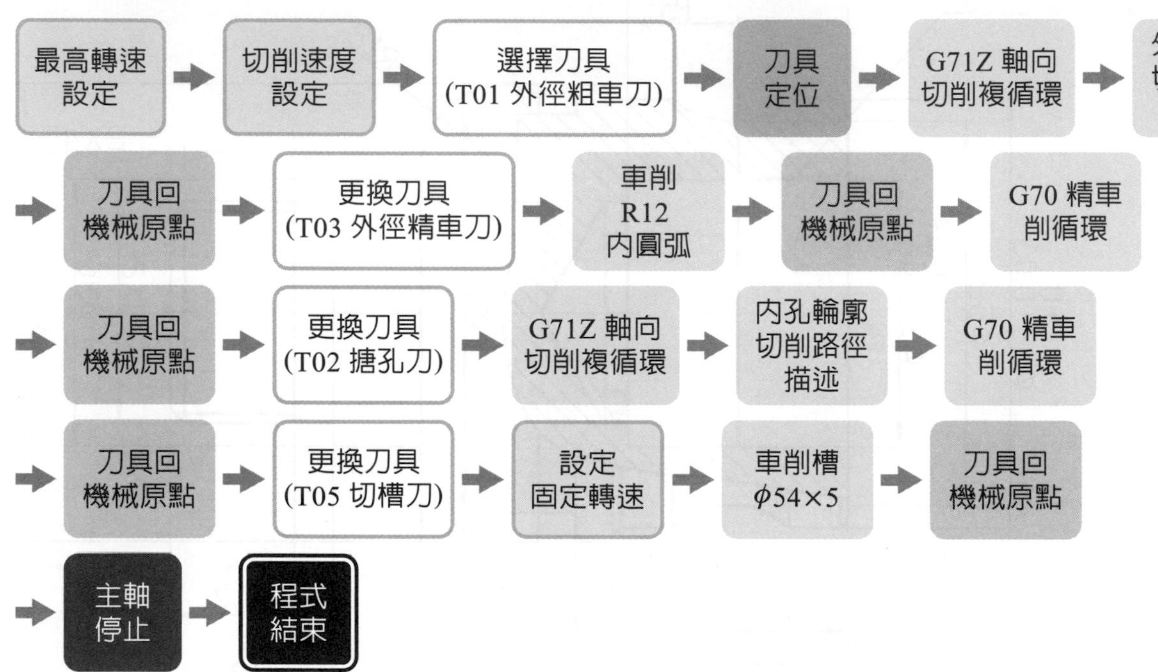

4. 加工程式

```
O4801；
  G50  S2500；
  G96  S150  M03；························粗車削之切削速度 150m/min
  N1  T0101；  ································外徑粗車刀
  G00  X65.0  Z5.0；
  G71  U2.0  R1.0；           }············  外徑粗車削循環 N2→N4
  G71  P2  Q4  U0.2  W0.1  F0.25；}          粗車削進刀 0.25mm/rev
  N2  G00  X56.0；
  G01  Z0  F0.1；·······························精車削進刀 0.1mm/rev
  X57.98  Z-1.0；  ···················倒角 1×45°外徑取公差之半即ϕ57.98
  Z-31.0；  ···································車削ϕ57.98×31l
```

```
X60.0  Z-32.0； ··································· 倒角 1×45°
X62.0；
N4  Z-40.0；
G28  X100.0  Z100.0；
N5  T0303； ···················· 外徑精車刀(建議採 35°角精車刀)
G96  S180  M03； ························ 精車削之切削速度 180m/min
G42  G00  X76.0  Z-5.5；              ⎫         刀具偏右補正，車削 AB 圓弧
G02  X76.0  Z-26.5  R10.5  F0.15；    ⎪         A 點直徑 AX=52+12×2=76
G00  Z-4.20；                         ⎬ ··       A 點 Z 座標 AZ=-16+12=-4
G02  X76.0  Z-27.8  R11.8；           ⎪         B 點 Z 座標 BZ=-16-12=-28
G00  Z-4.0；                          ⎭ A 點至 B 點之圓弧，分別以 R10.5，
G02  X76.0  Z-28.0  R12.0；              R11.8，粗車削，再以 R12 精車削
```

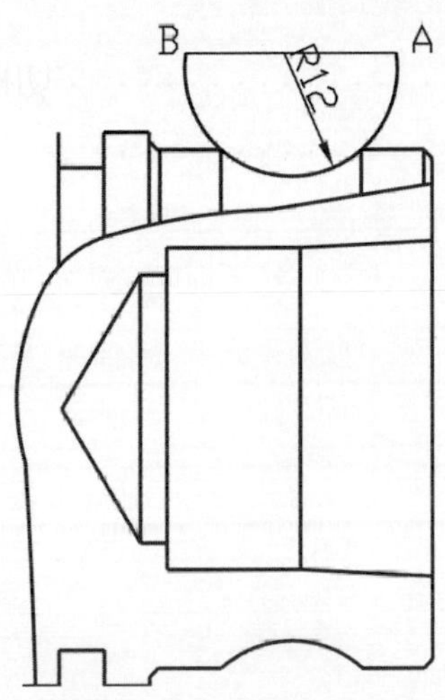


```
G00  X65.0  Z5.0；
G70  P2  Q4； ······························ 外徑精車削 N2→N4
G28  G40  X100.0  Z100.0；
N6  T0202； ···································· 搪孔刀
G96  S120  M03；
G00  X28.0  Z5.0；
G71  U1.0  R0.5；                          ⎫ 內徑粗車削循環 N8→N10 精車預留量，直
G71  P8  Q10  U-0.2  W0.1  F0.2；         ⎭ 徑 0.2(負)長度 0.1，粗車進刀 0.2mm/rev
```

```
  N8  G00  X37.52；┐                  錐度 1/10 車削 (D - 36.02)/15 = 1/10 ∴D=37.52
  G01  Z0  F0.1；  ├ ·············· 小徑取公差值之半，即φ36.02，
  X36.02  Z-15.0； ┘                         精車削進刀 0.1mm/rev
  Z-30.0；
  N10  X28.0；
  G41；······································ 搪孔刀偏左補正(車削內孔)
  G70  P8  Q10；································ 內徑精車削 N8→N10
  G40  G28  X100.0  Z100.0；
  N12  T0505；································· 切槽刀(刀口寬 5mm)
  G97  S500  M03；······························固定轉速 500rpm
  M08；
  G00  X68.0  Z-42.0；
  G01  X54.0  F0.05；··················切槽φ54×5l，進刀 0.05mm/rev
  G04  P500；······························暫停 0.5 秒，使槽徑精確
  G01  X65.0；
  G28  X100.0  Z100.0；
  M09；
  T0500；
  M05；
  M30；
O4802；
  G50  S2500；
  G96  S150  M03；·····················粗車削之切削速度 150m/min
  N1  T0101；········································ 外徑粗車刀
  G00  X65.0  Z5.0；
  G71  U2.0  R1.0；                  ┐
  G71  P2  Q4  U0.2  W0.1  F0.25；  ┘············ 外徑粗車削循環 N2→N4
  N2  G00  X26.0；
  G01  Z0  F0.1；
  X29.9  Z-2.0；·························螺紋車削，外徑略小約 0.1mm
```

流程圖

最高轉速設定 → 切削速度設定 → 選擇刀具(T01 外徑粗車刀) → 刀具定位 → G71Z 軸向切削複循環 → 外型輪廓切削路徑描述 → 刀具回機械原點 → 更換刀具(T03 外徑精車刀) → G70 精車削循環 → 刀具回機械原點 → 更換刀具(T07 牙刀) → 設定固定轉速 → G76 螺紋車削複循環 → 刀具回機械原點 → 主軸停止 → 程式結束

```
Z-22.0； ······································· 車削φ29.9×22l
X36.0；
Z-34.0； ········································· 車削φ36×12l
X38.0；
G03  X62.0  Z-46.0  R12.0； ·························R12 圓弧車削
N4  G01  Z-53.0；
G28  X100.0  Z100.0；
N5  T0303； ····································· 外徑精車刀
G96  S180  M03； ··························精車削之切削速度 180m/min
G42  G00  X65.0  Z5.0； ··········· 偏右補正，刀具快速定位至循環起始點
G70  P2  Q4； ································精車削循環 N2→N4
G28  G40  X100.0  Z100.0；
N6  T0707； ············································· 牙刀
G97  S500  M03； ··························固定轉速 500rpm
M08；
G00  X35.0  Z5.0；
G76  P020560  Q30  R0.02；                 } 螺紋 M30×2 車削，牙深=0.65×P=
G76  X27.3  Z-17.0  P1300  Q300  F2.0；    1.3mm，底徑=29.9-1.3×2=27.3mm
G28  X100.0  Z100.0；
T0700；
M09；
M05；
M30；
```

七、CNC 車床乙級技術士檢定試題二

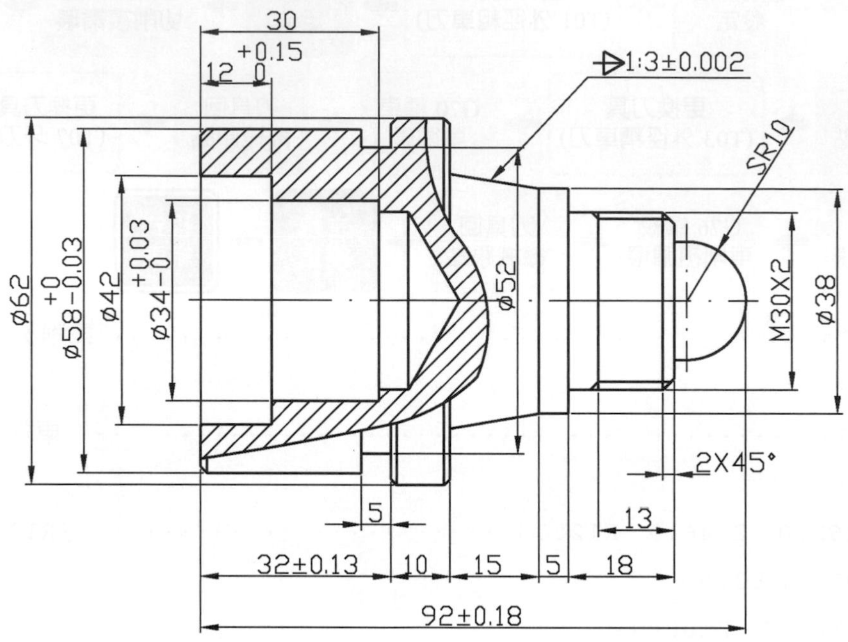

註　未標示尺度之去角為 1×45°。

圖 4-81

1. 使用刀具：請參考圖 4-75
2. 材料：S45C，ϕ65×95l
3. 程式說明

   (1) 此工件以程式 O4811 完成工件左側部份(含內孔)之加工，以程式 O4812 完成工件右側部份之加工。

   (2) 車削ϕ65 及ϕ58 之軟爪，以便夾持工件。

   (3) 加工程式執行前，宜先取材料之長度，預留約 0.5～1mm，以備掉頭後，設定程式原點之用。

4. 流程圖

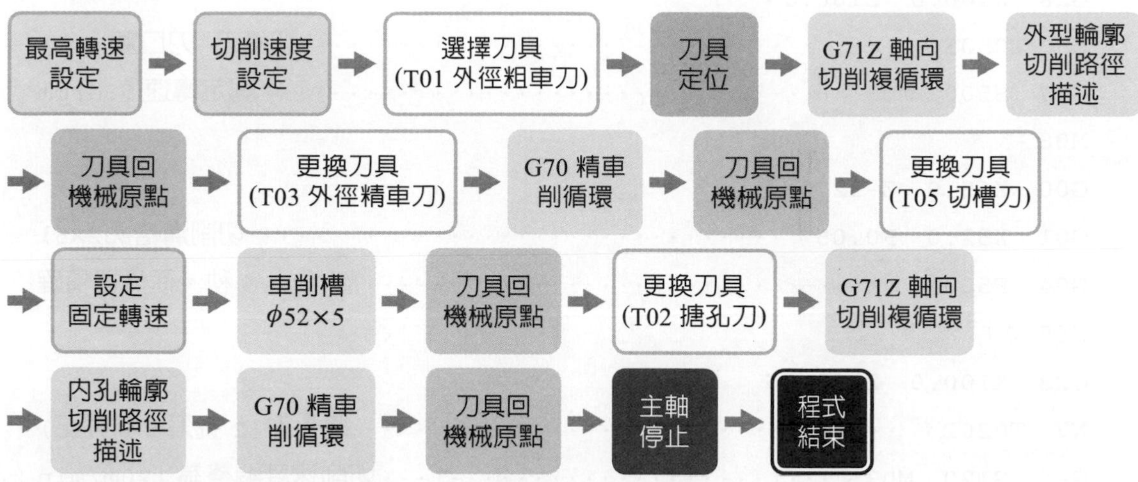

5. 加工程式

```
O4811；
  G50  S2500；
  G96  S150  M03；························粗車削之切削速度 150m/min
  N1  T0101；  ································外徑粗車刀
  G00  X65.0  Z5.0；
  G71  U2.0  R1.0；                 }
  G71  P2  Q4  U0.2  W0.1  F0.25；  }············外徑粗車削循環 N2→N4
  N2  G00  X56.0；
  G01  Z0  F0.1；··························精車削進刀 0.1mm/rev
  X57 .98  Z-1.0；  ················倒角 1×45°外徑取公差之半即φ57.98
  Z-32.0；·································車削φ57.98×321
  X60.0；
  X62.0  Z-33.0；  ·························車削倒角 1×45°
  N4  Z-45.0；
  G28  X100.0  Z100.0；
  N5  T0303；  ································外徑精車刀
  G96  S180  M03；························精車削之切削速度 180m/min
  G00  X65.0  Z5.0；
```

```
G70  P2  Q4；··································· 精車削循環 N2→N4
G28  X100.0  Z100.0；
N6  T0505；································· 切槽刀(刀口寬 5mm)
G97  S500  M03；···························· 固定轉速 500rpm
M08；
G00  X65.0  Z-32.0；
G01  X52.0  F0.05；·························· 切削溝槽φ52×5l
G04  P500；································ 暫停 0.5 秒，使外徑精確
X65.0；
G28  X100.0  Z100.0；
N7  T0202；································ 搪孔刀(2 號刀 2 號補正)
G96  S120  M03；·························· 切削速度調整為 120m/min
G00  X28.0  Z5.0；
G71  U1.0  R0.5；                        } 內徑粗車削循環 N8→N10，精車削外
G71  P8  Q10  U-0.2  W0.1  F0.2；        }  徑預留 0.2mm，粗車進刀 0.2mm/rev
N8  G00  X42.0；
G01  Z-12.1  F0.1；······················ 長度取公差之半，即 12.1l
X34.02；································· 孔徑取公差之半，即φ34.02
Z-30.0；·································· 車削內孔φ34.02×18l
N10  X28.0；
G70  P8  Q10；···························· 精車削循環 N8→N10
G28  X100.0  Z100.0；
T0200；···································· 2 號刀取消補正
M09；
M05；
M30；
```

流程圖

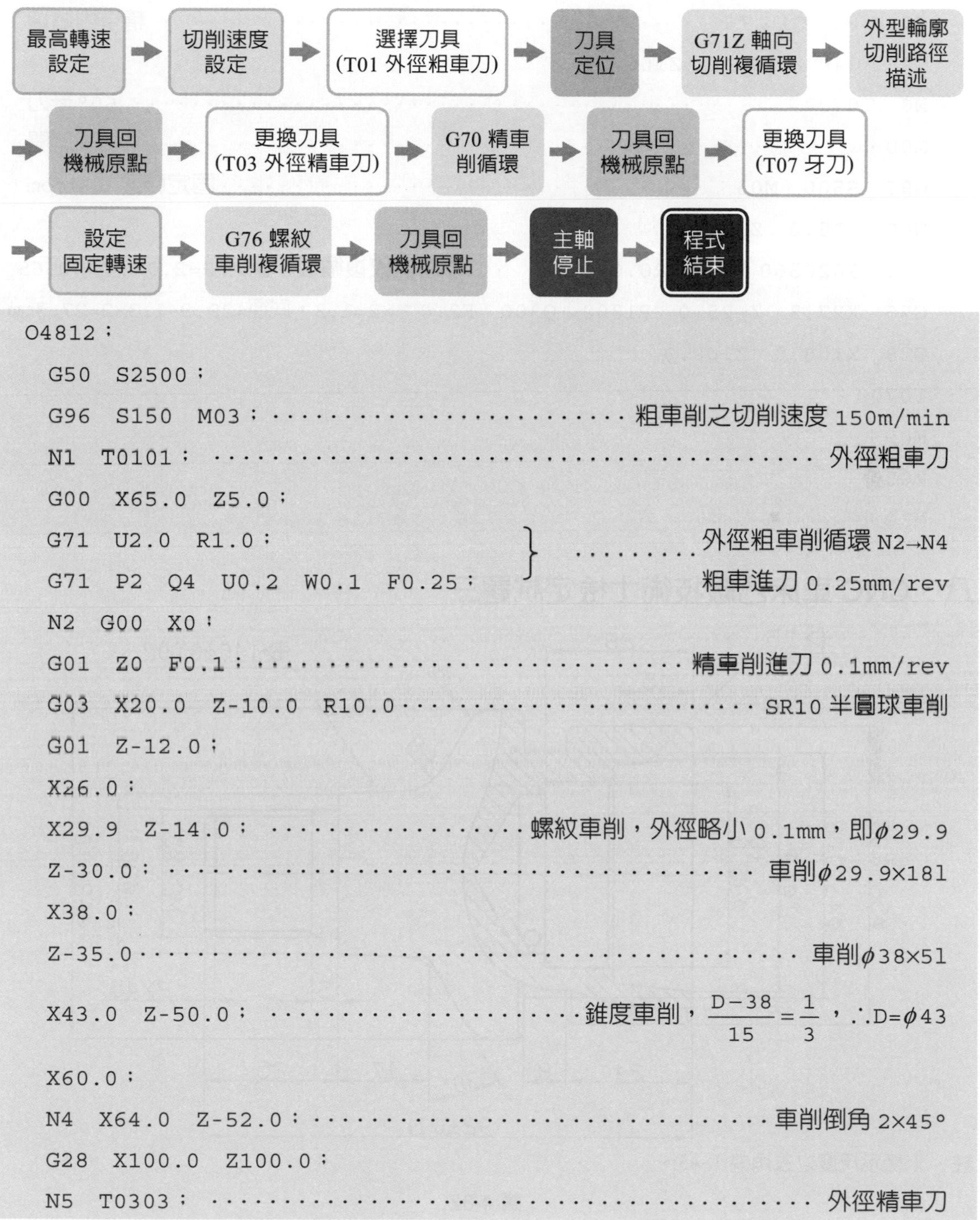


```
O4812；
  G50  S2500；
  G96  S150  M03；·························粗車削之切削速度 150m/min
  N1  T0101； ·································外徑粗車刀
  G00  X65.0  Z5.0；
  G71  U2.0  R1.0；                    }  ·········外徑粗車削循環 N2→N4
  G71  P2  Q4  U0.2  W0.1  F0.25；         粗車進刀 0.25mm/rev
  N2  G00  X0；
  G01  Z0  F0.1；·························精車削進刀 0.1mm/rev
  G03  X20.0  Z-10.0  R10.0·····················SR10 半圓球車削
  G01  Z-12.0；
  X26.0；
  X29.9  Z-14.0； ················螺紋車削，外徑略小 0.1mm，即φ29.9
  Z-30.0；·····································車削φ29.9×181
  X38.0；
  Z-35.0·········································車削φ38×51
  X43.0  Z-50.0； ··················錐度車削，(D-38)/15 = 1/3 ，∴D=φ43
  X60.0；
  N4  X64.0  Z-52.0；·························車削倒角 2×45°
  G28  X100.0  Z100.0；
  N5  T0303； ·································外徑精車刀
```

```
G96  S180  M03；························精車削之切削速度 180m/min
G42  G00  X65.0  Z5.0；···············刀具偏右補正，定位至循環起始點
G70  P2  Q4；································精車削循環
G28  G40  X100.0  Z100.0；
N6  T0707；···································60°牙刀
M08；··········································切削劑開
G97  S500  M03；···························固定轉速 500rpm
G00  X35.0  Z5.0；
G76  P020560  Q30  R0.02；······ 車削螺紋複循環，螺距 P=2.0，牙深=0.65
G76  X27.3  Z-25.0  P1300  Q300  F2.0；×2=1.3，底徑=29.9-1.3×2=27.3mm
G28  X100.0  Z100.0；
T0700；
M09；
M05；
M30；
```

八、CNC 車床乙級技術士檢定試題三

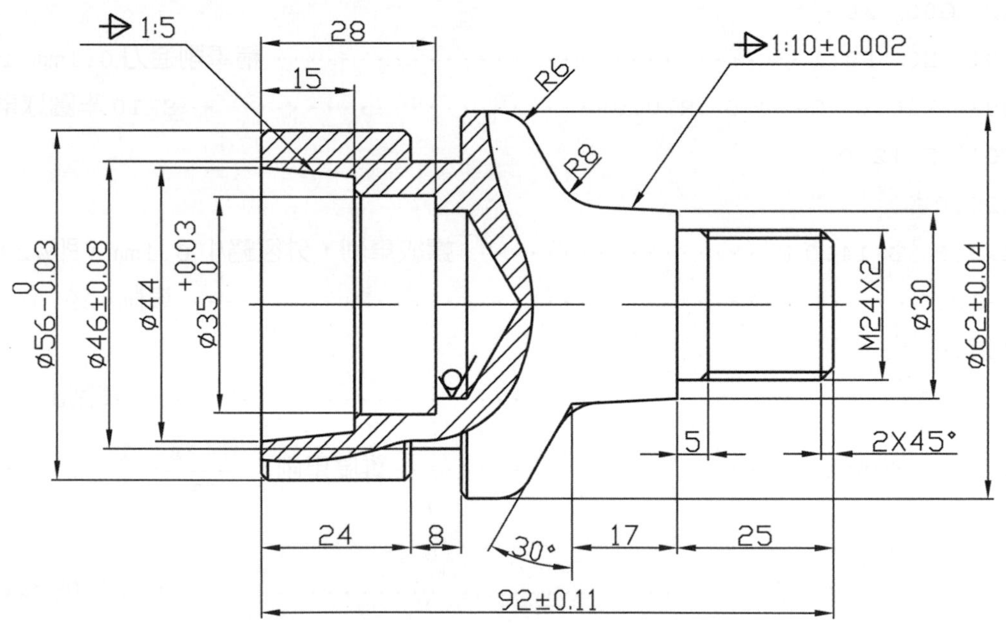

註 未標示尺度之去角為 1×45°。

圖 4-82

1. 使用刀具：請參考圖 4-75
2. 材料：S45C，ϕ65×95l
3. 程式說明
   (1) 此工件以程式 O4821 完成工件左側部份(含內孔)之加工，以程式 O4822 完成工件右側部份之加工。
   (2) 車削ϕ65 及ϕ56 之軟爪，以便夾持工件。
   (3) 執行加工程式前，應先取材料之總長度，預留約 0.5～1mm，以備掉頭後，設定程式原點之用。
4. 流程圖

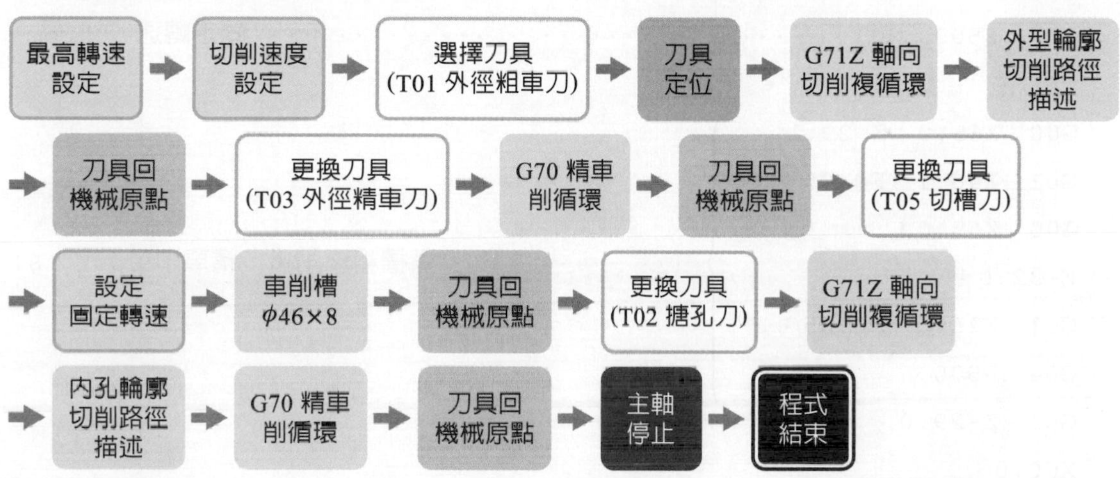

5. 加工程式

```
O4821；
  G50  S2500；
  G96  S150  M03；························粗車削之切削速度 150m/min
  N1  T0101；································外徑粗車刀
  G00  X65.0  Z5.0；
  G71  U2.0  R1.0；                 }···········外徑粗車削循環 N2→N4
  G71  P2  Q4  U0.2  W0.1  F0.25；          進刀 0.25mm/rev
  N2  G00  X54.0；
```

```
G01  Z0  F0.1；·······························精車削進刀 0.1mm/rev
X55.98  Z-1.0； ··············· 車削倒角，外徑取公差之一半，即φ55.98
Z-32.0；······································車削φ55.98×321
X60.0；
N4  X66.0  Z-35.0；···························倒角 3×45°
G28  X100.0  Z100.0；
N5  T0303； ··································外徑精車刀
G96  S180  M03；·······················精車削之切削速度 180m/min
G00  X65.0  Z5.0；
G70  P2  Q4；··························精車削循環 N2→N4
G28  X100.0  Z100.0；
N6  T0505； ······························切槽刀(刀口寬 5mm)
G97  S500  M03；··························固定轉速 500rpm
M08；
G00  X65.0  Z-29.1；  ┐
G01  X46.1  F0.05；   │
G00  X65.0；          │
Z-32.0；              ├ ·············· 溝槽粗車削後，精車削至φ46×81
G01  X46.0  F0.05；   │
G04  P500；           ┘
G01  Z-29.0；
X60.0；
G28  X100.0  Z100.0；
N7  T0202； ··································搪孔刀
G96  S120  M03；······················切削速度調整為 120m/min
G00  X28.0  Z10.0；
G71  U1.0  R0.5；                        ┐ 孔徑粗車削循環 N8→N10 孔徑精車削預留
G71  P8  Q10  U-0.2  W0.1  F0.2；       ┘ 量，直徑 0.2(負值)進刀 0.2mm/rev
```

```
N8  G00  X45.0；     }  ................  錐度車削 (D − 44)/5 = 1/5，∴D=45
G01  Z5.0  F0.1；    }                    又 (44 − d)/15 = 1/5，∴d=41
X41.0  Z-15.0；
X37.0；
X35.02  Z-16.0； ........................孔徑取公差值之半，即ϕ35.02
Z-28.0；
N10  X28.0；
G41； ...........................................................刀具偏左補正
G70  P8  Q10； ................................................ 精車削循環
G40  G28  X100.0  Z100.0；
T0200；
M05；
M30；
O4822；
G50  S2500；
G96  S150  M03； ............................粗車削之切削速度 150m/min
G00  X65.0  Z5.0；
G71  U2.0  R1.0；                       }  ..............  外徑粗車削循環 N2→N4
G71  P2  Q4  U0.2  W0.1  F0.25；        }                 進刀 0.25mm/rev
N2  G00 X20.0；
G01  Z0 F0.1；
X23.9  Z-2.0；
Z-25.0；
X30.0；
X31.265  Z-37.65；                A
G02  X39.245  Z-44.178  R8.0；    A→B
G01  X56.0  Z-49.02；             B→C
G03  X62.0  Z-54.214  R6.0；      C→D
                      AM=MB=8×tan(90°−30°−2.86°)/2=4.356
```

4.356×cos2.86°=4.35

∴ZA=-25-17+4.35=-37.65(A 點 Z 坐標)

$\frac{D_A - 30}{37.65 - 25} = \frac{1}{10}$，∴DA=31.265(A 點直徑)

ZB=-25-17+4.356×cos60°=-44.178(B 點 Z 坐標)

M 點直徑→$\frac{D_M - 30}{17} = \frac{1}{10}$，$D_M$=31.7

B 點直徑 D_B=31.7+4.356×sin60°×2=39.245

C 點直徑 D_C=50+6×sin30°×2

=56×(62-31.7)/2=15.15

15.15×tan30°=8.75

D_Z(D 點 Z 坐標)=-25-17-8.75-6×tan30°=-54.214

C_Z(C 點 Z 坐標)=D_Z+6×tan30°=-54.214+5.12

=-49.02

流程圖

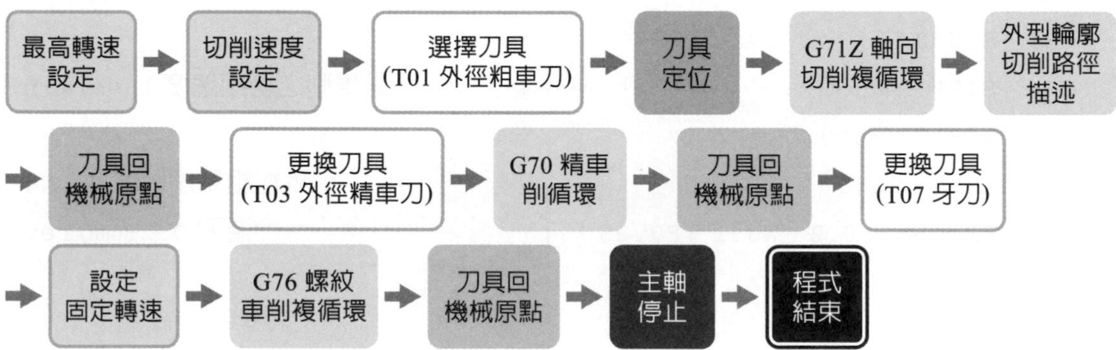

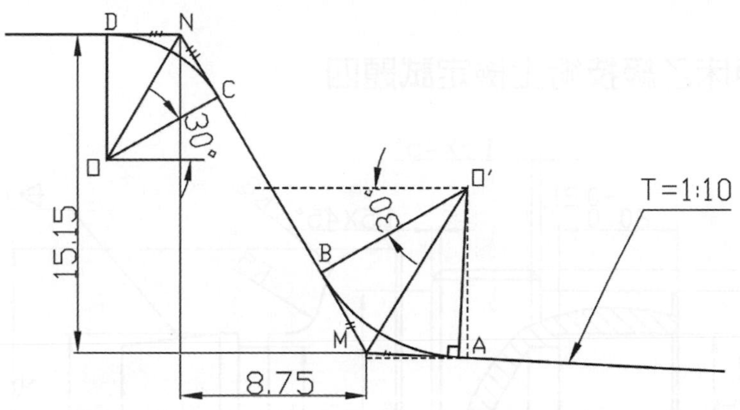


```
N4  G01  Z-60.0；
G28  X100.0  Z100.0；
N5  T0303；
G96  S180  M03；
G42  G00  X65.0  Z5.0；
G70  P2  Q4；
G40  G28  X100.0  Z100.0；
N6  T0707；  ··································60°牙刀
G97  S500  M03；  ··························固定轉速 500rpm
M08；
G00  X30.0  Z5.0；
G76  P020560  Q30  R0.02；         }······ 螺紋車削複循環，螺距 P=2.0，
G76  X21.3  Z-20.0  P1300  Q300  F2.0；   底徑=23.9-2×1.3=21.3mm，
G28  X100.0  Z100.0；                     牙深=0.65×2=1.3
T0700；
M09；
M05；
M30；
```

九、CNC 車床乙級技術士檢定試題四

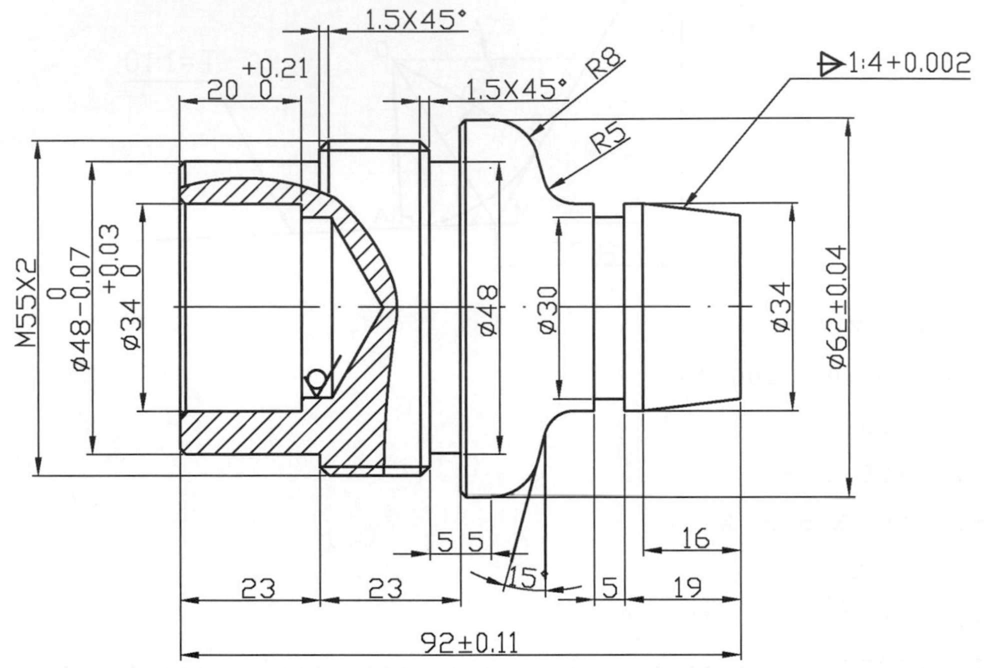

註 未標示尺度之去角為 1×45°。

圖 4-83

1. **使用刀具：**請參考圖 4-75
2. **材料：**S45C，ϕ65×95l
3. **程式說明**
   (1) 此工件以程式 O4831 完成工件左側部份(含內孔)之加工，以程式 O4832 完成工件右側部份之加工。
   (2) 車削ϕ65 及ϕ48 之軟爪，以便夾持工件。
   (3) 執行加工程式前，應先取材料之總長度，預留約 0.5～1mm，以備掉頭後，設定程式原點之用。

4. 流程圖

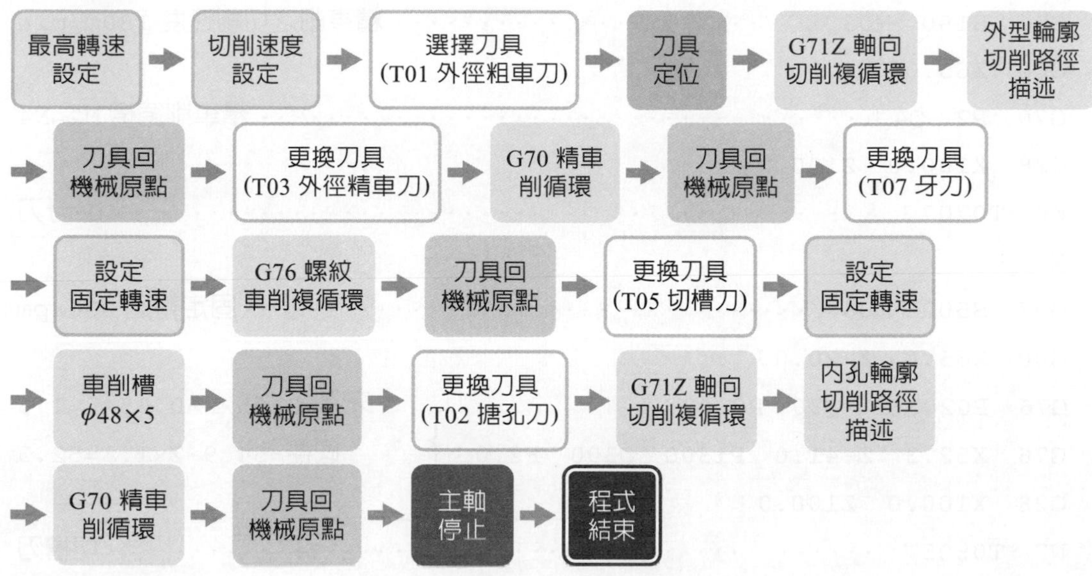

5. 加工程式

```
O4831；
  G50  S2500；
  G96  S150  M03；························粗車削之切削速度 150m/min
  N1  T0101；······································外徑粗車刀
  G00  X65.0  Z5.0；
  G71  U2.0  R1.0；               }············外徑粗車削循環 N2→N4
  G71  P2  Q4  U0.2  W0.1  F0.25；}            粗車進刀 0.25mm/rev
  N2  G00  X46.0；
  G01  Z0  F0.1；·····························精車削進刀 0.1mm/rev
  X47.97  Z-1.0；···············倒角 1×45°，外徑取公差之半，即φ47.97
  Z-23.0；···································車削φ47.97×231
  X52.0；
  X54.9  Z-24.5；·········倒角 1.5×45°車牙時，外徑略小 0.1mm，即φ54.9
  Z-46.0；····································車削φ54.9×231
  X60.0；
  N4  X66.0  Z-49.0；···························車削倒角 3×45°
  G28  X100.0  Z100.0；
```

```
N5  T0303； ································ 外徑精車刀
G96  S180  M03；····················· 精車削之切削速度 180m/min
G00  X65.0  Z5.0；
G70  P2  Q4；··························· 精車削循環 N2→N4
G28  X100.0  Z100.0；
N6  T0707； ································ 60°牙刀
M08；
G97  S500  M03；························ 固定轉速 500rpm
G00  X65.0  Z-20.0；
G76  P020560  Q30  R0.02；                    } 牙深=0.65×P=0.65×2=1.3
G76  X52.3  Z-41.0  P1300  Q300  F2.0；      }  底徑=54.9-2×1.3=52.3
G28  X100.0  Z100.0；
N7  T0505； ································ 切槽刀
G00  X65.0  Z-46.0；
G01  X48.0  F0.05；  }
X52.0；              } ------------------------- 切槽φ48×51
X56.0  Z-44.0； ·························· 倒角 2×45°
G28  X100.0  Z100.0；
N8  T0202； ································ 搪孔刀
G96  S120  M03；······················· 切削速度 120m/min
G00  X28.0  Z5.0；
G71  U1.0  R0.5；                      } 內徑粗車削循環 N8→N10，孔徑精車
G71  P8  Q10  U-0.2  W0.1  F0.2；     } 預留量 0.2(負)，進刀 0.2mm/rev
N10  G00  X36.0；
G01  Z0  F0.1；·························· 精車削進刀 0.1mm/rev
X34.02  Z-1.0； ··························· 倒角 1×45°
Z-20.0； ································ 搪內孔φ34.02×20l
N12  X28.0；
G70  P10  Q12；························ 精車削循環 N10→N12
G28  X100.0  Z100.0
T0200；
```

```
M09；
M05；
M30；
```

流程圖

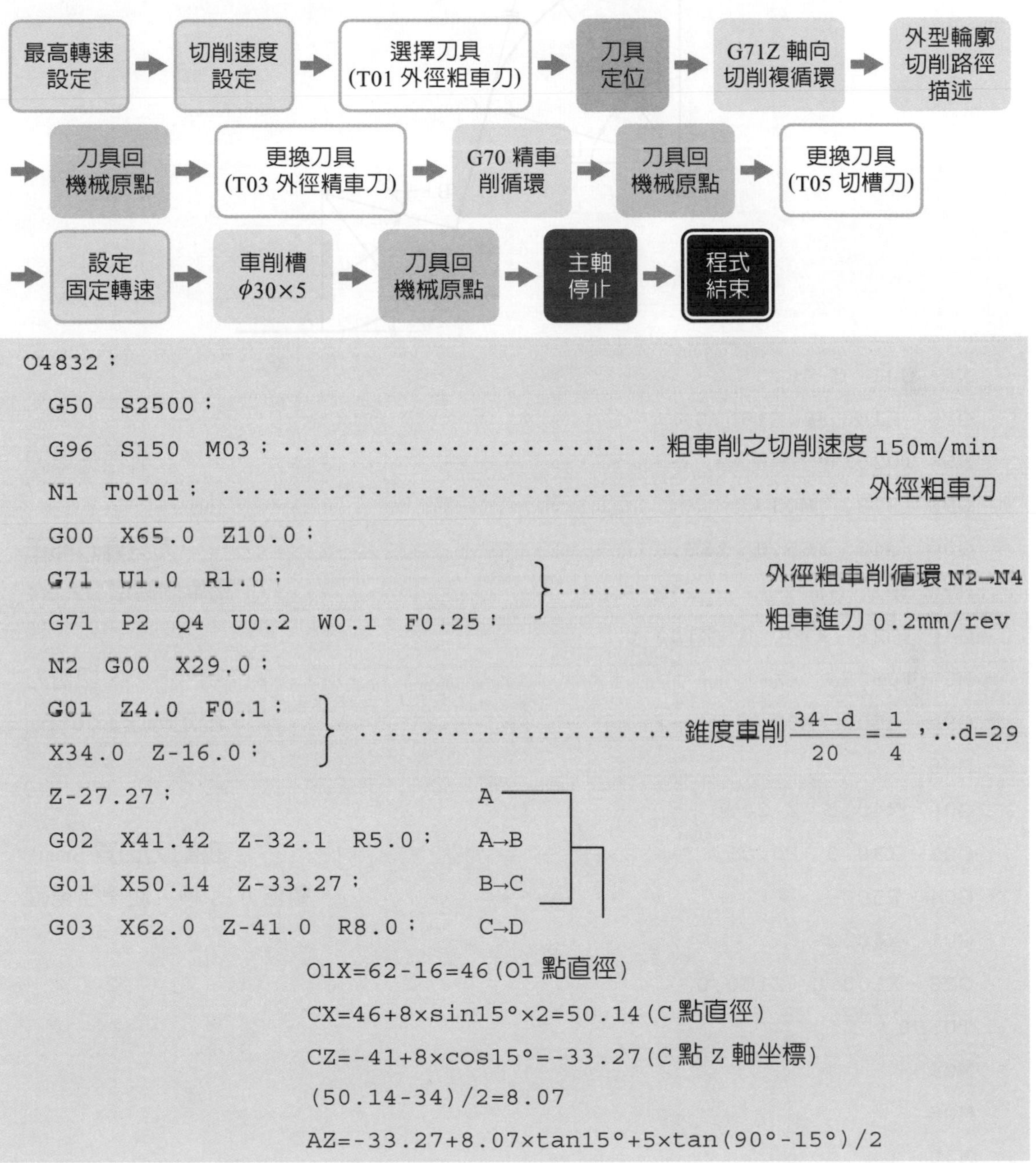


```
O4832；
  G50  S2500；
  G96  S150  M03；··························粗車削之切削速度 150m/min
  N1  T0101；·································外徑粗車刀
  G00  X65.0  Z10.0；
  G71  U1.0  R1.0；                  }············  外徑粗車削循環 N2→N4
  G71  P2  Q4  U0.2  W0.1  F0.25；   }              粗車進刀 0.2mm/rev
  N2  G00  X29.0；
  G01  Z4.0  F0.1；        }··················錐度車削 (34-d)/20 = 1/4，∴d=29
  X34.0  Z-16.0；          }
  Z-27.27；                             A
  G02  X41.42  Z-32.1  R5.0；           A→B
  G01  X50.14  Z-33.27；                B→C
  G03  X62.0  Z-41.0  R8.0；            C→D
                 O1X=62-16=46(O1 點直徑)
                 CX=46+8×sin15°×2=50.14(C 點直徑)
                 CZ=-41+8×cos15°=-33.27(C 點 Z 軸坐標)
                 (50.14-34)/2=8.07
                 AZ=-33.27+8.07×tan15°+5×tan(90°-15°)/2
```

```
=-33.27+2.16+3.84=-27.27(A 點 Z 軸坐標)
BX=34+3.84×sin75°×2=41.42(B 點直徑)
BZ=-27.27-3.84-3.84×sin15°=-32.1(B 點 Z 軸坐標)
```

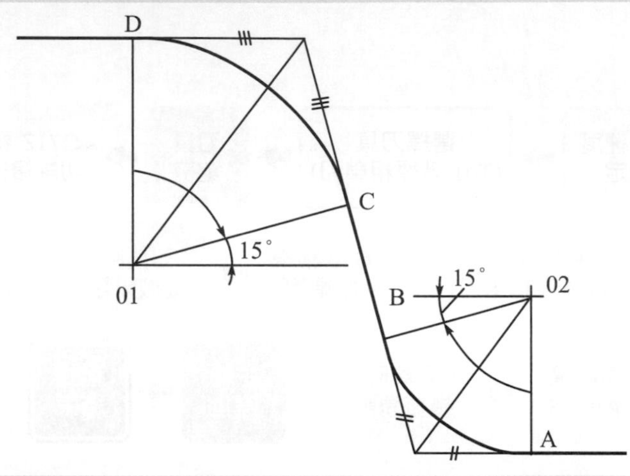


```
N4  G01  Z-46.0;
G28  X100.0  Z100.0;
N5  T0303; ....................................... 外徑精車刀
G96  S180  M03;
G00  G42  X65.0  Z10.0; .......................... 刀具偏右補正
G70  P2  Q4; ..................................... 精車削循環 N2→N4
G40  G28  X100.0  Z100.0;
N6  T0505; ....................................... 切槽刀
G97  S500  M03; .................................. 固定轉速 500rpm
M08;
G00  X40.0  Z-24.0;
G01  X30.0  F0.05; ............................... 切槽(刀口寬 5mm)
G04  P500; ....................................... 暫停 0.5 秒,使槽徑精確
G01  X40.0;
G28  X100.0  Z100.0;
T0500;
M09;
M05;
M30;
```

Chapter 5

CNC 車床之基本操作

CNC 車床之加工型態與傳統之高速車床相同，惟運用電腦之快速運算能力，CNC 車床得以迅速且精確的執行傳統高速車床之加工生產。雖然 CNC 車床之操作原理與傳統之車床並無二致，但操作方式則有所差異，傳統車床以手工操作，CNC 車床則以旋鈕和面盤控制，至於詳細之操作方式，將於稍後之單節再予介紹。

5-1　CNC 車床之切削刀具

CNC 車床之工作，主要爲外徑及內孔之切削加工，因而其刀具之種類亦包含外徑車削與內孔切削兩大類。外徑車削工作包括粗車削，精車削、切槽、圓孤車削、螺紋車削……等。至於內孔之切削加工，則包括鑽孔，孔徑之粗車削，精車削、內螺紋之車削、內孔之切槽工作……等，以下將就較爲常用之刀具種類及其規格，逐一說明：

一、車削刀具

一般而言，CNC 車床於加工作業時，均採用"捨棄式刀具"。以下將以 ISO 規格中，車刀與其刀架之編碼方式，介紹外徑車削刀具之種類與規格。

於 ISO 規格中，車削刀具之編碼方式如下：

1	2	3	4	5	6	7	8	9	10
P	S	U	N	R	25	25	K	12	其他

1. 刀片之固定方式

捨棄式刀片鎖固於刀架之方式，計有壓板固定式(C)，槓桿固定式(P)，螺紋固定式(S)，楔形固定式(W)及混合式(M)等五種，如圖 5-1。

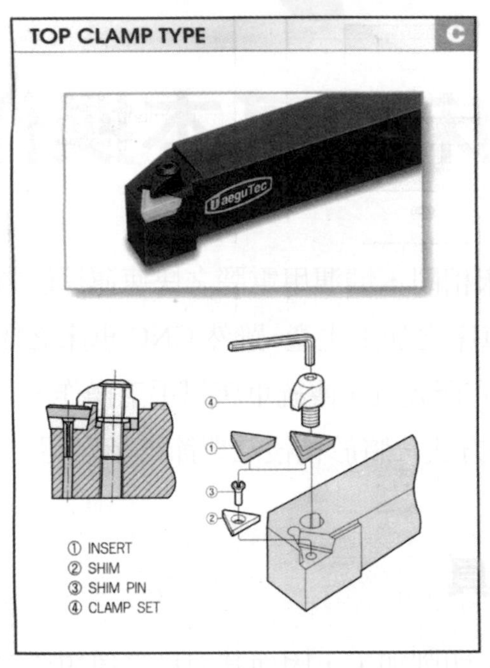

(a)壓板固定式(C)

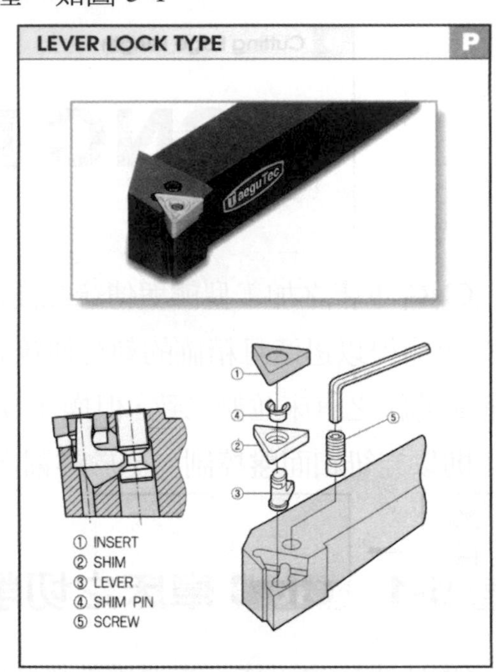

(b)槓桿固定式(P)

圖 5-1　刀具之固定方式(扶德有限公司)

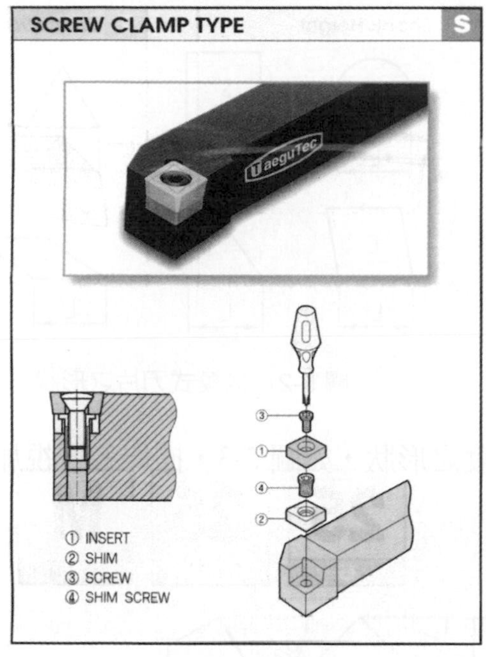

(c)螺紋固定式(S)

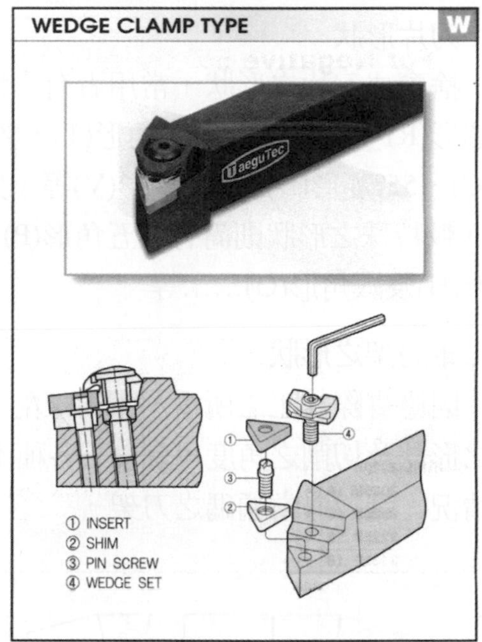

(d)楔形固定式(W)

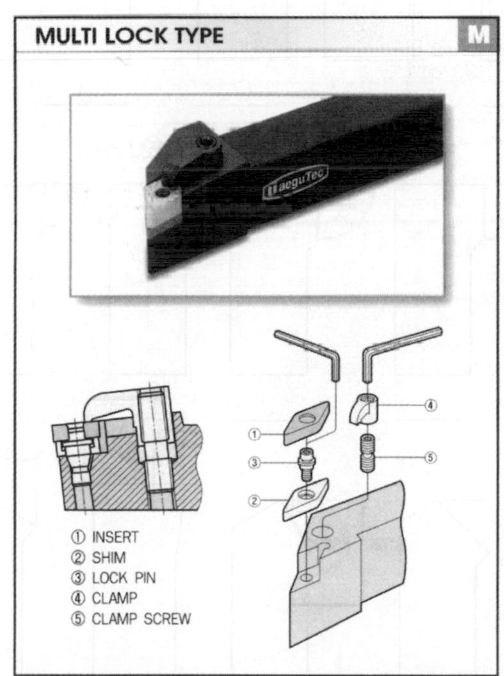

(e)混合固定式(M)

圖 5-1 刀具之固定方式(扶德有限公司)(續)

2. 刀片形狀

捨棄式刀片之形狀，常用者有六種，即圓形(R)、四角形(S)、三角形(T)，80°菱形(C)，55°菱形(D)及 35°菱形(V)等，如圖 5-2，較特殊之形狀則尚有正五角形(P)，六角形(H)及八角形(O)……等。

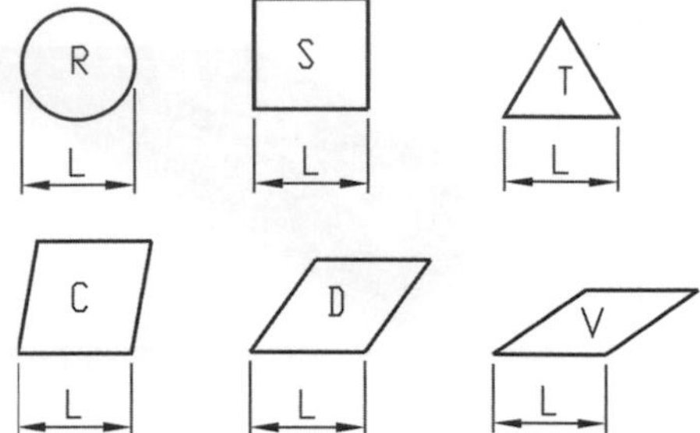

圖 5-2　捨棄式刀片之形狀

3. 車刀架之形狀

因應實際加工之所需，車刀架配合刀片之形狀及切削之角度，有以下各種不同角度之形狀，如圖 5-3，操作者可視加工之情況，選擇適當編碼之刀架。

圖 5-3　各種不同編碼之刀架

4. 間隙角

切削各種不同之材料，刀片之間隙角自然隨之不同，一般捨棄刀片之間隙角，計有六種，且以英文字母加以編碼，即 B(5°)、C(7°)、D(15°)、E(20°)、N(0°)、P(11°)，如圖 5-4。

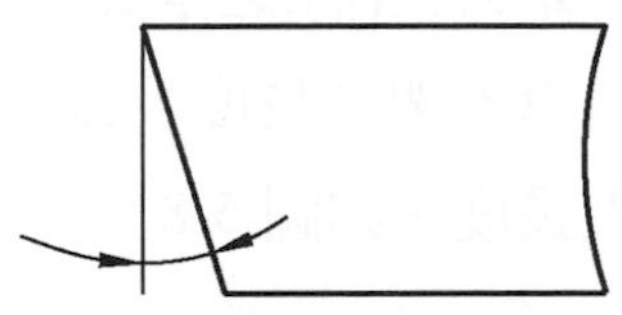

圖 5-4　刀片之間隙角

5. 切削進給方向

切削刀具之進給方向，分成由右向左進給之右手車刀(R)，由左向右進給之左手車刀(L)及牙刀、切槽刀等左右進給皆可(N)之刀具。如圖 5-5。

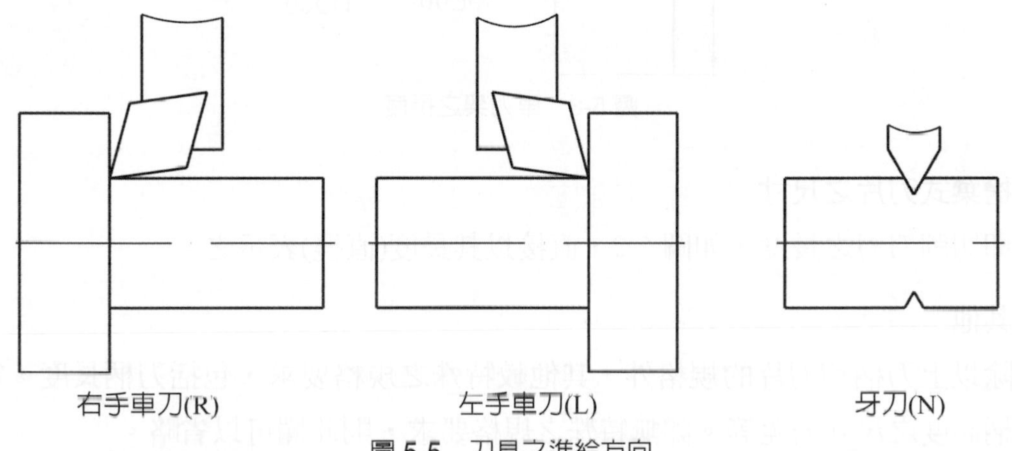

圖 5-5　刀具之進給方向

6. 車刀架(柄)之高度

車刀柄之高度，如圖 5-6，直接以其尺寸表示之。

7. 車刀架(柄)之寬度

車刀架之寬度，直接以刀柄之寬度表示之，如圖 5-7。

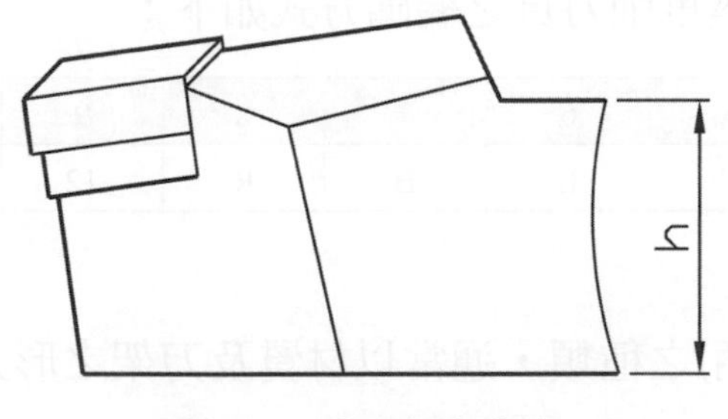

圖 5-6　車刀架之高度

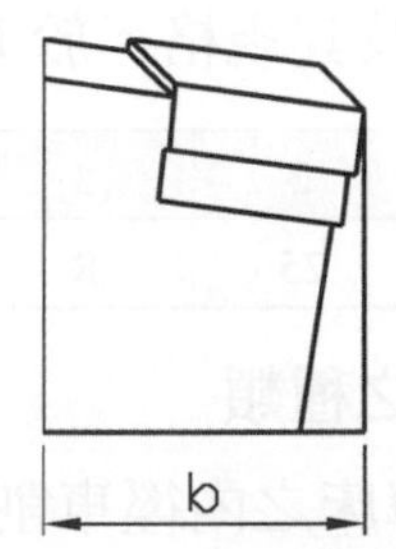

圖 5-7　車刀架之寬度

8. 車刀架(柄)之全長

車刀架之長度，以英文字母加以編碼，每一字碼各代表不同之尺寸，常用之刀架長度，如圖 5-8。

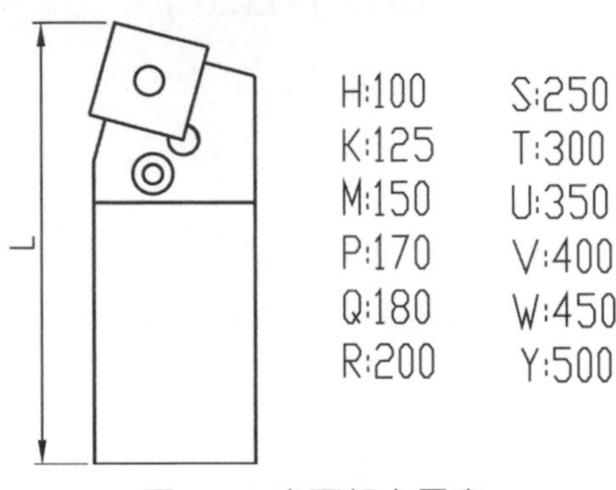

圖 5-8　車刀架之長度

9. 捨棄式刀片之尺寸

即切削刀刃之長度，如圖 5-2，直接以其長度(直徑)表示之。

10. 其他

除以上刀柄和刀片的規格外，其他較特殊之規格要求，包括刀柄長度，寬度或刀柄高度之尺寸公差等。如無特殊之規格要求，則此欄可以省略。

二、內徑車削刀具

與外徑車削刀具相同，CNC 車床之內徑車削刀具，其刀架(柄)之內孔車削刀具，亦採用“捨棄式刀具”，以下將介紹 ISO 規格中，內徑車削刀具之編碼方式，刀具之種類及其規格。於 ISO 規格中，內徑車削刀具之編碼方式如下：

1	2	3		4	5	6	7	8	9
S	25	R	–	S	C	L	B	R	12

1. 車刀架之種類

CNC 車床之內徑車削刀具，其刀架(柄)之種類，通常以材質及刀架之形式區分，並以英文字母表示。常用之刀架(柄)如下：

S：實心(整體式)碳鋼刀架(柄)。

A：實心碳鋼刀架，具冷卻油孔。

B：防震式實心碳鋼刀架。

C：刀片座爲碳鋼，刀桿爲實心碳化物之刀架。

D：防震式實心碳鋼刀架，具冷卻油孔。

E：刀片座爲碳鋼，刀桿爲實心碳化物之刀架，具冷卻油孔。

F：刀片座爲碳鋼材質，且銲接防震式碳化物之刀架。

G：刀片座爲碳鋼材質，且銲接防震式碳化物之刀架，具冷卻油孔。

H：其他材質之實心刀架。

2. 刀柄之直徑

刀柄之直徑，如圖 5-9，直接以刀柄之直徑表示之。

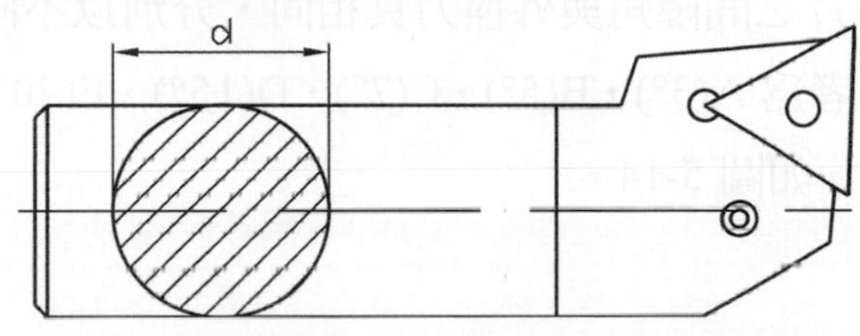

圖 5-9 刀柄之直徑

3. 車刀架之長度

車刀架之長度，以英文字母編碼表示，常用之內徑車刀，刀架之長度，如圖 5-10。

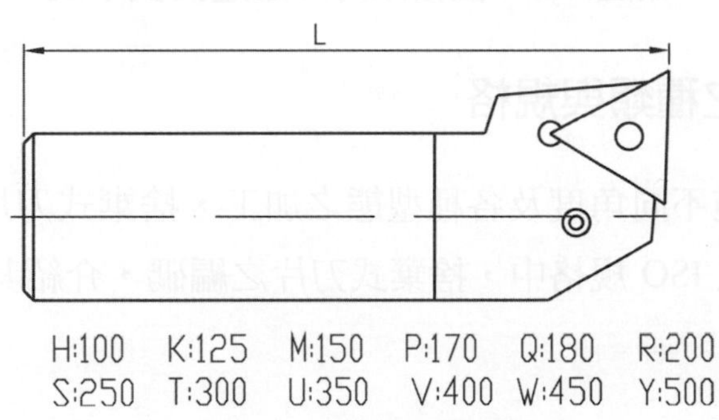

圖 5-10 刀架之長度

4. 刀片之固定方式

刀片鎖固於刀架之方式，計有壓板固定式(C)，槓桿固定式(P)，螺紋固定式(S)及混合式(M)等四種，請參閱圖 5-11。

5. 刀片之形狀

內徑車削之捨棄式刀片，常用者有五種，即四方形(S)，三角形(T)，80°菱形(C)，55°菱形(D)，及 35°菱形(V)等，如圖 5-12。

6. 刀架之形狀

與外徑車削刀具相同，內徑車削刀具之刀架亦備有各種不同角度之形狀，供使用者視需要選定。惟內徑車刀較常用者爲 F，K，L，S，U，W，Y 等型號之刀架。如圖 5-13。

7. 間隙角

內徑車削刀具刀片之間隙角與外徑刀具相同，分別以不同之字母編碼，代表不同之角度，較常用者爲 A(3°)，B(5°)，C(7°)，D(15°)，E(20°)，F(25°)，G(25°)，N(0°)，P(11°)等角度。如圖 5-14。

8. 切削進給方向

內徑車削刀具之進給方向，分爲由右向左車削之右手車刀(R)，由左向右之左手車刀(L)及內牙刀、內槽刀等左右進給皆可(N)之刀具。

9. 刀片之尺寸

切削刀片之尺寸，如圖 5-2，直接以刀片之邊長表示之。

三、捨棄式刀片之種類與規格

爲因應工件各種不同角度及各種型態之加工，捨棄式刀片亦有各種不同之形狀與規格，以下將以 ISO 規格中，捨棄式刀片之編碼，介紹其種類與規格。

一般而言，捨棄式刀片之編碼方式如下：

1	2	3	4	5	6	7	8	9
T	N	M	G	12	03	04	E	R

1. 刀片之形狀

刀片之形狀，通常以英文字母表示之。常用之捨棄式刀片形狀，及其字母編號，如圖 5-11 所示。

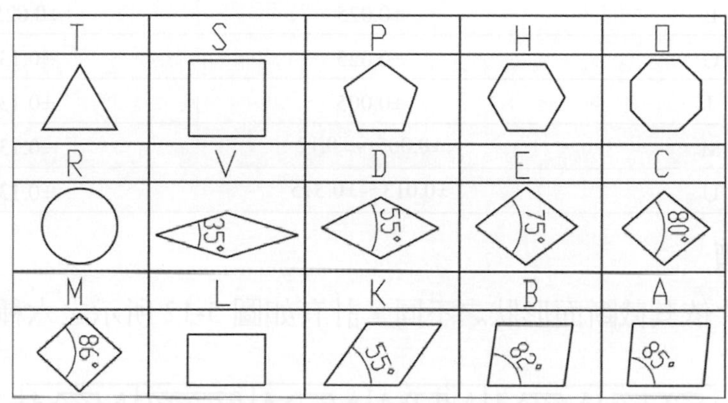

圖 5-11　捨棄式刀片之形狀

2. 刀片之間隙角

刀片之間隙角，以英文字母編碼，A(3°)，B(5°)，C(7°)，D(15°)，E(20°)，F(25°)，G(30°)，N(0°)，P(11°)等各種角度值。

3. 刀片之尺寸公差值

於自動化加工生產過程中，刀具發生毀損或磨耗以致影響加工精度時，必須迅速加以更換，以免妨礙生產進度。因而刀片之互換性，格外重要。刀片之尺寸公差是否正確，關係互換性甚鉅，因而也就極為重要。刀片之尺寸公差，分為外形公差及厚度公差兩種，其等級與公差值，如下表 5-1 所示：

表 5-1　捨棄式刀片之長度公差與厚度公差

字母代號	長度公差(mm)	厚度公差(mm)
A	±0.005	±0.025
B	±0.005	±0.13
C	±0.013	±0.025
D	±0.013	±0.13
E	±0.025	±0.025
G	±0.025	±0.13
J	±0.005	±0.13
M	±0.005～±0.12	±0.13
U	±0.013～±0.375	±0.13

4.　刀片之種類

捨棄式刀片依其截斷面形狀之不同，計有如圖 5-12 所示之六種類型。

A	F	G	M	N	R
無　溝 有　孔	雙面有溝 無　孔	雙面有溝 有　孔	單面有溝 有　孔	無　溝 無　孔	單面有溝 無　孔

圖 5-12　刀片之種類

5.　切削邊長度

切削刀刃之長度，如圖 5-2，直接以其長度(直徑)表示之。

6.　刀片厚度

刀片之厚度，以號數 01 至 09 表示之，其厚度則自 1.59mm 至 9.52mm 不等。

7.　刀鼻半徑

刀片刀尖圓弧之半徑，以 0.1mm 爲單位，以號數表示，自 00 號至 32 號。刀鼻半徑則從尖的刀端(0mm)到 3.2mm。例如刀鼻半徑代號 02 表示 0.2mm，08 表示 0.8mm，12 則表示 1.2mm……。

8. 刀鼻形狀

捨棄式刀片之刀鼻，常用者計有如圖 5-13 之四種外形。

圖 5-13 刀鼻形狀

9. 切削進給方向

刀片切削進給方向之選擇，分別以 R，L，N 代表右手車刀，左手車刀及中間方向之車削進給，如圖 5-5。

以上為 CNC 車床外徑車削刀具，內徑車削刀具及捨棄式刀片之種類與規格。一般而言，選購車削刀具之原則，除了個別廠商之編碼外，指定刀片之形狀、種類、尺寸(長度，厚度)，刀鼻半徑，切削進給方向，配合 CNC 車床之刀座規格，選擇適當長、寬、高之刀架即可。另外，切槽刀需註明其刀口寬度，螺紋車削刀具則需標示所欲車削螺紋之螺距範圍。

5-2 控制面盤操作

CNC 車床之控制面盤，包括機械控制面盤與控制器面盤。

一、機械控制面盤之操作

CNC 車床之機械控制面盤，各工具機製造廠商各有其不同之功能按鍵與編排方式，然而，操作方式卻大同小異。以下筆者將就中文面盤與英文面盤逐一說明個別操作按鈕之功能與操作方式，讀者可就其需要，擇一參考。圖 5-14 為台中精機公司之機械控制面盤。

圖 5-14　機械控制面盤(台中精機公司)

1.　程式保護鍵(PROGRAM PROTECT)

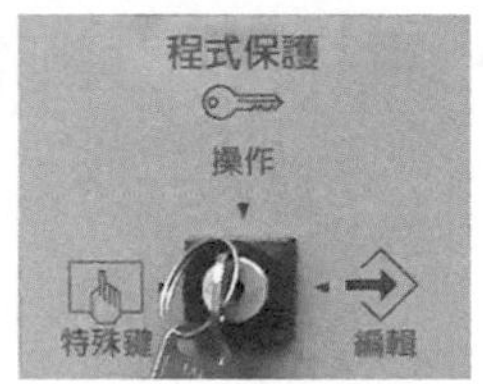

(1)　編輯：執行程式之編輯、修改、插入、刪除等工作。

(2)　操作：於此狀況下，程式保護功能啓動，記憶體內之程式將無法編輯、修改、插入、或刪除。系統將執行(AUTO)記憶中之程式指令。

(3)　特殊鍵：特殊功能之啓動按鍵，如刀具量測之功能。

2.　編輯(EDIT)

程式之編輯、修改、刪除及電腦記憶體中之程式呼叫功能。

3.　自動執行(AUTO)

執行記憶體內已經存在之程式。

4. DNC 連線

控制器與電腦連線，執行加工程式"邊傳邊做"之功能。

5. 手動輸入(MDI)

手動資料輸入(Manual Data Input)模式，選此模式時，"暫時性"之程式，可於此模式下輸入電腦，並且執行完畢，隨即消失，須重新輸入，始能再予執行。

6. 手動轉輪操作模式(X1，X10，X100)(MPG)

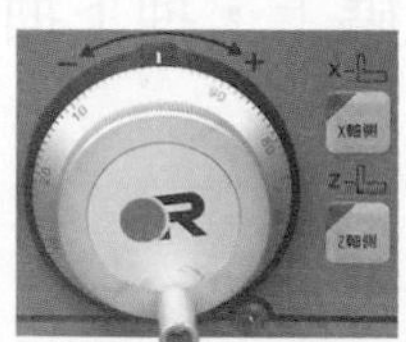

手動脈衝馬達之操作，設定位移單位(X1 爲 0.001mm，X10 爲 0.01mm，X100 爲 0.1mm)後，選擇位移之軸向(X 或 Z)轉動手輪，順時針旋轉爲選定軸之正向，逆時針旋轉則爲選定軸之負向位移。

7. 慢速進給模式(JOG)

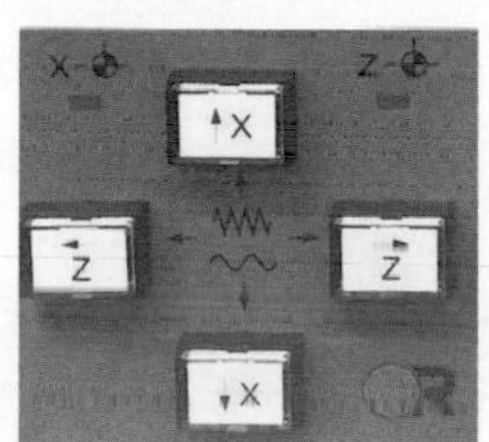

慢速進給模式(JOG)，選此模式，則可以方向操作按鍵(+X，–X，+Z，–Z)，控制刀具之位移(按著不放)，刀具移動之速度，則可以進給率調整鈕控制之。

8. 快速進給(RAPID)

選擇此模式，操作者可以方向操作按鍵(+X，–X，+Z，–Z)，控制刀具之位移，但速度爲 G00 快速定位之速度，可藉著快速進給調整鈕來控制位移之速度。

9. 原點復歸(ZERO RETURN)

選擇此模式，押下軸向設定鈕(+X，+Z)，則可執行指定軸向之機械原點復歸動作。

10. 快速進給率(RAPID OVERRIDE%)

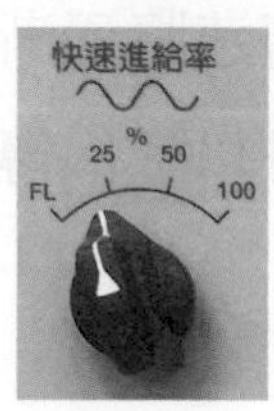

藉此旋鈕可調整 G00 之位移速度，從 0%到 100%，共有四種選擇，即 F0，25%，50%，100%。

11. 切削進給率調整鈕(FEEDRATE OVERRIDE%)

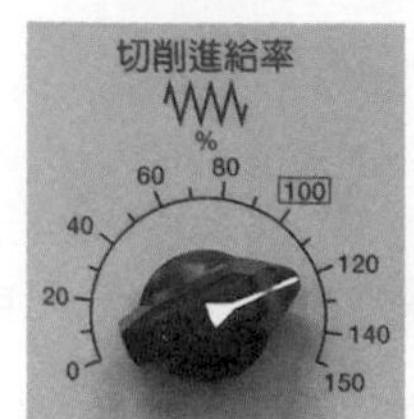

於自動執行(AUTO)程式時，旋轉此旋鈕可以調整進給速度(F)之百分比，從 0%到 150%，每一階段均以 10%之比例增加或減少。

12. 刀具選擇(TURRET SELECT)與換刀啓動鈕(TURRET INDEX)

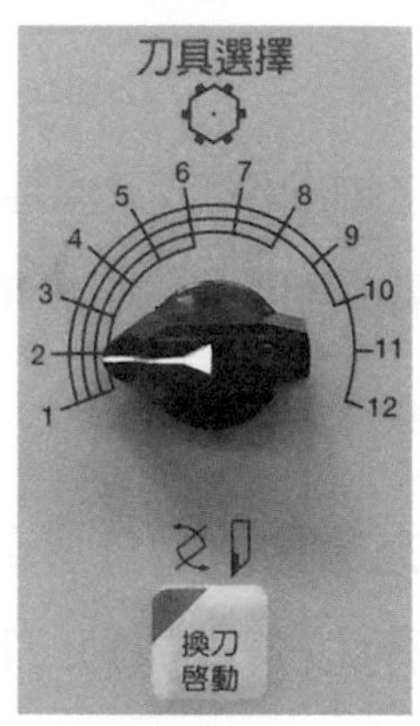

將模式選擇鈕置於欲使用之刀具號碼上，押下換刀啓動鈕，則刀具將旋轉到指定之刀號位置。

13. 主軸轉速調整率(SPINDLE OVERRIDE%)

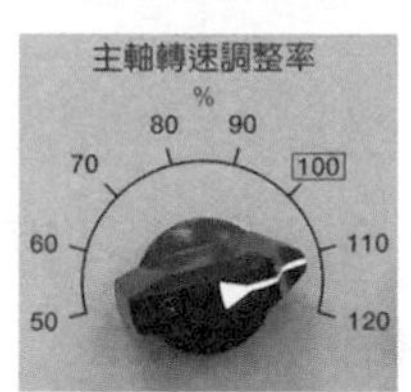

於“AUTO”或“MDI”模式下執行程式指令時，經由此旋鈕，可以調整旋轉中之主軸轉速，其調整率由 50%至 120%，以每一階段 10%之比例增加或減少。

14. 手動主軸轉速調整(SPINDLE SPEED)

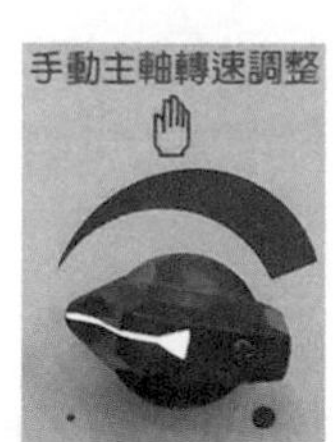

與前一功能(主軸轉速調整率)之不同，在於手動主軸轉速調整必須於“手動操作”之模式(MPG，JOG，RPD，ZRN)下，始得以動作。經由此旋鈕之順時針方向旋轉，可將主軸轉速，調整到最高(主軸須處於旋轉狀態)，逆時針方向旋轉，則主軸轉速將逐漸降至最低。(通常主軸剛起動時，將旋轉鈕調至最低，可以降低轉速，減輕主軸啓動時之負荷。)

15. 主軸旋轉控制鍵(SPINDLE)

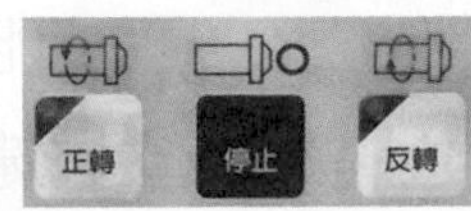

模式選擇鈕置於"手動操作"之模式(MPG，JOG，RPD，ZRN)時，經由此三個功能鍵，可以起動主軸，且改變其旋向。押下正轉(FOR)按鍵，主軸順時針方向啓動(以夾頭之方向爲方向，不可以尾座之方向看夾頭之轉向)；押下反轉(REV)按鍵，則主軸逆時針方向啓動，轉速則可以藉"手動主軸轉速調整鈕"加以控制。欲改變主軸之轉向時，須先押下"停止"按鍵，使主軸確實停止後，再押"轉向"之按鍵。

16. 準備完成

開機後應押此按鈕。若此按鈕之指示燈未亮，則各伺服控制單元之功能無效，一切機械動作將無法啓動。

17. 極限解除(TRAVEL LIMIT RELEASE)

二軸向(X，Z)"安全行程極限開關"解除之功能。當此開關亮(ON)時，表示刀塔已超出"安全區域"，機器將立刻停止一切動作。

本按鍵之功能在於解除"行程極限"之設定。當刀具超出極限範圍時，首先將模式選擇鈕置於"手動操作"(MPG，JOG，RPD)之位置，同時押此按鍵與控制鍵，反方向將刀具拉回"安全區域"內，即可以按CRT/MDI 面盤上之"RESET"鍵，解除緊急之狀態。

18. 門鏈鎖解除

正常狀況下，安全門未關閉時，主軸無法啓動，待按下此按鍵後，主軸即可於安全門未關閉之狀況下啓動，旋轉。

19. 尾座本體(前進，後退)

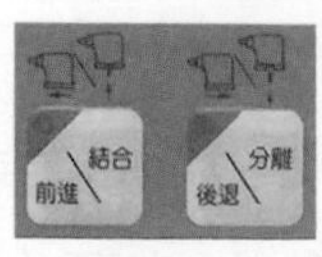

尾座進退控制關關。模式選擇鈕置於任何位置，本功能均可作動作，惟主軸必須處於停止狀態下才有動作。按“前進”按鍵，則尾座前進。按“後退”按鍵，則尾座後退。

20. 尾座心軸(前進、寸動、後退)

尾座頂心進退控制開關，模式選擇鈕置於任何位置，均可作動，但主軸必須處於停止狀態，才能有所動作。按“前進”按鍵，頂心前進。按“寸動”鍵，頂心以寸動方式前進。按“後退”鍵，則頂心退後。

21. 緊急停止(EMERGENCY STOP)

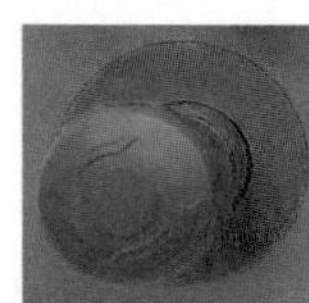

(1) 於任何緊急狀態下，押此旋鈕，伺服供應電源隨即切斷，一切機械動作立刻停止。

(2) 解除緊急停止之狀態，僅須順時針轉此旋轉鈕使其“跳出”，再按“控制鍵”之開關即可。

(3) 機器操作完畢，欲切斷電源前，應先將此旋鈕押下，再切斷電源。

22. 程式(暫停、啓動)開關

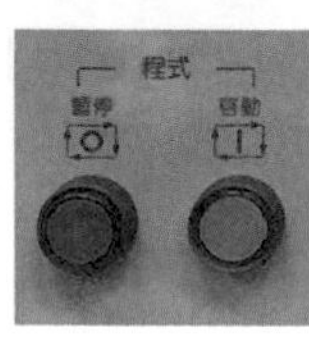

(1) 於“自動操作”(AUTO，MDI)之模式下，押下“啓動”開關，機器將依程式指令自動執行。押下“暫停”開關，則程式暫停，刀具之位移停止，但主軸仍繼續旋轉，待按下“啓動”開關，程式始得以繼續執行。

(2) 夾頭若處於未夾緊之狀態，則程式“啓動”開關，將無效。

23. 方向操作按鍵及原點復歸指示燈

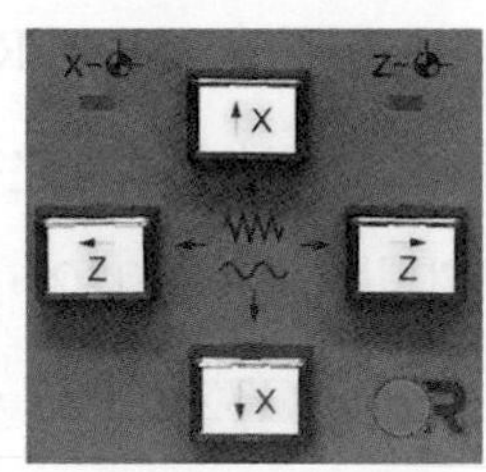

模式選擇鈕置於慢速進給(JOG)，快速進給(RPD)，原點復歸(ZERO RETURN)時，此方向操作按鍵才能生效。

(1) 按下"+X"按鍵，刀塔向 X 軸"正"向移動。
按下"–X"按鍵，刀塔向 X 軸"負"向移動。

(2) 按下"+Z"按鍵，刀塔向 Z 軸"正"向移動。
按下"–Z"按鍵，刀塔向 Z 軸"負"向移動。

(3) 刀具欲作"原點復歸"動作時，將模式選擇鈕置於原點復歸之位置，先後按下方向操作按鍵(+X，+Z)，則刀具將以"快速進給調整鈕"所設定之 G00 速度回到 X 軸與 Z 軸之機械原點，且原點指示燈將亮起。

24. 程式預演(DRY RUN)

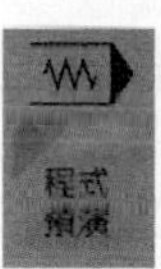

模式選擇鈕置於自動執行(AUTO)之位置，押下"程式預演"之按鍵，則記憶中之程式將以進給速率(F)，執行切削及定位(G00)之動作。進給速率可由進給速率調整鈕控制其快慢。通常本功能用於程式製作完成後，初次試車之時。

25. 程式測試(PROGRAM TEST)

將模式選擇鈕置於自動執行(AUTO)之位置，按此鍵，則於執行時，主軸將停止運轉，但程式仍持續執行。此按鍵之功能，在於測試加工程式，檢查刀具移動之路徑。故通常進行"程式測試"時，夾頭上並不夾持任何工作物。

26. 單節執行(SINGLE BLOCK)

押下此開關，則於自動執行(AUTO)程式，程式預演(DRY RUN)或程式測試(PROGRAM TEST)時，程式之執行將僅能作一單節之操作。欲執行下一單節之指令，則需要按下"程式啓動"開關。唯(G32，G92，G76)螺紋切削指令，或複循環指令(G90，G94，G71，G72，G73，G74，G75，G70)進行中，則仍將完成一個循環動作後，才會停止。

27. 選擇停止(OPTIONAL STOP)

押下選擇停止鍵，指示燈亮時，程式中"M01"選擇性程式暫停之指令將生效。即執行中之程式將暫時停止。待按下"程式啓動"之按鍵後，程式指令始得以繼續執行。

28. 機械鎖定(MACHINE LOCK)

模式選擇置於自動執行(AUTO)之位置，押下此開關，則刀塔將被鎖固。於程式執行過程中，控制器螢幕(CRT)上之座標，依然隨程式之進行而改變"M"，"S"，"T"，之指令功能仍將執行，然而刀具並不做任何移動。即使執行"G27"，"G28"，"G30"指令，刀具亦不會移動到參考點，原點指示燈，也不會亮。此功能通常用於 NC 程式，刀具路徑之檢查。程式執行完畢，須關閉此功能，重新做原點復歸之動作。

29. 單節刪除(BLOCK DELETE)

押下此開關，指示燈亮起，則有單節跳越符號"/"之單節指令將不予執行。若此開關"OFF"，則有單節跳越符號"/"之單節指令仍將被執行。

30. 切削液(強制，程式)(COOLANT ON AUTO)

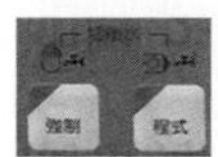

控制切削液噴出之方式：

(1) 按"強制"鈕，指示燈亮，則切削液將自動噴出。

(2) 按"程式"鈕，指示燈亮，則切削液之噴出或停止，將以程式指令"M08"或"M09"加以控制。

31. 指示燈

(1) 選擇停止指示燈：按"選擇停止"鍵，此指示燈將亮起，"M01"指令生效，程式暫停。

(2) 夾頭指示燈：夾頭夾持工作物時，此燈亮起，主軸才能啓動，否則無法動作。

(3) 切削液指示燈：切削液處於使用狀態時，此燈將亮起。

(4) NC 伺服機構故障或操作錯誤指示燈。

(5) 床台面潤滑泵的液面過低警示。

32. 工件計數器：

程式中加入 M70 指令，當加工完成一件工件時，此計數器計數一次，若計數器要重新歸零，按下方黑色按鍵即可。

33. 工作燈：

(1) 轉鈕至"I"位置，工作燈開啓。

(2) 轉鈕至"O"位置，工作燈關閉。

34. 鐵屑輸送機選擇鈕：

(1) 轉鈕至"→"位置，則鐵屑輸送機履帶正轉。

(2) 轉鈕至"O"位置，則鐵屑輸送機履帶停止。

(3) 轉鈕至"←"位置，則鐵屑輸送機履帶逆轉。

35. 蜂鳴器選擇鈕：

押下則蜂鳴器開啓，當工件加工完成後，蜂鳴器發出警示聲，約 2 秒後停止。再押一次，則蜂鳴器關閉，當加工完成後，蜂鳴器將不發出聲響。

36. 主軸負載錶：

表示主軸負載輸出功率百分比，加工時依據刀具切削負荷、刀具磨損程度、工件材質、刀具及刀片型式、切削深度及主軸轉速……等之不同，呈現不同之負載狀態。

以上爲一般常用之中文控制面盤，個別開關之功能與操作方法。以下再舉麗偉機械公司之英文機械控制面盤爲例(圖 5-15)，介紹其個別開關之功能與操作方式。

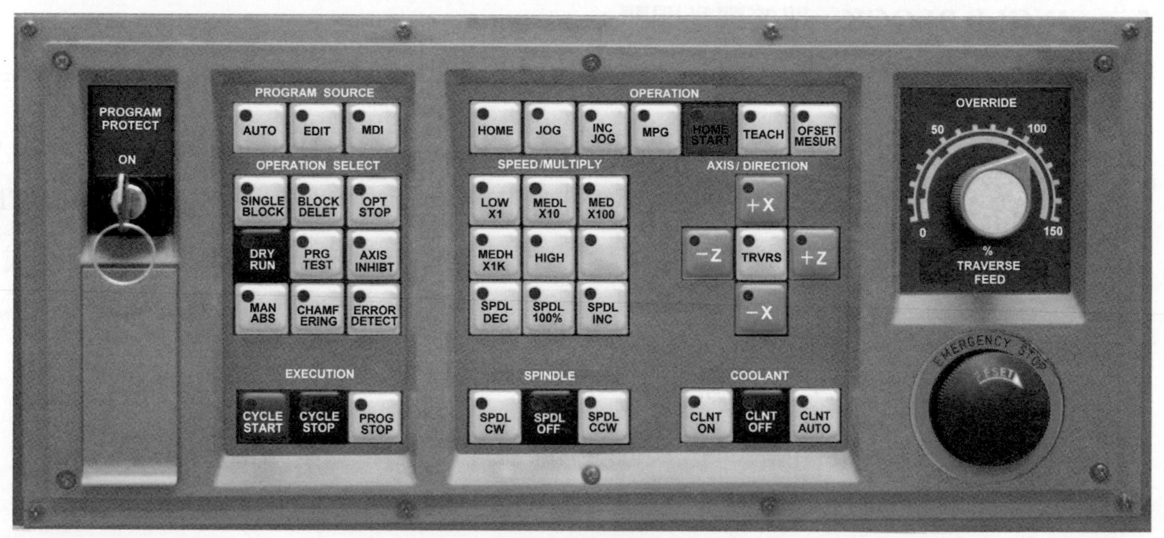

圖 5-15　機械控制面盤(麗偉機械公司)

1. PROGRAM PROTECT：程式保護開關

旋轉鑰匙至(ON)之位置後，即可防止程式遭修改、刪除，新的程式指令亦無法輸入。

2. AUTO：自動執行模式

選擇此模式，儲存於記憶中之程式將被執行。

3. EDIT：程式編輯模式

此模式之功能爲程式之編輯、修改、刪除、新程式之建立。

4. MDI(Manual Data Input)：手動資料輸入模式

選此模式則操作者可輸入一個以上之單節指令並使機器執行之，但程式指令無法儲存。經由此模式亦可輸入補正值或其他相關數據。

5. SINGLE BLOCK：單節驅動開關

此開關 ON，則當自動執行(AUTO)時，僅能作單節程式之操作，若欲執行下一單節，則需要按下“CYCLE START”(循環啓動)開關。唯若於(G32，G76，G92)螺紋車削指令進行中，雖按下“SINGLE BLOCK”開關，機器仍將於切削螺紋之單節動作結束後始停止。另外，副程式中若無“O”，“N”，“G”指令，則“SINGLE BLOCK”功能將無效。

6. BLOCK DELETE：單節刪除(跳越)開關

若此開關“ON”，則有單節跳越符號“/”之單節指令將不予執行，若此開關“OFF”則執行。

7. OPT STOP：選擇性停止開關

此開關“ON”，則“M01”程式停止指令將生效，下一單節之程式指令即停止執行，此時“M01”之功能與“M00”相同，需待按下“CYCLE START”開關後，始得以執行下一單節指令；唯若此開關“OFF”，則 M01 指令將失去效用。

8. DRY RUN：試俥開關

此開關“ON”，則執行“AUTO”，“MDI”，“TEACH”程式指令時之“F”進給率將改由“JOG FEED RATE”來控制，快速定位 G00 亦變成“JOG”之速度。

9. PRG TEST：程式測試開關

押下此開關，則程式中“M”，“S”，“T”，“B”之功能將不予執行。

10. AXIS INHIBT：刀塔鎖固功能

押下此開關，刀塔將被鎖固，即刀具將不能做任何移動。此功能通常用於程式之測試，執行程式過程中，控制器螢幕上之座標依然隨程式之進行而改變，“M”，“S”，“T”，“B”之指令功能仍將被執行，然而刀具並不做任何移動。即使執行“G27”，“G28”，“G30”指令，刀具亦不會移動至參考點，“HOME”原點指示燈也不會亮。程式執行完畢須關閉此功能，重新做機械原點之復歸。

11. MAN ABS(manual absolute)：手動絕對開關

此開關亮(ON)時，手動位移量將加入絕對座標內，“OFF”則否。

12. GHAMF ERING：螺紋車削時之倒角功能

此功能於螺紋車削循環中才具效用，操作者可於(parameter)NO.0109 中，設定螺紋車削複循環(G76)之倒角量，唯一般均小於 45°，如圖 5-16 所示。

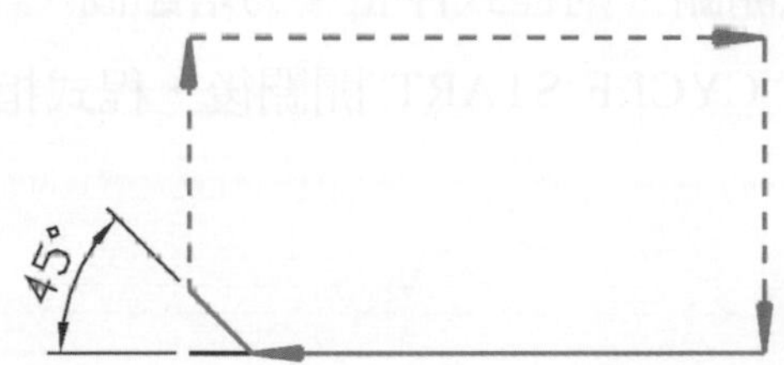

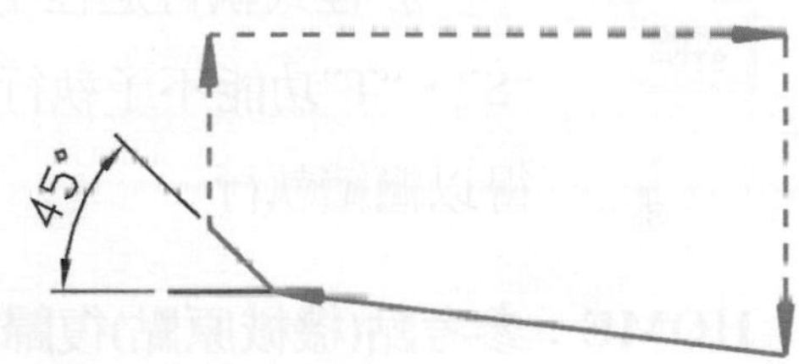

圖 5-16　螺紋車削之倒角功能

13. ERROR DETECT：絕對直角之錯誤偵測開關

此開關之功能乃為控制兩軸交角為圓弧轉角或交角轉角之模式。圓弧轉角為車削進行中之刀具，若進刀速度過快，未待單節車削完全結束，即開始執行下一單節之車削指令，形成圓弧形轉角，交角轉角則否。

14. CYCLE START：循環啓動開關

此開關之功能如下：

(1) 執行 MDI 指令：選擇 MDI 功能，輸入程式單節指令，按下此開關，即開始執行。

(2) 執行記憶體內之程式指令：選擇 AUTO 模式，按下此開關，即可執行記憶體內之程式。

(3) 重新執行自動程式：程式執行中，遇 M00 或 M01 程式停止指令，程式即停止執行，待按下此開關，即可繼續執行未完成之程式指令。

15. CYCLE STOP：循環停止開關

按下此開關，則機器於程式指令進行中，將停止各軸向之位移。

16. PRG STOP(PROGRAM STOP)：程式停止開關

於程式執行過程中，押下此開關，則程式停止，刀塔鎖固，“M”，“S”，“T”功能不予執行，待按下“CYCLE START”開關後，程式指令始得以繼續執行。

17. HOME：參考點(機械原點)復歸開關

押下此按鍵，選擇欲復歸參考點之軸向(+X，+Z)後，再按“HOME START”鍵，則刀具隨即以“G00”之速度作參考點復歸之動作。

18. JOG：寸動模式

押下此按鍵，“按著”欲移動之軸向(X，Z)，則可以手動之方式操作各軸之位移，其進給速度可由“TRAVERSE FEED”控制，若同時“按著”“TRVRS”鍵，則以 G00 之進給速度移動。

19. INC JOG(Incremental Jog)：寸動微調開關

押下此按鍵，設定移動之單位 LOW(0.001mm)，MEDL(0.01mm)，MED(0.1mm)，或 MEDH(1mm)，選擇欲移動之軸向(X，Z)，即可以手動方式作各軸向之精確位移。

20. MPG(Manual Pulse Generator)：手動脈衝馬達

此功能爲手動轉輪之操作，首先設定位移之單位(LOW，MEDL，MED，MEDH)，而後選擇位移之軸向(X，Z)，轉動手輪，順時針旋轉，爲選定軸之正向，逆時針則爲軸之負向位移。

21. HOME START：參考點(機械原點)復歸啓動開關

先押"HOME"按鍵，再押此開關，則所選定之軸向(+X，+Z)將自動作參考點(機械原點)之復歸動作。

22. TEACH：教學模式開關

爲一選擇性之"程式重生"機能，選此功能，則以手輪操作(MPG)或寸動(JOG)模式操作之各軸向位移量，將變成程式指令加以執行。

23. SPDL DEC，SPDL 100%，SPDL INC：主心軸轉速調整功能

主心軸轉速可經由此三鍵選擇 50%至 120%之間，以每段 10%之比例增加或減少。主軸轉速與指令值相同時，"SPDL 100%"燈亮，轉速小於 100%時"SPDL DEC"燈亮，轉速大於 100%時，"SPDL INC"燈亮。

24. SPDL CW，SPDL STOP，SPDL CCW：主軸轉向設定(主軸正轉，主軸停止，主軸反轉)

於手動轉輪操作(MPG)或寸動模式(JOG)操作之狀況下，可以此三鍵控制主軸之正轉，停止，反轉。

25. CLNT ON，CLNT OFF，CLNT AUTO：切削劑開，關，自動

手動轉輪操作(MPG)或寸動模式(JOG)操作之狀況下，可以此三鍵控制切削劑之開啓，關閉，或依程式指令執行切削劑之開與關(AUTO)。

26. Feed rate override：進給率百分比調整開關

旋此轉鈕可以控制進給速率(F)寸動(JOG)或試車(DRY RUN)速率之百分比，從 0%到 150%，每一段皆以 10%之比例增加或減少。

27. EMERGENCY STOP：緊急停止按鈕

押下此旋轉鈕，於任何狀況下，所有機械之動作，均將中斷，伺服系統亦同時斷電。順時針方向旋轉此鈕，即可中止"緊急停止"狀況，恢復正常操作。

二、控制器面盤之操作

控制器面盤，以下將以 FANUC 0i-TF 與 0T 系統之控制面盤爲範本，逐一說明其功能與操作，如圖 5-17(a)、(b)。

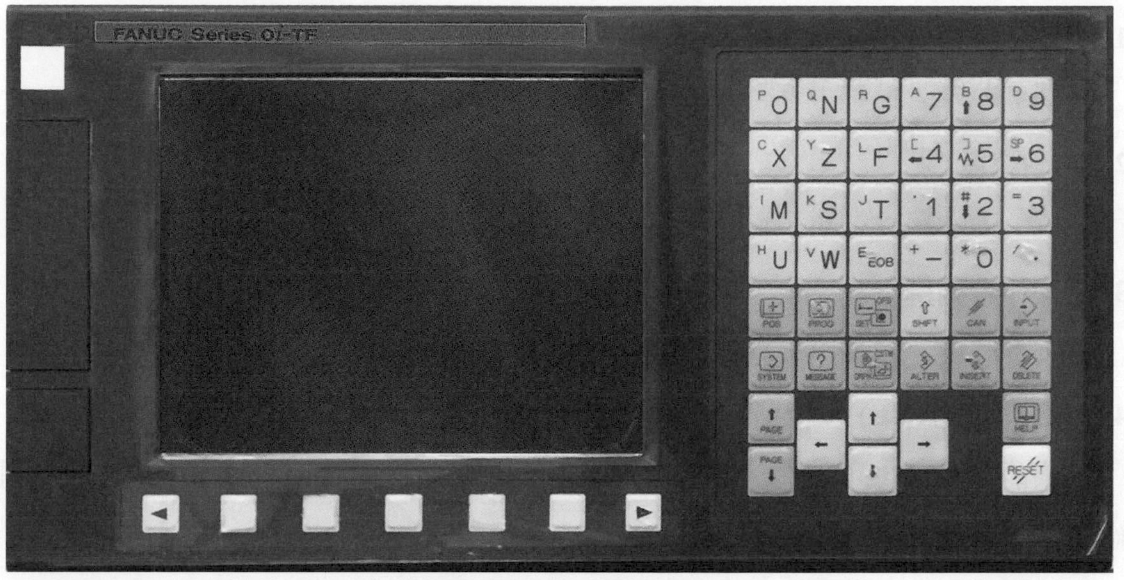

(a) FANUC 0i-TF 控制器

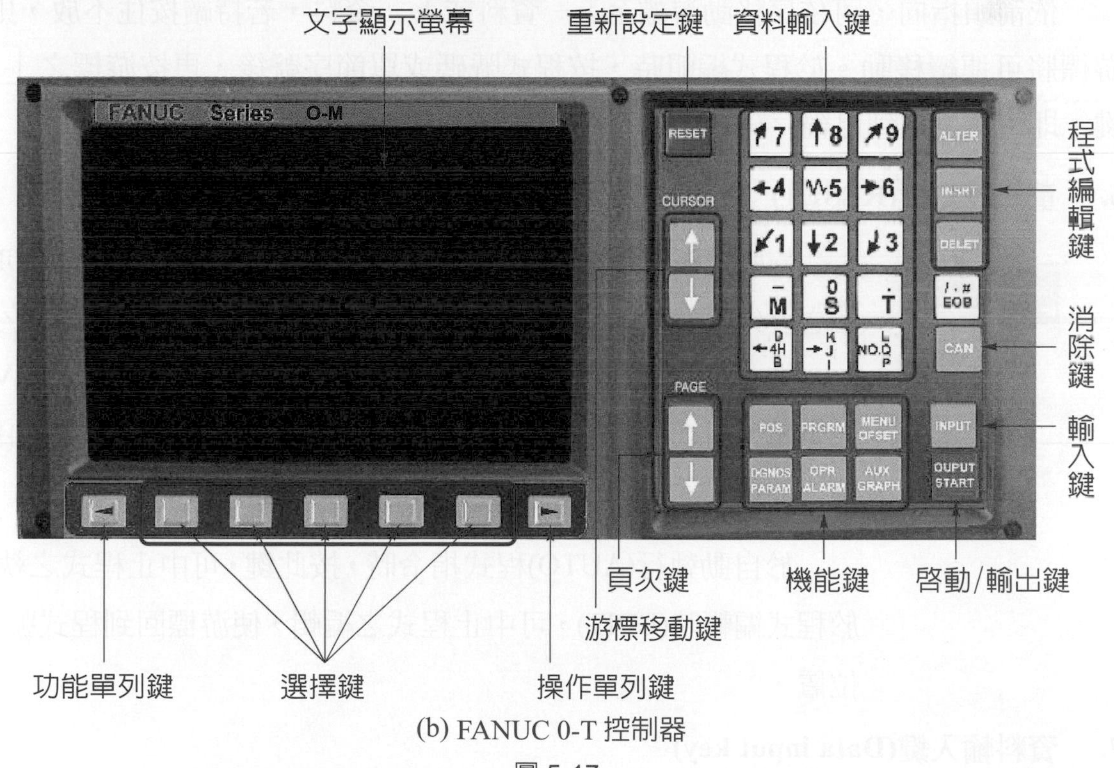

(b) FANUC 0-T 控制器

圖 5-17

1.　功能單列鍵

按下此鍵，螢幕下方將顯示各種功能，以供選擇。

2.　選擇鍵

按下選擇鍵，顯示相對之螢幕畫面或相關之操作。

3.　操作單列鍵

按下此鍵，螢幕下方立即顯示各種操作，以供選擇。

4.　頁次鍵(PAGE)

依箭頭指示，可依序尋找上一頁或下一頁之資料，若持續按著不放，則可連續顯示下一頁或上一頁之資料。

5.　游標(CURSOR)移動鍵

依箭頭指向，可依序移動游標至上一資料或下一資料，若持續按住不放，則游標將可連續移動。於程式編輯時，按程式號碼或單節序號後，再按游標之 ↓ 鍵，即可快速找到已經存在之程式或單節。

6.　重新設定鍵(RESET)

旋此轉鈕可以控制進給速率(F)寸動(JOG)或試車(DRY RUN)速率之百分比，從 0%到 150%，每一段皆以 10%之比例增加或減少。

按此鍵，可消除故障警示。如爲超過行程極限(OVER TRAVEL)之警訊，則以 MPG 或 JOG 之方式，反方向拉回刀塔之後，再按此鍵，即可消除警訊。

於自動執行(AUTO)程式指令時，按此鍵，可中止程式之執行。於程式編輯時(EDIT)，可中止程式之編輯，使游標回到程式號碼之位置。

7.　資料輸入鍵(Data input key)

按下任一鍵，螢幕畫面先顯示位址字母，再按一下則顯示數字。

8.　程式編輯鍵

(1) ALTER：指令更換

程式編輯時，將游標移至欲更換之指令位置，按新的指令，再按此鍵，則新的指令將取代原有指令。

(2) INSERT：指令插入

程式編輯時，將游標移至欲插入之位置，按新的指令再按此鍵，則新的指令將插在所選指令的後面。

(3) DELETE：指令或程式之刪除

程式編輯中，將游標移至欲刪除之指令位置，再按此鍵則該指令將被刪除。

欲刪除程式時，先按程式號碼，再按此鍵，則所選程式將全部刪除。

9.　取消鍵(CAN)

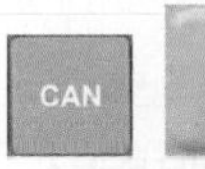

按此鍵可消除程式編輯中，正要鍵入之字母或符號。

10.　輸入鍵(INPUT)

按此鍵，可輸入 MDI 之指令或以下之相關數據：

(1) 補正值之輸入。

(2) 參數、診斷數據之輸入。

(3) 圖形參數之輸入。

另外，與電腦連線時，按此鍵可接收由電腦傳輸過來的加工程式。

11.　輸出/啓動鍵(OUTPUT/START)

與電腦連線時，按此鍵可將已存在於記憶中之加工程式傳輸到電腦之作業系統中。此外，按此鍵可以執行 MDI 之相關指令或啓動程式自動執行(AUTO)模式之加工。

12. 機能鍵

(1) POS：座標鍵

切削刀具(刀具原點)目前位置(X，Z)顯示。可選擇絕對座標(X，Z)增量座標(U，W)及含絕對座標、增量座標、機械座標於同一畫面之總合座標，等三種型式之顯示方式。

(2) PRGRM：程式鍵

於不同模式之選項，顯示與加工程式指令相關之畫面與功能。

① EDIT 程式編輯模式：編輯及顯示程式內容與程式目錄、記憶長度。

② MDI 模式：輸入並顯示 MDI 資料。

③ AUTO 自動執行模式：顯示程式，現單節、次單節之座標，增量位移及各相關指令值。

④ TEACH 模式：顯示各軸之位移量轉換爲程式指令。

(3) MENU OFSET：補正鍵

幾何形狀補正，刀具位移補正，刀具磨耗補正值輸入。

(4) DGNOS PARAM：診斷與參數鍵

診斷與參數相關數據的設定與顯示。

(5) OPR ALARM：操作警示鍵

顯示目前所發生之故障代號或故障原因。

(6) AUX GRAPH：圖形顯示鍵

於自動執行(AUTO)模式下，執行加工程式時，顯式刀具路徑圖，以做爲操作者參考及檢視程式之用。

三、控制面盤操作程序

機械操作面盤與控制器面盤，各按鍵開關之功能與操作方式，已於 5.2 一、與 5.2 二、中介紹完畢。以下將進一步就面盤操作之一般程序，做一概括之說明：

1. 開機前之檢查工作

開機前，應先做好例行之機械外觀檢查及日常之保養工作，確定即將操作之機械，一切狀況正常，始得以開機工作。

2. 開機及原點復歸

(1) 打開主電源開關。

(2) 開控制器面盤之電源開關(順時針方向旋轉"緊急停止旋鈕")，使其跳起。

(3) 等待機器運轉 3～5 分鐘(暖機)後，開始做機械原點復歸之操作。手動機械原點復歸之程序如下：

① 操作選擇鈕(OPERATION)：按下 HOME(原點復歸)開關。

② 按軸向選擇鍵(+X)。

③ 按原點復歸鍵(HOME START)：則 X 軸即做機械原點復歸動作。X 軸原點指示燈亮，表示 X 軸已完成機械原點復歸動作。

④ X 軸復歸機械原點後，按軸向選擇鍵(+Z)。

⑤ 重複 ③ 之動作，待 Z 軸之原點指示燈亮，即表示 Z 軸亦已完成機械原點之復歸動作。如圖 5-18

註 1. 若為中文操作面盤，則模式選擇旋鈕置於原點復歸位置，先按住軸向選擇開關"+X"做原點復歸動作，直到 X 軸原點指示燈亮，再以相同步驟做 Z 軸之原點復歸。

註 2. 刀塔之位置，不可距原點過近，否則原點復歸時，將產生"超過行程"(OVER TRAVEL)之警告訊號。

圖 5-18

3. 編輯程式

模式選擇鈕置於程式編輯(EDIT)位置，於 CRT/MDI 面盤下方按 PRGRM 程式畫面。按新的程式號碼，再按 INSRT 鍵輸入，按 EOB 鍵，再按 INSRT 鍵，完成新程式號碼之建立。陸續利用程式編輯鍵 ALTER，INSRT，DELET，EOB 及消除鍵 CAN，完成全部程式指令之編輯工作。

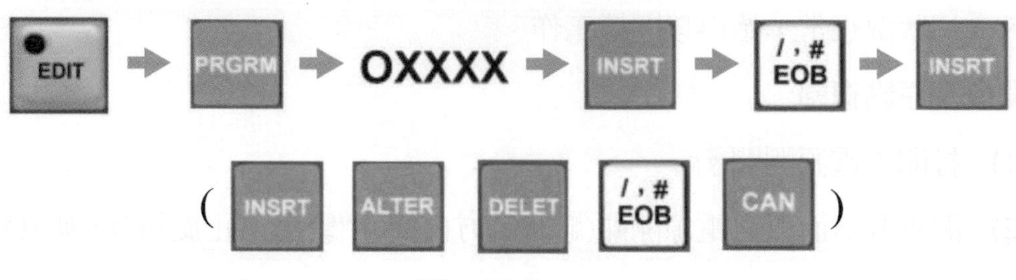

圖 5-19

4. 工件夾持

三爪夾頭夾持粗胚工件，因外表粗糙，因而僅須將軟爪約略車削與粗胚之外徑接近即可。掉頭精車削時，則夾持面已經過精車加工，不得夾傷，因而必須精確車削軟爪，使其外徑與工件完全相同，以確保工件之同心度。至於工件夾持與軟爪車削之詳細步驟，將於單元 5-3 再予介紹。

5. 刀具原點設定

以直接車削工作物外徑、端面之方式或借助刀具設定器(tool setter)設定使用刀具之假想刀尖位置座標，詳細步驟，將於單元 5-4 再予介紹。

6. 程式原點設定

刀具原點如係車削工件之外徑或端面而得，則各刀具之刀具原點座標，即爲程式原點之座標。否則，應重新車削工件之端面，以設定 Z 軸之原點。程式原點設定方式，分爲幾何形狀補正與工件平移補正設定兩種方式，詳細步驟於單元 5-5 再予介紹。

7. 程式模擬與試車

(1) 模式選擇鈕置於 AUTO(自動執行)位置，按機械鎖定或刀塔鎖定(AXIS INHIBT)開關。

(2) 叫出加工程式(游標須位於程式號碼下方)，按控制器下方之圖形顯示鍵(AUX GRAPH)，顯示空白之座標圖。

(3) 按循環啓動開關(CYCLE START)或程式啓動開關，測試程式並審視刀具路徑，是否發生錯誤。

(4) 以 MPG(手輪操作)模式或 JOG(寸動)模式，將刀具往二軸(X，Z)負向移動(須先解除機械鎖定或刀塔鎖定)，而後按照先前之程序 2，重新作原點復歸動作。

(5) 模式選擇鈕重新置於 AUTO(自動執行)位置，按單節執行開關(SINGLE BLOCK)，按試車開關(DRY RUN)或程式預演開關，調整切削進給率(TRAVERSE FEED)，以進給速率(F)控制刀具之位移與切削加工。

(6) 按循環啓動(CYCLE START)或程式啓動開關，開始試車。如圖 5-20。

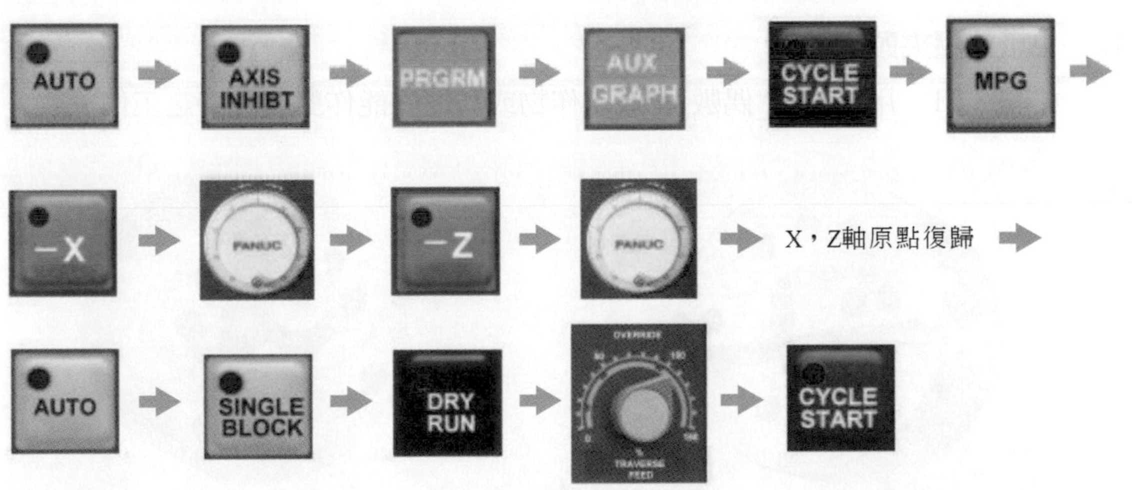

圖 5-20

8.　自動執行加工程式

試車完畢後，經測量工件之尺寸，若無誤差，則將工件取下，重新夾持另一工件，設定程式原點，模式選擇鈕置於AUTO(自動執行)之位置，關閉試車開關(DRY RUN)或程式預演開關。按循環啓動鍵(CYCLE START)或程式啓動鍵，依程式指令切削工件物。若工件測量結果仍有誤差，則修正補正值後，再執行加工程式之車削。

 5-3　工件之夾持

一、工件夾持方式

傳統車床上用以夾持工件之方法，於 CNC 車床上皆可使用。如夾頭、花盤、套軸、穩定中心架、從動中心架、兩心間夾持之附件(雞心夾頭、驅動盤、頂心)等。至於大量生產加工時，所使用之特殊夾具，裝置於 CNC 車床上，一樣不足爲奇。然而，考量投資報酬率與經濟效益時，則 CNC 車床工件之夾持，於實用上，仍以自動油壓夾頭夾持爲最普遍。

業界所使用之油壓夾頭，其種類如下：

1.　二爪油壓夾頭

如圖 5-21。用於夾持“偶數邊”之工作物或其他僅能作對邊夾持之工作。

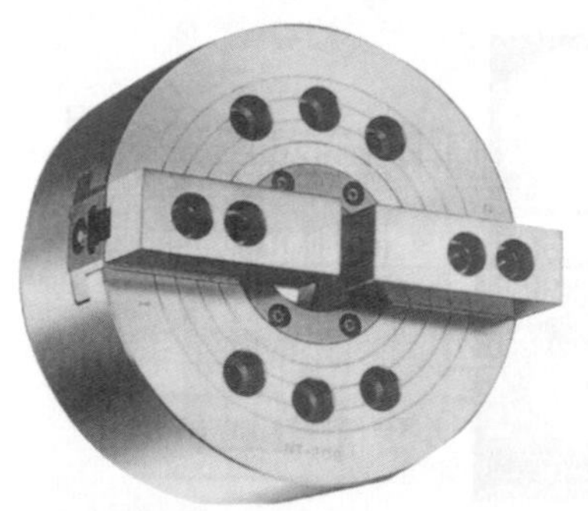

圖 5-21　二爪夾頭(正河源機械配件)

圖 5-22　三爪夾頭(正河源機械配件)

2.　三爪油壓夾頭

如圖 5-22。使用最爲廣泛，爲一般切削加工時，所採用之夾持方式。

3.　四爪油壓夾頭

如圖 5-23。預先設定偏心量，車削夾爪(軟爪)爲即將夾持工件之直徑，則四爪夾頭可作爲大量車削偏心工件之絕佳夾持方式。

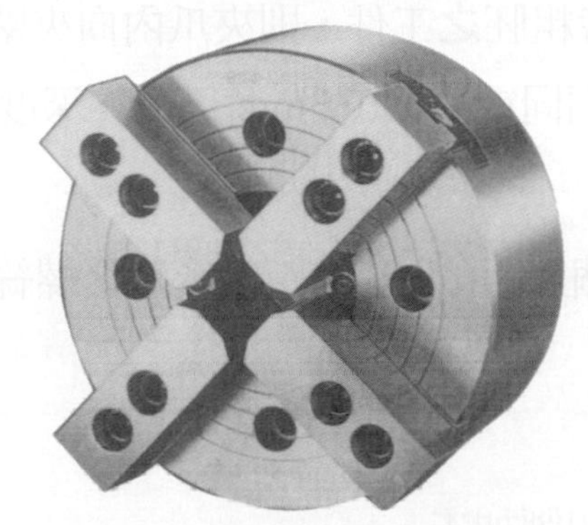

圖 5-23　四爪夾頭(正河源機械配件)

圖 5-24　二、三爪共用夾頭(正河源機械配件)

4.　二、三爪共用油壓夾頭

如圖 5-24，可視加工件之不同，選擇二爪或三爪兩種不同夾爪，夾持於夾頭本體，進行車削加工。

不論切削加工時，所採用之夾持方法爲二爪、三爪或四爪夾頭，CNC 車床所採用之夾頭本體大多爲合金鋼之材質，滑動面且經過表面硬化及研磨處理，以提升迴轉之精度及耐久性。夾爪(軟爪)則爲求切削加工之精確度及掉頭切削後之同心度，通常均經過搪削加工，使其內徑與加工件之直徑相同，如此，不但可提高加工之精確度，因其與工件之接觸面增加，夾持力也因而隨之提升。至於工件夾持之要領及應注意事項，將於稍後單元再予介紹。

二、工件夾持之程序

CNC 車床工件物之夾持方式，於前面已略加介紹，舉凡傳統車床使用之工件夾持方式，於 CNC 車床上通常均可適用，然爲顧及加工效率，於實用上，仍以自動油壓三爪夾頭之使用最為廣泛。本單元即將以自動油壓三爪夾頭為例，說明 CNC 車床上工件之夾持。其操作步驟詳述如下：

1. 裝置並車削軟爪

(1) 裝置軟爪後，夾持事先已鑽孔之圓棒材(孔不可過小，以利於加工搪削)。

(2) 校正搪孔刀之刀具原點。

(3) 取下棒材。如所車削之軟爪，即將夾持粗胚之工件，則夾爪內向夾緊後，即可直接以搪孔刀車削至與工件直徑相同或略大(0.3mm 以下)，深度則比所夾持工件之長度略長。

(4) 放鬆夾爪鎖緊螺絲，調整軟爪前進一個節距(pitch)之距離後鎖緊螺絲，以增加握持力。

2. 夾持粗胚工作

以腳踩或手押按鍵方式，夾緊工件，等待切削加工。

3. 夾持經加工後工件之軟爪車削

粗胚工件經加工後，掉頭夾持時，軟爪之車削步驟如下：

(1) 裝置軟爪並調整至與欲夾持工件之外徑約略相同之位置，鎖定軟爪固定螺絲。

(2) 夾持圓形薄鐵片於夾爪之底部(貼近夾頭端面)，藉以消除油壓夾頭之背隙。如圖 5-25。

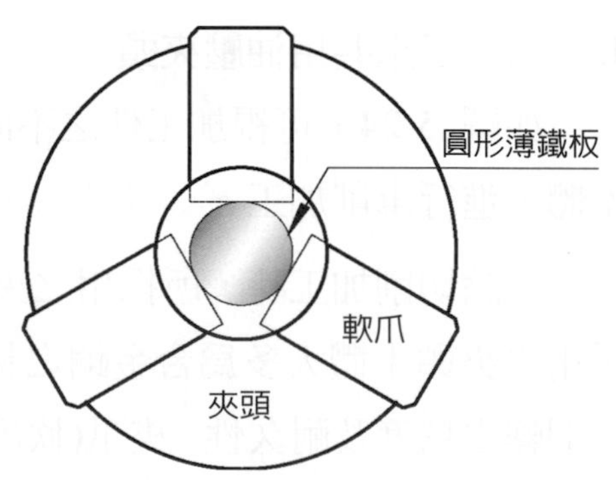

圖 5-25 夾持圓鐵板於夾爪底部

(3) 車削軟爪：先粗車後，預留尺寸，再精車至與夾持工件之外徑相同，深度則較夾持工件之長度略大。

(4) 倒角去毛邊：車削夾爪之倒角並去除毛邊，以免傷及工件表面或操作者。

4. **軟爪車削後之尺寸控制**

軟爪經車削加工後之尺寸，不可過大於工件之直徑，否則將因夾持面積不足，致使材料滑動，失去夾持之效果。但如軟爪車削後之尺寸，過小於工件直徑，則軟爪將因夾持部分過於尖銳而傷及工作，如圖 5-26。

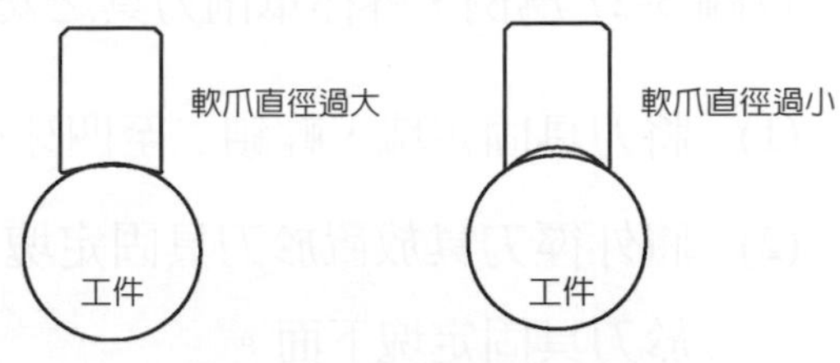

圖 5-26　過大或過小之軟爪

5-4　刀具安裝與設定

一、刀具之安裝

CNC 車床所使用之切削刀具，大致可分爲外徑車削刀具與內徑車削刀具兩大類。外徑車削刀具通常安裝於旋轉式刀塔之正面刀座上，內徑車削刀具則先將內孔刀具座固鎖於旋轉式刀塔之側面刀座上。將內徑刀具套入搪孔刀套筒鎖固後，再安裝於內孔刀具座上。至於安裝之步驟，詳述如下：

1. **外徑車削刀具之安裝**

外徑車削刀具之安裝，視刀塔型式之不同，有圖 5-27 與 5-28 兩種方式。

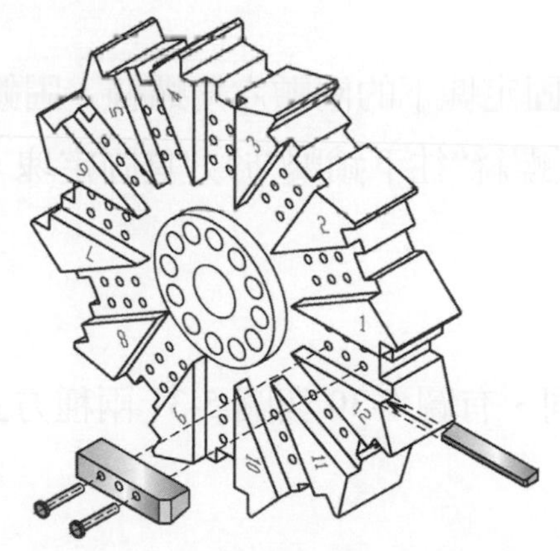

圖 5-27　外徑車削刀具之安裝一

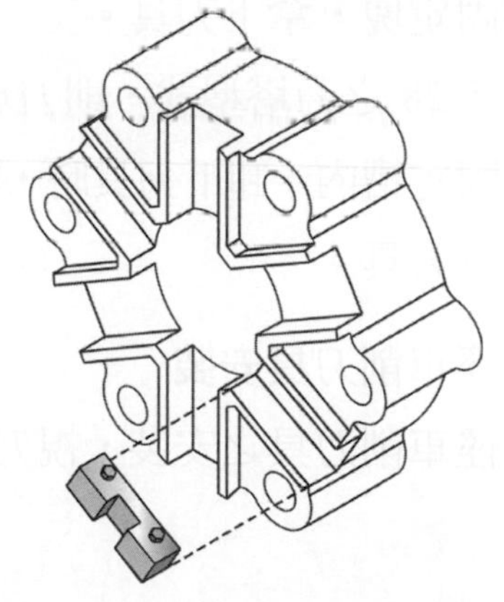
圖 5-28　外徑車削刀具之安裝二

以圖 5-27 為例，外徑車削刀具之安裝步驟如下：(圖 5-29)

(1) 將刀具固定塊，輕鎖二至四牙於正面刀座上(勿鎖緊)。

(2) 將外徑刀具放置於刀具固定塊上方之刀具固定槽內，並將刀具固定板置於刀具固定塊下面。

(3) 一手壓固定塊，另一手將鎖緊螺絲平均的鎖入刀座，固定塊隨著螺絲的鎖緊，順著固定板的斜面，可以將外徑刀具牢牢的鎖固。

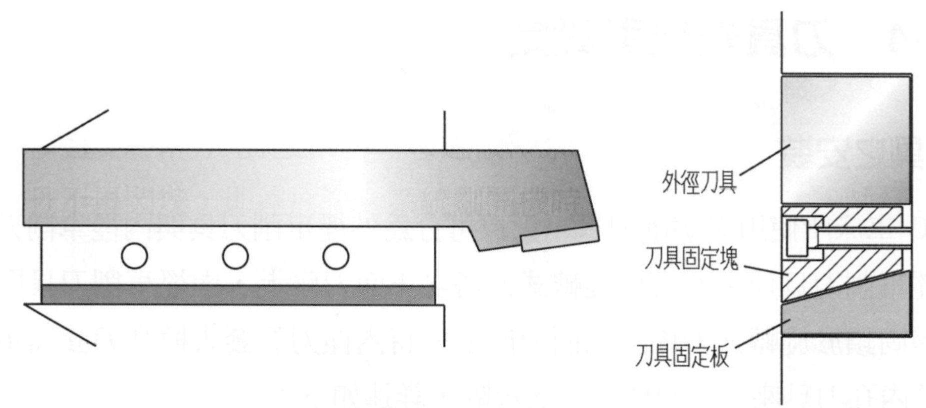

圖 5-29　外徑車削刀具之安裝三

欲取下刀具時，則僅須將固定塊上兩邊之螺絲完全放鬆，旋緊中間螺絲，即可鬆開固定塊，拿下刀具。

圖 5-28 之刀塔型式，則刀具係藉著刀具固定塊下的兩顆六角螺絲，固鎖刀具於刀具固定槽內。卸下刀具時，則僅須將兩顆螺絲“往下鎖緊”於刀具固定塊，即可順利取下刀具。

2. 內徑車削刀具安裝

內徑車削刀具之安裝，視刀塔型式之不同，有圖 5-30 與圖 5-31 兩種方式。

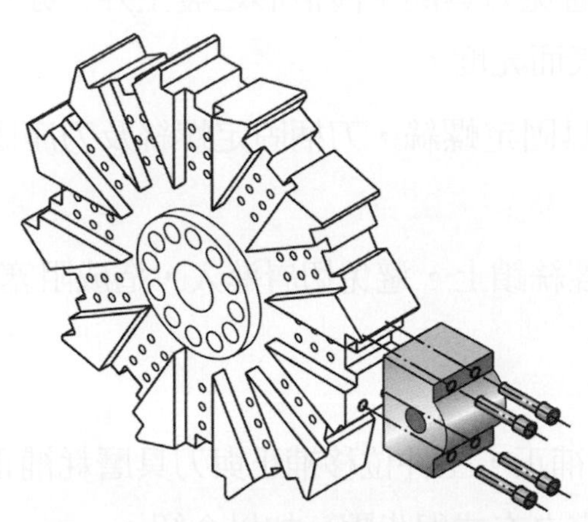

圖 5-30　內徑車削刀具之安裝一

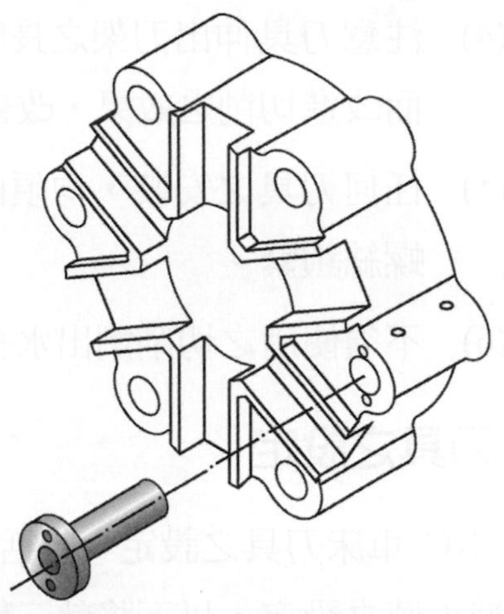

圖 5-31　內徑車削刀具之安裝二

圖 5-30，內徑車削刀具之安裝範例中，刀具之安裝步驟如下：

(1) 將內徑車削刀具之刀座鎖固於刀架本體之側面。

(2) 將內徑車削刀具鎖固於刀具套筒內。

(3) 將刀具套筒套入刀架本體上之刀座孔內，並以刀座上方之螺絲鎖固之，但須稍加調整刀尖，使其與主軸中心同高，欲取下刀具，則依上述步驟之相反順序爲之，即可順利取下刀具。

圖 5-31 之刀塔，將內徑車削刀具，套入套筒後，直接以刀塔本體之固定螺絲鎖固，即可安裝刀具。欲取下刀具，則僅須鬆開固定螺絲，取出套筒，即可卸下刀具。

3. 刀具安裝須注意事項

(1) 刀具安裝，應在主軸完全停止之狀況下爲之。

(2) 刀具安裝前，應旋轉欲安裝刀具之刀槽，至水平位置，以利安裝工件之進行。

(3) 安裝刀具時，若模式選擇鈕置於手動操作(MPG，JOG，RPD，ZERO，RETURN)之位置，則須注意不可接觸到軸向選擇鈕或手動轉輪，否則如導致刀架位移，將發生不必要之危險。

(4) 注意刀具伸出刀架之長度，除了避免刀具間干涉情形之發生外，亦可因而改進切削之效果，改善工件之表面光度。

(5) 任何刀具之安裝，均須確實將刀具固定螺絲，刀柄固定螺絲及刀座固定螺絲鎖緊。

(6) 不須使用之切削劑出水孔，應將螺絲鎖上，避免切屑進入，造成阻塞。

二、刀具之設定

CNC 車床刀具之設定，包括幾何形狀補正，工件位移補正與刀具磨耗補正等三種補正值之設定，以下將就三種補正設定之方式與步驟，加以介紹：

1. 幾何形狀補正值之設定

各種切削工具，由於幾何形狀不同，因而其刀尖位置至程式原點之直徑與距離，也就各不相同，以下為幾何形狀補正值之設定步驟：

(1) 按控制器面盤下方之 OFFSET(補正)鍵，再押螢幕下方之(形狀)鍵，則圖 5-32 之畫面，隨即出現。

工具補正/形狀　　O0001　N0005

番號	X	Z	R	T
G 01	0.000	0.000	0.000	0
G 02	0.000	0.000	0.000	0
G 03	0.000	0.000	0.000	0
G 04	0.000	0.000	0.000	0
G 05	0.000	0.000	0.000	0
G 06	0.000	0.000	0.000	0
G 07	0.000	0.000	0.000	0
G 08	0.000	0.000	0.000	0

現在位置(相對座標)

U 0.000　　W0.000

ADRS .　　S 0 T

[磨耗] [形狀] [工件移] [MDI] [ ]

圖 5-32

(2) 將游標移至即將做形狀補正之刀號位置，即 01、02、03、04、……11、12 等。

(3) 通常以手動轉輪(MPG)操作外徑精車刀車削端面，設定 Z 軸補正值；車削外徑，設定 X 軸補正值。

(4) 車削端面後，刀具應僅能移動 X 軸，退出工件，設定 Z 軸補正值；車削外徑後，刀具僅能移動 Z 軸，退出工件，設定 X 軸補正值。補正值之設定，以 INPUT 鍵輸入。

以下為常用車削刀具之幾何形狀補正設定範例：

① 外徑精車刀，車削工件端面，設定 Z 軸補正值 MZO INPUT。

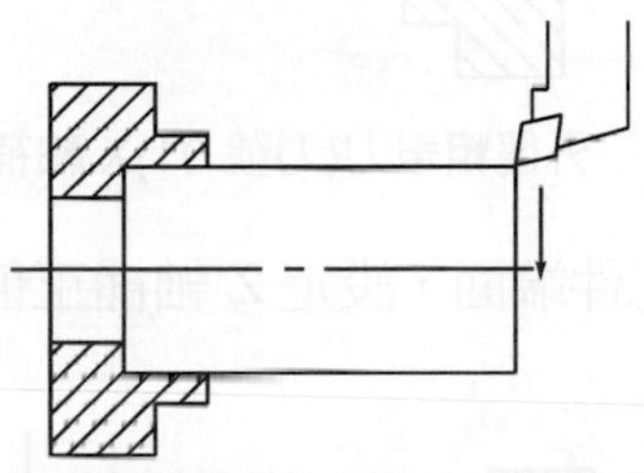

圖 5-33　外徑精車刀(刀號 03)Z 軸補正設定

② 外徑精車刀，車削工件外徑，設定 X 軸補正值，如 MX37.842 INPUT。

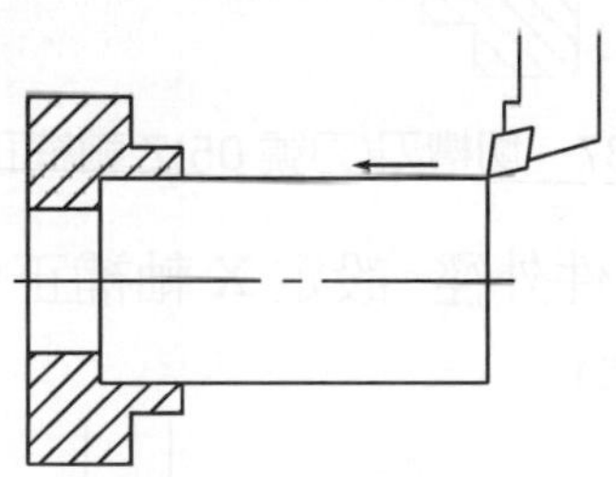

圖 5-34　外徑精車刀(刀號 03)X 軸補正設定

(5) 外徑精車刀，設定形狀補正值後，應退出工件，於安全之位置換刀，不可碰觸到工件。

① 外徑粗車刀，碰觸工件端面，設定 Z 軸補正值，MZ0 INPUT。

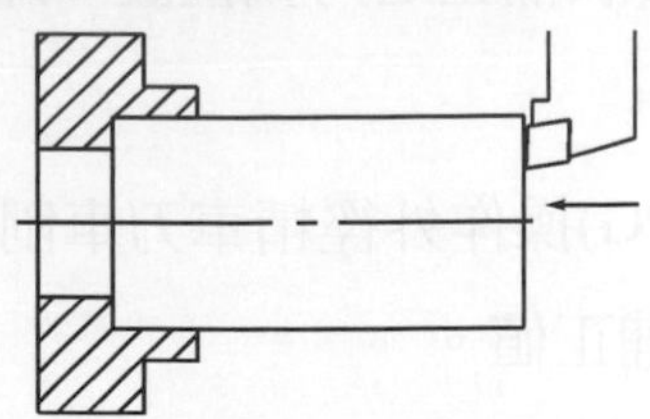

圖 5-35 外徑粗車刀(刀號 01)Z 軸補正設定

② 外徑粗車刀，車削工件外徑，設定 X 軸補正值，如 MX37.426 INPUT。

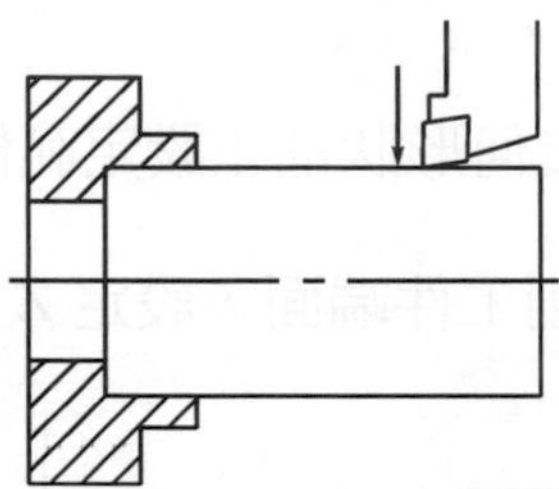

圖 5-36 外徑粗車刀(刀號 01)X 軸補正設定

③ 切槽刀，接觸工件端面，設定 Z 軸補正值，MZ0 INPUT(主軸須處於正轉狀態)。

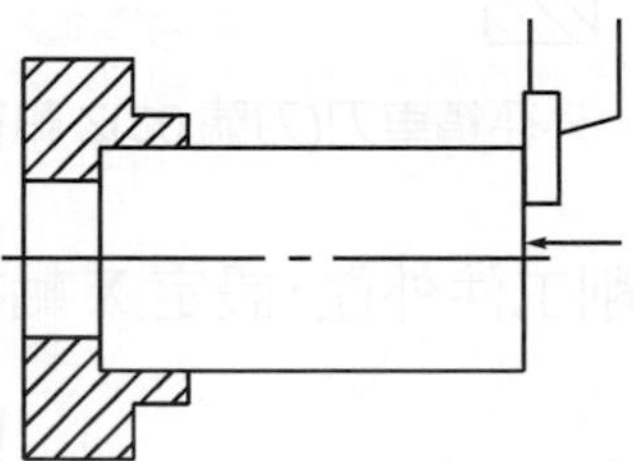

圖 5-37 切槽刀(刀號 05)Z 軸補正設定

④ 切槽刀，接觸工件外徑。設定 X 軸補正值，例如 MX37.842 INPUT(主軸須於正轉狀態)。

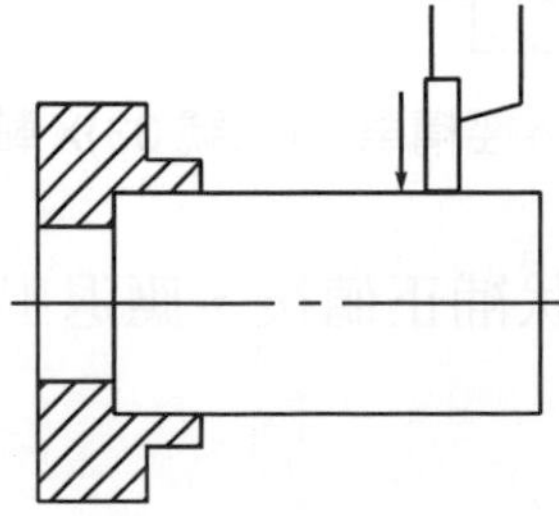

圖 5-38 切槽刀(刀號 05)X 軸補正設定

⑤ 外徑牙刀，目測刀尖對正工件端面，設定 Z 軸補正值，MZ0 INPUT。

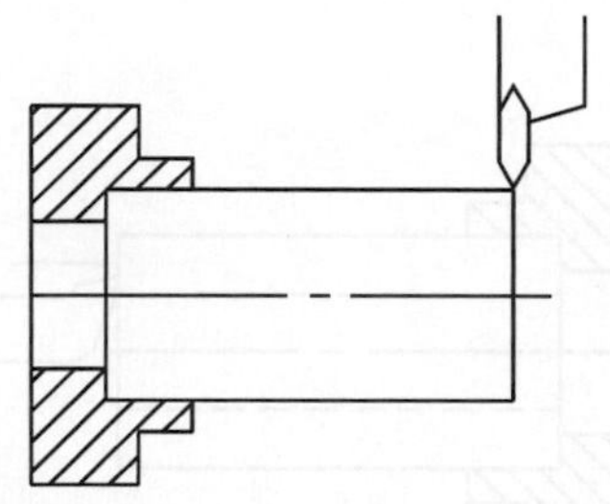

圖 5-39　外徑牙刀(刀號 07)Z 軸補正設定

⑥ 外徑牙刀，接觸工件外徑，設定 X 軸補正值，如 MX37.842 INPUT(主軸須處於正轉狀態)。

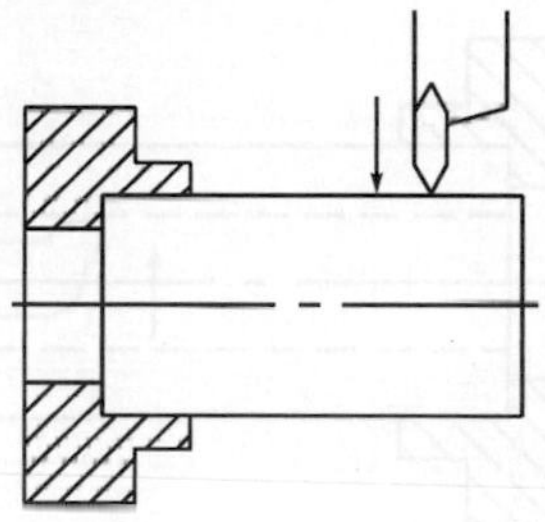

圖 5-40　外徑牙刀(刀號 07)X 軸補正設定

⑦ 中心鑽，接觸工作端面，設定 Z 軸補正值，MZ0 INPUT(主軸須處於正轉狀態)。

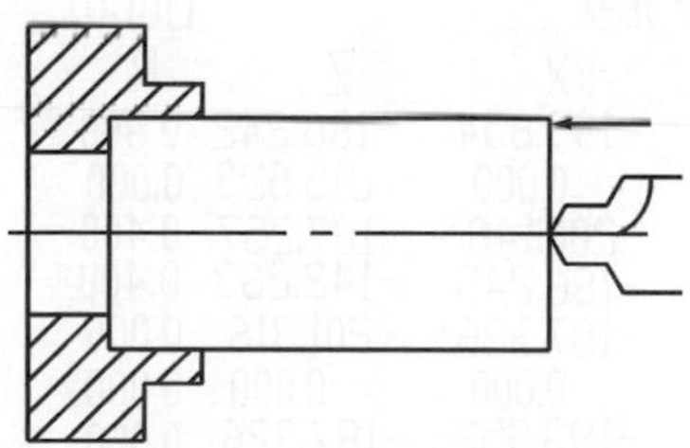

圖 5-41　中心鑽(刀號 02)Z 軸補正設定

(6) 中心鑽鑽頭，通常以指令 G30 U0；即可對正主軸之中心，設定 X 軸補正值，按 MX0 INPUT。

① 內徑車刀，接觸工作端面，設定 Z 軸補正值，MZ0 INPUT(主軸須處於正轉狀態)。

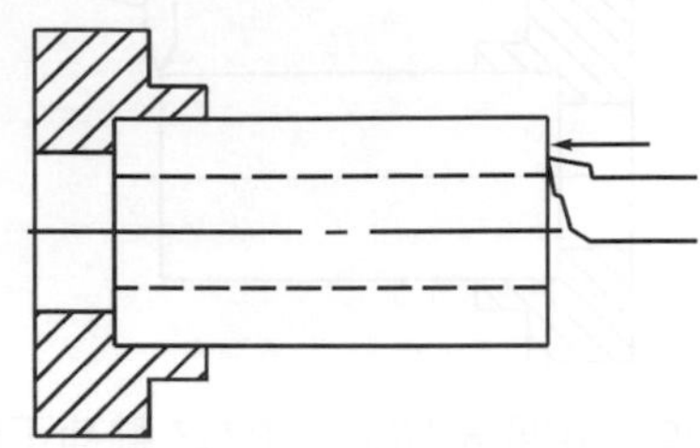

圖 5-42　內徑車刀(刀號 04)Z 軸補正設定

② 內徑車刀，車削內孔，設定 X 軸補正值，如 MX28.426 INPUT。

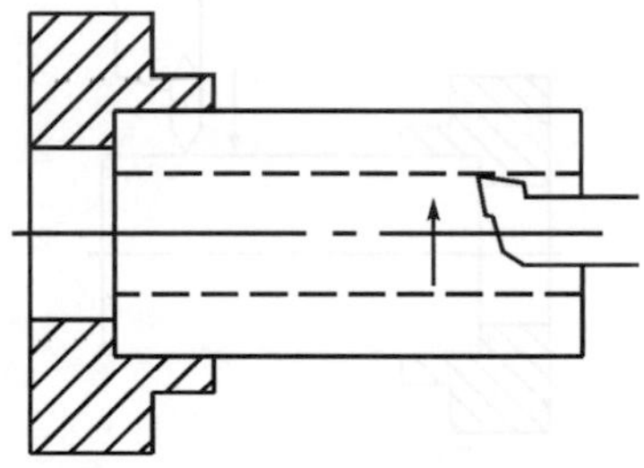

圖 5-43　內徑車刀(刀號 04)X 軸補正設定

(7) 幾何形狀補正值設定完畢後，補正欄將如圖 5-43。

工具補正/形狀　　O0001　N0005

番號	X	Z	R	T
G 01	-199.854	-186.242	0.800	3
G 02	0.000	-215.523	0.000	0
G 03	-200.148	-187.257	0.400	3
G 04	-186.245	-142.263	0.400	2
G 05	-187.326	-201.316	0.000	0
G 06	0.000	0.000	0.000	0
G 07	-193.952	-187.326	0.000	0
G 08	0.000	0.000	0.000	0

現在位置(相對座標)

U 0.000　　W0.000

ADRS.　　S 0 T

[磨耗] [形狀] [工件移] [MDI] [ ]

圖 5-44　刀具之幾何形狀補正

2. 工件平移補正值之設定

刀具之幾何形狀補正值設定完畢之後，倘若工件伸出夾頭之長度改變，亦即程式原點之位置改變時，操作者並不需要重新設定形狀補正值，而僅需將補正值往右或往左平移差異之長度值即可。至於直徑(X 軸)之補正值，則完全不受影響，刀具之 X 軸補正值，絕不致因工件之直徑改變而有任何之差異。

工件平移補正值設定之步驟：

(1) 按控制器面盤下方之 OFFSET(補正)鍵，再押螢幕下方之(工件移動)鍵，則螢幕即呈現如圖 5-45 畫面。

(2) 以手動轉輪(MPG)操作外徑精車刀，車削工件端面後沿端面(X 軸)方向退刀(不可移動 Z 軸)。

(3) 假設此時，圖 5-45 中之相對座標爲 W17.345(程式原點之 W 座標爲 0)，表示目前車削之工件比原先設定形狀補正時之工件，伸出夾頭之長度多了 17.345mm。

(4) 輸入 Z-17.345 或 W-17.345(程式原點往右平移 17.345mm)，INPUT，則所有切削刀具之形狀補正值(Z 軸)即向右平移 17.345mm。

(5) 若所欲車削之工件，伸出夾頭之長度比原先設定形狀補正時之工件短時，則輸入之 Z 值(或 W 值)，應爲正值，即程式原點往左平移，所有車削刀具之 Z 軸形狀補正值隨之往左平移。

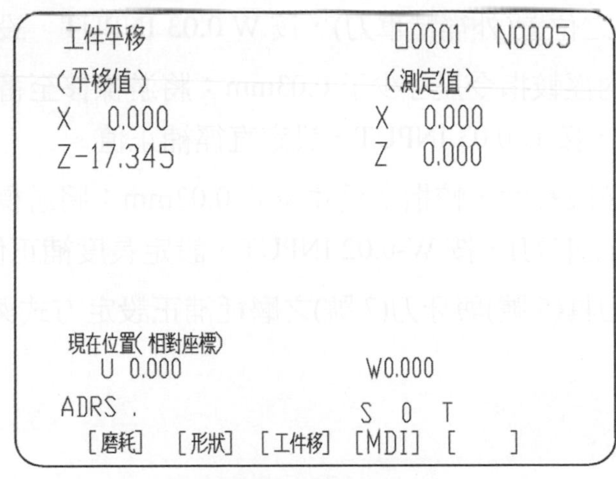

圖 5-45 工件平移補正

註 1. 工件平移補正也可應用於試車工件。例如：工件經試車後，工件之總長度較圖面尺寸多了 0.36mm，則可輸入 W0.36 INPUT(每一把車削刀具往左平移 0.36mm)，補正完畢之後，再次車削，工件之總長度將因而減少 0.36mm。

註 2. 若工件試車後之總長度，短少 0.36mm，則必須輸入 W-0.36 INPUT，(每一把車削刀具往右平移 0.36mm)，補正完畢之後，再次車削，工件之總長度便因而增加 0.36mm。

註 3. 工件平移補正功能，亦可應用於程式之預演，例如：刀具平移至右側 100mm 處，即可作程式預演，查看刀具路徑及程式之瑕疵或作為暖機之用。(刀具平移至右側 100mm 處，須輸入 W-100.0 INPUT。程式演練完畢，欲正式車削，須輸入 W100.0 INPUT 以便恢便刀具之原來位置。)

3. 刀具磨耗補正值之設定

車削工作進行中，若因刀具之磨損，導致尺寸之些微誤差，而表面粗糙度仍在許可之範圍時，操作者即可對車削刀具進行磨耗補正。刀具磨耗補正值之設定步驟如下：

(1) 按控制器面盤下方之 OFFSET(補正)鍵，再押螢幕下方之(磨耗)鍵，則螢幕即出現圖 5-46 之磨耗補正畫面。

(2) 以下為工件車削完成後，由於刀具之磨耗，經測量後之結果及刀具磨耗補正值之設定方式：

① 工件外徑較指令尺寸多了 0.02mm：將游標移至番號 01 之位置(外徑精車刀)，按下 U-0.02 INPUT，設定直徑補正值。

② 每一階段之工件長度，均較指令尺寸短少了 0.03mm：將游標移至番號 01 之位置(外徑精車刀)，按 W 0.03 INPUT，設定長度補正值。

③ 工件內徑較指令尺寸少了 0.03mm：將游標移至番號 04 之位置(內徑車刀)，按 U 0.03 INPUT，設定直徑補正值。

④ 內徑階段長度，較指令尺寸多了 0.02mm：將游標移至番號 04 之位置(內徑車刀)，按 W-0.02 INPUT，設定長度補正值。

⑤ 切槽刀具(5 號)與牙刀(7 號)之磨耗補正設定方式與外徑精車刀相同。

(3) 經刀具磨耗補正值設定完成後之磨耗補正畫面，如圖 5-46 所示。

工具補正/形狀　　O0001　N0005

番號	X	Z	R	T
W 01	-0.020	0.030	0.000	3
W 02	0.000	0.000	0.000	0
W 03	0.000	0.000	0.000	0
W 04	0.030	-0.020	0.000	2
W 05	-0.030	0.020	0.000	0
W 06	0.000	0.000	0.000	0
W 07	-0.020	0.040	0.000	0
W 08	0.000	0.000	0.000	0

現在位置(相對座標)
U 0.000　　W0.000

ADRS .　　S 0 T

[磨耗] [形狀] [工件移] [MDI] [ ]

圖 5-46　刀具之磨耗補正

5-5 程式原點設定

CNC 車床之加工程式，通常程式原點均設定於工件之右端面中心位置，以便於工件長度及直徑之測量。至於程式原點之設定方式，較常用者，計有：

(1) 利用幾何形狀補正值，設定程式原點。

(2) 利用工件平移值，設定程式原點。

(3) 利用"基準刀具"之平移，設定程式原點。

以下將介紹三種程式原點設定方式之步驟：

1. 以幾何形狀補正值，設定程式原點

以幾何形狀補正值，設定程式原點之步驟，與前一單元所介紹之幾何形狀補正值之設定完全相同，請自行參閱。至於各切削刀具所設定之補正值，其中 X 軸補正值爲刀尖所在位置(機械原點)之直徑，Z 軸補正值爲刀尖至工件端面(程式原點)之距離。如圖 5-47。

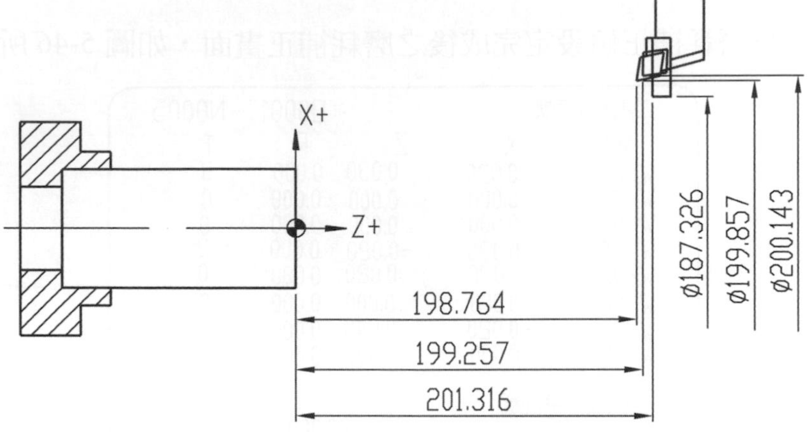

圖 5-47　幾何形狀補正值之設定

2.　以工件平移補正值，設定程式原點

以幾何形狀補正值設定程式原點之缺點，在於當工件伸出夾頭之長度改變時，則每一把刀具，都需要重新設定 Z 軸之補正值。以工件平移補正值設定程式原點，則僅須設定任一刀具之平移值，即可將所有刀具往右或往左偏移差距之距離。以工件平移補正值，設定程式原點之步驟如下：

(1) 取外徑精車刀將原先設定形狀補正時之程式原點之 W 值設爲 0(W CANCEL)，精車削新工作端面後，沿端面退刀(移動 X 軸，Z 軸不動。)

(2) 觀看"工件平移"畫面(圖 5-45)，右下方之 W 值，設此時之 W 值爲 W5.842，表示此時工件伸出量較原先設定形狀補正時，多出 5.842mm。(若爲負值，表示較原長度短少)。

(3) 按 Z-5.842(或 W-5.842)INPUT，則完成程式原點之平移動作(程式原點往右平移 5.842mm)。

(4) 若工件伸出長度較原先設定形狀補正值短少時，則右下角 W 值爲負，如 W-5.842，則按 Z5.842(或 W5.842)INPUT，程式原點將往左平移 5.842mm。

(5) 以工件平移量，設定程式原點時，X 軸之補正值不須做任何改變。(X 軸補正值不致因工件直徑大小之不同，而有任何之改變)。

3. 以基準刀具之平移值，設定程式原點

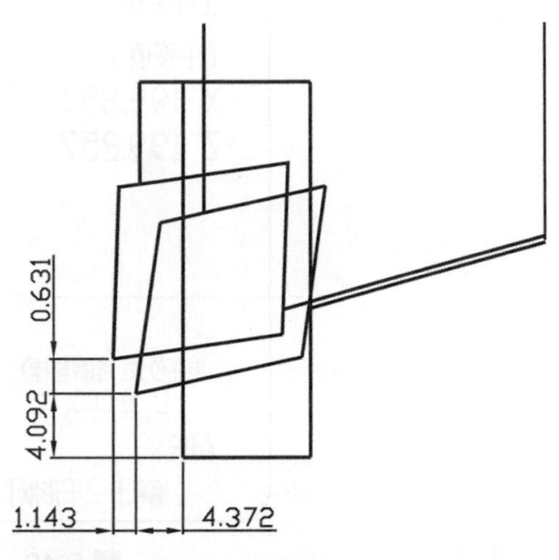

圖 5-48　各刀具與基準刀具之相對位置

設定程式原點之第三種方式，係選擇任意刀具爲基準(通常爲外徑精車刀)，設定此刀具之幾何形狀補正值爲 X0，Z0。車削工件端面，設定 Z 軸之平移值，車削外徑，設定 X 軸之平移值(其值原爲該刀具之 X 軸及 Z 軸之幾何形狀補正值，但此處爲正值)。設定各刀具與基準刀具之相對位置，即 X 軸與 Z 軸之距離於幾何形狀補正欄內，如圖 5-48。爾後基準刀具之平移值隨工件伸出長度之改變而變更時，各刀具亦隨之改變，不須重行設定。

以基準刀具之平移值，設定程式原點之步驟如下：

(1) 按控制器面盤下方之 OFFSET(補正)鍵，再押螢幕下方之[工件移]鍵，則螢幕出現工件平移補正設定畫面，如圖 5-45。

(2) 選取外徑精車刀(1 號刀)，啓動主軸，以 MPG 方式(手動轉輪)操作，精車削工件端面後，沿端面退刀(移動 X 軸，Z 軸不動)。

(3) 按 MZ0 INPUT，設定 Z 軸之程式原點，此時平移值 Z 軸座標將爲正值，例如：Z198.764，此值爲程式原點到機械原點之刀尖距離。如圖 4-47。

(4) 精車削外徑至任何尺寸後，沿 Z 軸退出刀具(X 軸不動)，停止主軸之轉動。量取工件之直徑，如 ϕ46.42，設定 X 軸之程式原點，按 MX46.42 INPUT。此時平移值之 X 座標應爲正值，例如：X199.857，此值爲外徑精車刀於機械原點時，刀尖之直徑。如圖 4-47。工件平移設定之畫面，則如圖 4-49。

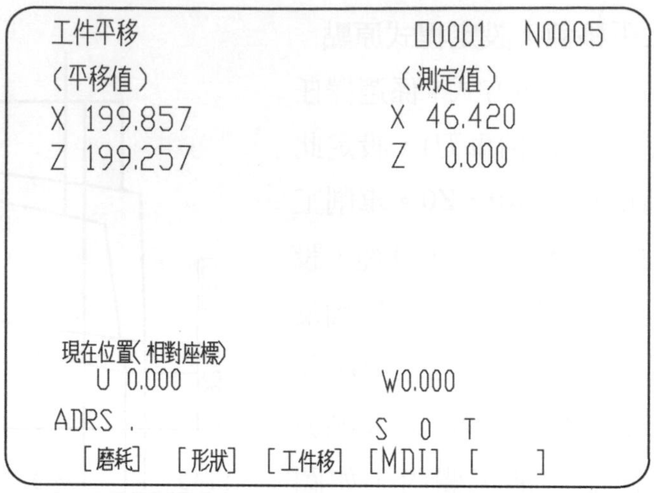

圖 5-49 基準刀具之平移值設定

(5) 按螢幕下方之[形狀]鍵，切換畫面至形狀補正欄。

(6) 依序選取各刀具，如番號 3 之外徑粗車刀，番號 05 之切槽刀，番號 07 之牙刀……等等，依 5-4.(二)單元中各刀具幾何形狀補正值設定方式與步驟，逐一設定各刀具之形狀補正值。

(7) 設定完畢各刀具之形狀補正值後，刀具形狀補正欄，將如圖 5-50 所示(欄中 X、Z 補正數據，僅供參考，實際數值，以現場之原點設定爲準)。

以基準刀具之平移值設定程式原點之優點，爲所車削之工件長度改變時，僅須重新設定基準刀具之 Z 軸平移值即可，不須更動其他刀具形狀之補正值；缺點則爲一旦基準刀具磨損或崩裂，重新換刀片時，則除了基準刀具之平移值須重新設定外，其他所有刀具之形狀補正值均隨之重新變更。

```
工具補正/形狀                          O0001   N0005
  番號          X          Z        R       T
G 01        0.000      0.000    0.800    3
G 02        0.000      6.842    0.000    0
G 03       -1.263      1.143    0.400    3
G 04       -6.524     38.243    0.400    2
G 05        8.184     -4.372    0.000    0
G 06        0.000      0.000    0.000    0
G 07        6.328     -7.154    0.000    0
G 08        0.000      0.000    0.000    0

 現在位置(相對座標)
   U 0.000               W0.000

ADRS .                     S  0  T
   [磨耗]  [形狀]  [工件移]  [MDI]  [    ]
```

圖 5-50　各刀具與基準刀具之形狀補正值

5-6　維護與保養

俗話說：「工欲善其事，必先利其器。」，機械狀況之好壞，往往是決定加工成品良莠之重要因素，而機器欲保持良好之狀況，除了操作者正確，適度的使用外，適切的維護與保養，更是不可或缺的基本條件。做好維護與保養，不但可確保加工品質，機器之壽命並且得以延長，誠所謂「保養重於修護，修護勝於購置」。

CNC 車床之維護與保養，通常可分爲日常保養與定期之檢查，以下將予以扼要說明：

1. 日常保養

   (1) 每日開機前，應確實檢查所有加工刀具是否鎖固於刀座，刀具是否已磨損、崩裂，不堪使用。

   (2) 開機後，檢查所有油量表，是否正常，如低於最低液面，應立即補充相關油料。

   (3) 機器啓動後，稍待 3～5 分鐘，俟潤滑油充分到達各部位後，才開始正常之操作。

   (4) 夾頭或旋轉式刀塔，若以氣壓驅動者，須待壓力到達驅動壓力時，始得以操作。

   (5) 關機時，X、Z 二軸向，皆應避免處於機械原點之位置。

   (6) 使用機器完畢，收工時，應確實關閉電源。

   (7) 避免使用氣壓裝置，清潔床台，以免鐵屑崁進滑軌，影響精度。

   (8) 收工時，機器確實擦拭乾淨，床台上不應殘留任何鐵粉，切削劑，且應上油防止生銹。

2. 定期檢查

   (1) 定期更換潤滑油。

   (2) 定期清洗切削劑之過濾網，定期清理油箱內之沈澱物或油垢，以避免油管堵塞。

   (3) 定期檢查機器各部位之固定螺絲是否鬆脫。

   (4) 電源線接頭、開關、插座接觸是否正常？有無鬆脫或腐蝕之現象？

   (5) 切削劑是否需要補充，更換。

   (6) 控制器之電池，是否需要更換。

   (7) 至少每年一次檢查機器之精度。

CNC 車床之保養與修護，除了每日保養與定期檢查之外，機器所處之環境，應保持通風良好，不可太過潮溼，否則控制器將容易故障。避免陽光照射，致使機台因熱脹冷縮而影響精度。不管機器是否運轉，如發現任何異狀，應立即排除，才是維護保養之第一要務。

5-7 安全注意事項

CNC 車床為高速運轉之機械，於任何狀況下，倘有不慎，即容易造成人員之損傷。因此，安全的工作環境與工作習慣，實為提高生產效率的不二法門，也唯有確實遵守操作安全事項，才能避免意外事件之發生。以下將就一般生產之安全注意事項與操作 CNC 車床之安全注意事項，做條列式說明：

一、一般生產安全注意事項

1. 工作服應避免寬鬆之衣袖。不可打領帶，不可戴手套，以免遭運轉中之工件或夾頭捲入，造成危險。戒指、手錶亦儘量避免。
2. 保持工作環境之整潔。地面之鐵屑，確實清理乾淨，油污則更應以木屑粉覆蓋，以避免人員滑倒。
3. 置於夾頭上之工作物，不可以鎯頭或其他鈍器敲擊。
4. 操作機器時，切勿與同學追逐嬉戲或離開工作崗位。
5. 機器啓動前，應再一次確認工作物與刀具，是否都夾持穩固。
6. 不得倚靠機台操作機器，兩人以上同時操作同一部機器時，應採輪流操作，不得“分工”進行之。
7. 工作進行中，不可與旁人交談，閒聊，以免分心，發生危險。
8. 工作場所應有充足之光線與照明設備，工場中之每一份子，都應該熟悉防火設備之使用與急救箱之擺放位置。
9. 不得擅自操作未經學習或尚未熟悉之機器。

10. 避免使用不合適之工具或扳手，以免發生危險。

11. 工作完畢，應以棕刷清理床台上之鐵屑，不可使用壓縮空氣，以免鐵屑或鐵粉，殘留於床台上之縫隙中。

12. 人員發生任何意外事故或損傷，應立即處理，不可稍有延誤。

二、CNC 車床操作之安全注意事項

1. 操作 **CNC** 車床，機器啓動之前，應確實關上安全門並開啓工作燈(**work light**)。

2. 不得於機器運轉中，做任何潤滑、清理、調整或維修之工作。

3. 量測工件物尺寸時，應待主軸確實停止後，始得以進行之。

4. 纏繞於工作或床台之鐵屑，應以鐵絲鉤鉤除，不可用手抓取。

5. 操作中如感覺主軸溫度過高、震動過劇、噪音過大等異常現象時，應隨即停機，待確定原因，排除故障之後才繼續操作。

6. 不得藉助任何器具或用手停止主軸之運轉。

7. 熟悉緊急停止機器運轉之操作。

8. 注意刀具之長度、重量，換刀位置之刀塔旋轉動作，是否傷及工作物。

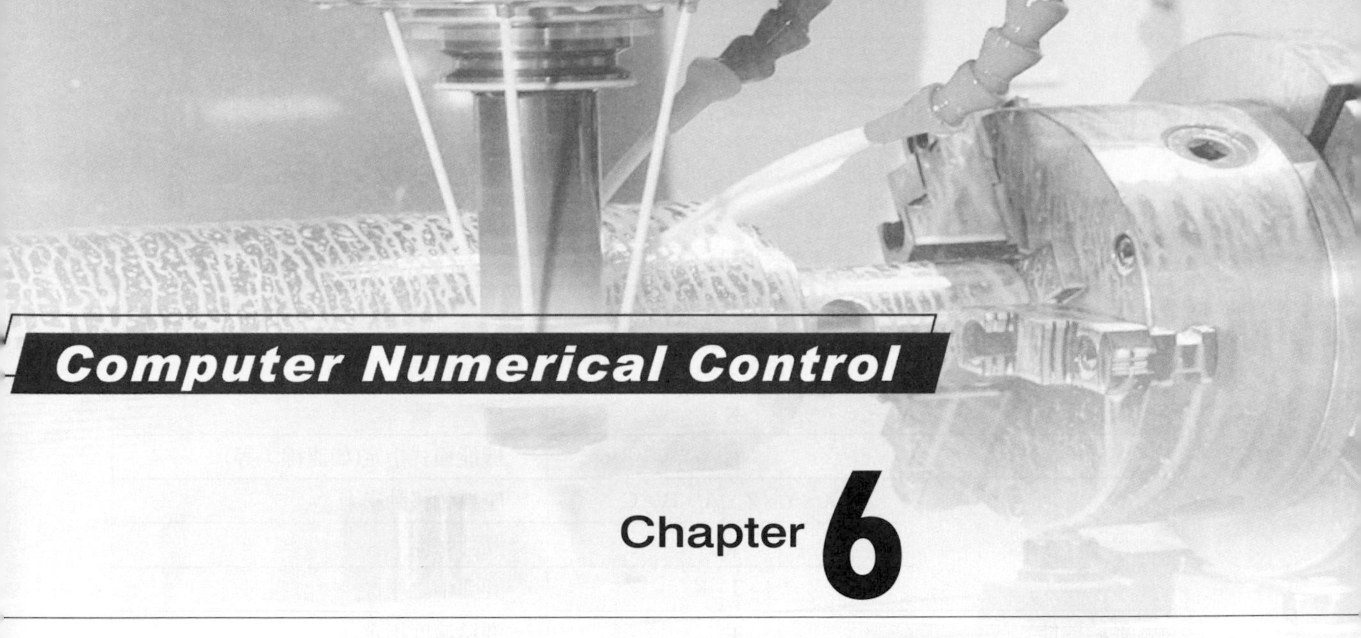

CNC 銑床工作程式製作

CNC 銑床，其程式之架構與刀具路徑撰寫之原理，與 CNC 車床頗多相同之處；唯銑床乃三軸向之加工，若加上儲刀庫及自動刀具交換系統，即成爲時下機械工業自動化之主流－綜合加工機(machine center)，因其加工時，須顧慮之事項較多，牽扯較廣，因而程式之製作，相對較爲繁複。然而，爲切合實際之需求，本章銑床工作程式之製作，將以立式綜合加工機爲主體，作相關程式之介紹。

於實際製作銑床程式之前，吾人須對工作之程序作一詳盡之規劃，內容包括：

(1) 工作物加工範圍之決定。
(2) 安置工作物於工具機上之方法。
(3) 每一切削工程之加工順序。
(4) 切削刀具及加工條件之選定。

6-1 銑床程式製作之基本認識

CNC 銑床之程式結構與 CNC 車床相同，皆由 N、G、X、Y、Z、F、S、T、M 等位址字碼與相關之數值資料所組成，唯銑床之位址字碼與準備機能所代表之意義與功能，與車床之相關資料，不盡相同，表 6-1 爲銑床位址字碼之意義，準備機能則於稍後單元再予介紹。

表 6-1　位址字碼之意義

機　　能	位　　址	意　　義
程式號碼	:(ISO)／O(EIA)	程式號碼
序　號	N	序　號
準備機能	G	機能模式指定(如直線，等)
尺 寸 字	X、Y、Z、A、B、C	座標軸移動指令
	R	圓弧半徑
	I、J、K	圓弧中之座標
進給機能	F	進給速度指定
主軸機能	S	主軸速度指定
刀具機能	T	刀具號碼指定
輔助機能	M	機械側 ON／OFF 控制指定
	B	倒角量
螺紋導程指定	F	螺紋導程指定
暫　停	P、X	暫停時間指定
程式號碼指定	P	副程式號碼指定
重覆次數	L	副程式重覆次數
參　數	P、Q、R	固定循環的參數

表 6-2 則爲基本位址與指令範圍表，表中數值乃控制器之指令範圍而非數控工具機之機械限制。例如於 CNC 控制下，刀具指令可沿軸向移動 10m，但是工具機之實際位移可能僅爲 2m，同樣的，若 CNC 之控制器可容許 100m/min 之切削進給速度，但 CNC 工具機可能僅限制於 5m/min 以下，因而數控工具機之實際指令範圍，視工具機製造廠商之規格而有所不同。

表 6-2　基本位址與指令範圍

機　　能	位　　址	mm 輸入	inch 輸入
程式號碼	O	1～9999	1～9999
序　號	N	1～9999	1～9999
準備機能	G	0～99	0～99
尺寸字增量值系統 1/10	X、Y、Z、Q 、R、I、J、K	±99999.999 mm ±9999.9999 mm	±9999.9999 inch ±999.99999 inch

表 6-2 基本位址與指令範圍(續)

機　　能	位　　址	mm 輸入	inch 輸入
每分鐘進給速度 增量值系統 1/10	F	1～100,000 mm/min 1～12,000 mm/min	0.01～400.00 inch/min 0.01～480.00 inch/min
每轉進給速度	F	0.01～500.00 mm/rev	0.0001～9.9999 inch/min
主軸機能	S	0～9999	0～9999
刀具機能	T	0～99	0～99
輔助機能	M	0～99	0～99
暫停增量值系統	X、P	0～99999.999sec 0～9999.9999sec	0～99999.999sec 0～9999.9999sec
序號指定反覆次數指定	P	1～9999999	1～9999999
補正號碼	H	1～200	1～200
第二輔助機能	B	0～999999	0～999999

CNC 銑床之工作程式，與 CNC 車床相同，係以一作爲程式與程式間區隔之用的程式號碼爲開頭，加上每一單節前端之順序號碼與許多指令伺服系統作動的程式指令單節所組成，而每一單節程式指令又由諸多字語所組成，每一字語之構成又可分爲位址碼字母(A～Z)與數値資料(+、−、．、0～9)兩部份。至於程式之結束(EOB)，則以“；”符號，作爲與其他程式之分隔。

一、座標軸之設定

CNC 銑床上，刀具或工作台移動之方向與距離，係由所設定座標軸之位移向量所決定，每一座標字語，皆爲刀具移動或切削方式(G00，G01，G02，……)，座標軸位移之方向(+，−)，與移動距離之組合，如 G01　G91　X30.0　Y−30.0　F150；意指刀具沿 X 軸正向 30mm，Y 軸負向 30mm，作線性切削，進刀速率 150mm/min。

銑床上選定 X、Y、Z 三個基本控制軸與旋轉之第四軸(A)爲其控制軸。X 軸爲面對機器正面，刀具與床台之相對運動成左右方向者；即工作台左右移動之方向爲 X 軸，而以刀具向右移動(工作台向左移動)之方向爲 X 軸之正向。Y 軸爲面對機器正面，刀具與床台之相對運動成前後方向者，即工作台前後移動之方向爲 Y 軸，而以刀具向前移動(工作台向後移動)之方向爲 Y 軸之正向。銑床之 Z 軸則爲刀具上下移動之方向，而以刀具向上移動之方向爲正向，如圖 6-1。

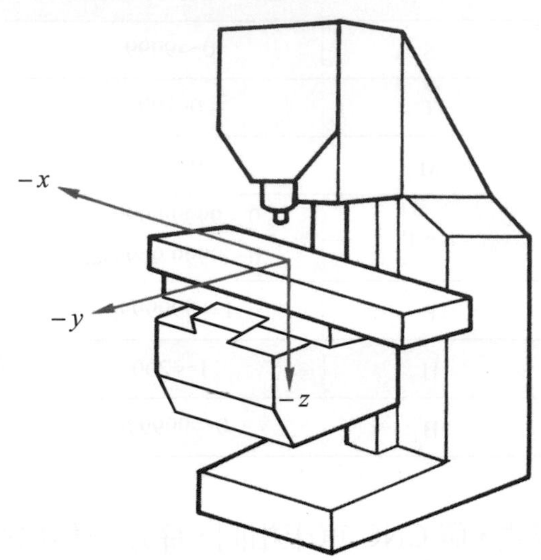

圖 6-1　立式銑床座標軸

旋轉軸 A 軸向，則爲面對機器正面，工件繞 X 軸旋轉者(立式加工中心機)。製作程式時，必須假定工作物爲固定不動，而刀具則依指令沿著工件運動。一般而言，刀具於同一時間內，可作兩軸向之同時切削，如有必要，則可將同時控制軸數擴充至 4 軸。

依據 CNC 銑床座標系統之設定，於處理刀具之座標位置與位移符號時，須注意下列事項：

(1) 製作程式時，應遵照右手直角座標系統，即標準座標系統。

(2) 製作程式前，應先確定工作原點與機械原點間之相對座標(G92)或設定工件之座標系統與程式之座標一致(G54～G59)，方能確保工件尺寸之精確，圖 6-2 爲 G92 指令建立加工座標系之情形，一旦座標系建立，則往後之絕對值指令，均以此系統爲基準。

(3) 製作程式時，必須假定工作物爲固定不動，刀具則沿著工作物移動，依程式指令完成作動。

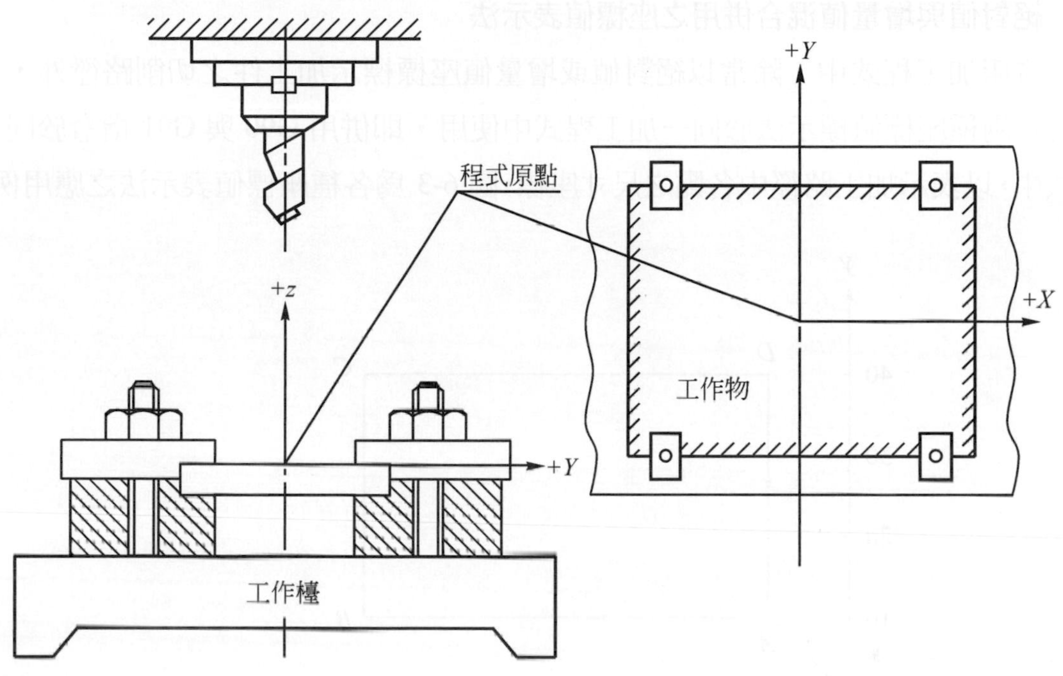

圖 6-2　程式原點設定

二、絕對值與增量值座標

CNC 銑床刀具位移之指令座標方式，可以 G90 與 G91 絕對值與增量值兩種不同尺寸系統之表示方法。

1. 絕對座標值表示法

刀具從某一點移動至另一點時，此"終點"與座標系原點間之距離，即爲此一位置於程式中之座標值。亦即座標值之設定，完全以座標系統所設定之零點爲基準者，稱爲"絕對座標值指令法"，於銑床程式中，以 G90 指令設定之。

2. 增量座標值表示法

不同於絕對座標值法之處，在於增量座標乃以前一刀具位置爲基點，計算下一位置點之座標值，即每一指令動作之終點，同時亦爲下一指令動作之起點，此種座標值表示法，稱爲“增量座標值指令法”，於銑床程式中，以 G91 指令定義之。

3. 絕對值與增量值混合併用之座標值表示法

銑床加工程式中，除常以絕對值或增量值座標標示加工件之切削路徑外，尚可混合兩種座標值標示法於同一加工程式中使用，即併用 G90 與 G91 指令於同一程式中，以表示加工路徑中各點之尺寸座標，圖 6-3 爲各種座標值表示法之應用例。

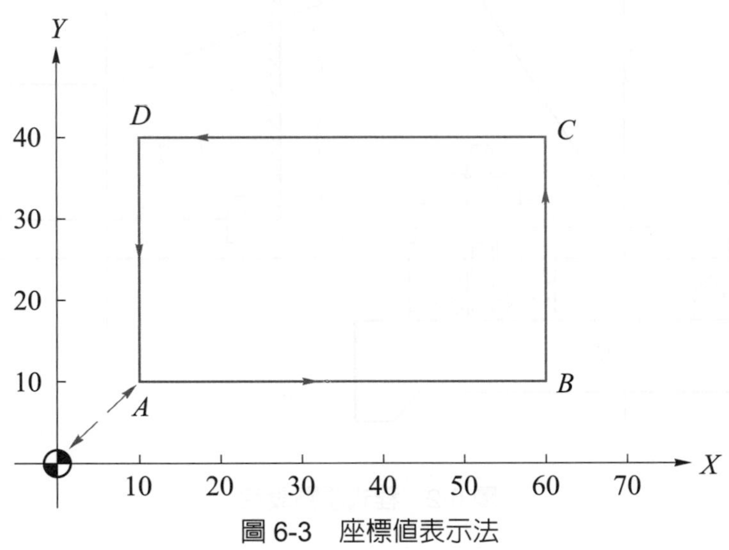

圖 6-3　座標值表示法

絕對座標指令

```
G92  X0  Y0  Z0；··································程式原點設定
G90  G00  X10.0  Y10.0；···························O→A 快速定位
     G01  X60.0  F100；····························A→B 直線切削
     Y40.0；·······································B→C 直線切削
     X10.0；·······································C→D 直線切削
     Y10.0 ；······································D→A 直線切削
G00  X0  Y0；······································A→O 快速定位
```

增量座標指令

```
G92  X0  Y0  Z0；··································程式原點設定
G91  G00  X10.0  Y10.0；···························O→A 快速定位
G01  X50.0  F100；·································A→B 直線切削
     Y 30.0；······································B→C 直線切削
     X-50.0；······································C→D 直線切削
     Y-30.0；······································D→A 直線切削
```

一般而言，製作工作程式時，採用絕對值或增量值之座標系統，並無一定之規則可循，端視工件之外形差異而定，若外形簡單或呈對稱形狀時，則採絕對值系統較佳，若外形、尺寸複雜或階梯形之尺寸，則採增量尺寸標註較為理想。實際應用時，可視需要，選擇適切之尺寸標註方法，唯增量座標易造成誤差之累積，導致加工尺寸精確度之流失，尤其於切削圓弧時，更易發生，因而於製作程式之前須考慮周詳後，慎選最佳之座標系統。

三、程式之組成

銑床程式如同車床程式，可分為主程式與副程式，通常 CNC 依照主程式順序操作。凡是涵蓋於同一程式序號下之指令與機能，皆屬於主程式之範圍，而副程式則為當主程式中包含一些固定的順序或經常重覆之形式時，則這些順序或形式，可單獨形成另一程式，是為副程式，以簡化程式之製作。

主程式呼叫副程式指令執行時，可視為"單迴路副程式呼叫"(one loop subroutine call)，必要時副程式亦可呼叫另一副程式，是為"雙迴路副程式呼叫"，至於副程式之加工流程，請參閱第四章車床程式 4-1，在此不再贅述。副程式之執行與指令範例，則將於本章稍後之單元再予介紹。

茲舉一程式範例，說明主程式與副程式之組成；

範例 6-1

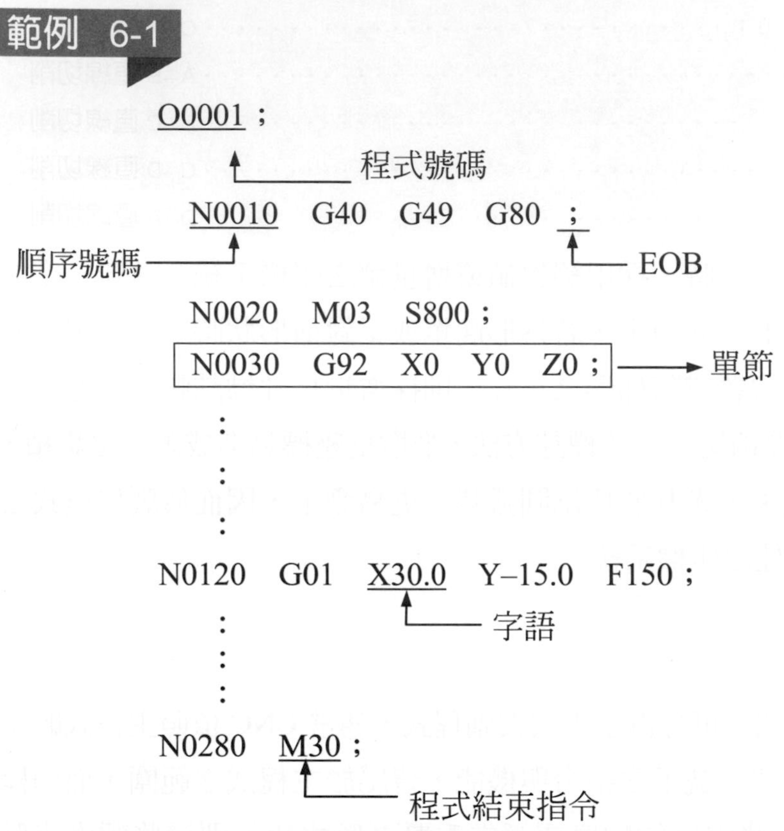

上例中，O0001 爲程式號碼，N0010～N0280 皆爲單節順序號碼，以此表示單節之開始，每一行之程式指令，是爲一單節，單節以"；"符號(EIA)作爲結束，並與另一單節作一分隔。每一單節是由一個或數個字語所組成，每一字語之構成包含一位址碼字母(A～Z)和緊接於正負符號後之數値。程式之結束，則以"M30"表示，並作爲與其他程式間之區隔。

至於銑床加工程式中，最小設定單位，最小移動單位、小數點之使用、程式輸入之格式皆與車床相同。

四、基本機能介紹

1. 準備機能(G 機能)

準備機能乃指令刀具或床台作何種形式之位移或加工動作之準備，以位址字碼 G 和 00～99 兩位數字所組成，各字語皆有一定之意義與功能，表 6-3 爲銑床之 G 碼和其隸屬組群與機能一覽表。

表 6-3　G 碼機能一覽表

G　碼	組　群	功　能	標　準	選　擇
※G00	01	快速定位	○	
※G01		直線切削	○	
G02		圓弧切削、螺旋切削順時針	○	
G03		圓弧切削、螺旋切削反時針	○	
G04	00	暫停，眞確停止	○	
G09		眞確停止	○	
G10		補正值自動輸入		○
G11		數據設定模式消除		○
※G17	02	XY 平面選定	○	
G18		ZX 平面選定	○	
G19		YZ 平面選定	○	
G20	06	英制尺寸	○	
G21		公制尺寸	○	
G27	00	參考點回復檢測	○	
G28		參考點回復	○	
G29		由參考點回復	○	
G30		第三、第四參考點回復		○
G31		跳略功能	○	
G33	01	螺牙切削		○
G39	00	刀具半徑補正圓弧轉角		○
※G40	07	刀具半徑補正取消	○	
G41		刀具半徑補正在左	○	
G42		刀具半徑補正在右	○	
G43	08	刀具長度補正，正方向	○	
G44		刀具長度補正，負方向	○	
※G49		刀具長度補正消除	○	

表 6-3　G 碼機能一覽表(續)

G　碼	組　群	功　能	標　準	選　擇
G50	11	比例切削消除		○
G51		比例切削		○
※G54	14	第一工作座標系統選定	○	
G55		第二工作座標系統選定	○	
G56		第三工作座標系統選定	○	
G57		第四工作座標系統選定	○	
G58		第五工作座標系統選定	○	
G59		第六工作座標系統選定	○	
G60	00	同向趨近		○
G61	15	眞確停止模式	○	
G62		自動轉角百分率模式		○
G63		攻牙模式	○	
G64		切削模式	○	
G65	12	非持效性巨集指令呼出		○
※G66		持效性巨集指令呼出		○
※G67		持效性巨集指令消除		○
G68	16	座標系統旋轉		○
G69		座標系統旋轉消除		○
G73	09	分段鑽孔循環	○	
G74		攻左牙循環	○	
G76	09	精搪孔循環	○	
G80		自動循環消除	○	
G81		鑽孔循環，粗搪孔循環	○	
G82		沈頭加工循環	○	
G83		分段鑽孔循環	○	
G84		攻右牙循環	○	
G85		搪孔循環	○	
G86		搪孔循環	○	
G87		背搪孔循環	○	
G88		搪孔循環	○	
G89		搪孔循環	○	

表 6-3　G 碼機能一覽表(續)

G 碼	組群	功能	標準	選擇
※G90	03	絕對座標指令	○	
G91		增量座標指令	○	
G92	00	絕對原點設定	○	
※G94	05	每分鐘進給		○
G95		每轉進給		○
G98	10	自動循環中回到起始點	○	
G99		自動循環中回到參考點 R	○	

註 1.　當電源開關打開(ON)時，標註“※”記號之 G 語碼即被設定，G20 及 G21 則保持上一回使用時之 G 碼狀態，G00，G01，G90，G91 則可以參數設定選擇。

註 2.　組群號碼為 00 者，屬於一次式 G 碼，僅在它們被指令之單節內有效。其餘組群則一經指令，除非同一組群之 G 碼出現取代，否則持續維持其機能，稱為“模式”(modal)G 碼。

註 3.　程式中若出現 G 碼一覽表中未列入之 G 碼，或控制器之指令系統中無該項特殊機能 G 碼時，則顯示螢幕將出現警告訊號(alarm)。

註 4.　於同一單節中可指定數個不同組群之 G 碼，但若屬同一組群之 G 碼重覆出現於同一單節時，則最後指定之 G 碼有效。

註 5.　若於固定循環模式中指令“01”組群之任何 G 碼，固定循環將自動失效，成為 G80 狀態；然而，“01”組群之 G 碼不受任何固定循環之 G 碼所影響。

2.　輔助機能(M 機能)

輔助機能乃指令機器作動之功能，通常僅用於控制機械元件之開(ON)與關(OFF)，使機械從事簡易之作動，如主軸之正、反轉(M03，M04)，主軸之停止(M05)，主軸之定位(M19)，切削劑之開(M08)、關(M09)，與程式之停止(M00，M01)，結束(M30)等動作之控制，又稱爲 M 機能或雜項機能。指令之表示方法乃於字碼 M 之後附加兩位數字(00～99)所組成，下表 6-4 爲銑床程式常用之輔助機能。

表 6-4　輔助機能表

M 碼	機能	M 碼	機能
M00	程式停止	M09	切削劑關閉
M01	選擇性程式停止	M16	工作台交換(托板)
M02	程式結束，但記憶不回復	M19	主軸定位停止

表 6-4　輔助機能表(續)

M 碼	機能	M 碼	機能
M03	主軸順時針旋轉 CW	M30	程式結束，記憶還原
M04	主軸逆時針旋轉 CCW	M94	鏡像投影功能(OFF)
M05	主軸停止	M95	X 軸鏡像投影(ON)
M06	自動換刀指令	M96	Y 軸鏡像投影(ON)
M07	霧狀切削劑開啓	M98	副程式呼叫指令
M08	切削劑開啓	M99	副程式結束指令

表 6-4 中，M00 程式停止，M01 選擇性程式停止，M02 程式結束，M03 主軸正轉，M04 主軸反轉，M05 主軸停止，M08、M09 切削劑之開關，與 M30 程式結束(記憶還原)之功能，皆與車床相同。其他功能，介紹如後：

(1) M06 自動刀具交換功能：包括主軸之定位，ATC 換刀臂之動作。

(2) M07 霧狀切削劑之開啓。

(3) M19 主軸定位功能：執行此一指令時，主軸旋轉至一固定之角度後，定位停止，使得換刀臂之定位槽得以對準主軸刀把上之驅動塊，而後進行“換刀”之動作。

M19 尚含有鎖固刀具之功能，於執行 G76 精密搪孔，G87 背搪孔循環指令時，皆須有主軸定位停止之指令，對正偏位方向後，始得以進行刀具偏位之動作，順利提升刀具，完成切削工作。

(4) M94 鏡像投影功能(OFF)。

M95 X 軸鏡像投影功能(ON)：於加工對稱形狀之零件時，僅需撰寫一組加工程式，配合鏡像投影功能指令，即可重複加工另一對稱件，如此可大爲簡化程式之製作，如圖 6-4。

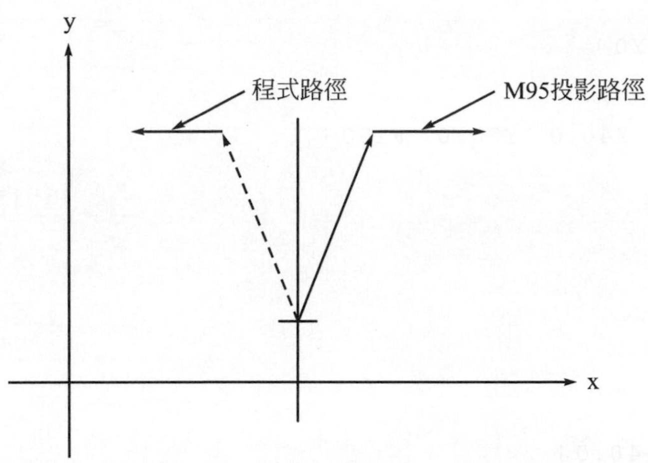

圖 6-4　鏡像投影功能

(5) M96 Y 軸鏡像投影功能(ON)：於執行鏡像投影指令(M95，M96)時，須注意 M94 所在之單節位置不同，則所產生之刀具路徑也將不同。如下圖例：

範例 6-2

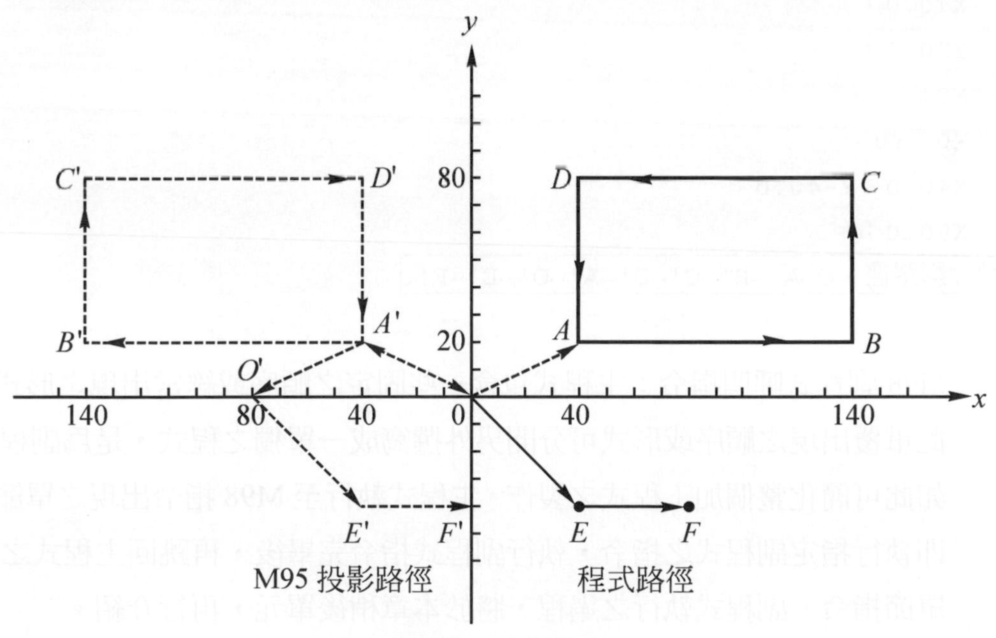

圖 6-5　鏡像實例

```
N02  G92  X0  Y0；
N04  M95；
N06  G90  G01  X40.0  Y20.0  F150；
N08  X140.0；
N10  Y80.0；
N12  X40.0；
N14  Y20.0；
N16  X0  Y0；
N18  M94；
N20  X40.0  Y-40.0；
N22  X80.0；
```

鏡像投影路徑：O→A'→B'→C'→D'→A'→O→E→F

```
N02  G92  X0  Y0；
N04  M95；
N06  G90  G01  X40.0  Y20.0  F150；
N08  X140.0；
N10  Y80.0；
N12  X40.0；
N14  Y20.0；
N16  M94；
N18  X0  Y0；
N20  X40.0  Y-40.0；
N22  X80.0；
```

鏡像投影路徑：O→A'→B'→C'→D'→A'→O'→E'→F'

(6) M98 副程式呼叫指令：主程式包含一些固定之順序或經常出現之形式時，此重覆出現之順序或形式可分開另外撰寫成一單獨之程式，是爲副程式，如此可簡化整個加工程式之製作。主程式執行至 M98 指令出現之單節，隨即執行指定副程式之指令，執行副程式指令完畢後，再跳回主程式之下一單節指令。副程式執行之過程，將於本章稍後單元，再行介紹。

(7) M99 副程式結束指令：副程式以 M99 作爲動作結束之指令，需單獨成一單節，寫於副程式之結尾。

3. 主心軸轉速(S 機能)

無段變速之數控銑床，可以 S 指令直接依正反轉設定其轉速，如 S800 M03；意指主軸正轉，每分鐘 800rpm。

4. 進給機能(F 機能)

切削工件時，於工作程式中所指定刀具之移動速度稱爲進給。CNC 銑床程式，進給之表示方法，依指令模式之不同，可分爲每分鐘進給(G94)與刀具每迴轉進給(G95)兩種。若採用 G94 模式則對 200mm/min 之刀具進給率可直接指定爲 F200，若採 G95 模式則 F0.8 表示 0.8mm/rev，但銑床加工程式，通常均設定爲 G94 模式，即設定進刀爲每分鐘進給率。於正常狀態下，切削過程中，除了做加減速之操作外，進給速度之指令值，於刀具移動距離達 500mm 時，所作測定，其精確度之誤差僅在 2%以下。圖 6-6 爲每分鐘進給(G94)與刀具每迴轉進給(G95)指令示意圖。

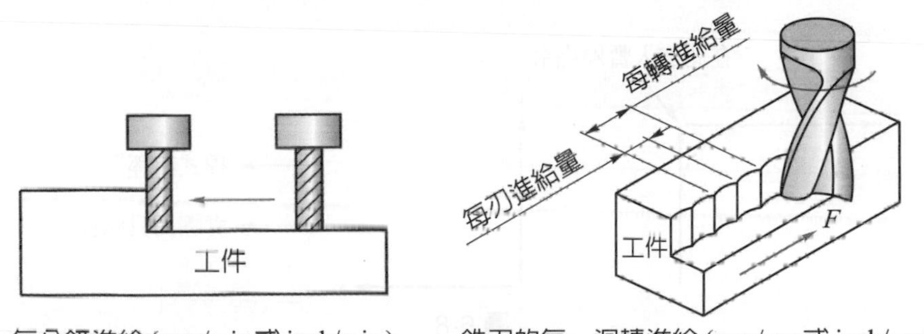

圖 6-6

自動加減速：直線切削時，應用於進給開始及進給停止之加減速，可自動的以時間定數減緩進刀速度，使啓動及停止平滑，使工具機系統不致震動。因各軸加減速之時間定數係由參數設定，故於程式製作時，不須考慮。圖 6-7 爲經加減速控制後之進刀速度。

自動加減速雖可使得進刀平穩，但不能切削尖角，因而於尖角切削時，必須插入一暫停(G04)指令，始能完成尖銳交角之切削。例如圖 6-8 中，切削刀具於一單節內僅沿 Y 軸移動，下一單節則將作 X 軸之切削，當進給率沿 X 軸加速時，Y 軸則逐漸減速，若於此時運用自動加減速之操作，且插入一暫停指令(G04)，則實際刀具路徑將與程式路徑相符。當然，進給速度愈快，加減速時間定數愈長，於轉角之誤差也愈大。

於進給率變更時也可執行自動加減速，使其平滑順暢的改變速度。

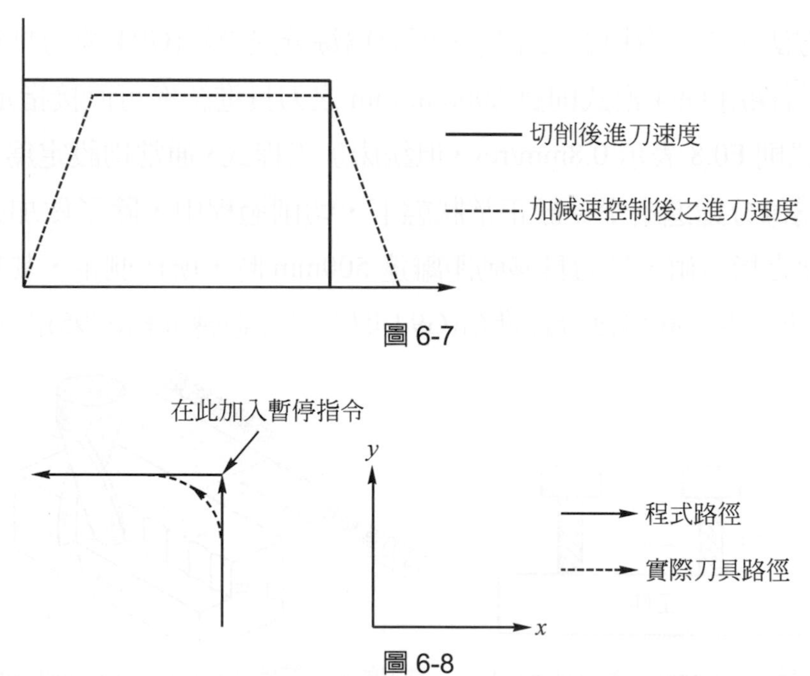

圖 6-7

圖 6-8

5. 刀具機能(T 機能)

CNC 銑床若加上儲刀倉，且具有自動刀具交換之功能則可形成綜合加工機(machine center)。儲刀倉可容納之刀具數量，視製造廠商所生產之機械大小機種而定，常用者爲 16～64 把刀具儲庫。

刀具機能乃用以選取加工程式所指定之刀具。例如，T01 表示所選擇爲 1 號刀具，T02 爲選擇二號之刀具，於程式中仍須配合 M06 換刀之功能指令，始能順利完成換刀動作，至於 ATC 自動刀具交換之過程，請參閱第二章。

刀具之半徑補正值以址碼"D"來設定，例如 D02 表示刀具半徑補正量爲第 2 號補正值中所設定之數值。長度補正則以"H"爲代表址碼，如 H04 表示刀具長度之補正量爲第 4 號補正值中所設定之數值。至於補正值之設定，則以"MDI"模式輸入"0FFSET"表中。通常"D"碼表示徑向補正，須配合 G41、G42 或 G45～G48 使用，"H"碼則代表長度補正，配合 G43、G44 使用，本章將於稍後單元再予介紹。

刀把之選擇爲刀具能否適用之最重要關鍵，其選擇必須能適切配合刀具與加工部位之需要，不論何種機型之加工機，其刀把必有其一定之規格與尺寸，始能固鎖刀具，完成加工之任務，圖 6-9 爲刀把與拉刀螺栓之規格與各部位尺寸。

刀把與刀具之選擇，除須注意規格與尺寸外，下列事項仍爲不可忽略之重點：

(1) 刀把與刀具之總重量，不可超過交換臂之握持力。

(2) 刀具刀把之總長度是否將超出容許之範圍。

(3) 刀具最大之旋轉直徑會否傷及工件中非此刀具之加工面。

(4) 儲刀倉中大小徑刀具刀把之擺設是否恰當，須愼防刀具於交換過程中，發生干涉之現象。

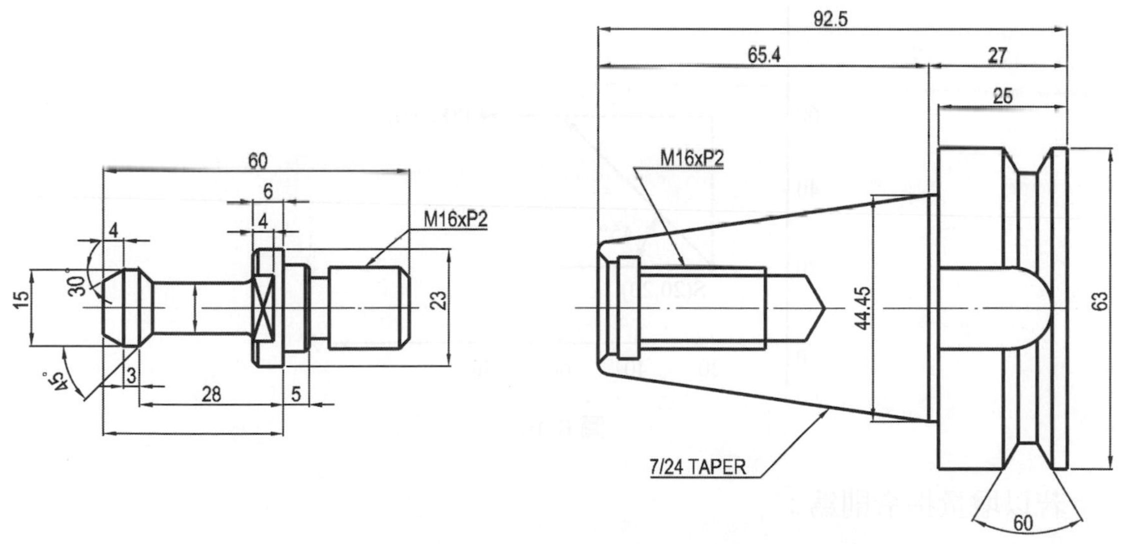

圖 6-9　BT-40 型刀把及拉刀螺栓

6-2 準備機能

一、G00 快速定位

程式指令格式為

G00　X___Y___Z___；

G00 乃刀具以系統預先設定之快速進給率，移動至程式所指令之座標位置。可以絕對座標或增量座標方式快速定位。X、Y、Z 之座標，於絕對指令(G90)時係指刀具以快速進給移動至程式所指定之位移終點座標，若以增量座標(G91)表示，則 X、Y、Z 之座標，分別為現在位置快速定位至下一指定座標間之 X 軸、Y 軸、Z 軸之"增量"距離，如圖 6-10。

圖 6-10 之例以絕對指令撰寫程式為：

```
G90  G00  X80.0  Y60.0；
```

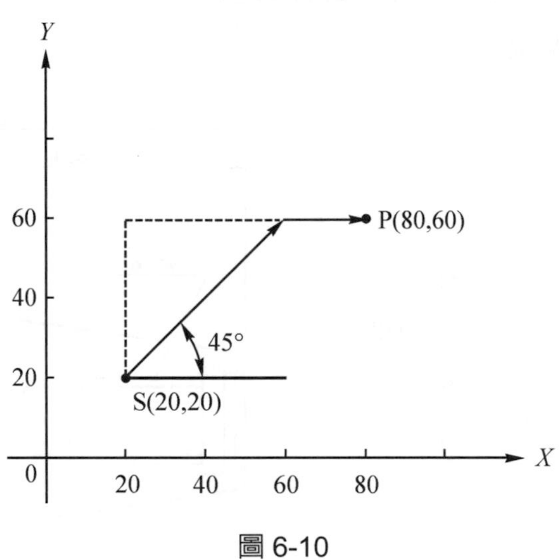

圖 6-10

若以增量指令則為：

G91　G00　X60.0　Y40.0；

由上例圖中可以得知，以 G00 作刀具之快速定位時，其位移之刀具路徑並非一直線。一般刀具路徑之選擇，通常可由參數設定之，亦即 G00 可經由參數之設定，選擇直線式與非一直線式之定位。不過，一般工具機製造廠商皆設定爲非一直線型定位方式。此種方式之定位，刀具於二軸同時作動，先呈 45°角之快速位移，再於單節結束之前，減速到達終點，以避免刀具以急速衝撞工件。倘若圖 6-10 中，S 到 P 點間有"障礙"存在，不適宜作二軸向之快速定位，則可指令刀具先作 Y 軸之位移，再作 X 軸之定位；原程式稍作修改如下：

```
 G90  G00  Y60.0；
           X80.0；
或G91  G00 Y40.0；
           X60.0；
```

G00 雖可同時控制 1～3 軸之快速定位，但一般三軸向之控制定位動作，通常改以兩個單節來處理，若主心軸(Z 軸)往上定位，則先移動 Z 軸至定位，再作 X、Y 軸向之位移；如 Z 軸往下定位，則先作 XY 平面之定位，再作 Z 軸向之位移，如圖 6-11，以避免定位路徑中，刀具與工件之碰撞。

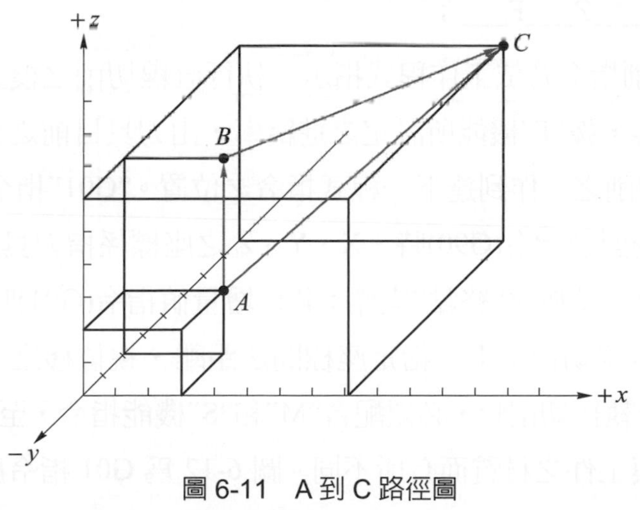

圖 6-11　A 到 C 路徑圖

圖 6-11 中 A 到 C 之路徑程式，以絕對座標編寫爲：

```
G90  G00  X80.0  Y70.0  Z60.0；··································A→C
```

可分為二單節改寫為：

```
G90  G00  Z60.0; ·····································A→B
     X80.0  Y70.0; ···································B→C
```

C 到 A 之路徑程式則為：

```
G90  G00  X30.0  Y20.0  Z20.0; ·······················C→A
```

可改寫為：

```
G90  G00  X30.0 Y20.0; ·······························C→B
                Z20.0; ·······························B→A
```

G00 之定位速度，是由系統軟體參數所設定，僅可經由操作面板上之快速定位調整率(rapid override)旋鈕，調整其實際位移速率與參數設定速率之百分比。此外，程式中並無其他方法或指令可以改變 G00 之位移速度。亦即 G00 指令不須指定進給速度，因而進給機能 F 亦不能設定其進給速率。

二、G01 直線切削指令

程式格式為：

G01　X___Y___Z___F___；

G01 直線切削指令乃依工作程式指示，執行直線切削之模式，可以絕對值或增量值之指令形態，按“F”機能所設定之進給率，由刀具目前之位置，於直線位移之路徑中，執行切削之工作到達下一程式指令之位置。“G01”指令可同時執行 1～3 軸向之切削，於絕對值指令(G90)時，X、Y、Z 之座標係指刀具以程式所設定之 F 值，直線切削至另一位置之“終點”座標；若以增量值指令(G91)時，則 X、Y、Z 為刀具自目前位置直線切削至下一指定座標間之距離，視位移之方向，有正、負號之區分。G01 指令執行切削時，必須配合“M”和“S”機能指令，至於“S”與“F”之值，則依所選定刀具與工件之材質而有所不同。圖 6-12 為 G01 指令應用於外形切削之路徑練習。

範例 6-3

絕對值程式：

```
O6012；·····················································程式號碼
  G92  X0  Y0  Z5.0；···································絕對原點設定
  S800  M03；·····································主軸正轉 800rpm
  G90  G01  Z-5.0  F150；············切削工件深 5.0mm，進刀 150mm/min
```

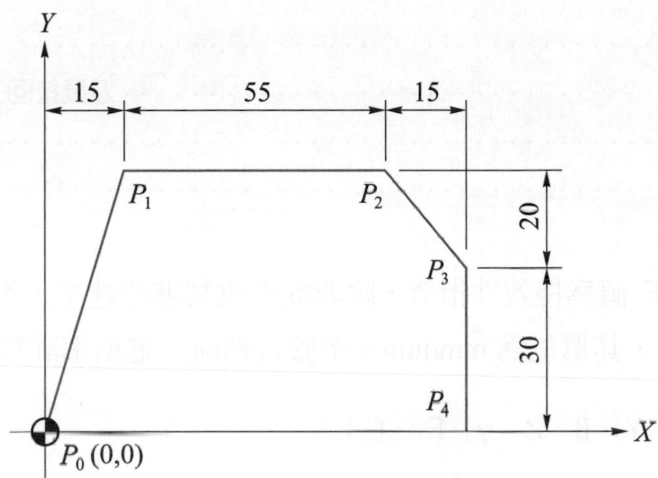

圖 6-12　直徑切削路徑圖

```
  X15.0  Y50.0；·································P0→P1
  X70.0；········································P1→P2
  X85.0  Y30.0；·································P2→P3
   Y0；··········································P3→P4
   X0；··········································P4→P5
  G00  Z5.0；························刀具拉回工件上 5.0mm 處
  M05；·········································主軸停止
  M30；·········································程式結束
```

增量值程式：

```
O6012； ·································· 程式號碼
  G92  X0  Y0  Z5.0； ······················ 絕對原點設定
  S800  M03； ························ 主軸正轉 800rpm
  G91  G01  Z-10.0  F150； ·· 增量座標，切削工件深 5.0mm，進刀 150mm/min
  X15.0  Y50.0； ································ P0→P1
  X55.0； ······································ P1→P2
  X15.0  Y-20.0； ······························· P2→P3
   Y-30.0； ····································· P3→P4
   X-85.0； ····································· P4→P5
  G00  Z10.0； ·················· 刀具拉回工件上 5.0mm 處
  M05； ····································· 主軸停止
  M30； ····································· 程式結束
```

上例程式中 F 值爲持效性指令，除非欲更改其進給速率，否則僅須於第一次使用"G01"時指定，其單位爲 mm/min。至於各軸向之進給率計算方式如下：

G01 X $\underline{\alpha}$ Y $\underline{\beta}$ Z $\underline{\gamma}$ F $\underline{f}$；

X 軸向進給率：$f_x = \dfrac{\alpha}{L} \cdot f$

Y 軸向進給率：$f_y = \dfrac{\beta}{L} \cdot f$

Z 軸向進給率：$f_z = \dfrac{\gamma}{L} \cdot f$

$L = \sqrt{\alpha^2 + \beta^2 + \gamma^2} \qquad f = \sqrt{f_x^2 + f_y^2 + f_z^2}$

三、G02(G03)順(逆)時針方向圓弧切削指令

程式格式：

X–Y 平面圓弧切削指令

$$G17\begin{Bmatrix}G\,02\\ \\ G\,03\end{Bmatrix} X\_\_\_\ Y\_\_\_\ \begin{Bmatrix}R\_\_\_\\ \\ I\_\_\_\ J\_\_\_\end{Bmatrix} F\_\_\_\ ;$$

Z–X 平面圓弧切削指令

$$G18\begin{Bmatrix}G\,02\\ \\ G\,03\end{Bmatrix} Z\_\_\_\ X\_\_\_\ \begin{Bmatrix}R\_\_\_\\ \\ K\_\_\_\ I\_\_\_\end{Bmatrix} F\_\_\_\ ;$$

Y–Z 平面圓弧切削指令

$$G19\begin{Bmatrix}G\,02\\ \\ G\,03\end{Bmatrix} Y\_\_\_\ Z\_\_\_\ \begin{Bmatrix}R\_\_\_\\ \\ J\_\_\_\ K\_\_\_\end{Bmatrix} F\_\_\_\ ;$$

以上格式中，各指令與字碼之定義如下表 6-4 所示：

表 6-4

設定資料			指令	定義
1	平面選擇		G17	XY 平面之設定
			G18	ZX 平面之設定
			G19	YZ 平面之設定
2	刀具路徑方向		G02	順時針方向(CW)
			G03	逆時針方向(CCW)
3	終點位置	G90 模式	X、Y、Z 中之二軸	所切削圓弧之終點座標
		G91 模式	X、Y、Z 中之二軸	從起點到終點之向量值
4	起點到圓心之距離		I、J、K 中之二軸	自圓弧起點到圓心之向量值
	圓弧半徑		R	圓弧半徑
5	進給率		F	沿圓弧之進刀速率

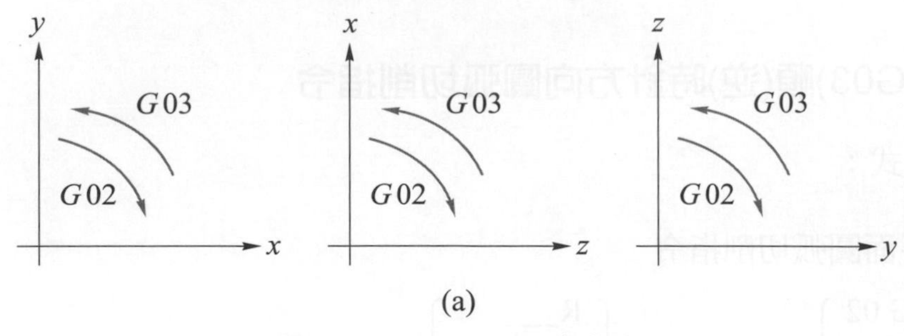

(a)

圖 6-13　G02、G03 之方向

上表 6-4 中 X－Y 平面(G17)，Z－X 平面(G18)，Y－Z 平面(G19)於執行圓弧切削指令時，刀具路徑之方向，如圖 6-13 所示，於各二軸平面中，G02 皆爲順時針，G03 爲逆時針方向圓弧切削。

圓弧構成之三要素爲起點、終點及圓心之座標，所謂起點乃開始執行 G02、G03 圓弧切削指令時之位置座標。終點爲 G02、G03 指令格式中之 X、Y、Z 座標值。圓心之表示方法則可以半徑 R 或 I、J、K 值表示其位置。

程式中欲作圓弧切削時，圓弧之指定方法有兩種選擇，一爲定義圓弧之終點座標及圓心之位置，另一則定義圓弧之終點及其半徑。

以圓弧之終點座標及圓心之位置定義圓弧時，圓弧終點以指令中之位址 X、Y、Z 直接指定，依 G90 或 G91 分別表示其值爲絕對值或增量值座標。弧心之位置則分別以 I、J、K 表示起點之 X、Y、Z 軸座標到圓心之向量值，I、J、K 之數值因係向量值，故不論指令方式爲 G90 或 G91 其值皆爲增量尺寸，且具方向性，故有正負號之別。如圖 6-14，其中不論係 G17 之 XY 平面，G18 之 ZX 平面，或 G19 之 YZ 平面，因 I、J、K 皆指向 X、Y、Z 軸之負向，故其值皆爲負數。

另一種定義圓弧之方法爲以半徑 R 取代 I、J、K 值，以標示圓弧中心之位置。唯使用 R 值定義圓弧時須注意，相同之起點與終點，等長之半徑，將得到兩個涵蓋角度不同之大小圓弧，如圖 6-15，爲使大小不同之二圓弧有所區別，故而將小於 180圓弧之半徑 R_1 值設定爲正，大於 180°之圓弧其半徑 R_2 則爲負值。

圓孤中心位置之兩種標示法，最大差異在於以半徑 R 值表示時，雖因圓弧夾角大小不同，而有正負號之分，但 R 值卻無方向性可言；以 I、J、K 值標示弧心位置時，因其數值爲各軸加工之起點到圓心之向量值，故具有方向性。因此銑削一完整之圓形路徑時，因通過相同起點與終點(兩點重合)半徑爲 R 之圓弧有無限多個，將導致數控系統無從選擇，所以不能採用 R 指令法，僅能採用 I、J、K 之指令法。

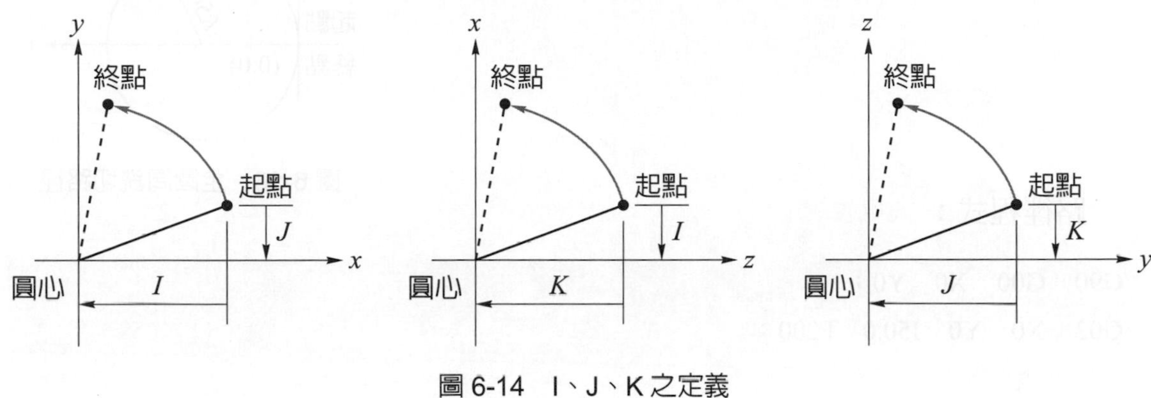

圖 6-14　I、J、K 之定義

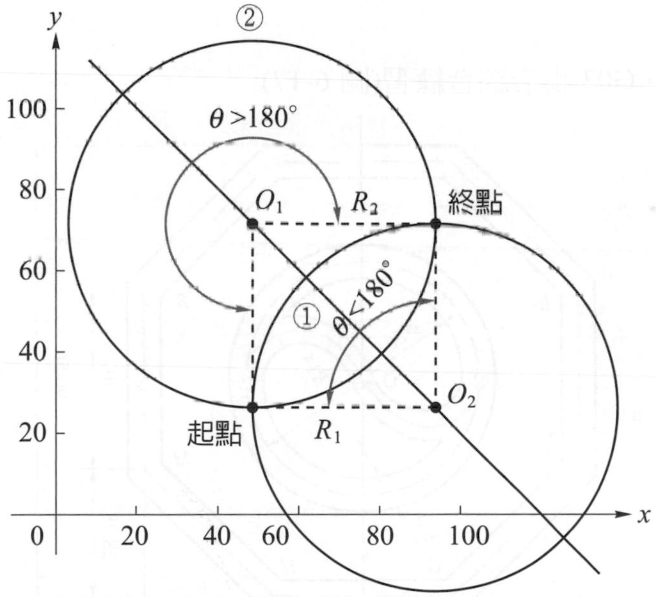

註　小圓弧　程式指令，R 用正値

G90　G02　X100.0　Y70.0　R45.0　F200；

大圓弧　程式指令，R 用負値

G90　G02　X100.0　Y70.0　R–45.0　F200；

圖 6-15　R 之使用

範例 6-4

全圓周銑削刀具路徑程式範例(圖 6-16)

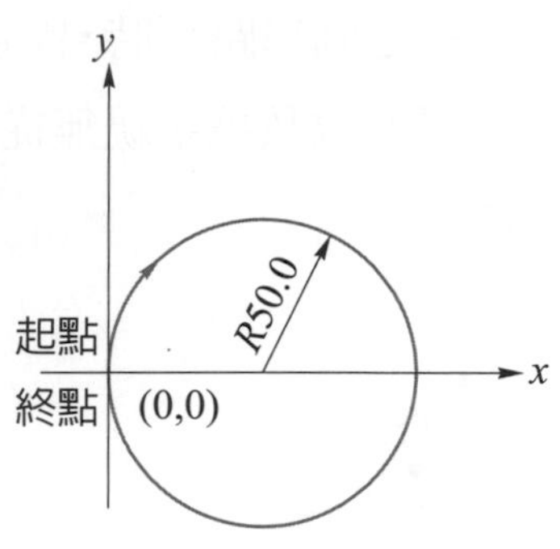

圖 6-16　全圓周銑切路徑

路徑程式：

```
G90  G00  X0  Y0；
G02  X0  Y0  I50.0  F200；
```

範例 6-5

G00、G01、G02、G03 指令綜合練習(圖 6-17)

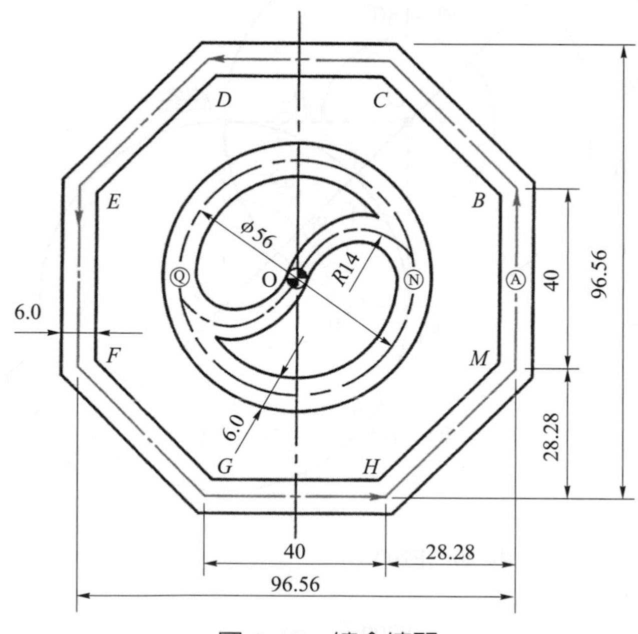

圖 6-17　綜合練習

```
O6017；······································程式號碼
N2  G92  X0  Y0  Z5.0；·······················座標原點設定
N4  S800  M03；·····························主軸正轉 800rpm
N6  G91  G00  X48.28；··································O→A
N8  G01  Z-10.0  F150；···········增量值，Z 軸往下切深 10.0mm
N10  Y20.0；············································A→B
N12  X-28.28  Y28.28；··································B→C
N14  X-40.0；···········································C→D
N16  X-28.28  Y-28.28；·································D→E
N18  Y-40.0；···········································E→F
N20  X28.28  Y-28.28；··································F→G
N22  X40.0；············································G→H
N24  X28.28  Y28.28；···································H→M
N26  Y20.0；············································M→A
N28  G00  Z10.0；··························Z 軸往上拉升 10.0mm
N30  G90  X28.0；·······································A→N
N32  G01  Z-5.0  F100；···········絕對值，Z 軸往下切深 5.0mm
N34  G03  I-28.0；·························ϕ56 全圓周銑削
N36  X0  I-14.0(R14.0)；···················N→O 半圓弧銑削
N38  G02  X-28.0  I-14.0(R14.0)；··········O→Q 半圓弧銑削
N40  G00  Z5.0；··················絕對指令，Z 軸回加工起點
N42  X0；···············································Q→O
N44  M05；·········································主軸停止
N46  M30；·········································程式結束
```

四、G02(G03)螺旋銑削

程式格式：

$$G17\begin{Bmatrix} G\,02 \\ \\ G\,03 \end{Bmatrix} X\_\_\;Y\_\_\;\begin{Bmatrix} R\_\_ \\ \\ I\_\_\;J\_\_ \end{Bmatrix}\begin{matrix} Z\_\_ \\ \\ F\_\_ \end{matrix}\;;$$

$$G18\begin{Bmatrix} G\,02 \\ \\ G\,03 \end{Bmatrix} Z\_\_\;X\_\_\;\begin{Bmatrix} R\_\_ \\ \\ K\_\_\;I\_\_ \end{Bmatrix}\begin{matrix} Y\_\_ \\ \\ F\_\_ \end{matrix}\;;$$

$$G19\begin{Bmatrix} G\,02 \\ \\ G\,03 \end{Bmatrix} Y\_\_\;Z\_\_\;\begin{Bmatrix} R\_\_ \\ \\ J\_\_\;K\_\_ \end{Bmatrix}\begin{matrix} X\_\_ \\ \\ F\_\_ \end{matrix}\;;$$

螺旋銑削指令係指 G02，G03 在執行指定平面圓弧銑削之同時，於第三軸向進行直線切削之指令，亦即刀具以螺旋式移動，進行三個軸向之同時銑削。唯螺旋銑削時，圓弧弧度不得超過 360°，圖 6-20 爲螺旋銑削之刀具路徑。

圖 6-18 中，F 爲 G02、G03 螺旋銑削時，程式指令所設定之刀具進給率，即沿圓弧輪廓同時切削兩軸之圓周移動速度。至於圖中 Z 軸向之進給率 F' 進給速度則爲 $F\times\dfrac{\text{垂直軸長}}{\text{圓弧長度}}$。若以 S 表示圖中 XY 平面之圓弧長，L 表示 Z 軸(垂直軸)之長度，則其關係式爲：

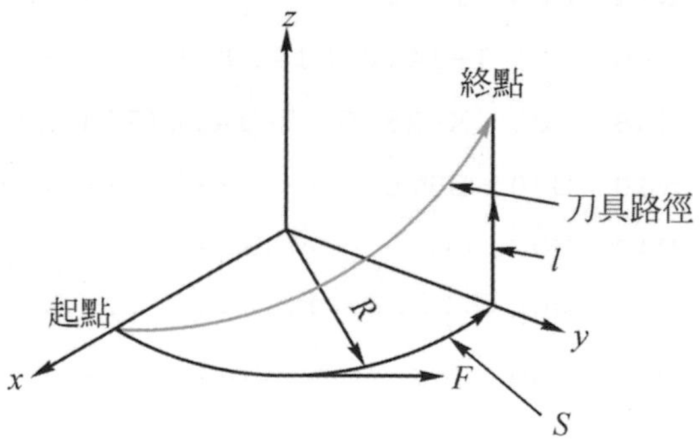

$$\boxed{F' = F\times\frac{L}{S}}$$

圖 6-18　刀具路徑

執行螺旋銑削之指令時，刀具半徑補正僅適用於圓弧，對於垂直之第三軸則無補正之作用。刀具長度補正則不能於螺旋銑削指令之單節中使用。

五、G04 暫停指令

程式格式

$$G04\left\{\begin{matrix} P\_\_\_ \\ \\ X\_\_\_ \end{matrix}\right\};$$

當數控銑床執行盲孔之加工，或錐坑、柱坑、魚眼坑、銑削轉角等工作時，為使孔深精確或得到眞正之直角，通常使用 G04 暫停指令，使程式執行到此時，暫停“P”或“X”值所設定之時間，以延遲進行下一單節之指令，暫停時間以秒為單位，範圍則自 0.001～99999.999 秒。

範例 6-8

```
G04  P2500 ;  ┐
              ├ 皆表示暫停 2.5 秒
G04  X2.50 ;  ┘
```

G04 之程式格式中“P”指令之數值不可為小數點，若省略 P 或 X 之指令，則可用以取代 G09 確實停止之功能。當執行 G04 之指令時，除主軸仍繼續轉動外，其餘各軸均暫停作動。

六、G09 確實停止指令

G09、G61、G64 等指令，皆屬於選擇性機能，其中 G09、G61 同為確實停止檢測之指令，G64 則為取消 G61 之指令。於銑床或加工機上加工時，由於伺服系統之延遲，執行 G01、G02、G03 之指令時，均將於轉角處生成少許圓角之現象，運用 G09 指令，可使單節之移動指令減速，執行正確停止檢測，以得到眞正之“銳角”或直角。G09 與 G04 同為一次式 G 碼，僅於指定之單節內有效。

七、G10 工件座標系統與刀具補正設定

程式格式：

1. 應用於工件座標系統補正

G10 L2 P(n) X___Y___Z___；

其中 P(n)爲 P1～P6，分別對應於 G54～G59 工件座標系統，若 G54 之工件第一座標系統，設定值爲 X–220.0 Y–180.0 Z–150.0 則其指令爲：

G10 L2 P1 X–220.0 Y–180.0 Z–150.0；

2. 應用於刀具半徑或長度補正

程式格式：

G10 P___R___；

其中 P 爲補正號碼，R 爲刀具半徑或長度補正值。例如：刀具長度補正值 H1 爲 132.48，則程式指令爲：

G10 P1 R132.48；

刀具半徑補正值 D31 爲 6.0 時，則程式指令爲

G10 P31 R6.0；

至於補正值之選定爲絕對值或增量值，係依 G90 或 G91 而定。通常工作程式中所使用刀具之半徑補正或長度補正，乃至 G54～G59 之工件座標系統設定，均以“MDI”方式，將補正值或工件座標中各軸向設定值直接輸入數控系統之補正欄“0FFSET”內，當程式執行中，遇相關補正號碼時，系統即自動將其轉換爲相對應之補正值。G10 則直接以程式指令設定刀具之半徑、長度補正值或更改工件座標系統，於絕對值指令(G90)中，G10 之設定値爲新的補正值或座標值。於增量值指令(G91)中，則其所設定之值爲目前之補正或座標加上 G10 所設定之補正或座標值。G10 指令所設定之補正值可以“G11”指令取消。

八、G20(G21)英(公)單位設定

程式指令：

G20：英制單位設定，最小設定單位 0.0001inch。

G21：公制單位設定，最小設定單位 0.001mm。

銑床或加工機之單位設定可以參數或由程式指令所設定執行。以程式指令設定時，必須於工作程式之最前端，即 G92 座標原點設定之前，於單獨之一單節中指令之。隨系統單位之轉換，以下數據將受影響：

(1) 以"F"碼所設定之切削進給率。

(2) 每一加工位置即刀具路徑之尺寸座標。

(3) 刀具半徑、長度之補正值。

(4) 手動脈衝產生器(MPG)之單位。

(5) 增量進給之移動距離。

(6) 部份參數設定值。

於同一加工程式執行過程中，G20、G21 僅能擇一使用，亦即英、公制單位不得混合使用。CNC 系統，當電源開啓時，其單位狀態與開機以前相同，因而欲轉換系統時，所有補正值均需重新設定，且設定之單位於加工過程中，不得更改。

九、G27 機械原點自動復歸檢測

程式格式：

G27 X___Y___Z___；

其中 X、Y、Z 之座標值乃用以表示機械原點位置之所在。

(1) 以 G90 絕對值座標設定時，係指以座標原點爲基準所測得之機械原點座標值。

(2) 以 G91 增量值座標設定時，則爲刀具所在位置到機械原點間各軸向之距離。

G27 指令乃床台(X、Y 軸)或刀具(Z 軸)以快速定位，迅速回歸至機械原點後所作偵測之功能。可同時檢查刀具是否回歸機械原點及工作程式原點座標之位置是否正確。本指令通常於完成一階段之程式操作，刀具或床台回復到程式之起點或終點時爲之。若原點復歸正確，則操作面板上歸零指示燈將亮起，表示程式座標位移正確；若某一軸向未能回歸原點，則其相對軸之歸零指示燈不但不亮，且系統將發出警告訊號，並中斷所有指令之動作。圖 6-19 爲 G27 機械原點復歸檢測之刀具路徑示意。

於執行 G27 指令之前，應先取消刀具補正之機能，否則補正值將加進刀具位移之距離，導致系統無法作原點之復歸。另外若機器處於鎖定狀態，亦無法執行本指令。通常，長時間運轉之數控機械，本指令可偵測程式原點座標位置之正確性，以提高產品之精確度。

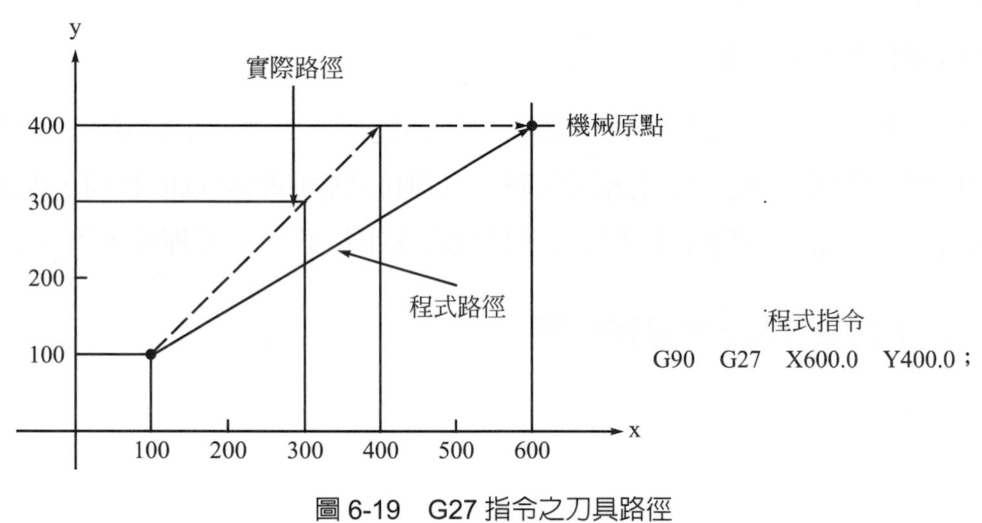

圖 6-19　G27 指令之刀具路徑

十、G28 自動復歸機械原點指令

程式格式：

G28　X___Y___Z___；

其中 X、Y、Z 之座標值，係以絕對或增量值所設定，介於起點與終點間之中間點座標。G28 指令乃用以取代手動歸零(zero return)之操作，於執行時，刀具以快速定位(G00)之速度經中間點(X，Y，Z)後，再以同樣速度回歸至機械原點。若各軸向均正確回歸至機械原點，則各軸之歸零指示燈將亮起，若有任一軸未能正確復歸，則對應軸之歸零指示燈不亮，且系統將發出警告訊號。圖 6-20 爲 G28 指令之刀具路徑示例。

執行此指令時，須注意下列事項：

(1) 本指令通常爲自動換刀(ATC)前之操作，爲確實復歸原點，應先消除刀具補正之機能。

(2) 本指令所設定之中間點座標，系統將予以記憶保存，下一次程式中出現 G28 指令而未指定(X、Y、Z)座標時，則此時之中間點座標，將據以代之。

(3) 機械若處於鎖定狀態之下，則本指令將無法執行。

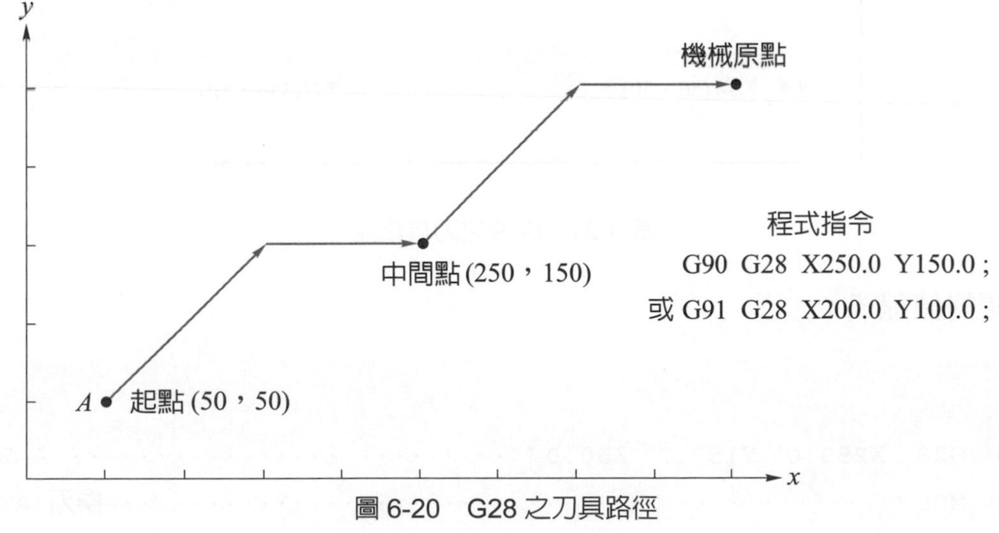

圖 6-20　G28 之刀具路徑

十一、G29 從機械原點自動復歸指令

程式格式：

G29　X___Y___Z___；

其中 X、Y、Z 之座標，以絕對值(G90)指令時，為所欲到達目標點之絕對座標值；以增量值(G91)指令時則為中間點到目標點間之增量距離。因本指令於執行時，須經 G28 所設定之中間點座標，而後再復歸至指定之目標點，因而 G29 指令不得單獨使用，必須配合"G28"或"G30"指令始得以執行。

範例 6-9

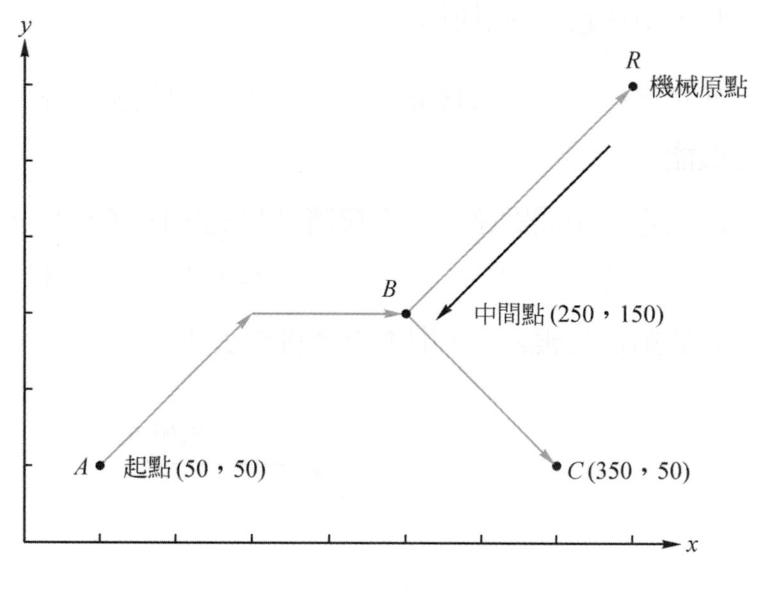

圖 6-21　G29 之刀具路徑

絕對值程式：

```
:
:
:
G90  G28  X250.0  Y150.0  Z50.0； ·····························A→B→R
T03  M06； ········································ 換刀(ATC)
```

```
G29  X350.0  Y50.0；······································R→B→C
 ⋮
```

增量值程式：

```
 ⋮
G91  G28  X200.0  Y100.0  Z0；····························A→B→R
T03  M06；··········································換刀(ATC)
G29  X100.0  Y－100.0；·································R→B→C
 ⋮
```

G29 指令通常於加工過程中，避免刀具與工件間發生干涉時使用，因其路徑乃自機械原點經中間點座標後，自動到達指定之目標點，所以與"G28"指令相同，只須標示中間點座標，即不須顧慮機械原點至中間點之相對位置或位移距離。

十二、G30 自動復歸第二、三、四原點指令

程式格式：

$$G30\left\{\begin{matrix} P_2 \\ P_3 \\ P_4 \end{matrix}\right\} \; X\_\_\_Y\_\_\_Z\_\_\_\;;$$

其中 P_2、P_3、P_4 爲第二、三、四原點之選擇，程式中若未指定，則自動選擇 P_2 第二原點。X、Y、Z 爲各軸向之中間點座標。本指令之機能與"G28"相同，主要差異在於"G30"將刀具復歸至第二、三、四原點而非機械原點。第二、三、四原點之位置，以參數設定，其值爲設定點與機械原點間之距離。與"G28"指令相同，執行本指令前，必須先取消刀具補正之機能且至少需作一次手動或 G27、G28 原點復歸之操作，始得以確保第二、三、四原點位置之正確性。通常本指令於刀具交換位置不在機械原點時使用。

十三、G31 直線切削跳略功能

G31 指令可於指定之軸向執行“G01”之直線切削機能，於直線切削執行過程中，若由系統外部輸入跳略訊號，則切削路徑立即中止且隨即執行下一單節之指令。“G31”指令為一次式 G 碼，所以僅在指令之單節內有效，於跳略訊號輸入後之動作則視下一單節為絕對值或增量值指令而定。

1. 當下一單節為單一軸位移指令時(圖 6-22)

範例 6-10

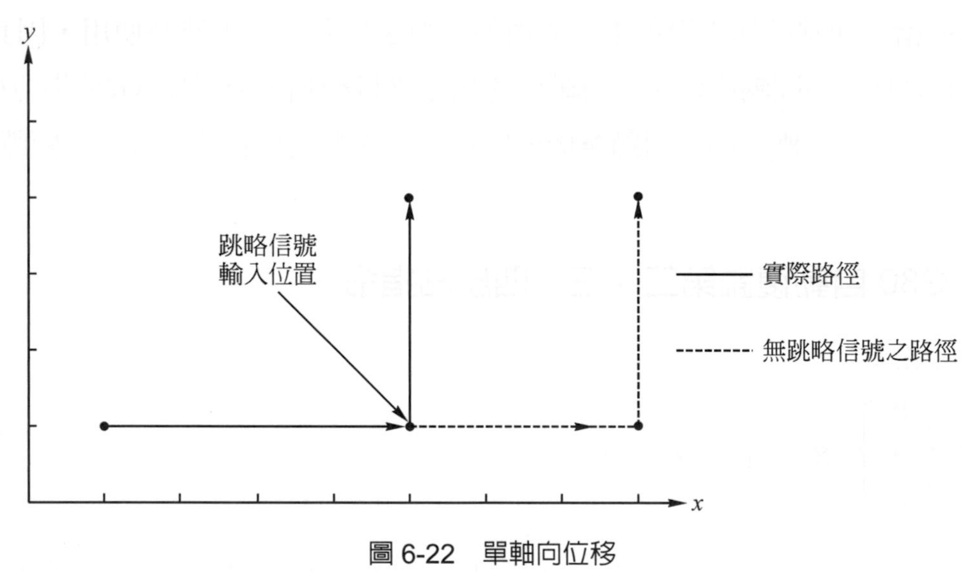

圖 6-22　單軸向位移

絕對值程式：

```
G90  G31  X80.0  F150.0；
          Y40.0；
```

增量值程式：

```
G91  G31  X70.0  F150.0；
          Y30.0；
```

2.　當下一單節為二軸向位移指令時(圖 6-23)

範例 6-11

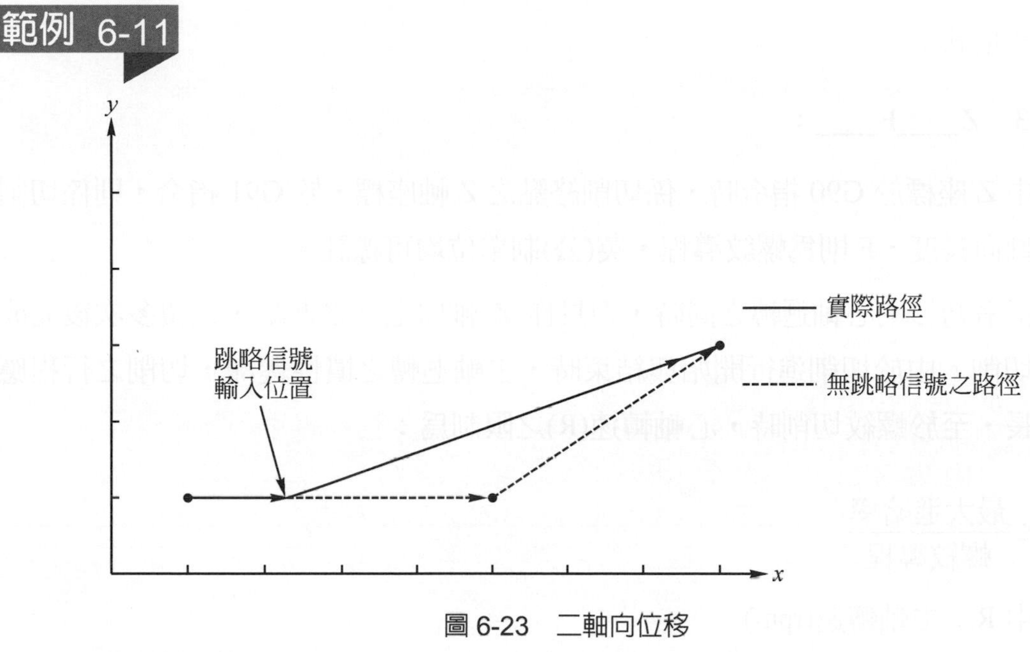

圖 6-23　二軸向位移

絕對值程式：

```
G90  G31  X50.0  F150.0；
          X80.0  Y30.0；
```

圖 6-22 及圖 6-23 中，程式執行 G31 指令時，若過程中外部並未輸入“跳略信號”，則程式係依虛線之路徑進行；若於 G31 指令執行切削過程中，輸入“跳略信號”，則刀具隨即於信號輸入時之位置起，進行下一單節指令之動作，如圖中實線部份之刀具路徑。

G31 指令無法於刀具補正之形態下遂行切削之動作，因而執行“G31”之前須以“G40”指令將刀具補正取消。至於此指令之切削進給率則可由參數或 F 機能設定之。

十四、G33 螺紋切削指令

程式格式：

G33　Z____F____；

其中 Z 座標於 G90 指令時，係切削終點之 Z 軸座標，於 G91 指令，則係切削螺紋之軸向長度，F 則爲螺紋導程，英(公)制單位均可標註。

本指令乃於主心軸迴轉之同時，刀具作 Z 軸向上下之進給，重覆多次後完成螺紋之切削。由於切削進行開始與結束時，主軸迴轉之慣性遲滯，切削之行程應稍予延長，至於螺紋切削時，心軸轉速(R)之限制爲：

$$R \leq \frac{\text{最大進給率}}{\text{螺紋導程}}$$

其中 R：主軸轉速(rpm)

　導程(F)：mm 或 inch

　進給率：mm/min 或 inch/min

範例 6-12

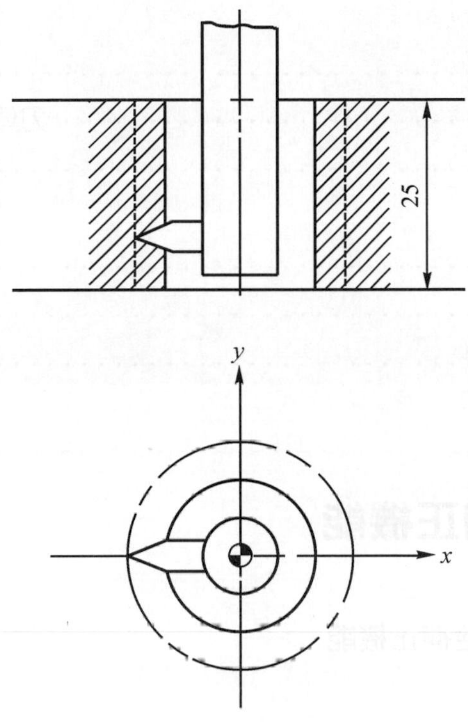

圖 6-24　螺紋切削

```
O6012；
  G92  X0  Y0  Z20.0；··································座標原點設定
  S100  M03；·······························主軸正轉 100rpm
  M08；·········································切削劑開
  G90  G33  Z-30.0  F2.5；······第一次螺紋切削，深 30.0mm，導程 2.5mm
  M19；·······································主軸定位停止
  G00  X5.0；··························於 X 軸向偏離工件 5.0mm
  Z20.0；·······································刀具回起始點
  M00；························程式停止，調整牙刀，作第二次螺紋切削
  X0  M03；··························刀具重回孔中心，主軸正轉
```

```
G04  P1000； ································ 暫停 1 秒
G33  Z-30.0  F2.5； ··························· 第二次螺紋切削
M19； ········································· 主軸定位停止
 ：
 ：
 ：
M19； ········································· 主軸定位停止
G00  X5.0； ······························ 刀具於 X 軸偏離工件 5.0mm
Z20.0； ······································ 刀具拉回切削起始點
X0； ··········································· 刀具重回孔中心
M05； ············································ 主軸停止
M09； ············································ 切削劑關
M30； ············································ 程式結束
```

6-3 刀具補正機能

一、G40～G42 刀具半徑補正機能

程式格式

$$\begin{cases} G41 \\ \\ G42 \end{cases} \begin{Bmatrix} G00 \\ \\ G01 \end{Bmatrix} X\_\_\_Y\_\_\_D\_\_\_ ;$$

G40；

其中 G41：刀具半徑偏左補正。

G42：刀具半徑偏右補正。

G40：刀具半徑補正取消。

X、Y：各軸向終點座標。

D：刀具半徑補正號碼。

一般銑床或加工機於執行加工程式時，若刀具中心沿著工件之外形輪廓切削，則將導致每一加工路徑皆有一刀具半徑值之過切削象。刀具半徑補正之功能，係指刀具於切削時，其刀具路徑與工件間，保持一個刀具半徑量之偏位，使得加工後，工件之外形尺寸，完全符合加工圖面之要求，如圖 6-25。

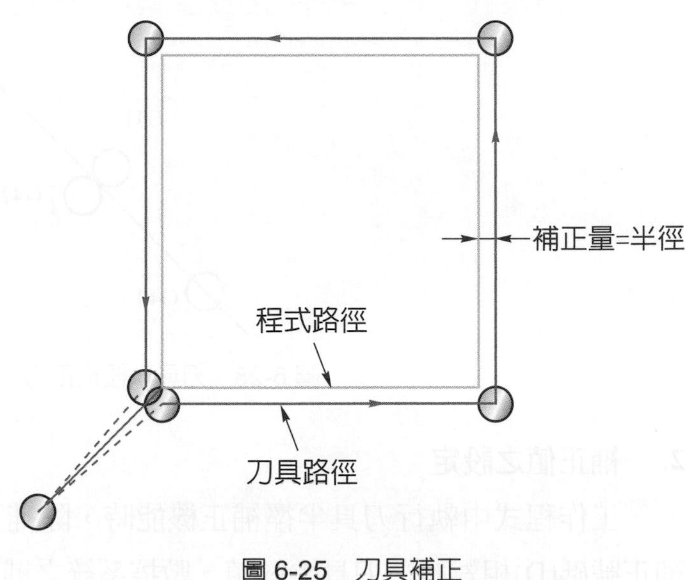

圖 6-25　刀具補正

圖 6-25 中，刀具路徑與程式路徑相差一刀具半徑之補正量，切削完成後，工件外形將完全與程式路徑一致。如此，則製作加工程式時只須依照加工圖上之尺寸、外形輪廓，撰寫路徑程式，配合刀具半徑補正機能，無須考慮刀具半徑所造成過切現象，即可順利完成尺寸精確之加工成品。

1. 刀具半徑補正方向

刀具半徑補正，偏位之方向，由 G41、G42 指令所設定，其中，當刀具補正方向偏程式路徑左側時，使用 G41 指令，如圖 6-26。當刀具補正方向偏程式路徑之右側時，則使用 G42 指令，如圖 6-27。亦即，刀具半徑偏左、偏右補正乃決定於程式路徑運動的方向，如圖 6-28。取消補正方向之設定，則以 G40 爲之。

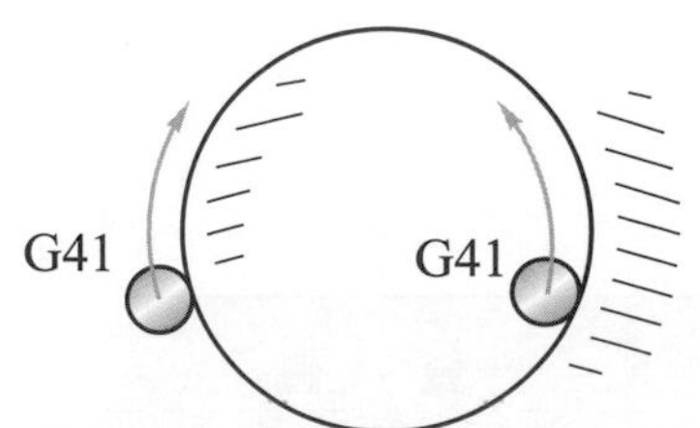

圖 6-26　刀具半徑偏左補正

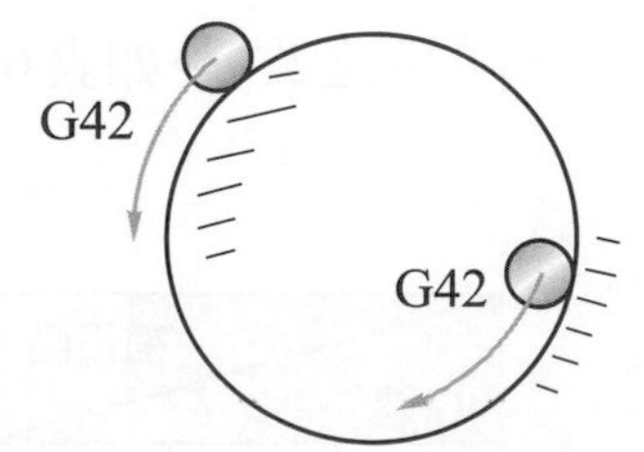

圖 6-27　刀具半徑偏右補正

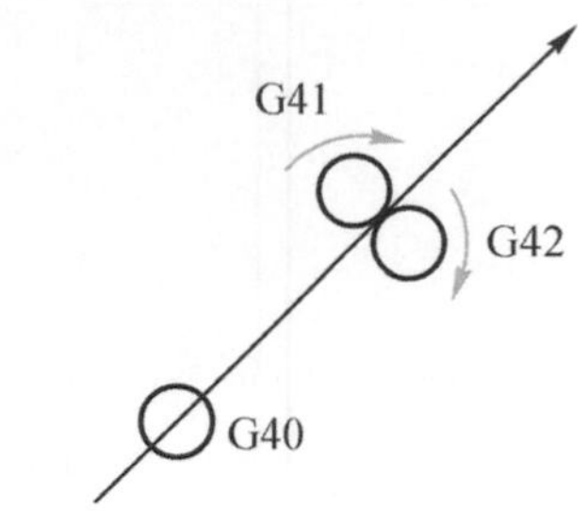

圖 6-28 刀具半徑補正方向之決定

2. 補正值之設定

工作程式中執行刀具半徑補正機能時，除補正方向指令之選擇外，尚須給予補正號碼(D)相對應之刀具半徑值。數控系統之補正值，通常經由操作面板上之軟體鍵，以"MDI"式輸入，每一個補正號碼，必有一個補正值與之對應。刀具半徑補正之 D 碼一般與刀具長度補正之 H 碼共用補正欄(offset)，可設定補正之 D 碼，從 00～99，而設定 D00 時，其補正值爲零，當然，每一廠家製造之數控機械，補正號碼設定範圍，可能有所不同。

加工程式進行過程中，如因更換刀具之故，欲改變刀具半徑之補正量，通常必須先取消前一單節之補正值，但數控系統仍可計算因刀具半徑之不同而造成之不同刀具路徑，如圖 6-29。

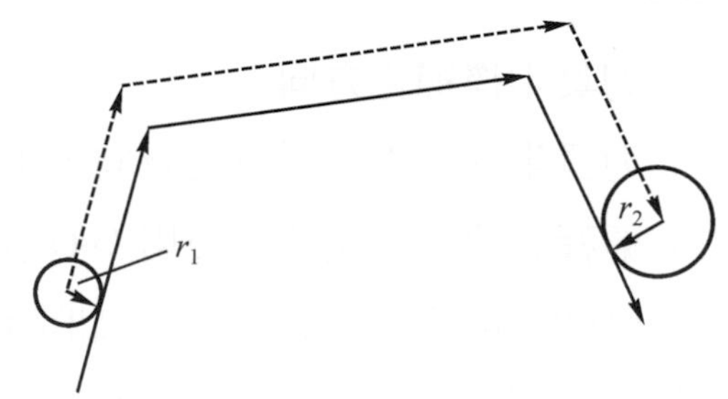

圖 6-29 補正值改變之路徑

補正值之正負符號不同時，其刀具半徑補正之方向亦隨之改變，如表 6-5 所示。

表 6-5

G 碼 \ 補正值	正　值	負　值
G41	補正偏左	補正偏右
G42	補正偏右	補正偏左

由表 6-5 得知，吾人可藉補正值符號之更改，而改變 G41 與 G42 之補正方向。

3. G41、G42 應用於外形輪廓切削之形式

(1) 刀具半徑補正起始點之設定：工作程式中執行 G41、G42 指令時，即使於其所設定單節中，並無任何座標字語(X、Y、Z)之存在，此一單節仍將執行一刀具半徑之偏移，因此一位置偏移屬線性位移，因而指令 G41、G42 之單節中位移控制指令僅能選擇 G00 或 G01，不得使用 G02 或 G03，否則系統將發生警告訊號。

範例 6-13

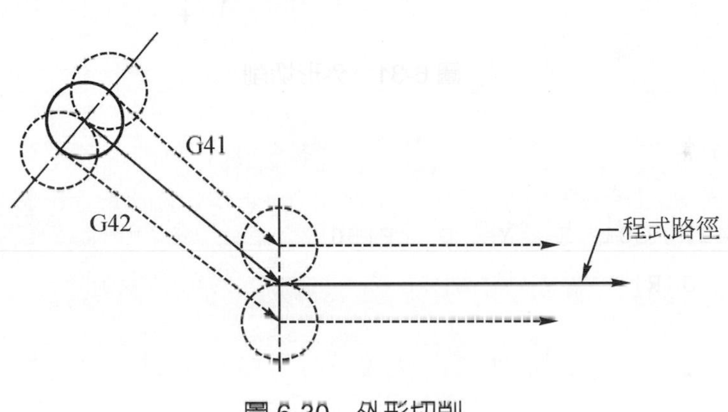

圖 6-30 外形切削

```
:
:
G90  G41(G42)  G01  D    F150； 雖未指令座標字語 X、Y，但刀具仍偏位一半徑值
 X   Y    ;
 X    ;
:
:
```

範例 6-14

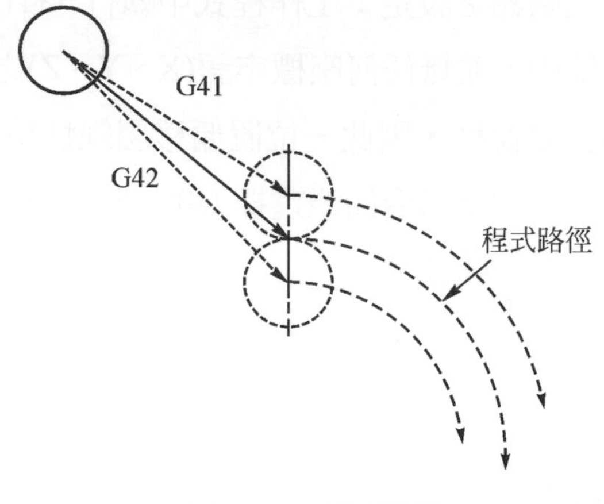

圖 6-31　外形切削

```
:
:
:
G90  G41(G42)  G01  X__Y__D__F150；
G02  X__Y__J(R)     ；
:
:
:
```

程式中設定 G41、G42 指令，僅於所選擇之平面發生刀具補正之效果。例如，補正平面選擇 G17 時，則即使三軸同時移動，刀具仍僅作 X、Y 軸之補正，Z 軸則仍依程式指令作動。

(2) 轉角切削時之刀具半徑補正：G41(G42)指令為模式(modal)G 碼，因而一經設定，除非同組群之指令取而代之或以 G40 取消之，否則，其機能持續有效。於切削工件之轉角時，刀具路徑常因轉角弧度或大小之不同而有所差異。

① 工件外轉角切削時之刀具補正：前後單節之路徑若其夾角大於 180°，則系統將作外轉角之補正，刀具由前一單節路徑轉換至下一位移路徑時，轉角之形態有圓弧形及交角形兩種，而一般數控系統多採圓弧形轉角形態，如圖 6-32、圖 6-33。

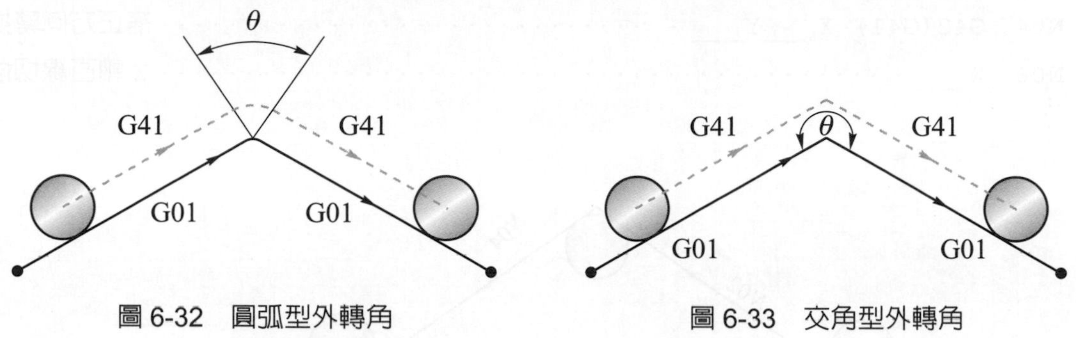

圖 6-32 圓弧型外轉角

圖 6-33 交角型外轉角

② 工件內轉角切削時之刀具補正：前後單節之路徑若其夾角小於 180°，則系統將作內轉角之補正，前後單節路徑之共切圓即為刀徑之大小，如圖 6-34。

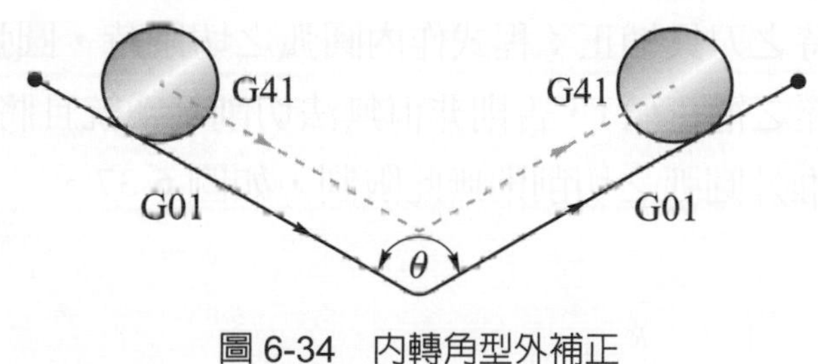

圖 6-34 內轉角型外補正

(3) 補正方向之轉換：所謂補正方向之轉換係指不使用 G40 指令取消補正功能，而將 G41、G42 指令直接轉換。

範例 6-15

```
:
:
:
G17  G91  G41(G42)  G01  D___ ; ························設定補正方向
N02  G01  X____Y____F____ ; ··························· 斜直線切削
N04  G42(G41)  X____Y____ ; ························補正方向轉換
N06  X___ ; ··········································x 軸直線切削
:
:
:
```

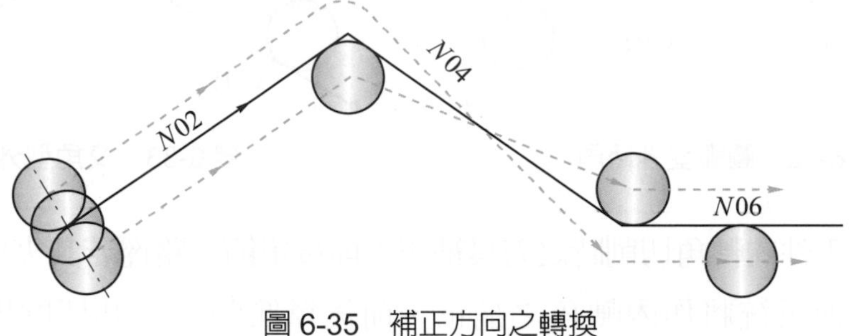

圖 6-35　補正方向之轉換

(4) 圓弧切削時之刀具補正：程式作內圓弧之切削時，圓弧之半徑 R 不得小於刀具半徑之補正值 r，否則非但無法切削，系統且將發出警告訊號。如圖 6-36。唯外圓弧之切削則無此限制，如圖 6-37。

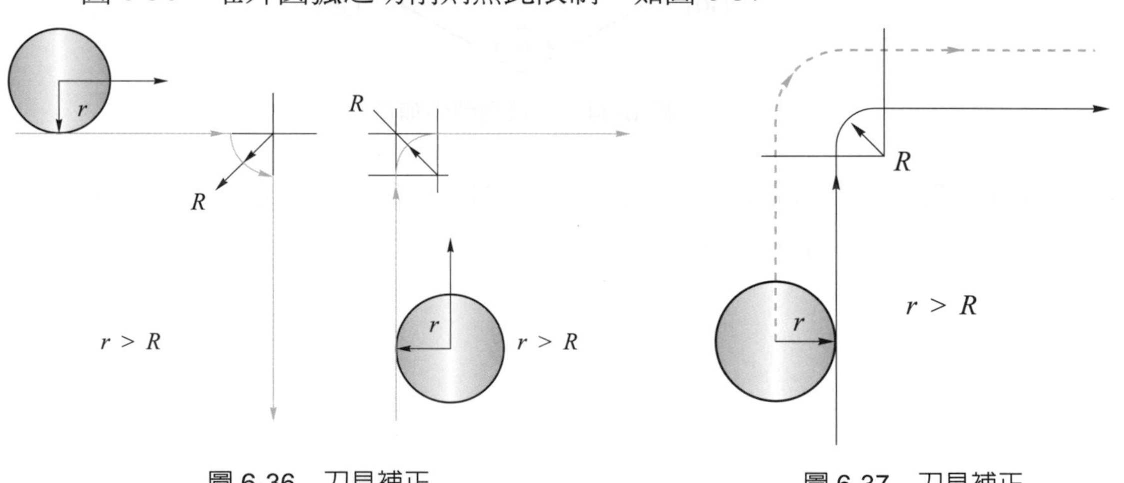

圖 6-36　刀具補正

圖 6-37　刀具補正

(5) 刀具半徑補正之取消：當刀具半徑補正指令執行完畢或欲取消補正時，得以 G40 或設定補正號碼 D00 爲之。刀具半徑補正取消之路徑恰好與起始點設定之路徑相反，如圖 6-38，於切削路徑中同時取消補正。或圖 6-39，到達路徑終點後，再將補正取消。唯 G40 前之位移指令僅能使用 G00 或 G01。

範例 6-16

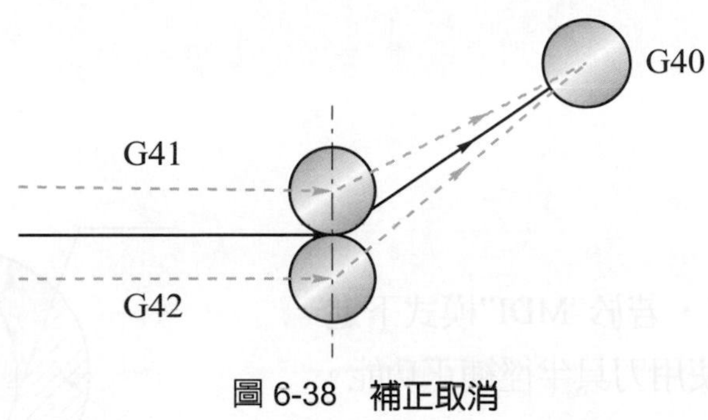

圖 6-38 補正取消

```
 :
 :
 :
G41(G42) D____...... ;
 :
 :
 :
G01  X____F____ ;
G40  X____Y____ ;
```

範例 6-17

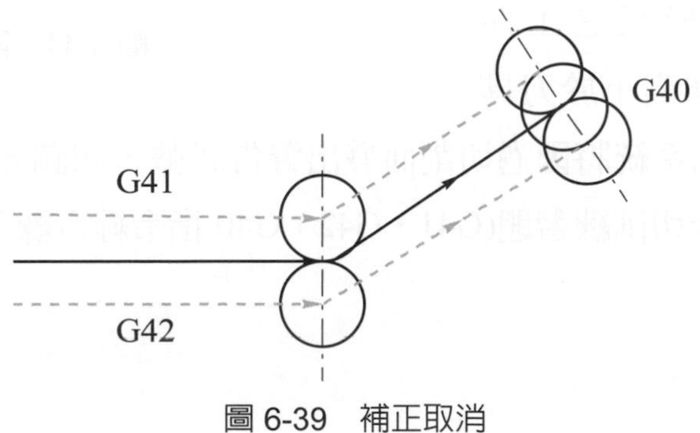

圖 6-39 補正取消

```
 :
 :
 :
G41(G42) D____......;
 :
 :
 :
G01  X____F____;
   X____Y____;
G40;
 :
 :
 :
```

(6) 其他注意事項：

① 工作之加工，若於"MDI"模式下進行，則不得使用刀具半徑補正功能。

② 加工凹槽時，若槽寬小於兩倍之刀具半徑，則系統將因過切削而發出警告訊號，如圖 6-40。

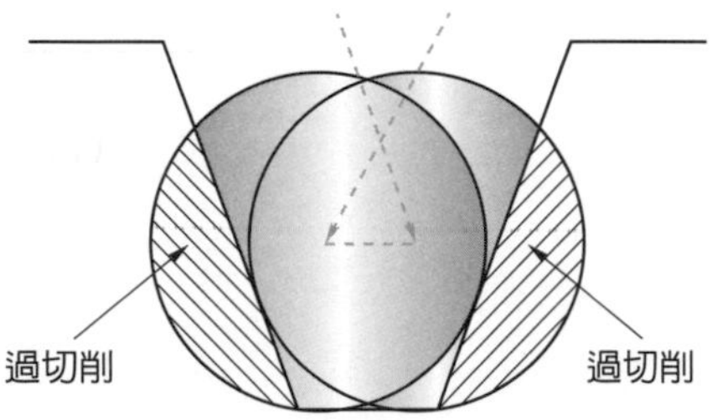

過切削　過切削

圖 6-40

③ 刀具半徑補正機能設定之單節，只能允許 G00 與 G01 之位移指令，不能與 G02、G03 同一單節使用。

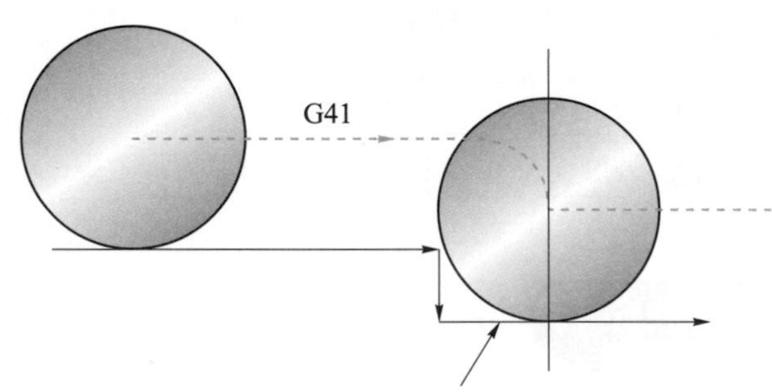

圖 6-41　階梯切削

④ 加工階梯形狀之工件時，若階梯高小於刀具之半徑，則系統將因過切削而發出警告訊號，如圖 6-41。

程式範例：綜合切削練習題(G41，G42，G40 指令綜合練習)

範例 6-18 綜合切削練習題一

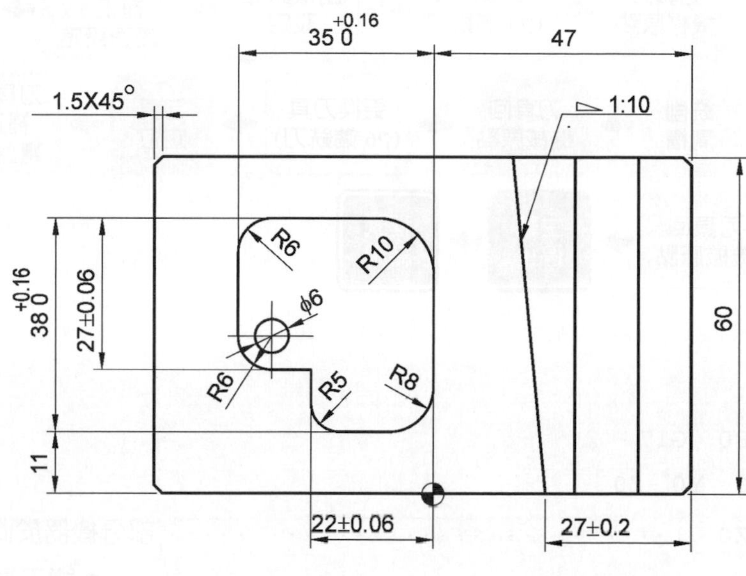

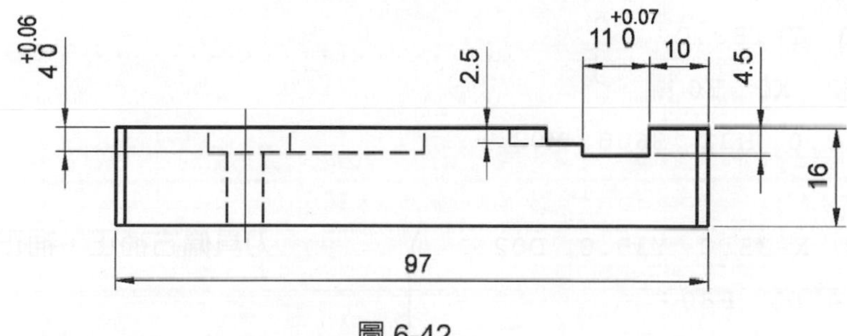

圖 6-42

1. **使用刀具**

   (1) T_1：ϕ 75 面銑刀，以 MPG 手動操作方式，銑削工件表面，以作為加工平面之基礎。

   (2) T_2：ϕ 8 端銑刀(2 刃)。

   (3) T_3：ϕ 6 端銑刀(2 刃)。

2. **材料**

   S30C，t16×60×97

3. **實習技能項目**

   面銑、端銑、外形銑削、溝槽銑削、斜度銑削。

4. 流程圖

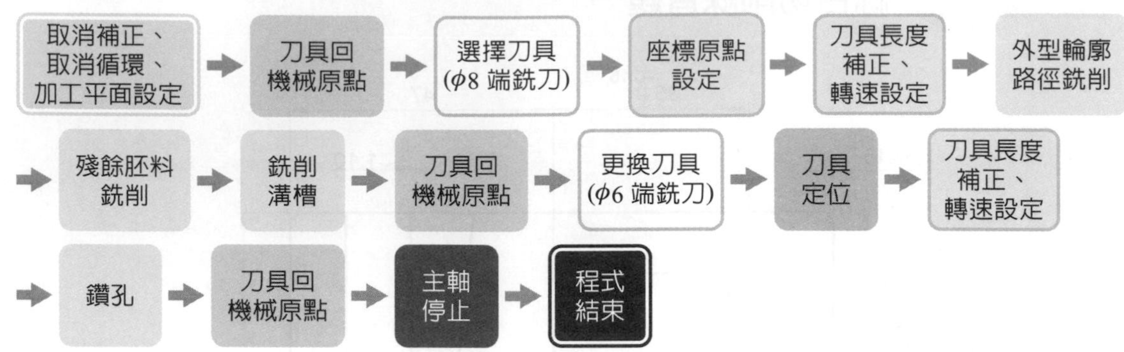

5. 加工程式

```
O6042；
  G00  G40  G80  G17；
  G91  G28  X0  Y0  Z0
  (G91  G30  Z0；) ........................... 部分機器於此位置換刀
  T02  M06； ................................ 2 號刀具(端銑刀)
  X-200.0  Y-180.0；  }
  G90  G92  X0  Y0；  } ....................... 程式原點設定
  G43  Z10.0  H32  S600  M03；
  M08；
  N1  G42  X-35.0  Y35.0  D02；      刀具偏右補正，補正值 D02=3.98
  G01  Z-4.03  F80；
  G91  Y8.0  F100；
  G02  X6.0  Y6.0  R6.0；
  G01  X19.0；
  G02  X10.0  Y-10.0  R10.0；  ............... 外形輪廓銑削
  G01  Y-20.0；
  G02  X-8.0  Y-8.0  R8.0；
  G01  X-9.0；
  G02  X-5.0  Y5.0  R5.0；
  G01  Y6.0；
  X-7.0；
  G02  X-6.0  Y6.0 R6.0；
```

```
G01  Y15.0；
N2  X28.0；       ┐
    Y-26.0；      │
    X-8.0；       ├ ································清除剩餘胚料
    Y12.0；       ┘
    X-12.0；
N3  G90 G40 G00 Z5.0
X17.5  Y65.0； ············ φ 8 端銑刀之中心路徑 (D-27)/65 = 1/10 ∴D=33.5
                            47-33.5=13.5，13.5+4(刀具半徑)=17.5
G01  Z-2.5  F80；
X24.5  Y-5.0  F100；··············銑削斜度(1:10)，(D-17.5)/70 = 1/10，
                            ∴D=24.5(70→銑削斜度長)
X28.0；          ┐
X21.0  Y65.0；   ┘ ·································剩餘之胚料銑削
N4  X30.0；       ┐                    47-21+4(刀具半徑)=30
    Z-4.5  F60；  │
    Y-5.0  F80；  ├                   銑削溝槽(寬 11.04mm)
    X33.04；      ┘
    Y65.0；
N5  G00  Z5.0；
G91  G28  Z0  M05；
(G91  G30  Z0  M05；)
T03  M06 ·································3 號刀具(φ 6 端銑刀)
G90  X-29.0  Y28.0；
G43  Z10.0  H33  S800  M03； ························ 銑削φ 6 孔
G01  Z-17.0  F50；
G91  G80  G28  Z0  M05；
M09；
M30；
```

範例 6-19 綜合切削練習題二

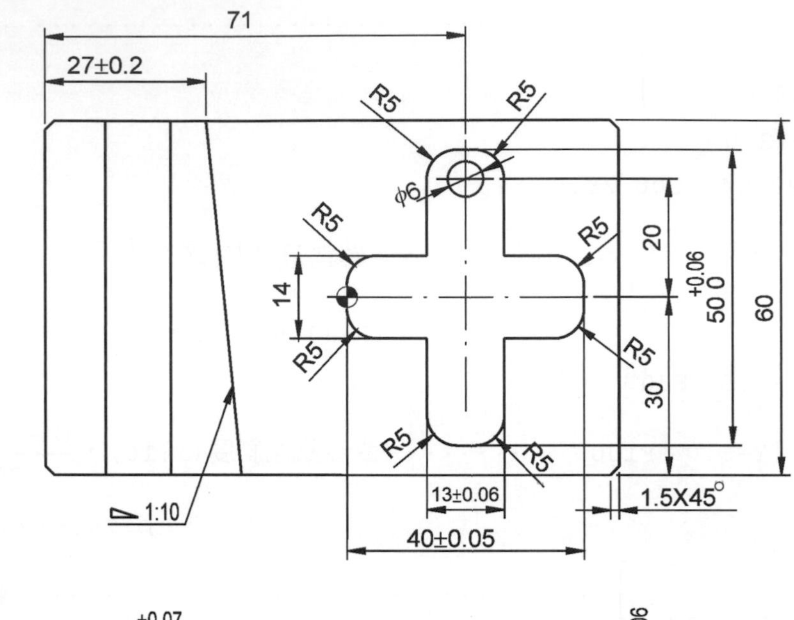

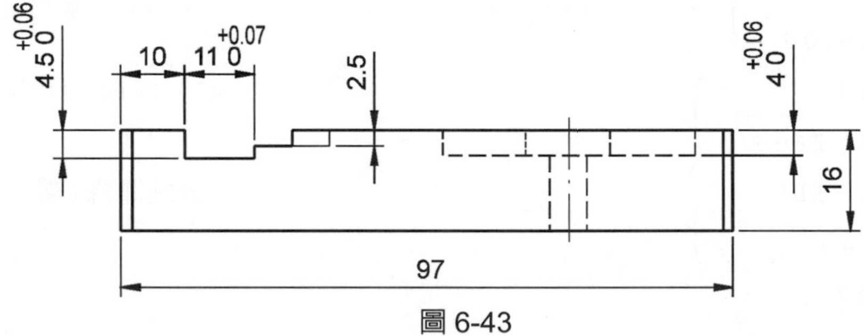

圖 6-43

1. 使用刀具

(1) T_1：ϕ75 面銑刀，以 MPG 手動操作方式，銑削工件表面，以作為加工平面之基礎。

(2) T_2：ϕ8 端銑刀(2 刃)。

(3) T_3：ϕ6 端銑刀(2 刃)。

2. 材料

S30C，t16×60×97

3. 實習技能項目

面銑、端銑、外形銑削、溝槽銑削、斜度銑削。

4. 流程圖

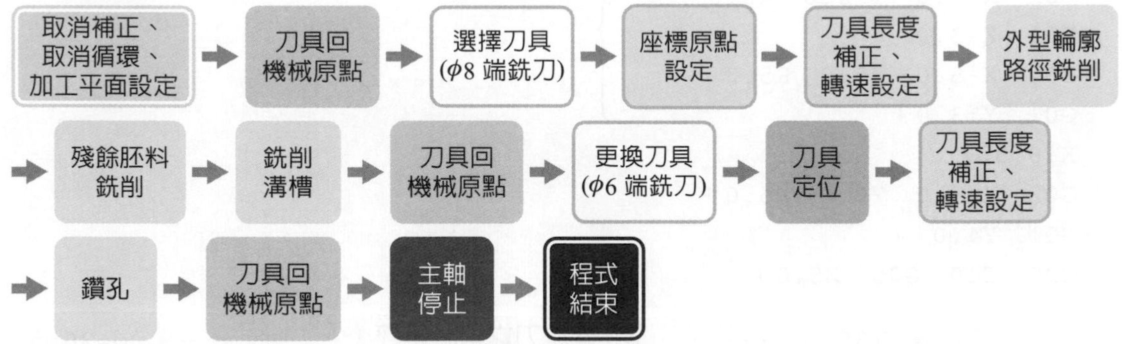

5. 加工程式

```
O6043；
  G00  G40  G80  G17；
  G91  G28  X0  Y0  Z0；
  (G91  G30  Z0；)
  T02  M06； ································· 2 號刀具(端銑刀)
  X-200.0  Y-200.0； }
  G90  G92  X0 Y0；  } ·························· 程式原點設定
  G43  Z10.0  H32  S600  M03；
  M08；
  X20.0；
  G01  Z-4.03  F80；
  N1  G42  X0  D02  F100； ·········刀具偏右補正，補正值 D02=3.98
  G91  Y2.0；
  G02  X5.0  Y5.0  R5.0；
  G01  X8.5；
  Y13.0；
  G02  X5.0  Y5.0  R5.0；
  G01  X3.0；
  G02  X5.0  Y-5.0  R5.0； ··················· 外形輪廓銑削
  G01  Y-13.0；
  X8.5；
  G02  X5.0  Y-5.0  R5.0；
  N2  G01  Y-4.0；
  G02  X-5.0  Y-5.0  R5.0；
  G01  X-8.5；
```

```
Y-13.0；                          ┐
G02  X-5.0  Y-5.0  R5.0；          │
G01  X-3.0；                       │
G02  X-5.0  Y5.0  R5.0；           │
G01  Y13.0；                       ┘
X-8.5；
G02  X-5.0  Y5.0  R5.0；
G01  Y4.0
G90  G40  G00  Z5.0；
N3  X-28.5  Y35.0；······· φ8 端銑刀之中心路徑，(27 - d)/5 = 1/10 ∴d=26.5
                            ，71-20-26.5+4(刀具徑徑)=28.5
G01  Z-2.5  F80；
X-21.5  Y-35.0  F100；······· 銑削斜度(1:10) (28.5 - d)/70 = 1/10 ∴d=21.5
X-26.5；          ┐
X-31.5  Y35.0；   ┘·································· 銑削剩餘胚料
N4  X-34.0；      ┐······················· 71-20-21+4(刀具半徑)=34
Z-4.5  F60；      │
Y-35.0；          │························· 銑削溝槽(寬 11.04mm)
X-37.04；         ┘
Y35.0；
N5  G00  Z5.0；
G91  G28  Z0  M05；
(G91  G30  Z0  M05；)
T03  M06 ······································ 3 號刀具(φ6 端銑刀)
G90  X20.0  Y20.0；               ┐
G43  Z10.0  H33  S800  M03；      │······················ 銑削φ6 孔
G01  Z-17.0  F50；                ┘
G91  G28  Z0  M05；
M09；
M30；
```

範例 6-20 綜合切削練習題三

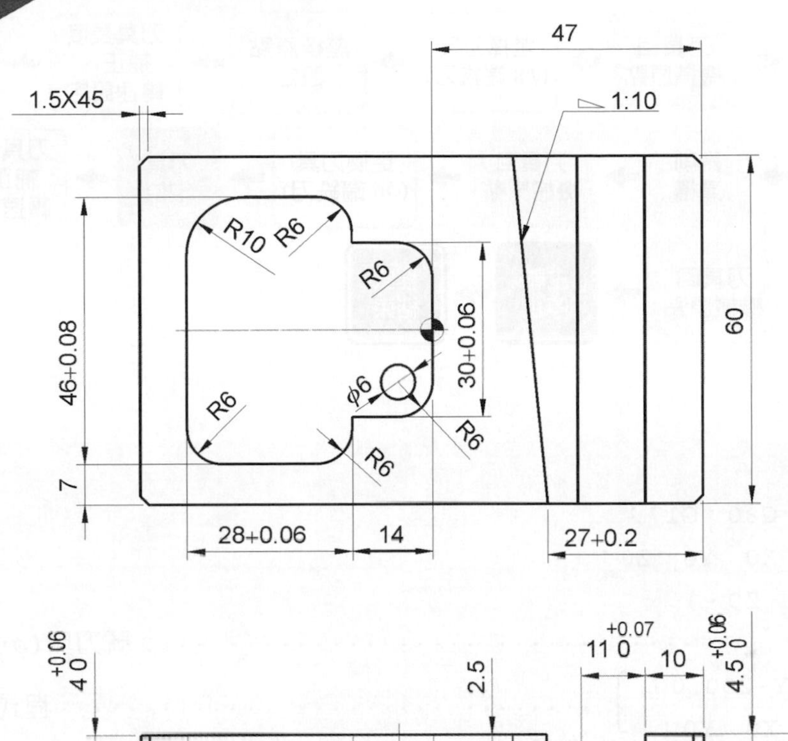

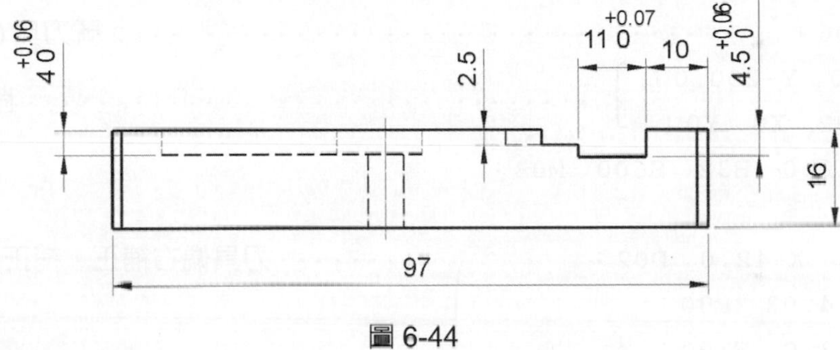

圖 6-44

1. 使用刀具

(1) T_1：ϕ75 面銑刀，以 MPG 手動操作方式，銑削工件表面，以作爲加工平面之基礎。

(2) T_2：ϕ8 端銑刀(2 刃)。

(3) T_3：ϕ6 端銑刀(2 刃)。

2. 材料

S30C，t16×60×97

3. 實習技能項目

面銑、端銑、外形銑削、溝槽銑削、斜度銑削。

4. 流程圖

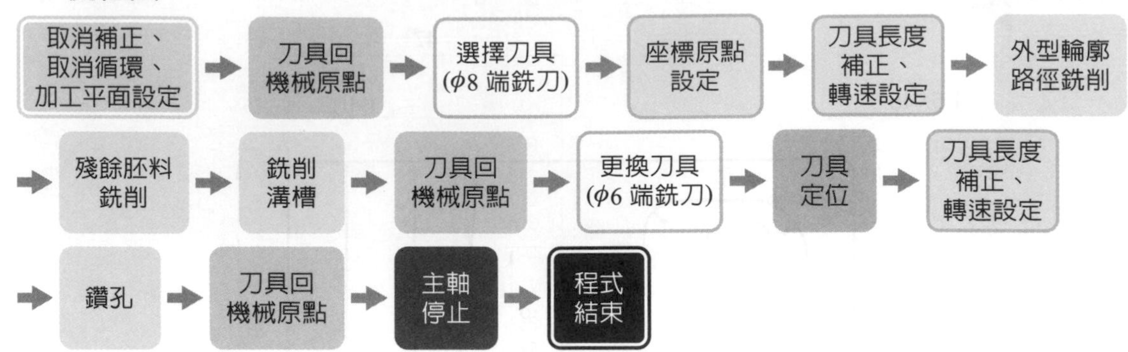

5. 加工程式

```
O6044；
  G00  G40  G80  G17；
  G91  G28  X0  Y0  Z0；
  (G91  G30  Z0；)
  T02  M06；  ································2 號刀具(φ8 端銑刀)
  X-200.0  Y-200.0；  }
  G90  G92  X0  Y0；  }································程式原點設定
  G43  Z10.0  H32  S600  M03；
  M08；
  N1  G42  X-42.0  D02；       ·········刀具偏右補正，補正值 D02=4.0
  G01  Z-4.03  F80；
  G91  Y13.0  F100；
  G02  X10.0  Y10.0  R10.0；
  G01  X12.0；
  G02  X6.0  Y-6.0  R6.0；
  G01  Y-2.0；
  X8.0；                       ·························外形輪廓銑削
  G02  X6.0  Y-6.0  R6.0；
  N2  G01  Y-18.0；
  G02  X-6.0  Y-6.0  R6.0；
  G01  X-8.0；
  Y-2.0；
  G02  X-6.0  Y-6.0  R6.0；
  G01  X-16.0；
```

```
G02  X-6.0  Y6.0  R6.0；
G01  Y20.0；
N3  G90  G40  X-31.0  Y14.0；  ┐
Y-14.0；                       │
X-24.0；                       │
Y14.0；                        │
Y5.0；                         ├……………………… 銑削剩餘之胚料
X-7.0；                        │
Y0；                           │
X-23.0；                       │
Y-5.0；                        ┘
X-7.0；
G00  Z5.0；
N4  X17.5  Y35.0；………… φ8 端銑刀之中心路徑 (D－33)/5 = 1/10 ∴D=33.5
                          47-33.5+4(刀具半徑)=17.5
G01  Z-2.5；
X24.5  Y-35.0………………… 銑削斜度(1:10) (D－17.5)/70 = 1/10 ∴24.5
X29.0；        ┐
X22.0  Y35.0； ┘……………………………… 銑削斜度之剩餘胚料
N5  X30.0；  ┐……………………………… 47-21+4(刀具半徑)=30
Z-4.5；      │
Y-35.0；     ├……………………………… 銑削溝槽(寬 11.04)
X33.04；     ┘
Y35.0；
N6  G00  Z5.0；
G91  G28  Z0  M05；
(G91  G30  Z0  M05；)
T03  M06………………………………………… 3 號刀具(φ6 端銑刀)
G90  X-6.0  Y-9.0；            ┐
G43  Z10.0  H33  S800  M03；   ├……………………… 銑削φ6 孔
G01  Z-17.0  F50；             ┘
G91  G28  Z0  M05；
M09；
M30；
```

二、G43、G44、G49 刀具長度補正

程式格式：

$$\left\{\begin{matrix} G43 \\ \\ G44 \end{matrix}\right. \left\{\begin{matrix} G00 \\ \\ G01 \end{matrix}\right\} Z\_\_\_H\_\_\_ ;$$

G49；

其中 G43：刀具長度沿正向補正

G44：刀具長度沿負向補正

G49：刀具長度補正取消

Z：Z 軸終點座標

H：刀具長度補正號碼

銑床或加工機上加工每一工件使用之刀具頗多，且長度不一，每一把刀具於機械原點換刀後，皆須施以刀具長度補正，即 Z 軸向之位置補正，以修正刀具長度之誤差，使得刀具能依程式指令，正確的接近工件，並順利完成 Z 軸向精確深度之加工。

1. 長度補正值之設定

長度補正值以兩種方法測得，一為自 Z 軸之機械原點，使刀具往下移動直到接觸工件表面，而測量自機械原點之刀尖位置到工件表面間之距離。如圖 6-45。另一種方法，則選定一把刀具為基準，精確測量此刀具自機械原點之刀尖至工件表面間之距離，為刀具長度補正值之基準，爾後所使用之其他刀具，則以其與基準刀具之長度差值換算各刀之長度補正值。

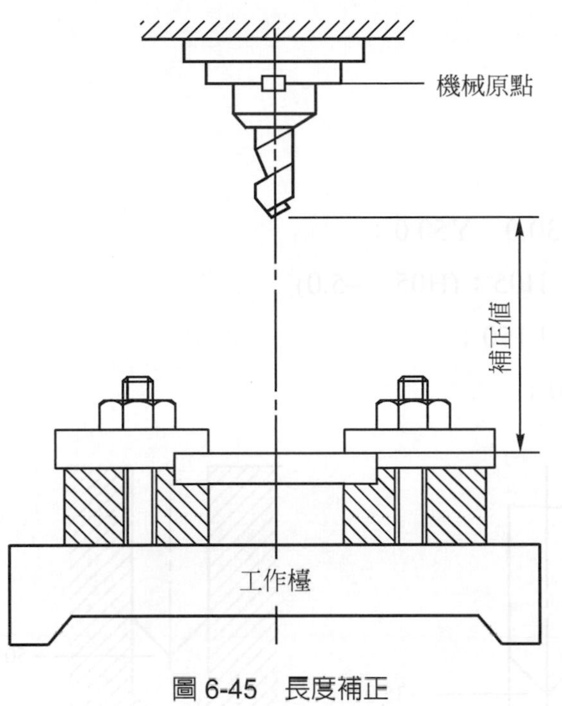

圖 6-45　長度補正

2. 補正值之正負與補正方向

補正值之正負符號直接影響 G43、G44 之補正方向。補正值爲正時，G43 係刀具長度沿正向補正，G44 則沿負向補正；若補正值爲負，則補正方向恰好相反，G43 沿負向補正，G44 則沿正向補正，如表 6-6 所示。

表 6-6

補正值 / G 碼	正　值	負　值
G43	正向補正	負向補正
G44	負向補正	正向補正

補正值號碼以字碼 H 設定；對應於 H00 之補正值爲零。刀具補正之取消，可以“G49”或設定“H00”爲之。銑床或加工機，刀具以 G28 指令執行機械原點復歸後，刀具長度補正機能即隨之消失，因而 G49 指令亦可省略不寫。

以下爲 G43、G44 指令之應用例；

範例 6-21

	Z 軸位置
N02 G92 Z0；	0.00
N04 G90 G00 X30.0 Y50.0；	0.00
N06 G43 Z–35.0 H05；(H05 = –5.0)	– 40.0
N08 G01 Z–50.0 F150；	– 55.0
N10 G00 G49 Z0；	0.00

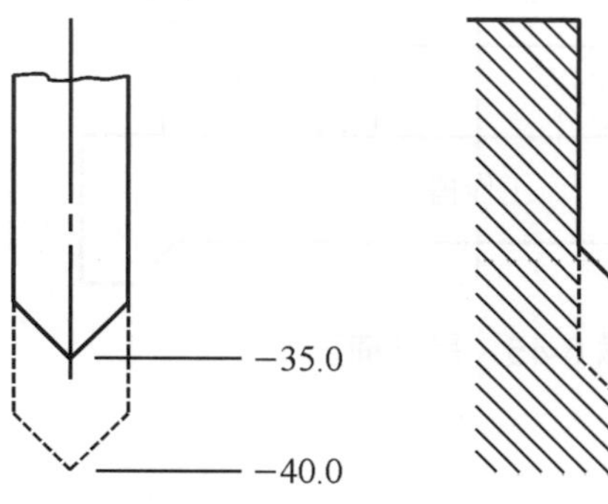

圖 6-46

範例 6-22

	Z 軸位置
N02 G92 Z0；	0.00
N04 G00 G90 X30.0 Y20.0；	0.00
N06 G44 Z–25.0 H06；(H06=5.0)	– 30.00
N08 G01 Z–38.0 F150；	– 43.00
N10 G00 Z0 H00；	0.00

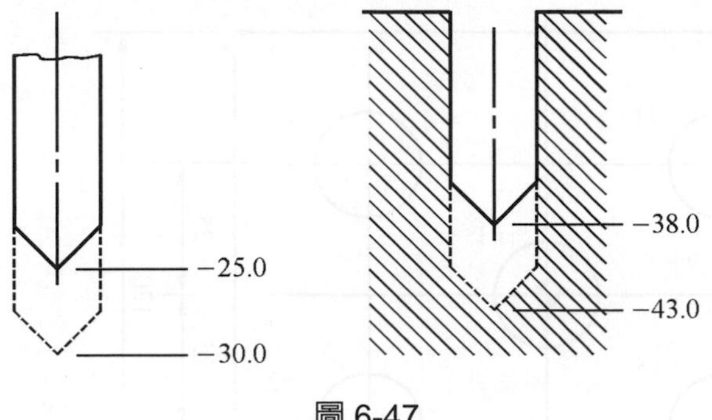

圖 6-47

範例 6-23

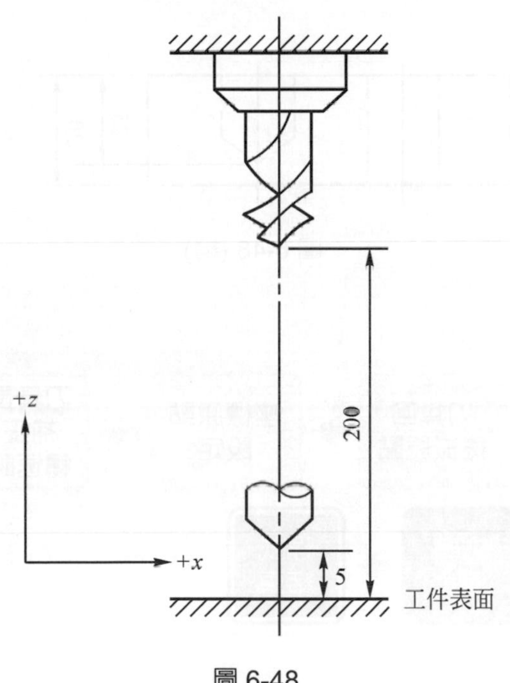

圖 6-48

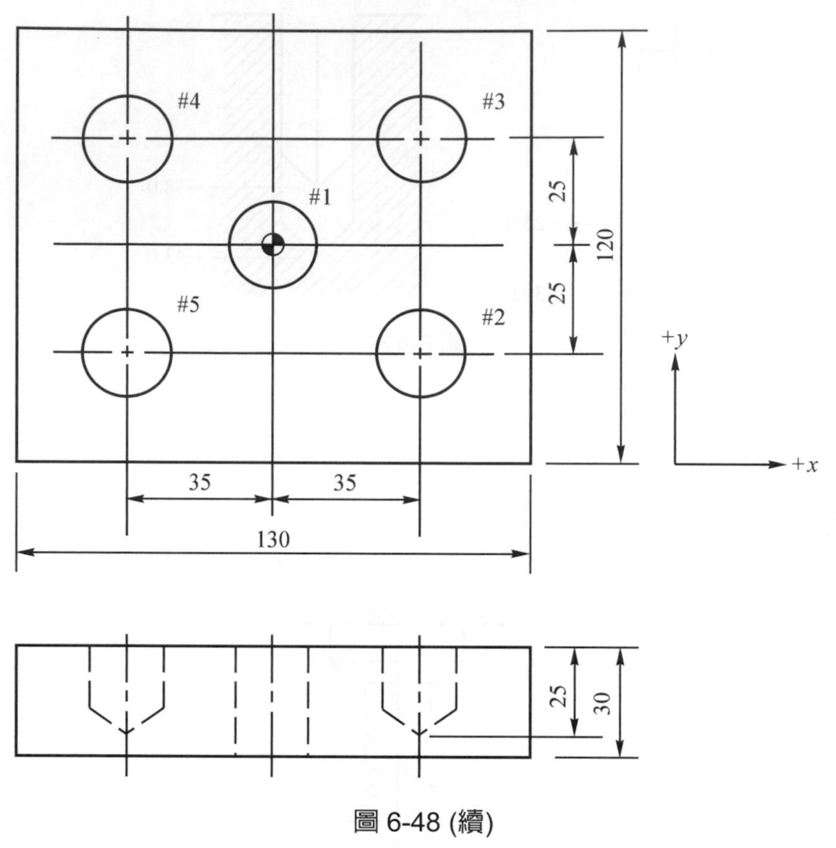

圖 6-48 (續)

流程圖

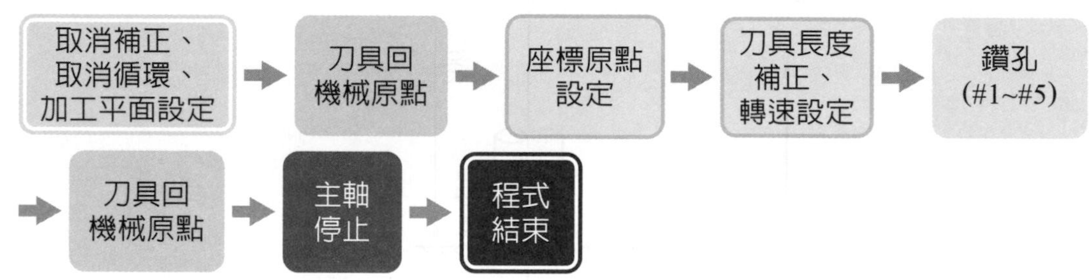

程式範例：

```
O6048；
  G00  G40  G80  G17；··················取消一切補正，循環，設定 XY 平面
  G91  G28  X0  Y0  Z0；······························刀具回機械原點
    X-300.0  Y-200.0；  }
    G90  G92  X0  Y0  Z0；}  ···························座標原點設定
```

```
  G43  Z5.0  H02  M03  S1000； ········· H02=-200mm，刀具快速下降至#1
                                          孔上方 5mm 處，主軸正轉 1000rpm
  M08； ··············································· 切削劑開
N01 G01  Z-35.0  F150.0； ········· #1 孔鑽削，深 35mm，進刀 150mm/min
    G00  Z5.0； ························ 刀具拉升至#1 孔上方 5.0mm 處
    X35.0  Y-25.0； ··················· 刀具快速位移至#2 孔上方 5.0mm 處
N02 G01  Z-25.0； ··························· #2 孔鑽削，深 25mm
    G04  P2000； ··················· 暫停 2 秒使孔深精確，孔底光滑
    G00  Z5.0； ························ 刀具拉升至#2 孔上方 5.0mm 處
    Y25.0； ··························· 刀具快速移動至#3 孔上方 5.0mm 處
N03 G01  Z-25.0 ； ·························· #3 鑽削，孔深 25mm
    G04  P2000； ··································· 刀具暫停 2 秒
    G00  Z5.0； ····························· 刀具往上拉升至#3 孔上方
    X-35.0； ································ 刀具快速定位至#4 孔上方
N04 G01  Z-25.0； ··························· #4 孔鑽削，深 25mm
    G04  P2000； ··································· 刀具暫停 2 秒
    G00  Z5.0； ····························· 刀具往上拉升至#4 孔上方
    Y-25.0； ································ 刀具快速定位至#5 孔上方
N05 G01  Z-25.0； ··························· #5 孔鑽削，深 25mm
    G04  P2000； ········································ 暫停 2 秒
    G00  Z5.0； ···································· 刀具往上拉升
    X0  Y0； ······································ 刀具回程式原點
    G28  G91  X0  Y0  Z0； ························ 刀具回機械原點
    M09； ············································· 切削劑關
    M05； ············································· 主軸停止
M30； ················································· 程式結束
```

6-4　座標系統設定與選擇性準備機能

一、G50(G51)比例切削功能

G51　I___J___K___P___；

其中 I、J、K：比例中心之 X、Y、Z 座標值

P：比例值

G50：比例切削功能取消

本指令係將加工程式之路徑，以 I、J、K 爲中心，執行設定比例"P"值之放大或縮小之功能。善用本指令，即可以同一加工程式生產製造大小比例不同之成品，於模具之製作，用途頗大。

範例 6-24

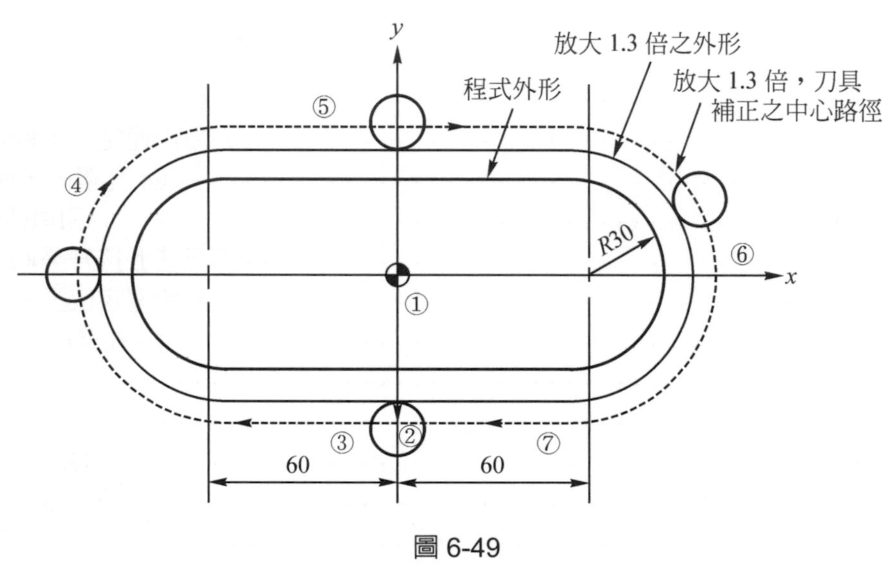

圖 6-49

流程圖

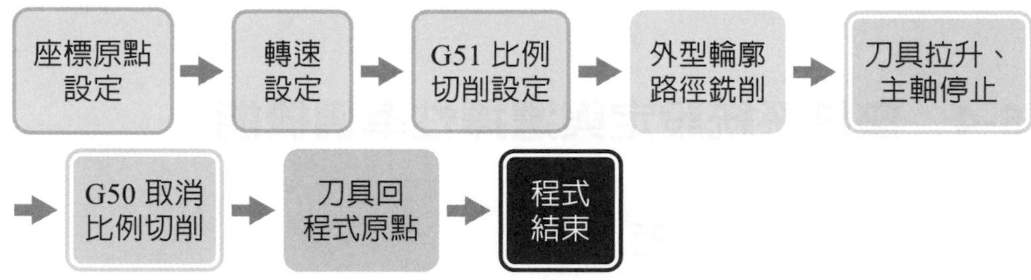

```
O6049；·····································程式號碼
 G92  X0  Y0  Z5.0；··························座標原點設定
 S800  M03；·····························主軸正轉 800rpm
  G51  I0  J0  P1300( P1.3)；············放大 1.3 倍(10M 以 P1.3 表示)
N01  G91  G41  G00  Y-30.0  D01；
N02  G01  Z-15.0  F150；
N03  X-60.0；
N04  G02  Y60.0  R30.0(J30.0)；  ···············執行放大切削之工作程式
N05  G01  X120.0；
N06  G02  Y-60.0  R30.0(J-30.0)；
N07  G01  X-60.0；
    G00  Z15.0  M05；
    G50；································取消比例切削功能
    G90  G40  X0  Y 0；·························刀具回程式原點
    M30；····································程式結束
```

範例 6-25

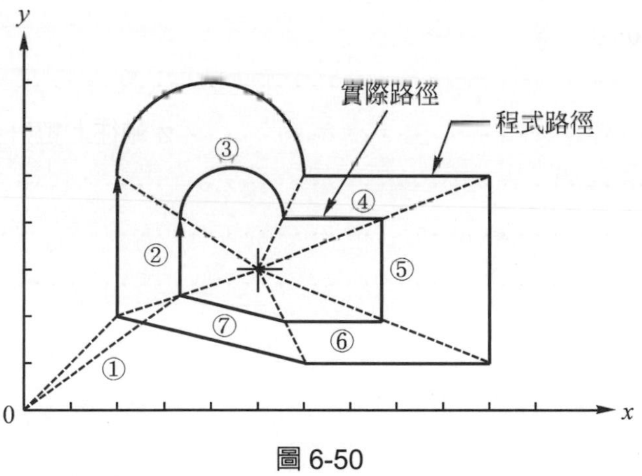

圖 6-50

流程圖

```
O6050；………………………………………………………… 程式號碼
  G92  X0  Y0  Z5.0；……………………………… 座標原點設定
  S800  M03；……………………………………… 主軸正轉 800rpm
  G51  I50.0  J 30.0  P500(P0.5)；…… 比例中心(50，30)，縮小 0.5 倍
N01  G90  G00  X20.0  Y20.0；⎫
    G01  Z-5.0  F150；       ⎪
N02  Y50.0 ；                ⎪
N03  G02  X60.0  I20.0；     ⎬ ……………… 執行縮小切削之工作程式
N04  G01 X100.0；            ⎪
N05  Y10.0；                 ⎭
N06  X60.0；
N07  X20.0  Y20.0；
  G50；………………………………………………… 取消比例切削功能
  Z5.0；…………………………………… Z 軸往上拉升至工件上方 5mm 處
G00X0Y0；…………………………………………………… 刀具回原點
M05；………………………………………………………………… 主軸停止
M30；………………………………………………………………… 程式結束
```

二、G52～G59 座標系統設定

數控銑床或加工機之座標系統，一般可分爲下列三類：

(1) 機械座標系統(G53)。

(2) 工作座標系統(G54～G59，G92)。

(3) 區域座標系統(G52)。

1. 機械座標系統

G53 X___Y___Z___；

其中 G53：機械座標系統設定

X、Y、Z：以機械原點爲程式零點所設定之座標值

一個以機械原點爲程式零點所設定之座標系統，稱爲機械座標系統。機械原點爲機械上之一固定點，通常由製造廠商所設定，而此基準點，一旦建立，則不容重新更改，其位移方式如下圖 6-51。

範例 6-26

```
:
:
:
G53；
G90  G00  X___Y___Z___；
:
:
:
```

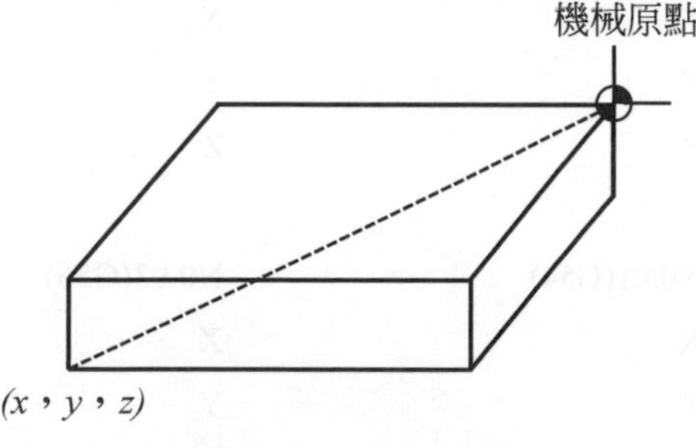

圖 6-51 座標設定

G53 指令爲一次式 G 碼，僅於所設定之單節中有效，亦僅於絕對值座標系統(G90)有效，於增量值(G91)之模式則失去效用。開機後，使用 G53 設定座標系統之前，必須先作手動或自動原點復歸(G28)方能執行 G53 指令。G53 指令於執行過程中，相關之刀具半徑、長度或位置補正，皆隨之消除。

2. 工作座標系統

工作座標系統之建立，除以前述 G92 指令設定外，尚可以 G54～G59 建立之。其中

G54：第一工作座標系統
⋮　　⋮
G59：第六工作座標系統

G54～G59 座標系統設定之方式係將各程式原點至機械原點座標間，各軸向距離，以"MDI"模式輸入於"work zero offset"欄中，如圖 6-52。或以程式指令 G10 輸入補正值設定之。(請參閱本章 6-2.7 單元)。G54～G59 指令，共可設定 6 個工作座標系統。如圖 6-53，圖中工件一(G54)～工件六(G59)之座標原點到機械原點間之補正值分別爲 ZOFS1～ZOFS6。六個工件座標系統可經由外部工件原點補正值之輸入，全部予以等量之移轉 NO.00(COMMON)，至於補正值輸入方式則與座標原點設定之方法相同。

WORK ZERO OFFSET	
N0.00(COMMON)	N0.02(G55)
X	X
Y	Y
Z	Z
N0.01(G54)	N0.03(G56)
X	X
Y	Y
Z	Z

圖 6-52

3. 局部座標系統

以工作座標系統(G54～G59)製作程式時，可經由 G52 程式指令，於工作座標系統中另再設一"子座標系統"，使程式進行更為流暢。

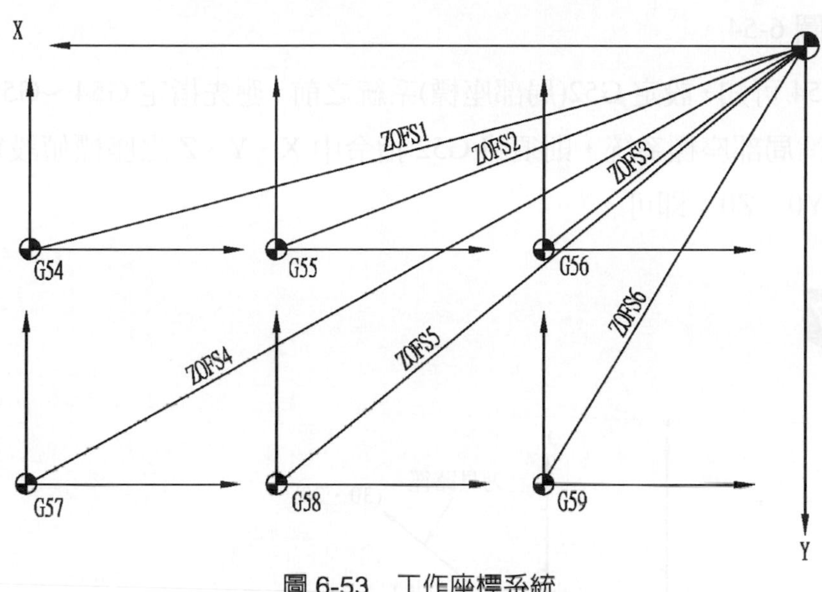

圖 6-53　工作座標系統

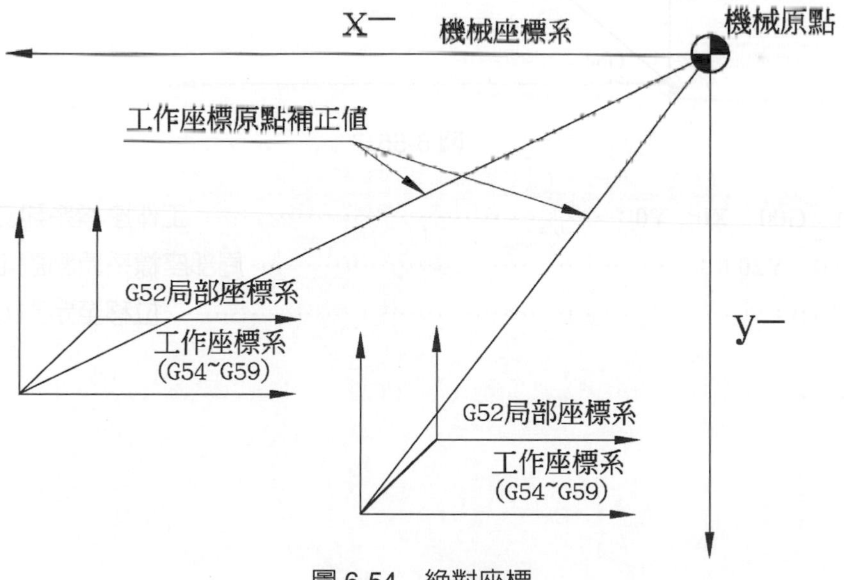

圖 6-54　絕對座標

局部座標系統之指令格式爲

G52　X___Y___Z___；

其中，X、Y、Z 爲局部座標原點於工作座標系統中 X 軸、Y 軸、Z 軸的絕對座標值，如圖 6-54。

由圖 6-54 可知，設定 G52(局部座標)系統之前，應先指定 G54～G59 工作座標系統。欲取消局部座標系統，則須將 G52 指令中 X、Y、Z 之座標值設定爲零，即 G52　X0　Y0　Z0；即可。

範例 6-27

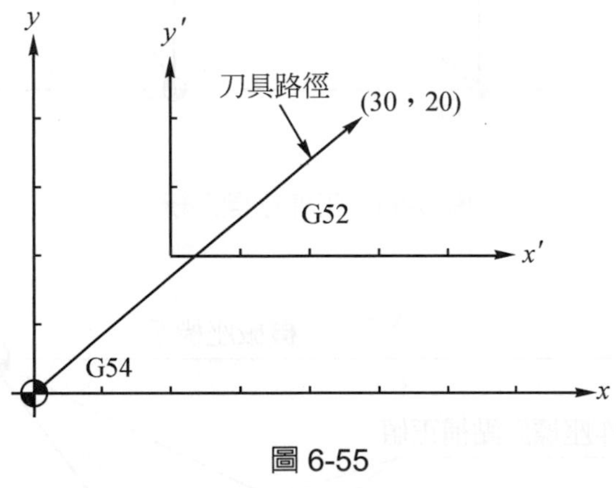

圖 6-55

```
G90　G54　G00　X0　Y0；…………………………… 工作座標系建立 G54(0,0)
G52　X20.0　Y20.0；……………………………… 局部座標系原點設定 G52(0,0)
X30.0　Y20.0；………………………………………… 位移至定點 G52(30,20)
:
:
:
```

範例 6-28 綜合切削練習題四

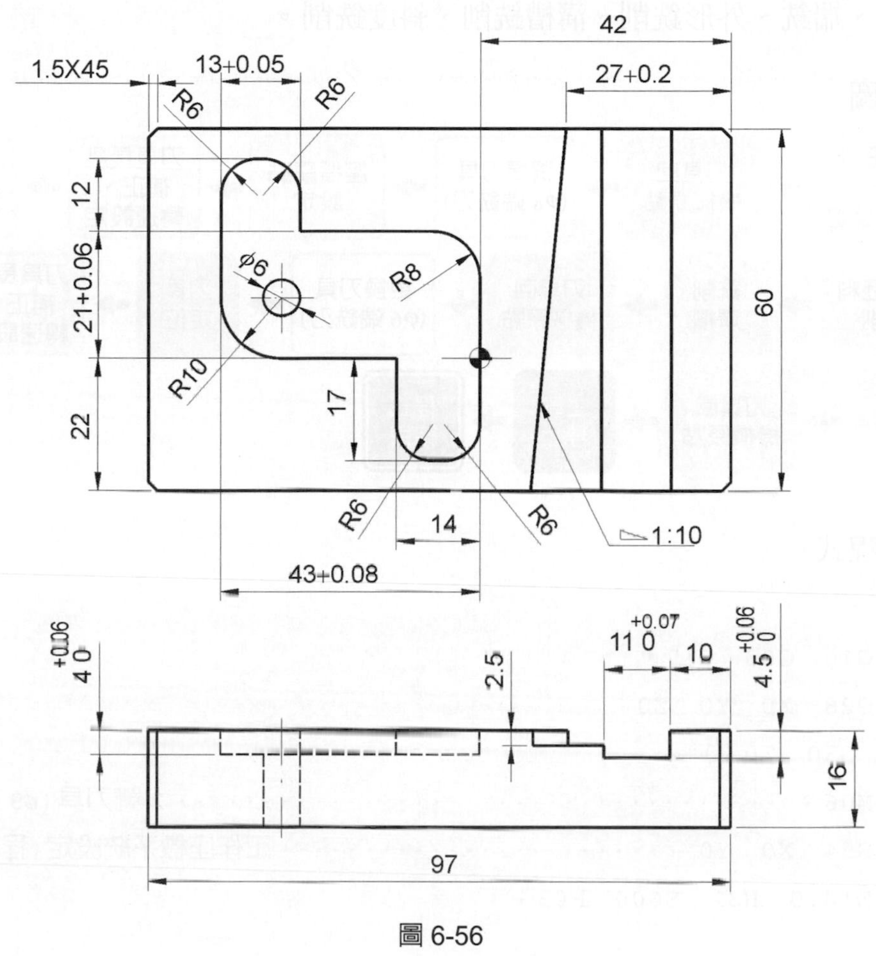

圖 6-56

1. 使用刀具

(1) T_1：ϕ75 面銑刀，以 MPG 手動操作方式，銑削工件表面，以作爲加工平面之基礎。

(2) T_2：ϕ8 端銑刀(2 刃)。

(3) T_3：ϕ6 端銑刀(2 刃)。

2. **材料**

S30C，t16×60×97

3. **實習技能項目**

面銑、端銑、外形銑削、溝槽銑削、斜度銑削。

4. **流程圖**

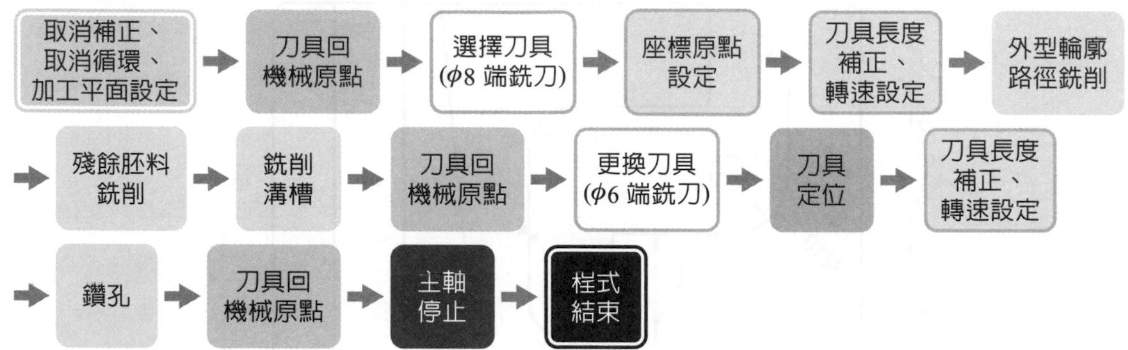

5. **加工程式**

```
O6056；
  G00  G40  G80  G17；
  G91  G28  X0  Y0  Z0；
  (G91  G30  Z0；)
  T02  M06；  ··································· 2 號刀具(φ8 端銑刀)
  G90  G54  X0  Y0；  ·······················工作座標系統設定(程式原點)
  G43  Z10.0  H32  S600  M03；
  M08；
```

```
N1  G42  X-43.0  Y15.0  D02；  ········刀具偏右補正，補正值 D02=4.0
G01  Z-4.03  F80；
G91  Y12.0  F100；
G02  X6.0  Y6.0  R6.0；
G01  X1.0；
G02  X6.0  Y-6.0  R6.0；
G01  Y-6.0；
X22.0；
G02  X8.0  Y-8.0  R8.0；  ·····················外形輪廓銑削
G01  Y-24.0；
G02  X-6.0  Y-6.0  R6.0；
G01  X-2.0；
G02  X-6.0  Y6.0  R6.0；
G01  Y11.0；
X-19.0；
G02  X-10.0  Y10.0  R10.0；
G01  Y10.0；
N2  G90  G40  X-33.0  Y10.0；  ····················銑削剩餘之胚料
X-8.0；
G00  Z5.0；
N3  X19.5  Y43.0；··········  φ8 端銑刀之中心路徑 (27 - d)/5 = 1/10 ∴d=26.5
                              42-26.5+4(刀具半徑)=19.5
G01  Z-2.5  F80；
X12.5  Y-27.0；················銑削斜度((19.5 - d)/70 = 1/10 ∴d=12.5)
X17.0；
X24.0  Y43.0；  ·····························銑削剩餘之胚料
N4  X25.0；  ······················42-21+4(刀具半徑)=25.0
Z-4.5；
Y-27.0；  ··························銑削溝槽(寬 11.04)
X28.04；
```

```
Y43.0；
N5  G00  Z5.0；
G91  G28  Z0  M05；
(G91  G30  Z0  M05；)
T03  M06； ··································3號刀具(φ6端銑刀)
G90  X-33.0  Y10.0；          ⎫
G43  Z10.0  H33  S800  M03；  ⎬ ························ 銑削φ6孔
G01  Z-17.0  F50；            ⎭
G91  G28  Z0  M05；
M09；
M30；
```

範例 6-29 綜合切削練習題五

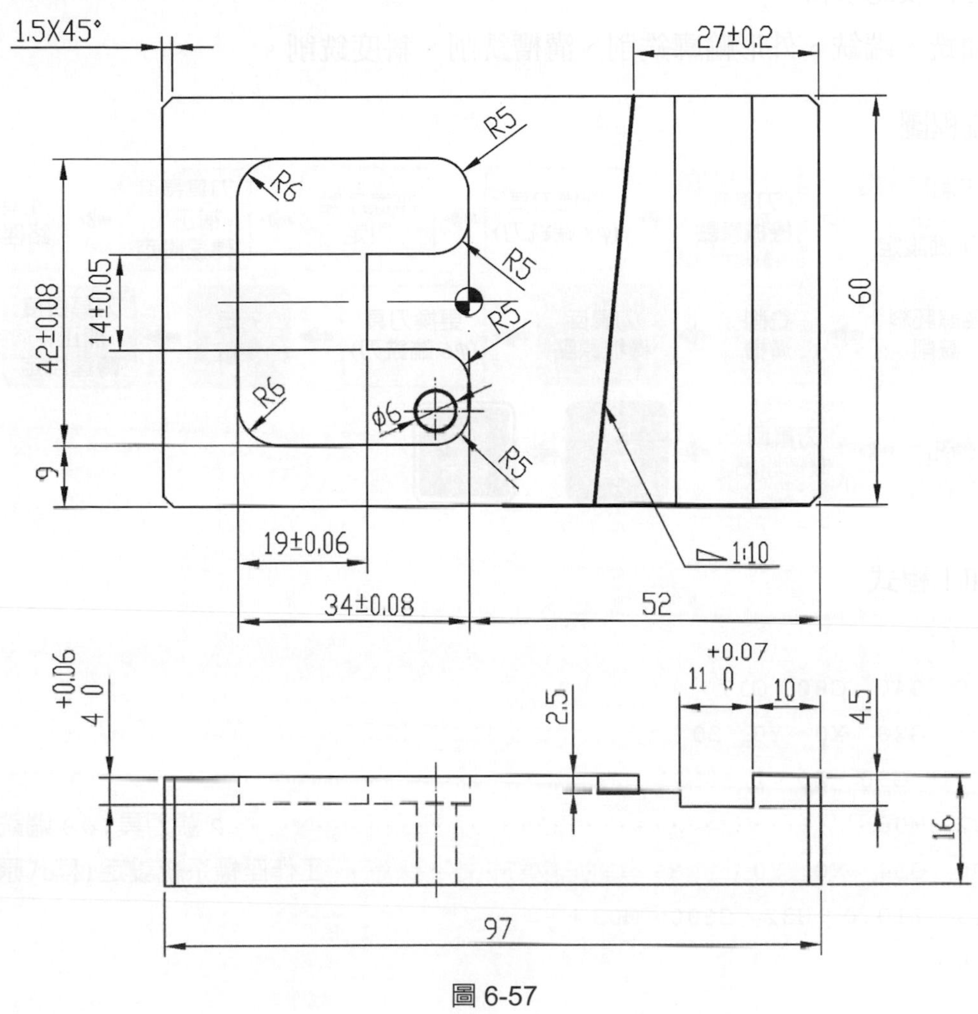

圖 6-57

1. 使用刀具

   (1) T_1：ϕ75 面銑刀，以 MPG 手動操作方式，銑削工件表面，以作爲加工平面之基礎。

   (2) T_2：ϕ8 端銑刀(2 刃)。

   (3) T_3：ϕ6 端銑刀(2 刃)。

2. **材料**

S30C，t16×60×97

3. **實習技能項目**

面銑、端銑、外形輪廓銑削、溝槽銑削、斜度銑削。

4. **流程圖**

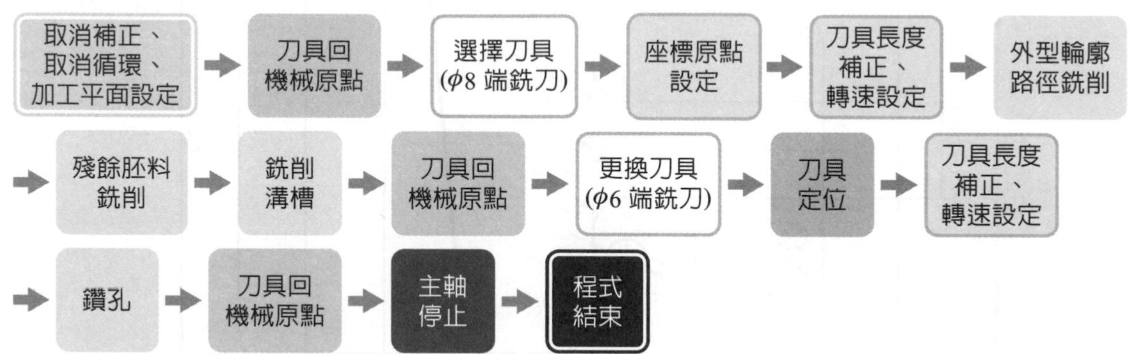

5. **加工程式**

```
O6057；
  G00  G40  G80  G17；
  G91  G28  X0  Y0  Z0；
  (G91  G30  Z0；)
  T02  M06； ································2 號刀具(φ8 端銑刀)
  G90  G54  X0  Y0； ·······················工作座標系統設定(程式原點)
  G43  Z10.0  H32  S600  M03；
  M08；
```

```
N1  G42  X-34.0  D02；          } ·········刀具偏右補正，補正值 D02=4.0
G01  Z-4.03  F80；
G91  Y15.0  F100；
G02  X6.0  Y6.0  R6.0；
G01  X23.0；
G02  X5.0  Y-5.0  R5.0；
G01  Y-4.0；
G02  X-5.0  Y-5.0  R5.0；
G01  X-10.0；                   } ·······················外形輪廓銑削
N2  Y-14.0；
X10.0；
G02  X5.0  Y-5.0  R5.0；
G01  Y-4.0；
G02  X-5.0  Y-5.0  R5.0；
G01  X-23.0；
G02 X-6.0 Y6.0 R6.0；
G01  Y20.0
N3  G90  G40  X-24.0  Y15.0；   } ····················銑削剩餘之胚料
Y-15.0；
G00  Z5.0；
N4  X29.5  Y35.0；······φ8 端銑刀之中心路徑 52-26.5+4(刀徑半徑)=29.5
```

$$\frac{29.5-d}{70}=\frac{1}{10}\therefore d=22.5$$

```
G01  Z-2.5  F80；
X22.5  Y-35.0 ·················· 銑削斜度( (29.5-d)/70 = 1/10 ∴d=22.5)
X27.5；              } ································銑削剩餘之胚料
X34.5  Y35.0；
N5  X35.0；          } ··························· 52-21+4(刀具半徑)=35.0
Z-4.5；
Y-35.0；             } ·································銑削溝槽(寬 11.04)
X38.04；
Y35.0；
G00  Z5.0；
```

```
G91  G28  Z0  M05;
(G91  G30  Z0  M05;)
N6  T03  M06;································3號刀具(φ6端銑刀)
G90  X-5.0  Y-16.0;
G43  Z10.0  H33  S800  M03;  ·························銑削φ6孔
G01  Z-17.0  F50;
G91  G28  Z0  M05;
M30;
```

三、G60 單方向快速定位

爲了消弭齒隙之微小誤差而達到精確快速之定位，製作程式時，可以"G60"取代"G00"指令。

G60X___Y___Z___；

"G60"指令之定位方式有二，其一爲刀具越過終點後，再由單方向折返至終點，另一則先位移至定點暫停後再定位至終點，如圖 6-58，選擇何種方式定位，全由參數設定。

G60 指令爲一次式 G 碼，僅於所指定之單節內有效。若位移值設定爲零，則並不執行定位動作，於鑽孔循環中，刀具 Z 軸之單一方向快速定位將失去效用。

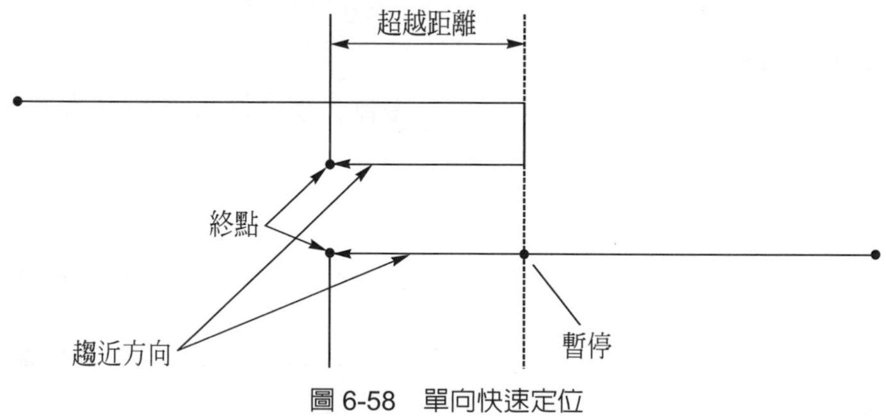

圖 6-58　單向快速定位

四、G61 確實停止指令

本指令之機能與 G09 相同，唯 G09 屬一次式 G 碼，而本指令爲模式 G 碼，除非同一組群之“G62”、“G63”、“G64”指令出現取而代之，否則持續有效。

五、G62 自動轉角速率調整

工作程式中，執行刀具半徑補正，進行圓弧切削之指令時，刀具於轉角處可能將發生“過負荷”切削之情形，使用“G62”指令，則系統將於轉角處自動調整進給率，使得轉角每單位時間內刀具切削量被穩定控制，即自動降低刀具移動之速率，減輕刀具之負荷，以獲致良好之切削表面。同樣地，“G62”指令亦爲模式 G 碼，除非同一組群之“G61”、“G63”、“G64”出現，否則持續有效。

六、G63 攻螺紋模式

執行“G63”攻螺紋模式指令時，進給率調整鈕將失去作用(視爲 100%)，暫停指令亦失效，於單節結束轉換至另一單節指令時，切削進給速率將不會減速。與 G61、G62 相同，G63 亦爲模式 G 碼。

七、G64 切削模式

G64 指令不同於 G09 與 G61 之處在於設定本指令後，於每一單節指令之切削動作終點之處並未減速至零，即持續執行下一單節之指令。然而，於下列情況之下，G64 模式則仍將使進給減速至零並作定位檢查。

(1) 於快速定位(G00，G60)模式之單節。

(2) 於確實停止指令(G09)之單節。

(3) 下一單節無移動指令時。

八、G68(G69)座標系統旋轉(取消)指令

其中 G68：座標系統旋轉指令

G69：座標系統旋轉指令取消

G68 座標系旋轉指令，可將工作程式所指令之形狀，作某一角度之旋轉。因此，當工件置於工作台上與程式指令位置成一角度時，可使用本指令旋轉座標系統，以減少座標之繁雜計算，縮短程式製作之時間，如圖 6-59。

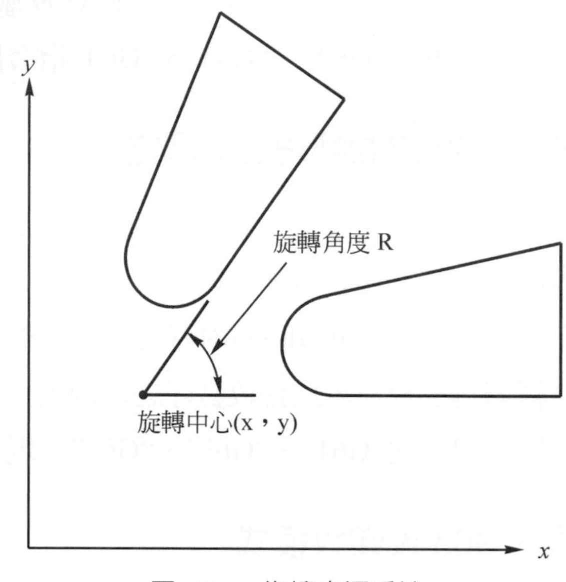

圖 6-59　旋轉座標系統

G68　X___Y___R___；

其中 X、Y：所設定平面(G17)之旋轉中心座標

R：旋轉角度，逆時針旋轉爲正值，順時針爲負值

G68 指令一經設定，座標系統即以 X、Y 爲旋轉中心，執行 R 角度之旋轉，旋轉最小單位爲 0.001 度，範圍則自零度到 360 度。

執行座標系統旋轉指令時，若旋轉中心未指定，則以執行 G68 指令時之位置爲旋轉之中心座標。若旋轉角度 R 省略時則以參數之設定值爲所旋轉之角度。座標系統旋轉指令之取消，可以“G69”爲之，“G69”指令可與其他指令同在一單節中執行。

範例 6-30

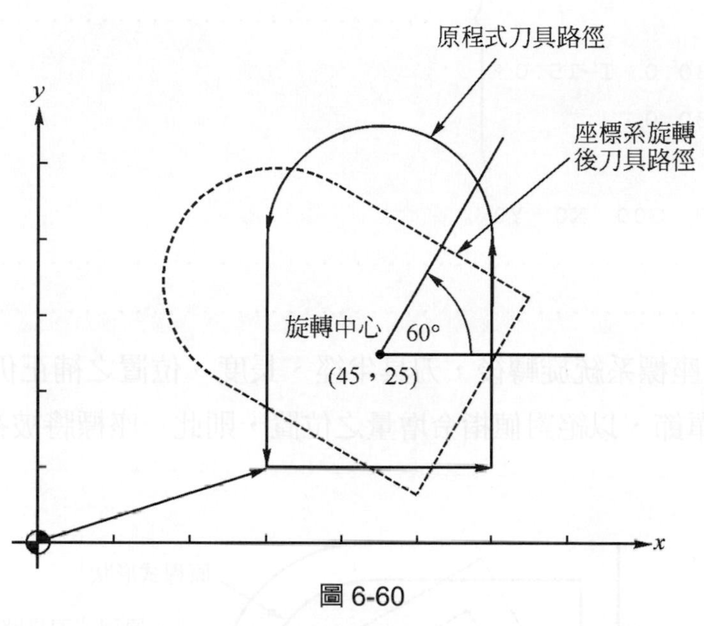

圖 6-60

流程圖

```
O6060； ··········································· 程式號碼
  G92  X0  Y0  Z5.0  G17； ················· 座標原點設定，XY 平面選擇
    S800  M03 ； ···························· 主軸正轉 800rpm
  G90  G68  X45.0  Y25.0  R60.0； ············ 旋轉中心，旋轉角度設定
```

```
N01  G00  X30.0  Y10.0；  ┐
N02  G01  Z-5.0  F200；   │
N03  G91  X30.0；         │
N04  Y30.0；              ├ ............................ 路徑程式
N05  G03  X-30.0  I-15.0；│
N06  G01  Y-30.0；        │
N07  Z10.0；              ┘
N08  G90  G69  G00  X0  Y0；
     M05；.......................................... 主軸停止
     M30；.......................................... 程式結束
```

工作程式經座標系統旋轉後，刀具半徑、長度、位置之補正仍將被執行。若於"G68"所在之單節，以絕對值指令增量之位置，則此一座標將被視為旋轉中心。

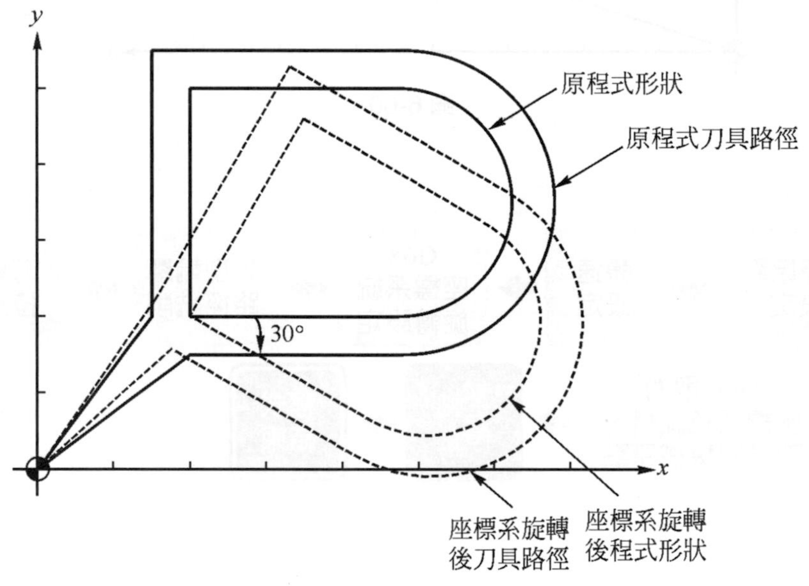

圖 6-61

流程圖

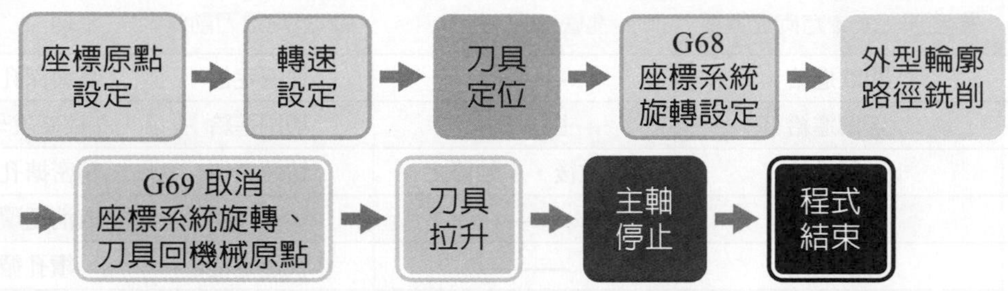


```
O6061；·············································程式號碼
  G92  X0  Y0  Z5.0  G17； ················座標原點設定，XY 平面選擇
     S800  M03；································主軸正轉 800rpm
  G90  G01  Z-5.0  F200； ·························Z 軸切深 5mm
N01  G42  X20.0  Y20.0  D01；┐
N02  G68  R-30.0；           │
N03  G91  X30.0；            ├······················路徑程式
N04  G03  Y30.0  J15.0；     │
N05  G01  X-30.0；           ┘
N06  Y-30.0；
N07  G69  G90  G40  X0  Y0；
    Z5.0；····································Z 軸往上拉升回起始點
    M05；·············································主軸停止
    M30；·············································程式結束
```

6-5 固定循環機能

集合數個單節之指令動作，以一個 G 碼之單節指令取代之，以簡化程式製作之機能，稱爲固定循環。固定循環之指令爲模式 G 碼(G73～G89)，除非以“G80”指令取消之，否則循環機能持續有效。表 6-8 爲固定循環機能一覽表。

表 6-8　固定循環機能一覽表

G 指令	孔之加工－Z 方向之進給	孔底(Z 點)動作	+Z 方向退刀動作	功　能
G73	間歇進給	———	快速定位	高速深孔啄鑽
G74	切削進給	主軸正轉	切削進給	左螺旋攻牙循環
G76	切削進給	偏位後，主軸停止	快速定位	精密搪孔循環
G80	———	———	———	取消循環指令
G81	切削進給	———	快速定位	鑽孔循環
G82	切削進給	暫　停	快速定位	沉頭鑽孔循環
G83	間歇進給	———	快速定位	分段式深孔啄鑽
G84	切削進給	主軸逆轉	切削進給	右螺旋攻牙循環
G85	切削進給	———	切削進給	鉸孔循環
G86	切削進給	主軸停止	快速定位	粗搪孔循環
G87	切削進給	偏位後，主軸停止	快速定位	背搪孔循環
G88	切削進給	暫停後，主軸停止	快速定位	盲孔搪孔循環
G89	切削進給	暫　停	切削進給	盲孔鉸削循環

不論固定循環爲何種形式，均包含下列六個步驟之動作，如圖 6-62。

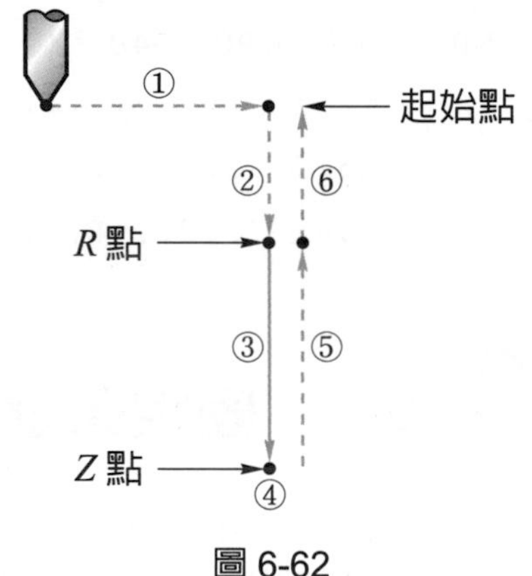

圖 6-62

1.　刀具作 X、Y 軸向之快速定位至加工起始點。

2.　快速位移至 R 點。

3.　執行孔加工(鑽孔、鉸孔、搪孔、攻牙等)至孔底 Z 點。

4.　孔底部(Z 點)之動作。

5.　退刀至 R 點。

6.　快速定位至加工起始點。

一固定循環之機能組合，由下列三種形態之 G 碼指令所構成：

1.　位移座標系統(G90，G91)之模式。如圖 6-63。

2.　復歸點之設定指令：G98 爲復歸起始點，G99 則刀具復歸參考點(R)。如圖 6-64。

由圖 6-64 得知，當孔加工完畢後，若程式中指令 G98 則刀具將退回起始點，指令 G99 則刀具僅退至 R 點，倘程式中並未指定，則系統通常設定為 G98 狀態。

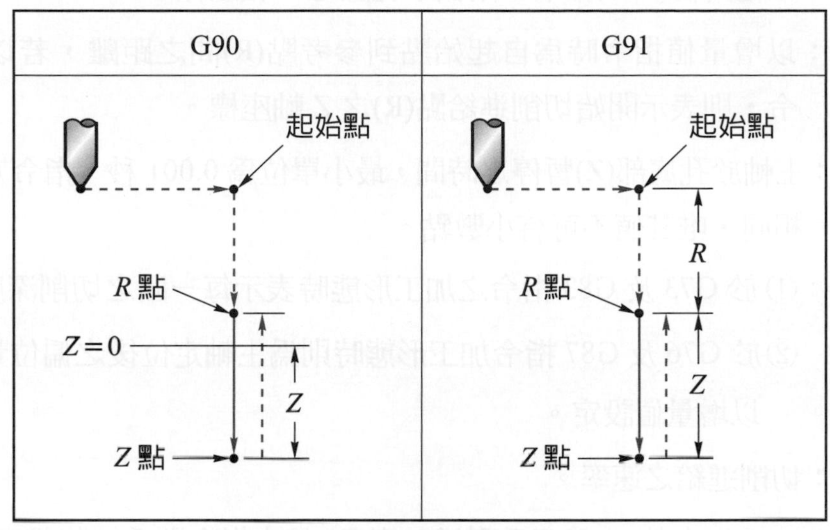

圖 6-63　位移座標系統

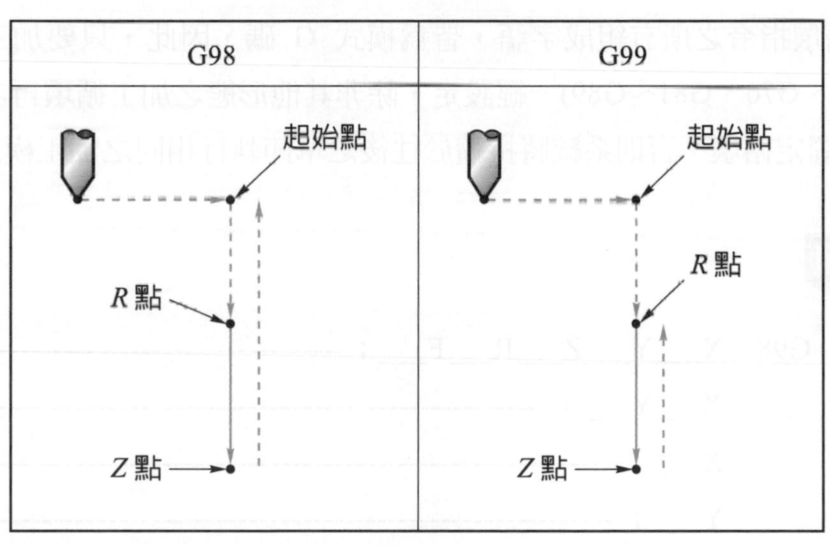

圖 6-64

3. 固定循環指令(G73～G89)

G___X___Y___Z___R___P___Q___F___K(L)___；

其中 G：孔加工之形態即固定循環指令 G73、G74、G76、G80～G89。

X、Y：所欲加工孔之位置座標。

Z：孔底之 Z 軸位置，以增量值(G91)指令時爲 R 點至加工孔底之距離，以絕對值(G90)指令，則表示孔底之 Z 軸座標。

R：以增量值指令時爲自起始點到參考點(R)間之距離，若以絕對值指令，則表示開始切削進給點(R)之 Z 軸座標。

P：主軸於孔底部(Z)暫停之時間，最小單位爲 0.001 秒，指令方式與 G04 相同，唯其值不可有小數點。

Q：① 於 G73 及 G83 指令之加工形態時表示每一回之切削深度。

② 於 G76 及 G87 指令加工形態時則爲主軸定位後之偏位量，其大小以增量值設定。

F：切削進給之速率。

K(L)：重復次數，"10M"系列以 L 表示。如未指令則系統將設定其値爲 1。

固定循環指令之所有組成字語，皆爲模式 G 碼，因此，只要加工循環形態(G73、G74、G76、G81～G89)一經設定，除非其他形態之加工循環再次出現或以"G80"取消固定循環，否則系統將持續於往後之單節執行相同之加工模式。

範例 6-31

G90 G81 G98 X___Y___Z___R___F___；-------------------------------------- 鑽孔
X___Y___；-- 鑽孔
X___；-- 鑽孔
Y___；-- 鑽孔
G80 X___Y___；---取消循環、定位

以下將以圖示說明每一固定循環之加工形態及動作情形，圖中 -------► 表示快速定位，———► 爲切削進給。

一、G73 高速深孔啄鑽(微退)循環

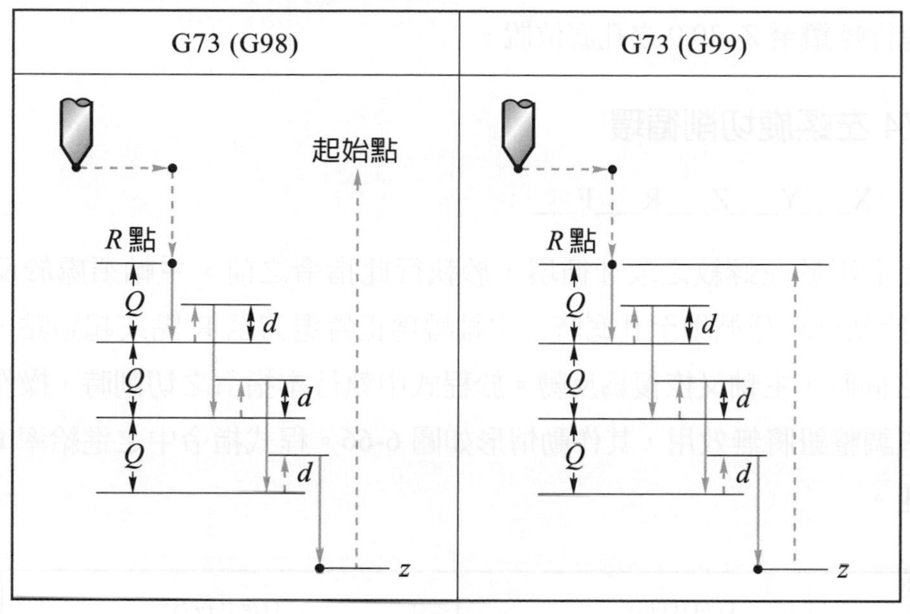

圖 6-65

G73　X___Y___Z___R___Q___F___；

本指令加工形態爲鑽頭每鑽削一段距離 Q 後(Q 須爲正值)，即快速往上拉升 δ 量(δ 大小由參數設定)，而後由該點持續此種形式之加工直到孔底(Z)爲止，如圖 6-65。程式中使用本循環指令之優點爲鑽孔過程中能及時切斷鐵屑，切削劑也能發揮冷卻及潤滑之效果，對於加工效率之提升，頗有助益。

範例 6-32

G73 指令之應用例：

```
:
:
:
G92  X0  Y0  Z20.0；
G90  G99  G73  X60.0  Y80.0  R5.0  Z-30.0  Q6000  F120；
     Y120.0；
     X40.0  Y40.0；
:
:
:
```

上例中，刀具以每回 6mm 之鑽削深度，分別於(60，80)，(60，120)及(40，40)之位置進行啄鑽至 Z–30.0 之孔底位置。

二、G74 左螺旋切削循環

G74　X___Y___Z___R___F___ ;

本指令用於左螺紋之攻牙循環，於執行此指令之前，主軸須處於反轉狀態(M04)，待執行攻牙循環至孔底時，主軸轉爲正轉退刀至 R 點或起始點，於退刀至 R 點之同時，主軸又恢復爲反轉。於程式中執行本指令之切削時，操作面板上之進給率調整鈕將無效用，其作動情形如圖 6-66。程式指令中之進給率 F=節距×主軸轉速。

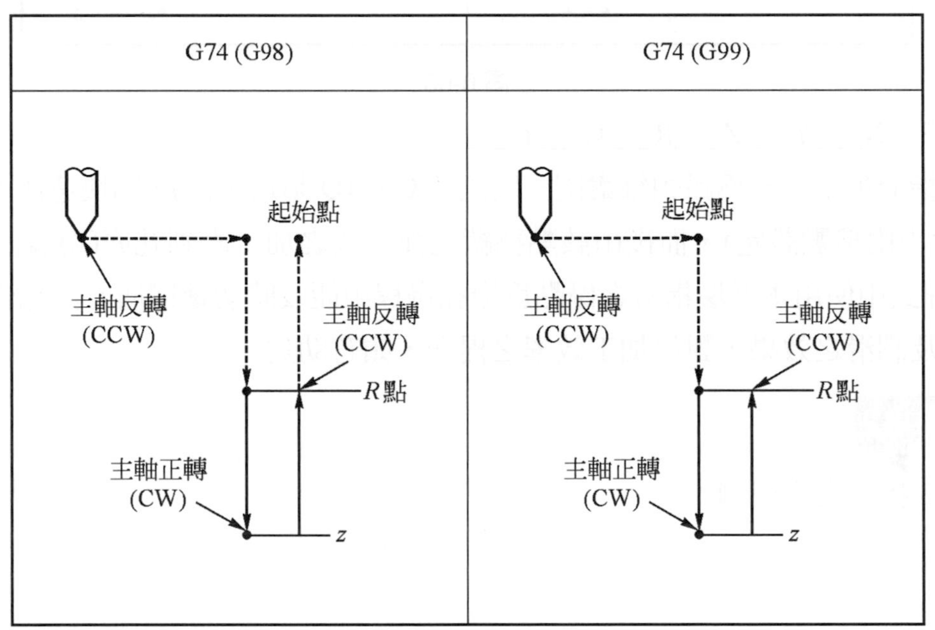

圖 6-66

範例 6-33

G74 指令之應用例

```
:
:
:
S300  M04；
G92  X0  Y0  Z20.0；
G90  G99  G74  X60.0  Y80.0  R5.0  Z－25.0  F450；
     Y120；
     X40.0  Y40.0；
:
:
:
```

上例中，刀具以反轉 300 rpm 於(60，80)，(60，120)，(40，40)之位置進行左螺紋之攻牙至 Z–25.0mm 處，因本例螺紋爲 M10×1.5，因此進給速率 F=1.5(pitch)×300(rpm)= 450mm/min。

三、G76 精密搪孔循環

G76　X___Y___Z___R___P___Q___F___；

G76 指令用於精密搪孔，當搪孔刀搪削至孔底時，停留 P 所指令之時間後，主軸定向停止，搪刀偏離工件加工面 Q 量距離，如圖 6-68，使搪刀得以不刮傷加工面即退回 R 點或起始點。當搪刀退回 R 點或起始點後，又回復 Q 量，恢復原來之刀具位置，同時主軸再次旋轉，其作動程序如圖 6-67。

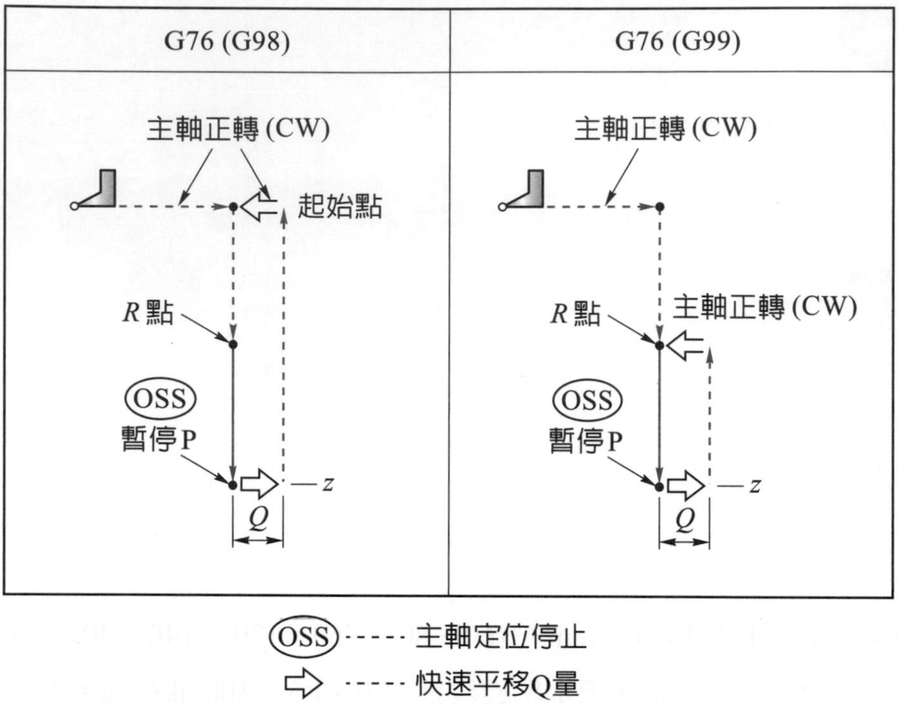

G76 (G98)	G76 (G99)
主軸正轉 (CW) 起始點 *R* 點 OSS 暫停 P *z* *Q*	主軸正轉 (CW) *R* 點 主軸正轉 (CW) OSS 暫停 P *z* *Q*

OSS ----- 主軸定位停止

⇨ ----- 快速平移Q量

圖 6-67

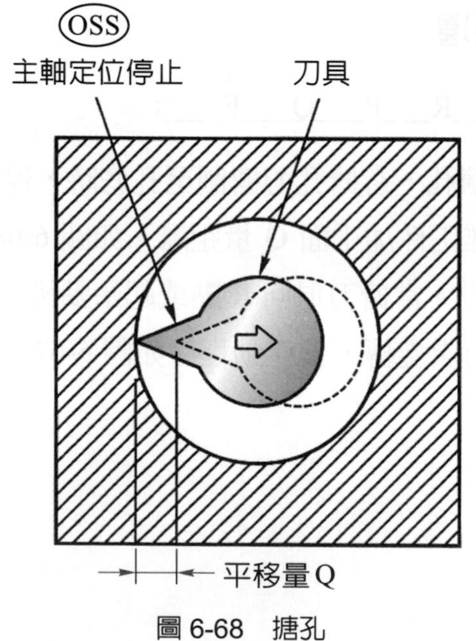

圖 6-68　搪孔

範例 6-34

G76 指令之應用例

```
:
:
:
G92  X0  Y0  Z20.0；
G90  G98  G76  X60.0  Y80.0  R5.0  Z－25.0  P500  Q2000  F150；
     Y120.0；
     X40.0；
:
:
:
```

此例中，刀具快速定位於(60，80)處執行搪孔工作，搪至孔底 Z–25.0 時，暫停 0.5 秒後，主軸定位停止，並橫向平移 2.0mm 偏離加工面，刀具快速拉升至起始點，回復原來位置，主軸再次正轉，刀具隨後定位至其他兩孔(60，120)及(40，120)，以同樣之步驟，再行搪削此二孔。

四、G81 鑽孔循環

G81　X___Y___Z___R___F___；

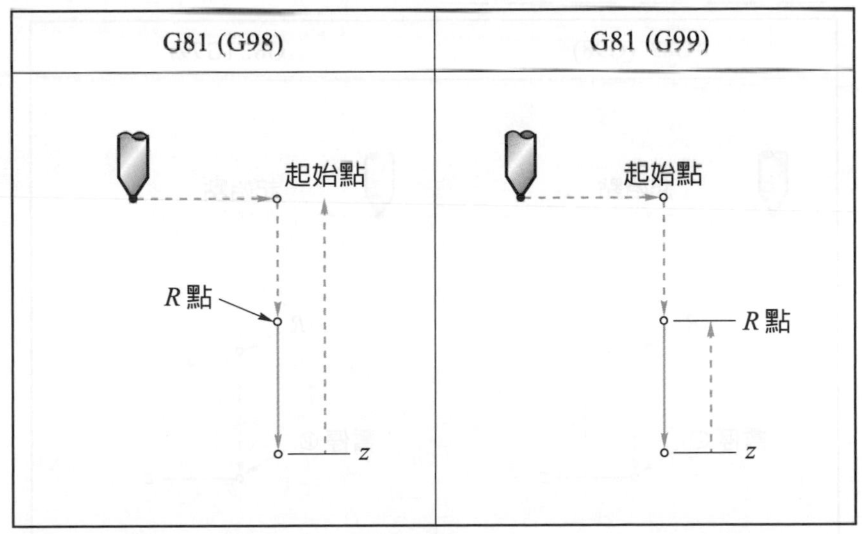

圖 6-69

G81 指令係單純之鑽孔機能，於鑽削過程中，刀具不作任何提升，通常用於淺孔之鑽削或鑽中心孔之用，刀具鑽削至孔底後，迅速拉升至 R 點或起始點，如圖 6-69。

範例 6-35

G81 指令之應用例：

```
 :
 :
 :
G92  X0  Y0  Z20.0;
G90  G99  G81  X60.0  Y80.0  R5.0  Z－20.0  F150;
     Y120.0
     X40.0  Y40.0;
 :
 :
 :
```

此例刀具快速位移至(60，80)處鑽削第一孔，刀具拉升至 R 點(Z5.0)後，先後定位至(60，120)及(40，40)以同樣之程序鑽削第二孔及第三孔。

五、G82 沈頭孔鑽削循環

G82　X__Y__Z__R__P__F__；

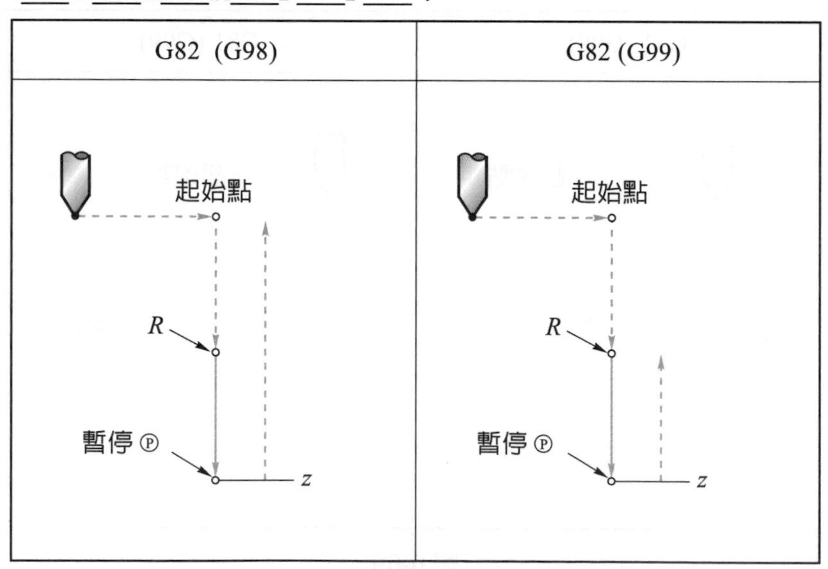

圖 6-70

"G82"之機能除於孔底(Z 點)作一指定時間 P 之暫停外，與 G81 指令完全相同，主軸於孔底暫停之目的在於改善孔深之精度，通常此機能指令用於鑽削柱坑、錐坑、魚眼坑或需要較高精密度之孔的加工。

範例 6-36

G82 指令之應用例：

```
:
:
:
G92  X0  Y0  Z20.0；
G90  G99  G82  X60.0  Y80.0  R5.0  Z-15.0  P500  F100；
     Y120.0；
     X40.0  Y40.0；
:
:
:
```

此例刀具位移至(60，80)處，鑽削至孔底(Z–15.0)，暫停 0.5 秒後，主軸迅速拉升至 R 點，依此模式先後鑽削其餘二孔。

六、G83 分段式深孔啄鑽循環

G83 X___Y___Z___R___Q___F___；

本指令切削過程與"G73"頗爲相似，唯一不同在於刀具完成每一次切削後皆退回 R 點，將切屑完全排出，且切削面可得到完全之冷卻，其作動程序如圖 6-94 所示，刀具每鑽削距離 Q，即退回 R 點，而後快速定位至前一鑽削終點前 δ 距離之位置，持續鑽削 Q 之距離(不含 δ)，依此模式繼續加工至孔底位置(Z 點)刀具才退回 R 點或起始點，完成孔之鑽削。

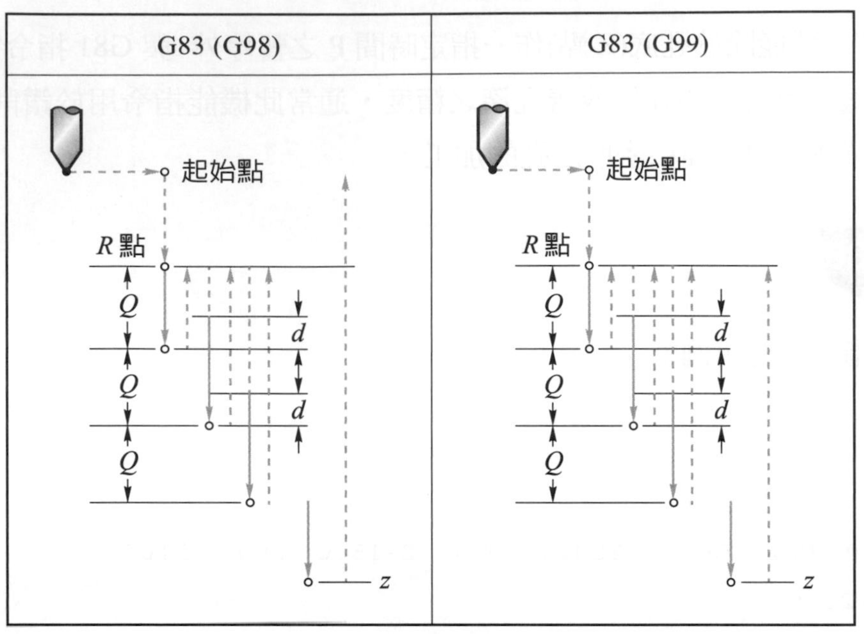

圖 6-71

範例 6-37

G83 指令之應用例：

```
:
:
:
G92  X0  Y0  Z20.0；
G90  G99  G83  X60.0  Y80.0  R5.0  Z－30.0  Q6000  F100；
     Y120.0；
     X40.0  Y40.0；
:
:
:
```

此例題，刀具以每回 6mm 之鑽削深度，於(60，80)處鑽削至孔深 Z–30.0 之位置而後退回 R 點，再依此切削模式，分別鑽削(60，120)及(40，40)之兩孔至 Z–30.0 之孔底位置。

七、G84 右螺旋切削循環

G84　X___Y___Z___R___F___；

本指令爲右螺旋攻牙循環，程式中使用本指令時，除主軸轉向外，其餘作動程序及注意事項與 G74 相同，如圖 6-72。

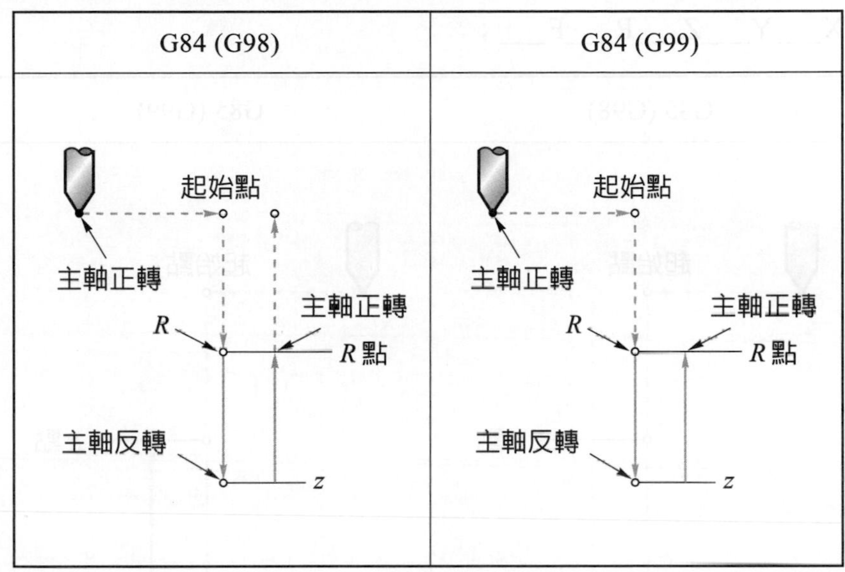

圖 6-72

範例 6-38

G84 指令之應用例：

```
 :
 :
 :
S300  M03；
G92  X0  Y0  Z20.0；
G90  G99  G84  X60.0  Y80.0  R5.0  Z-25.0  F450；
     Y120.0；
     X40.0  Y40.0；
 :
 :
 :
```

本例刀具以正轉 300rpm 於(60，80)，(60，120)及(40，40)處進行右螺紋之攻牙至 Z−25.0 之位置，因螺紋節距爲 M10×1.5，所以進給速率 F = 1.5(節距) × 300(轉速) = 450mm/min。

八、G85 鉸孔(搪孔)循環

G85　X___Y___Z___R___F___；

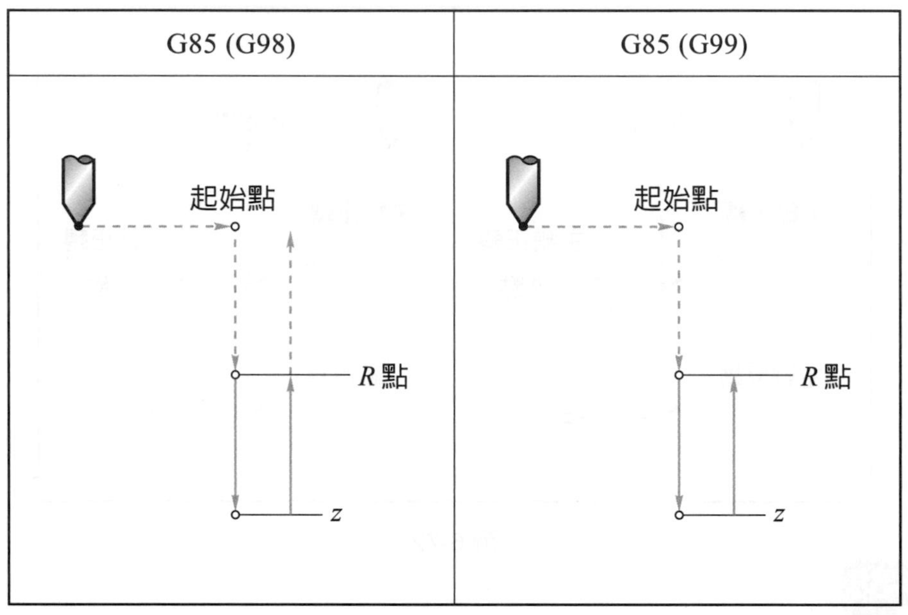

圖 6-73

本指令通常用於鉸孔或搪孔之場合，亦可用於淺孔之鑽削。刀具切削加工至孔底後，仍以切削速度拉升至 R 點或起始點。

範例 6-39

G85 指令之應用例：

```
:
:
:
G92  X0  Y0  Z20.0；
G90  G98  G85  X60.0  Y80.0  R5.0  Z-20.0  F150；
```

```
        Y120.0；
        X40.0  Y40.0；
:
:
:
```

此例中，刀具快速定位至(60，80)後，以 150mm/min 之進給速率執行鉸孔工作至 Z－20.0 處，再以原速率退刀至 R 點，快速拉升至起始點，然後先後對(60，120)，(40，40)二孔進行相同之鉸孔工作。

九、G86 粗搪孔循環

G86 X___Y___Z___R___F___；

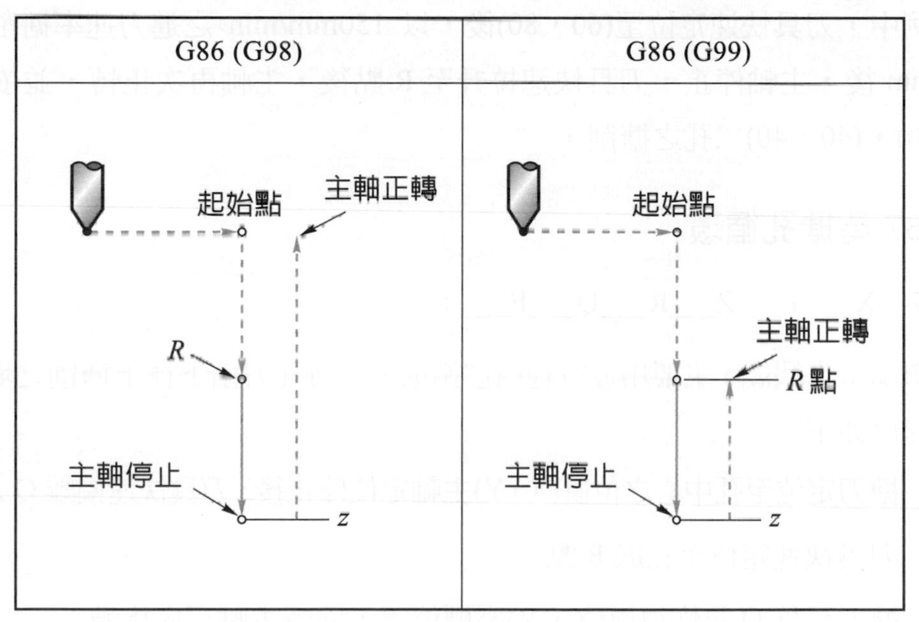

圖 6-74

G86 程式指令與 G81 相同，作動之過程也相類似，唯 G86 指令刀具加工至孔底時，主軸停止，刀具快速拉升至 R 點(G99)或起始點(G98)，主軸始恢復旋轉，如圖 6-74。因本指令無 G76 之孔底偏移量 Q，故通常用於粗搪孔之加工。

範例 6-40

G86 指令之應用例：

```
:
:
:
G92  X0  Y0  Z20.0；
G90  G99  G86  X60.0  Y80.0  R5.0  Z-20.0  F150；
     Y120.0；
     X40.0  Y40.0；
:
:
:
```

此例中，刀具快速定位至(60，80)後，以 150mm/min 之進刀速率搪削孔深至 Z–20.0mm 後，主軸停止，刀具快速拉升至 R 點後，主軸再次正轉，並依序完成(60，120)，(40，40)二孔之搪削。

十、G87 背搪孔循環

G87　X___Y___Z___R___Q___F___；

G87 指令之機能，主要用於“背搪孔”循環，即搪孔刀由下往上搪削之場合，其作動之程序如下：

(1) 搪刀定位至孔中心之位置(X，Y)主軸定位停止後，刀具快速偏離 Q 之距離。

(2) 刀具快速定位至孔底 R 點。

(3) 搪刀平移 Q 量恢復原(X，Y)座標位置，同時主軸正向旋轉。

(4) 搪削加工孔面由 R 點至 Z 點。

(5) 主軸定位停止，刀具偏離工件孔面 Q 距離。

(6) 快速往上拉升至起始點。

(7) 刀具回復 Q 量，恢復原位，主軸正轉啓動。

G87 指令執行時，由於 R 點位於孔底部，因而加工完畢，刀具僅能退回起始點，無法退回 R 點，因此，僅能使用 G98 指令，“G99”則不能使用，如圖 6-75。

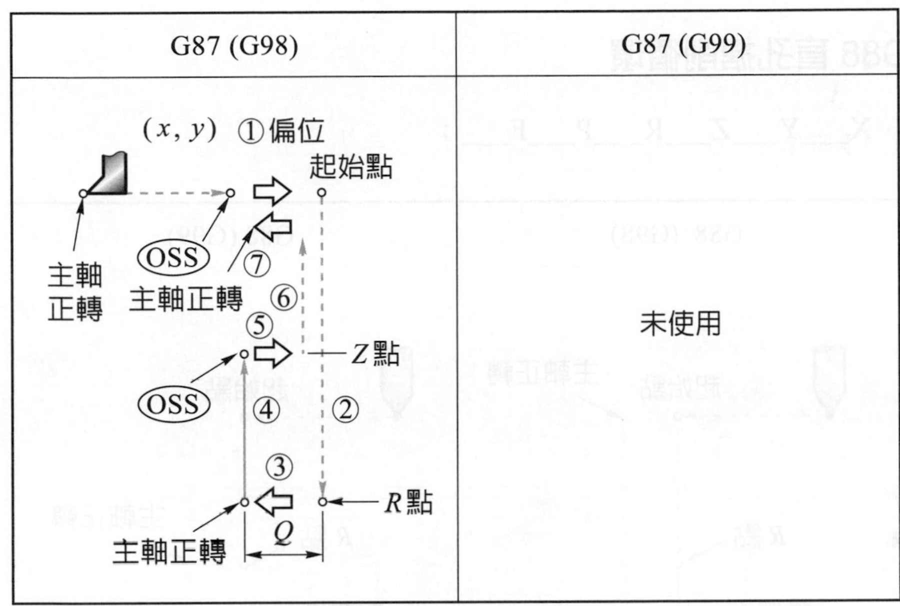

圖 6-75

範例 6-41

G87 指令之應用例：

```
:
:
:
G92  X0  Y0  Z20.0；
G90  G98  G87  X60.0  Y80.0  R-35.0  Z-15.0  Q4000  F100；
     Y120.0；
     X40.0  Y40.0；
:
:
:
```

此例中，R – 35.0 而 Z – 15.0，即 R 點位於 Z 點之下方，所以使用 G87 指令。其偏移量爲 4.0mm，刀具完成加工後，迅速拉升至起始點(G98)。

十一、G88 盲孔搪削循環

G88　X___Y___Z___R___P___F___ ;

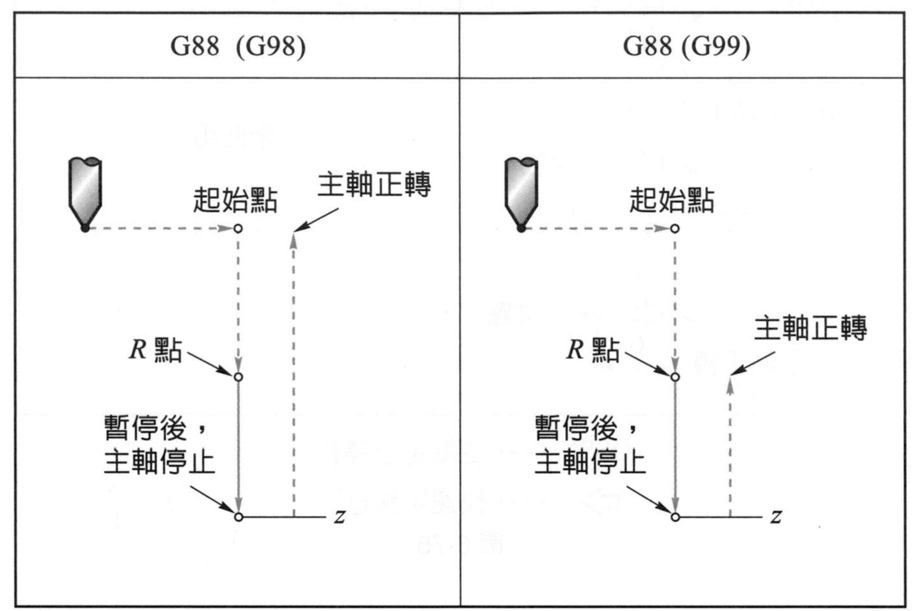

圖 6-76

此指令一般用於盲孔之搪削，刀具加工至孔底時，主軸於原地旋轉 P 所指令之時間後停止，刀具將快速退刀至 R 點或起始點，待重新按下"循環啓動鈕"(cycle start)後，程式隨即持續執行下一單節之指令，作動情形如圖 6-76。

範例 6-42

G88 指令之應用例：

```
:
:
:
G92  X0  Y0  Z20.0;
```

```
G90  G98  G88  X60.0  Y80.0  R5.0  Z-20.0  P500  F100；
     Y120.0；
     X40.0  Y40.0；
:
:
:
```

此例中，刀具搪削至孔底(Z–20.0)時，主軸原地轉動 0.5 秒後停止，Z 軸並往上拉升，待按下"cycle start"按鈕，主軸始重新啓動。

十二、G89 盲孔鉸削循環

G89　X___Y___Z___R___P___F___；

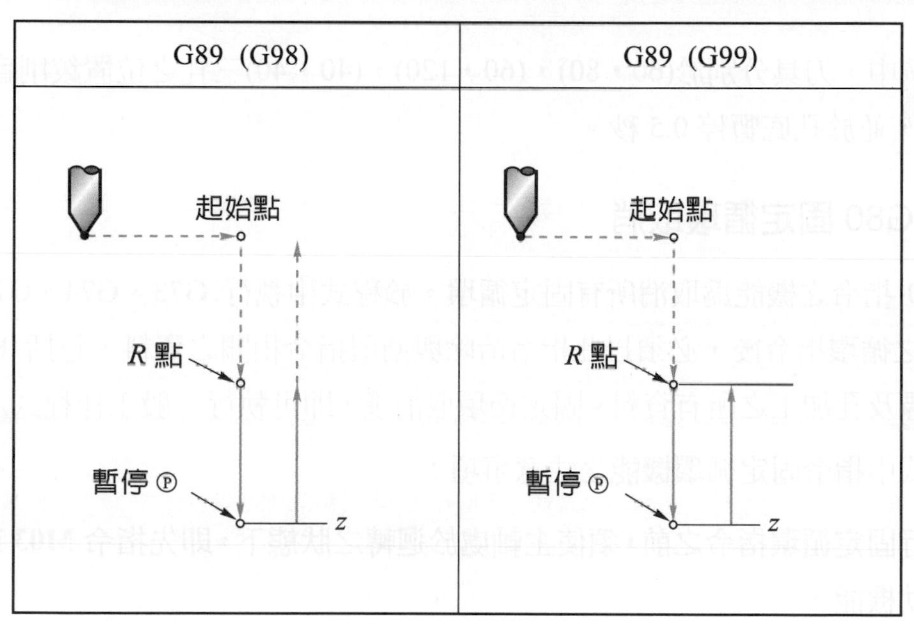

圖 6-77

G89 指令主要用於盲孔之鉸削，除於孔底暫停 P 指令之時間，使孔深更加精確外，其餘動作皆與 G85 相同，如圖 6-77。

範例 6-43

G89 指令之應用例：

```
 :
 :
 :
G92  X0  Y0  Z20.0；
G90  G98  G89  X60.0  Y80.0  R5.0  Z-25.0  P500  F100；
     Y120.0；
     X40.0  Y40.0；
 :
 :
 :
```

此例中，刀具分別於(60，80)，(60，120)，(40，40)三孔之位置鉸削盲孔，深25.0mm，並於孔底暫停 0.5 秒。

十三、G80 固定循環取消

G80 指令之機能爲取消所有固定循環。於程式中執行 G73、G74、G76、G81～G89 之循環指令後，必須以此指令清除與循環指令相關之資料，包括 R 點、Z 點之座標及孔加工之所有資料。固定循環取消後，即可執行一般工作程式之作動。

程式中指令固定循環機能之注意事項：

1. 執行固定循環指令之前，須使主軸處於迴轉之狀態下，即先指令 M03 或 M04 輔助機能。

範例 6-44

```
：
：
：
M03 ；…………………………………………………………………主軸正轉
：
：
：
G□□……；  …………………………………正確。（"G□□"為固定循環指令）
：
：
：
M05 ；…………………………………………………………………主軸停止
：
：
：
G□□……；  ……………………………不正確。（須於此單節前指令 M03 或 M04）
：
：
：
```

2. 若工作程式之單節中包含 **X**、**Y**、**Z** 或 **R** 之資料，而且該單節指令係於固定循環之模式內，則將執行指令之固定循環加工。若無上述相關之位移資料，則無任何固定循環之動作。唯若單節中指令 **G04 X___**；時，因係暫停指令，雖指定 **X** 值，仍無任何循環之動作。

範例 6-45

```
：
：
：
G00  X___ ；
G81  X___Y___Z___R___F___ ；…………………………鑽孔循環指令
；………………………………………………………………無任何動作
F___ ；…………………………………………………不執行鑽孔，F 值更新
M___ ；…………………………………………僅執行輔助機能，不執行鑽孔
G04  X___ ；……………………………………僅執行暫停指令，不作鑽孔工作
X___Y___ ；……………………………………………執行 G81 鑽孔循環
：
：
：
```

3. **執行"G74"、"G84"、"G86"之固定循環指令時，若連續作數孔之加工，且孔與孔間之距離過近或起始點到R點間距離過短時，則刀具於進入孔作切削動作之前，主軸並未達到指令之轉速值。因此，必須於每一孔執行循環動作之前，加入一暫停指令，使心軸轉速合乎要求，而不可直接執行K(L)之重複動作，如圖6-78。**

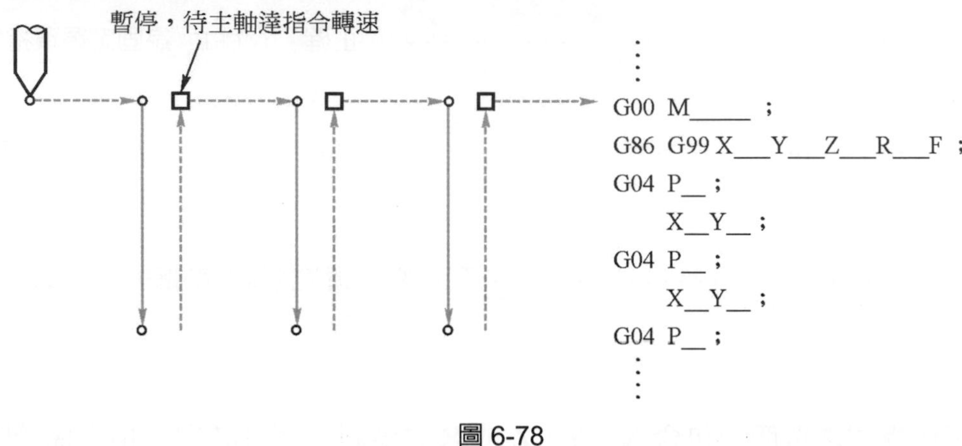

圖 6-78

4. **固定循環指令若與第一組群之模式G碼(G00，G01，G02，G03，G33)指令同一單節時，則循環指令將無效。**

範例 6-46

G××：G00，G01，G02，G03，G33 指令。

G□□：固定循環指令。

(1) G××　G□□　X___Y___Z___R___P___Q___F___ ;

本單節固定循環指令將被取消。

(2) G□□　G02　X___Y___R___P___Q___F___L___ ;

依 C02 指令，作半徑 R 之圓弧切削，F 爲進刀，P、Q、L 數值則被捨棄。

(3) G□□　G00　X___Y___Z___R___Q___P___F___ ;

刀具將作 X、Y、Z 三軸向之移動定位。

5. 指令固定循環模式作動時，**"G45～G48"**刀具位置補正將失去效用。

6. 若於固定循環指令模式下，執行刀具長度補正**"G43，G44，G49"**，則補正作用，將於刀具定位至 **R** 點後執行。

7. 於固定循環指令**"G74"**或**"G84"**執行過程中，進給率調整鈕將失去效用，且設定爲 **100%**。

十四、固定循環指令綜合練習範例

表 6-9　刀具表

刀具號碼	刀具型式	長度補正號碼
T01	ϕ100mm 面銑刀	H31
T02	ϕ8mm 中心鑽頭	H32
T03	ϕ15mm 鑽頭	H33
T04	ϕ20mm 鑽頭	H34
T05	M22×2.0 螺絲攻	H35

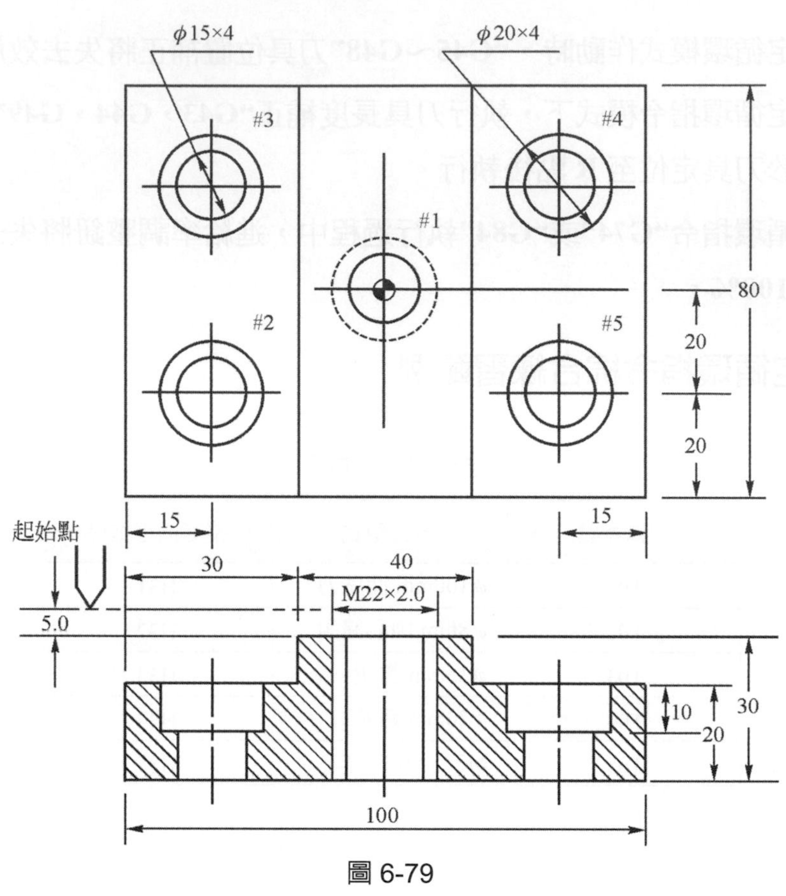

φ15×4
φ20×4
#3
#4
#1
#2
#5
80
20
20
15
15
起始點
30
40
M22×2.0
5.0
10
20
30
100

圖 6-79

流程圖

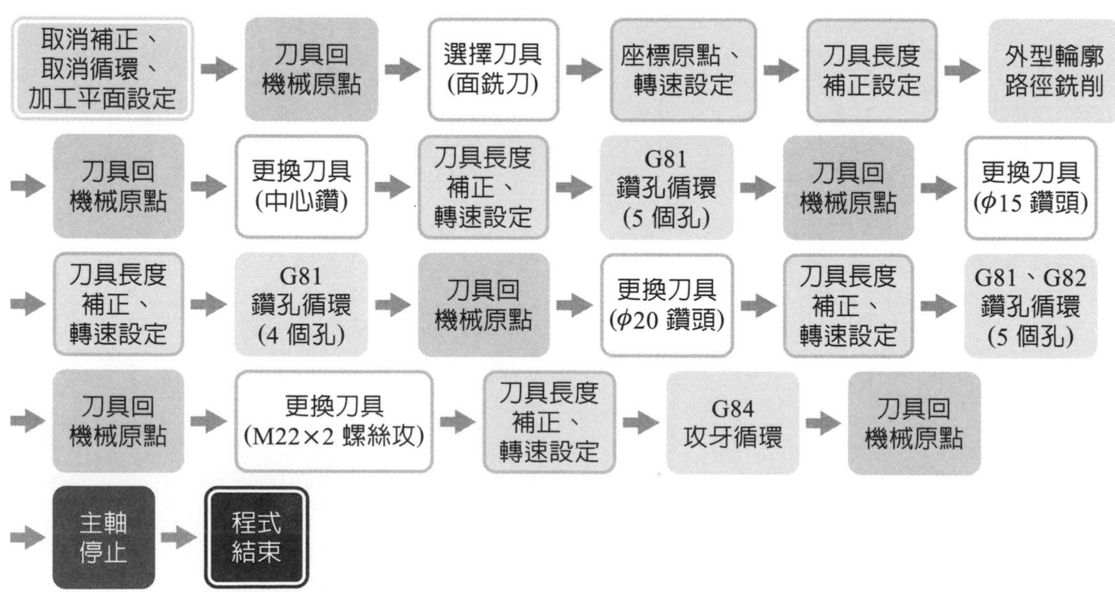

取消補正、取消循環、加工平面設定
刀具回機械原點
選擇刀具(面銑刀)
座標原點、轉速設定
刀具長度補正設定
外型輪廓路徑銑削
刀具回機械原點
更換刀具(中心鑽)
刀具長度補正、轉速設定
G81 鑽孔循環 (5 個孔)
刀具回機械原點
更換刀具(φ15 鑽頭)
刀具長度補正、轉速設定
G81 鑽孔循環 (4 個孔)
刀具回機械原點
更換刀具(φ20 鑽頭)
刀具長度補正、轉速設定
G81、G82 鑽孔循環 (5 個孔)
刀具回機械原點
更換刀具(M22×2 螺絲攻)
刀具長度補正、轉速設定
G84 攻牙循環
刀具回機械原點
主軸停止
程式結束

```
O6079；
G00  G40  G49  G80  GI7；
G91  G28  X0  Y0  Z0；
N1  T01  M06；(面銑刀)
G90  G54  X0  Y0；
  S800  M03；
G43  Z10.0  H31/M08；
G41  X-20.0  Y-40.0  D01；
G01  Z-10.0  F60；
G91  Y81.0；
  X40.0；
  Y-82.0；
G40  G00  Z20.0；
G28  Z0  M05；
N2  T02  M06；(中心鑽)
G90  G43  Z10.0  H32  S1600  M03；
G98  G81  X0  Y0  Z-7.0  R5.0  F120；
  X35.0  Y-20.0  Z-17.0；
  Y20.0；
  X-35.0；
  Y-20.0；
G91  G80  G28  Z0  M05；
N3  T03  M06；(φ 15 鑽頭)
G90 G43  Z10.0 H33  S800  M03；
G98 G81  X35.0 Y-20.0 R5.0  Z-36.0  F100；
  Y20.0；
  X-35.0；
  Y-20.0；
G91  G80  G28  Z0  M05；
N4  T04  M06；(φ 20 鑽頭)
G90  G43  Z10.0  H34  S400  M03；
```

```
G98  G81  X0  Y0  Z-36.0  R5.0  F60；
G82  X35.0  Y-20.0  R5.0  Z-20.0  P500  F80；
  Y20.0；
  X-35.0；
  Y-20.0；
G91  G80  G28  Z0  M05；
N5  T05  M06；(M22×2 螺絲攻)
G90  G43  Z20.0  H35  S200  M03；
G98  G84  X0  Y0  Z-35.0  R5.0  F400；
G91  G80  G28  Z0  M05；
M09；
M30；
```

6-6 副程式

副程式之定義與使用時機已於先前之單元加以介紹，因此本單元將就副程式之執行與使用加以說明。

一、副程式之組成

副程式通常於自動操作模式中爲主程式所呼叫，稱之爲“單一迴路副程式呼叫”(one loop subroutine call)，唯於數控系統中，副程式於執行過程中仍可呼叫另一副程式，是爲多重副程式之呼叫，一主程式最多可作四迴路副程式之呼叫，如圖 6-80。

副程式組成之格式與主程式無異，仍以程式號碼爲開頭，唯副程式之結束，是以 M99 表示而非 M02 或 M30；其格式如下：

```
O□□□□； ······························ 副程式號碼
N01  G90……；⎫
N02  G01……；⎪
N03  G02……；⎬······················· 副程式指令內容
 ⋮    ⋮      ⎪
 ⋮    ⋮      ⎭
Nn  M99； ····························· 副程式結束
```

二、副程式之執行

副程式唯有遇主(副)程式呼叫時，方得以執行其程式指令，而主程式則以"M98"指令呼叫副程式：

M98　P___L___；

其中 P：被呼叫之副程式號碼

L：副程式執行次數，如省略則視爲一次，最多可達 9999 次

主(副)程式中執行到 M98　P××××　Ln；單節指令時，即跳至副程式○××××去執行，執行完(n)次後，再回到主程式之下一單節指令；但若副程式結束指令 M99 後接 P××××，則副程式執行完畢後，並不回主程式之下一段指令而回到 P××××順序號碼之單節執行。以下二例爲主程式進行中，呼叫副程式之執行程序。

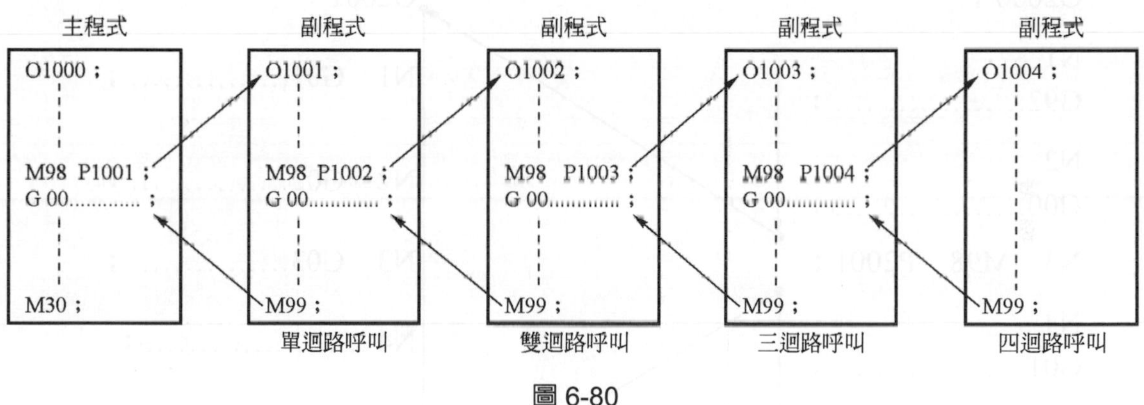

圖 6-80

範例 6-47

```
O1000 ;                                  O1001 ;
N1   G92……………………;                    N1   G01…………… ;
N2   G00……………………;                    N2 ………………… ;
N3   G91……………………;                    N3 ………………… ;
N4   M98   P1001   L2 ;                  N4 ………………… ;
N5   G00……………………;                    N5 ………………… ;
N6   M98   P1001 ;                       N6   M99 ;
N7   G01……………………;
:
:
:
```

範例 6-48

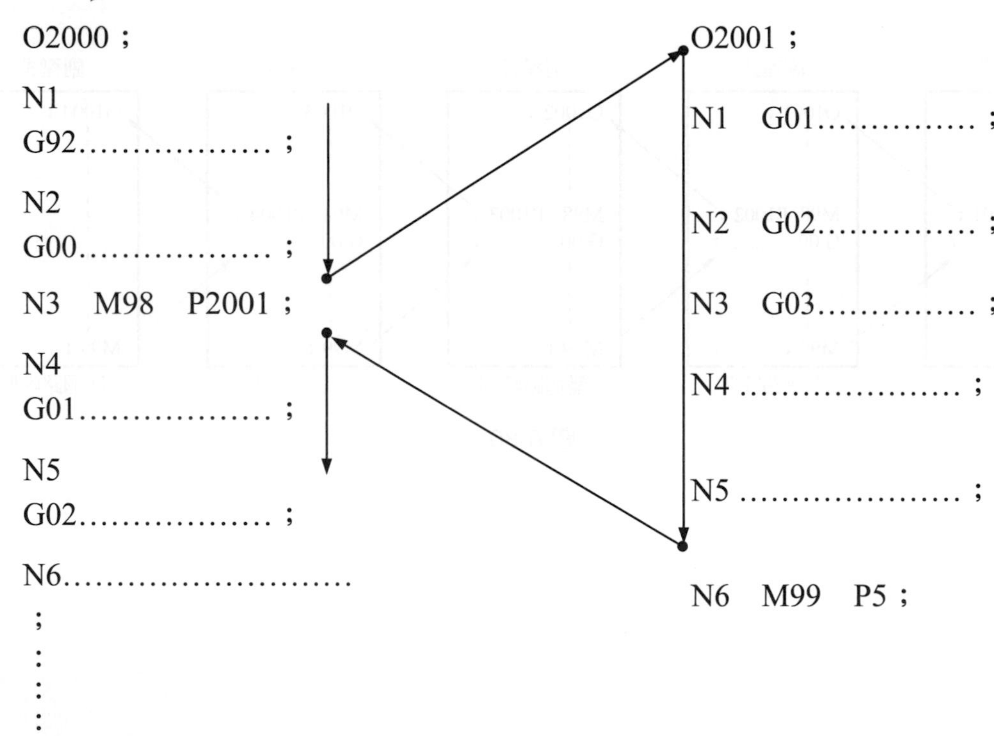

範例 6-49

```
N1  G92.............................. ;
N2  G91.............................. ;
N3  G00.............................. ;
N4  G01.............................. ;
N5  G02.............................. ;
/N6  M99  P003 ;
N7  G01.............................. ;
N8  M30 ;
```

選擇單節跳越 Off（N5 → N3）

選擇單節跳越 ON（N5 → N7）

三、副程式應用範例

```
O6081；(主程式)
G00  G40  G49  G80  G17；
G91  G28  X0  Y0  Z0；
T02  M06；(φ 8 端銑刀)
G90  G54  X0  Y0；
S1000  M03；
G43  Z10.0  H32  /M08；
G00  X20.0  Y-21.5；
M98  P6001；
G90  G00  X20.0  Y21.5；
M98  P6001；
G90  G00  X-20.0  Y21.5；
M08  P6001；
G90  G00  X-20.0  Y-21.5；
```

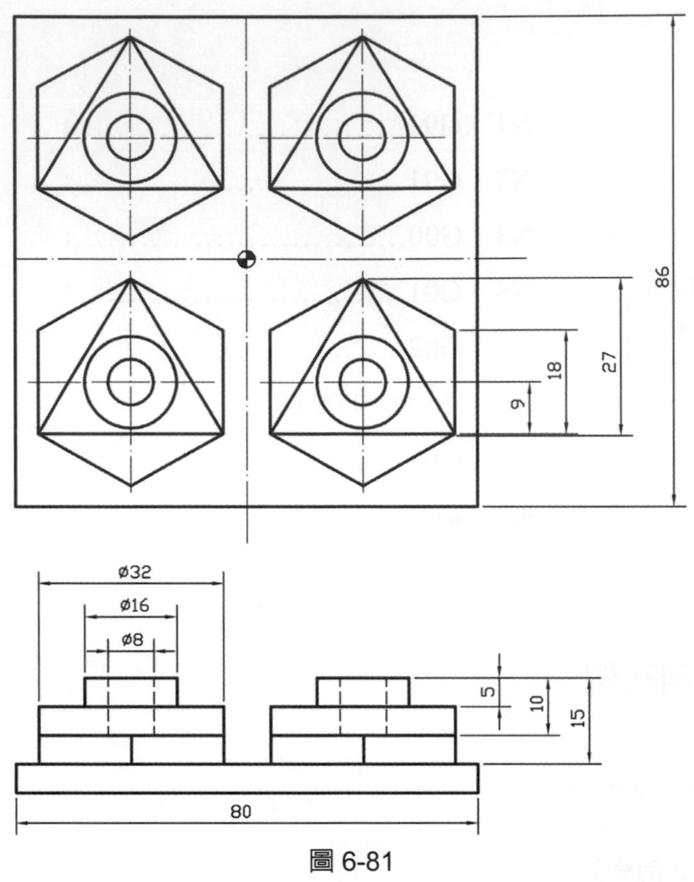

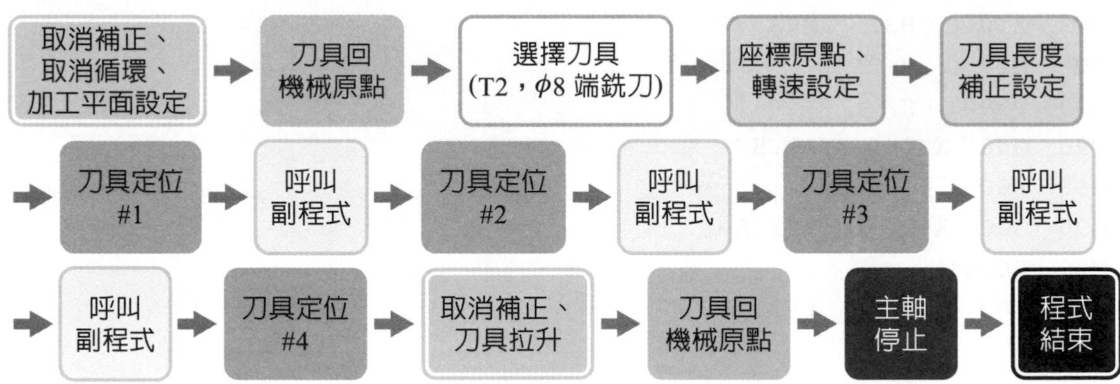

圖 6-81

流程圖

取消補正、取消循環、加工平面設定 → 刀具回機械原點 → 選擇刀具(T2，ϕ8 端銑刀) → 座標原點、轉速設定 → 刀具長度補正設定 → 刀具定位 #1 → 呼叫副程式 → 刀具定位 #2 → 呼叫副程式 → 刀具定位 #3 → 呼叫副程式 → 呼叫副程式 → 刀具定位 #4 → 取消補正、刀具拉升 → 刀具回機械原點 → 主軸停止 → 程式結束

```
M98  P6001；
G00  G40  Z20.0  M09；
G91  G28  Z0  M05；
M30；
```

流程圖

```
O6001；(副程式)
G91  G01  Z-20.0  F100；
G01  Z20.0；
G41  Y-8.0  D02；
  Z-15.0；
G02  J8.0；
G01  Y-1.0；
  Z-5.0；
  X-16.0；
  X16.0  Y27.0；
  X16.0  Y-27.0；
  X-16.0；
  Y-9.0；
  Z-5.0；
  X-16.0  Y9.0；
  Y18.0；
  X16.0  Y9.0；
  X16.0  Y-9.0；
  Y-18.0；
  X-16.0  Y-9.0；
G00  G40  Z25.0；
M99；
```

6-7 程式範例

範例 6-50

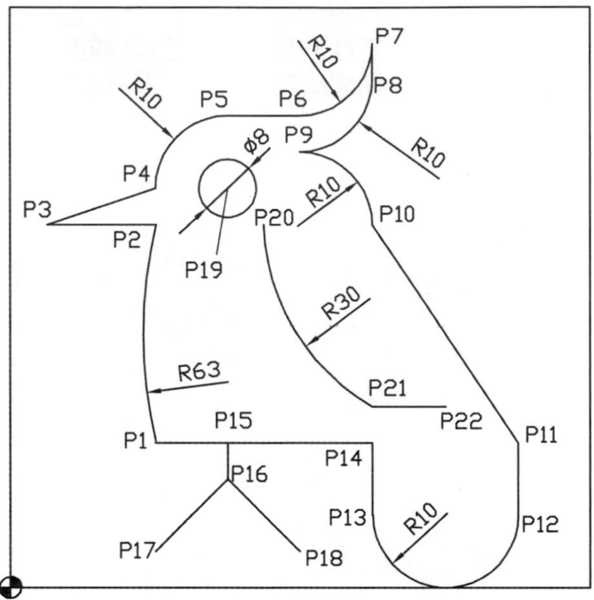

圖 6-82

表 6-10

點	X 軸座標值	Y 軸座標值	點	X 軸座標值	Y 軸座標值
P_1	20.0	20.0	P_{12}	70.0	10.0
P_2	20.0	50.0	P_{13}	50.0	10.0
P_3	5.0	50.0	P_{14}	50.0	20.0
P_4	20.0	55.0	P_{15}	30.0	20.0
P_5	30.0	65.0	P_{16}	30.0	15.0
P_6	40.0	65.0	P_{17}	20.0	5.0
P_7	50.0	75.0	P_{18}	40.0	5.0
P_8	50.0	70.0	P_{19}	30.0	55.0
P_9	40.0	60.0	P_{20}	35.0	50.0
P_{10}	50.0	50.0	P_{21}	50.0	25.0
P_{11}	70.0	20.0	P_{22}	60.0	25.0

流程圖

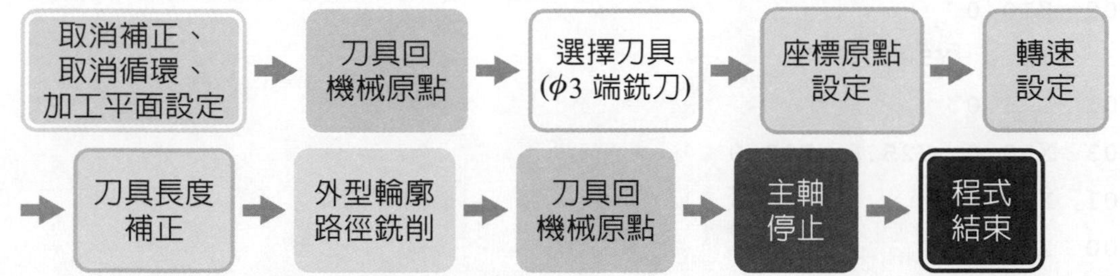


```
O6082；
G00  G40  G49  G80  G17；
G91  G28  X0  Y0  Z0；
  T02  M06；(φ3)
G90  G54  X0  Y0；
  S1200  M03；
G43  Z10.0  H32  /M08；
N1  G41  X20.0  Y20.0  D02；
G01  Z-5.0  F100；
G02  Y50.0  R63.0  F150；
G01  X5.0；
  X20.0  Y55.0；
G02  X30.0  Y65.0  R10.0；
G01  X40.0；
G03  X50.0  Y75.0  R10.0；
G01  Y70.0；
G02  X40.0  Y60.0  R10.0；
  X50.0  Y50.0  R10.0；
G01  X70.0  Y20.0；
  Y10.0；
G02  X50.0  R10.0；
G01  Y20.0；
  X20.0；
G00  G40  Z10.0；
N2  X30.0  Y51.0；
G01  Z-5.0；
```

```
G02  J4.0；
G00  Z10.0；
N3  X35.0  Y50.0；
G01  Z-5.0；
G03  X50.0  Y25.0  R30.0
G01  X60.0；
G00  Z10.0；
N4  X30.0  Y18.5；
G01  Z-5.0；
  Y15.0；
  X20.0  Y5.0；
G00  Z10.0；
  X30.0  Y15.0 ；
G01  Z-5.0；
  X40.0  Y5.0；
G00  Z10.0  M09；
G91  G28  Z0  M05；
  M30；
```

範例 6-51 CNC 銑床乙級技術士檢定試題一

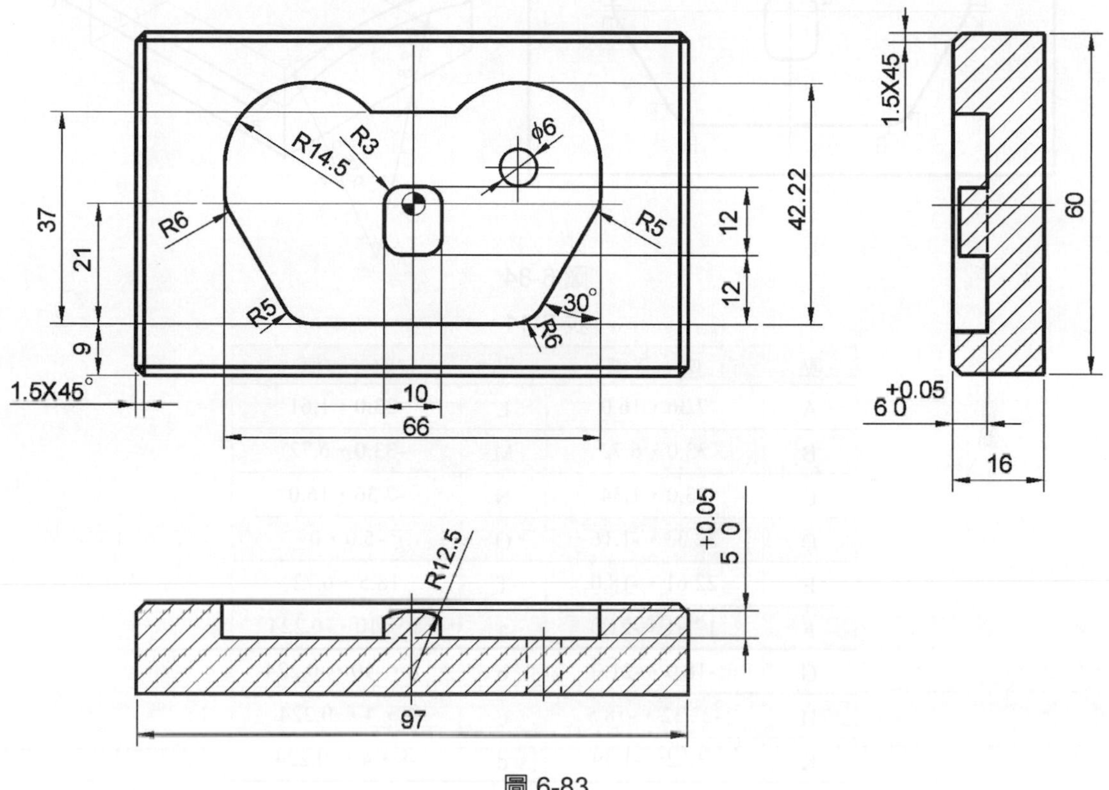

圖 6-83

1. 使用刀具

   (1) T_1：ϕ75 面銑刀，以 MPG 手動操作方式，銑削工件表面，以作爲加工平面之基礎。

   (2) T_2：ϕ8 端銑刀(2 刃)。

   (3) T_3：ϕ6 球銑刀。

   (4) T_4：ϕ6 端銑刀(2 刃)。

2. 材料

   S30C，t16×60×97

3. 實習技能項目

   面銑、端銑、外形輪廓銑削、規則曲面之切削、鑽孔循環加工、副程式加工。

4. 座標計算

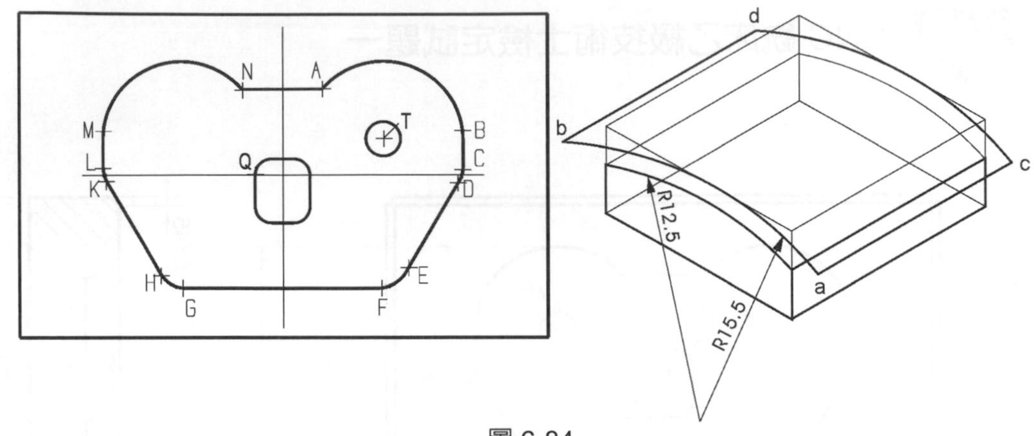

圖 6-84

表 6-11

點	座　標	點	座　標
A	7.36，16.0	L	-33.0，1.61
B	33.0，6.72	M	-33.0，6.72
C	33.0，1.34	N	-7.36，16.0
D	32.33，-1.16	Q	-5.0，0
E	22.61，-18.0	T	18.5，6.72
F	17.41，-21.0	a	8，-10，-0.224
G	-18.0，-21.0	b	-8，-10，-0.224
H	-22.32，-18.5	c	8，4，-0.224
K	-32.2，-1.39	d	-8，4，-0.224

5. 流程圖

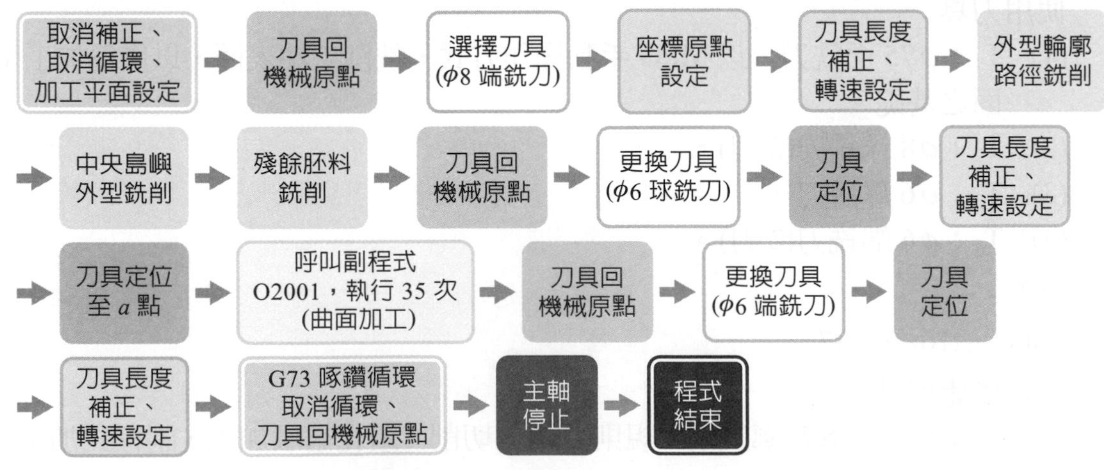

6. 加工程式

```
O6083；
  G00  G40  G80  G17；
  G91  G28  X0  Y0  Z0；
  (G91  G30  Z0；)
  N1 T02 M06；·································2 號刀具(φ8 端銑刀)
  G90  G54  X0  Y0；
  G43  Z10.0  H32  S600  M03；
  M08；
  G42  Y16.0  D02；                    ⎫·····刀具偏右補正，補正值 D02=3.98
  G01  Z-6.03  F80；                   ⎪
  X7.36  F100；                        ⎪
  G02  X33.0  Y6.72  R14.5；           ⎪
  G01  Y1.34；                         ⎪
  G02  X32.33  Y-1.16  R5.0；          ⎪
  G01  X22.61  Y-18.0；                ⎬
  G02  X17.41  Y-21.0  R6.0；          ⎪ ···················外形輪廓銑削
  G01  X-18.0；                        ⎪
  G02  X-22.32  Y-18.5  R5.0；         ⎪
  G01  X-32.2  Y-1.39；                ⎪
  G02  X-33.0  Y1.61  R6.0；           ⎪
  G01  Y6.72；                         ⎭
  G02  X-7.36  Y16.0  R14.5；
  G01  X5.0；
  N2  Y3.0；                     ⎫
  G91  X-7.0；                   ⎪
  G03  X-3.0  Y-3.0  R3.0；      ⎪
  G01  Y-6.0；                   ⎪
  G03  X3.0  Y-3.0  R3.0；       ⎬ ························ 中央島嶼外形銑削
  G01  X4.0；                    ⎪
  G03  X3.0  Y3.0  R3.0；        ⎪
  G01  Y6.0；                    ⎪
  G03  X-3.0  Y3.0  R3.0；       ⎭
```

```
  G01  X-8.0；
  N3  G40  G90  G00  Z5.0；   ┐
  X-18.0  Y-12.0；            │
  G01  Z-6.03  F80；          │
  X-21.5  Y-6.0  F100；       │
  Y11.0；                     │
  X-14.0；                    ├……………………殘餘胚料銑削
  Y-14.0；                    │
  X14.0；                     │
  Y11.0；                     │
  X21.5；                     │
  Y-4.5；                     ┘
  X18.0  Y-12.0；
  X14.0；
  G00  Z5.0；
  G91  G28  Z0  M05；
  (G91  G30  Z0  M05；)
  N4  T03  M06；………………………………… 3號刀(φ6球銑刀)
  G90  X8.0  Y-10.0；……………………… 刀具定位至島嶼右下方(a)
  G43  Z10.0  H33  S800  M03；
  G01  Z-0.224； ……………… 刀具下拉至a點(設Z0為球銑刀之圓心)
  M98  P2001  L35；……………… 呼叫副程式O2001，執行35次(曲面)
  G91  G28  Z0  M05；
  (G91  G30  Z0  M05；)
  N5  T04  M06；………………………………… 4號刀(φ6端銑刀)
  G90  X18.5  Y6.72；…………………………… 定位至φ6孔中心座標
  G43  Z10.0  H34  S600  M03；
  G98  G73  R5.0  Z-17.0  Q5000  F60；……………… φ6孔鑽削循環
  G91  G80  G28  Z0  M05；
  M09；
  M30；
O2001 ……………………………………………………… 副程式號碼
  G18  G91  G01  Y0.2  F120； ………… 刀具往Y軸切削0.2mm(ZX平面)
```

```
G02  X-16.0  Z0  R15.5； ·················· 圓弧切削 a→b（順時針圓弧）
G01  Y0.2； ································· 刀具再往 Y 軸切削 0.2mm
G03  X16.0  Z0  R15.5； ········ 逆時針圓弧切削，圓弧半徑（球心）15.5mm
M99； ············································ 副程式結束
```

範例 6-52 CNC 銑床乙級技術士檢定試題二

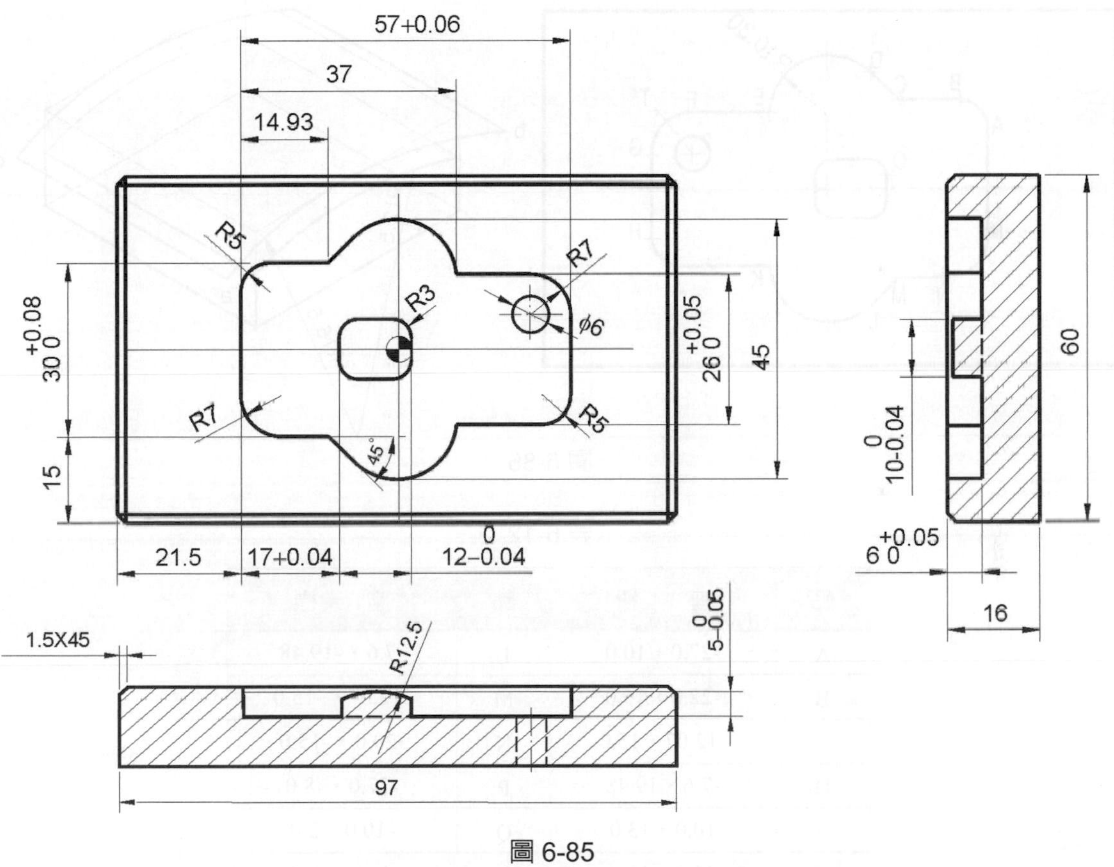

圖 6-85

1. 使用刀具

   (1) T_1：ϕ75 面銑刀，以 MPG 手動操作方式，銑削工件表面，以作爲加工平面之基礎。

(2) T_2：ϕ8 端銑刀(2 刃)。

(3) T_3：ϕ6 球銑刀。

(4) T_4：ϕ6 端銑刀(2 刃)。

2. 材料

S30C，t16×60×97

3. 實習技能項目

面銑、端銑、外形輪廓銑削、規則曲面之切削、鑽孔循環加工、副程式加工。

4. 座標計算

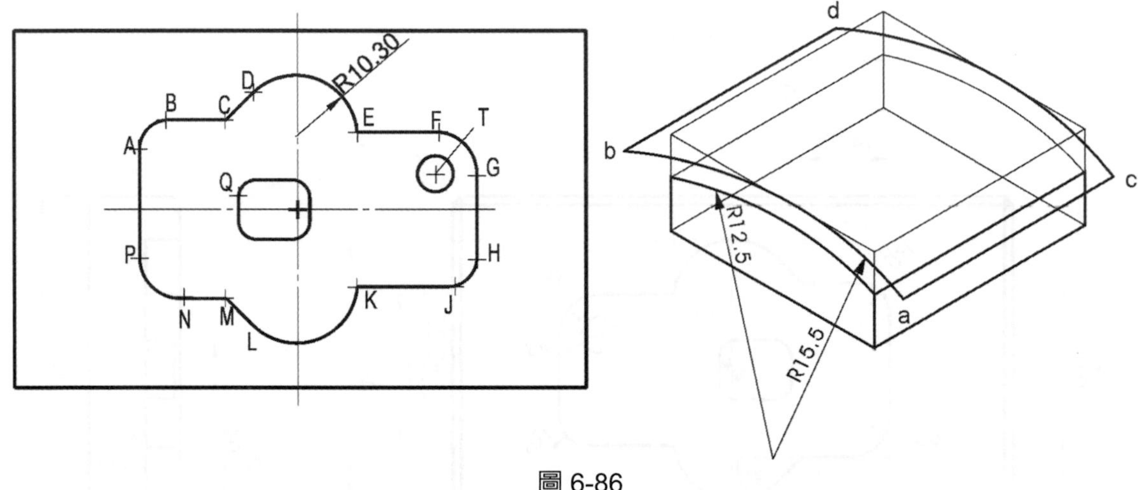

圖 6-86

表 6-12

點	座　　標	點	座　　標
A	-27.0，10.0	L	-7.6，-19.48
B	-22.0，15.0	M	-12.07，-15.0
C	-12.07，15.0	N	-20.0，-15.0
D	-7.6，19.48	P	-27.0，-8.0
E	10.0，13.0	Q	-10.0，2.0
F	23.0，13.0	T	23.0，6.0
G	30.0，6.0	a	4，-7，-0.224
H	30.0，-8.0	b	-12，-7，-0.224
J	25.0，-13.0	c	4，7，-0.224
K	10.0，-13.0	d	-12，7，-0.224

5. 流程圖

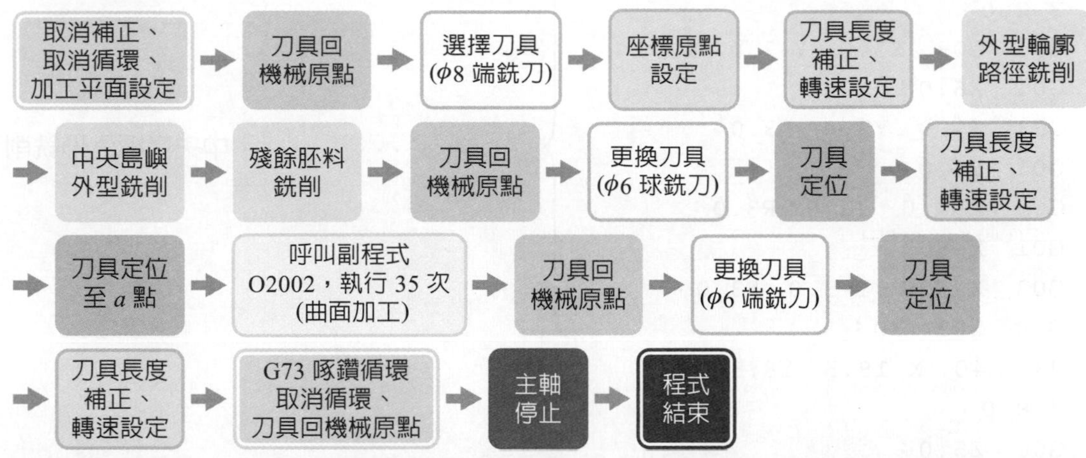

6. 加工程式

```
O6085；
  G00  G40  G80  G17；
  G91  G28  X0  Y0  Z0；
  (G91  G30  Z0；)
  N1  T02  M06；··································2 號刀具(φ8 端銑刀)
  G90  G54  X0  Y0；
  G43  Z10.0  H32  S600  M03；
  M08；
  G42  X-27.0  D02；            ·····刀具偏右補正，補正值 D02=3.98
  G01  Z-6.03  F80；
  Y10.0  F100；
  G02  X-22.0  Y15.0  R5.0；
  G01  X-12.07；
  X-7.6  Y19.48；
  G02  X10.0  Y13.0  R10.30；
  G01  X23.0；
  G02  X30.0  Y6.0  R7.0；      ····················外形輪廓銑削
  G01  Y-8.0；
  G02  X25.0  Y-13.0  R5.0；
  G01  X10.0；
  G02  X-7.6  Y-19.48  R10.30；
  G01  X-12.07  Y-15.0；
  X-20.0；
  G02  X-27.0  Y-8.0  R7.0；
  G01  Y10.0
```

```
N2  X-10.0；
Y-2.0；
G91  G03  X3.0  Y-3.0  R3.0；
G01  X6.0；
G03  X3.0  Y3.0  R3.0；                    ……………… 中央島嶼外形銑削
G01  Y4.0；
G03  X-3.0  Y3.0  R3.0；
G01  X-6.0；
G03  X-3.0  Y-3.0  R3.0；
G90  G01  Y0；
N3  G40  X-18.5  Y8.5；
Y-8.0；
G00  Z5.0；
X0  Y13.0；
G01  Z-6.03  F80；
G00  Z5.0；
X9.0  Y2.0；
G01  Z-6.03  F80；                         ……………………… 殘餘胚料銑削
X23.0  F100；
Y-2.0；
X9.0；
G00  Z5.0；
X0  Y-13.0；
G01  Z-6.03  F80；
G00  Z5.0；
G91  G28  Z0  M05；
(G91  G30  Z0  M05；)
N4  T03  M06；……………………………… 3 號刀(φ6 球銑刀)
G90  X4.0  Y-7.0；………………………… 刀具定位至島嶼右下方(a)
G43  Z10.0  H33  S800  M03；
G01  Z-0.224  F80；…………… 刀具下拉至 a 點(設 Z0 為球銑刀之圓心)
M98  P2002  L35；……………… 呼叫副程式 O2002，執行 35 次(曲面)
G90  G00  Z10.0；
G91  G28  Z0  M05；
(G91  G30  Z0  M05；)
N5  T04  M06；……………………………… 4 號刀(φ6 端銑刀)
G90  X23.0  Y6.0；………………………… 定位至φ6 孔中心座標
```

```
  G43  Z10.0  H34  S600  M03；
  G98  G73  R5.0  Z-17.0  Q5000  F60；···················φ6 孔鑽削循環
  G91  G80  G28  Z0  M05；
  M09；
  M30；
O2002；··············································· 副程式號碼
  G18  G91  G01  Y0.2  F120； ···········刀具往 Y 軸切削 0.2mm(ZX 平面)
  G02  X-16.0  Z0  R15.5； ·························順時針圓弧切削 a→b
  G01  Y0.2； ······························ 刀具往 Y 軸正向切削 0.2mm
  G03  X16.0  Z0  R15.5； ·················逆時針圓弧切削，半徑 R=15.5
  M99； ·············································· 副程式結束
```

範例 6-53 CNC 銑床乙級技術士檢定試題三

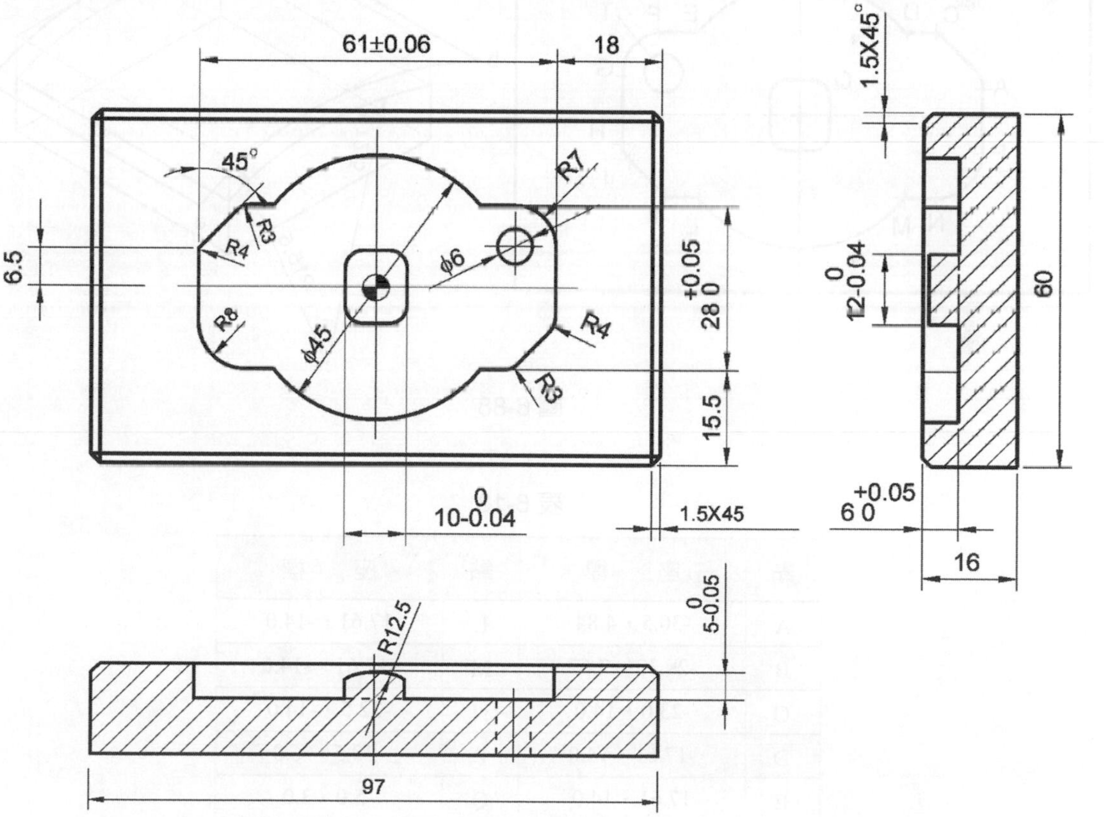

圖 6-87

1. 使用刀具

(1) T_1：ϕ75 面銑刀，以 MPG 手動操作方式，銑削工件表面，以作爲加工平面之基礎。

(2) T_2：ϕ6 端銑刀(2 刃)。

(3) T_3：ϕ6 球銑刀。

2. 材料

S30C，t16×60×97

3. 實習技能項目

面銑、端銑、外形輪廓銑削、規則曲面之切削、鑽孔循環加工、副程式加工。

4. 座標計算

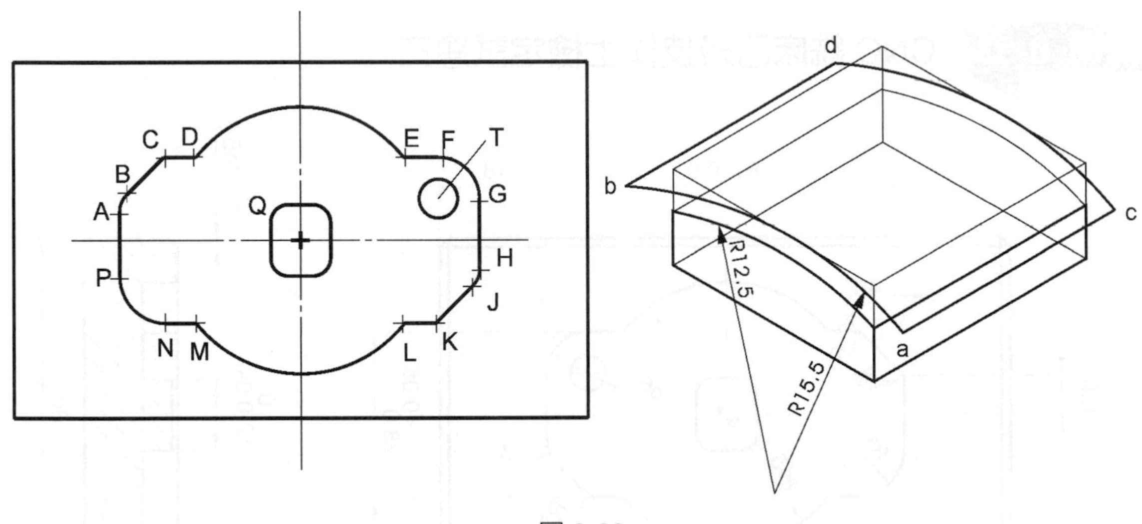

圖 6-88

表 6-13

點	座　標	點	座　標
A	-30.5，4.84	L	17.61，-14.0
B	-29.33，7.67	M	-17.61，-14.0
C	-23.0，14.0	N	-22.5，-14.0
D	-17.61，14.0	P	-30.5，-6.0
E	17.61，14.0	Q	-5.0，3.0
F	23.5，14.0	T	23.5，7.0

表 6-13(續)

點	座　　標	點	座　　標
G	30.5，7.0	a	8，-7，-0.224
H	30.5，-4.84	b	-8，-7，-0.224
J	29.33，-7.67	c	8，7，-0.224
K	23.0，-14.0	d	-8，7，-0.224

5. 流程圖

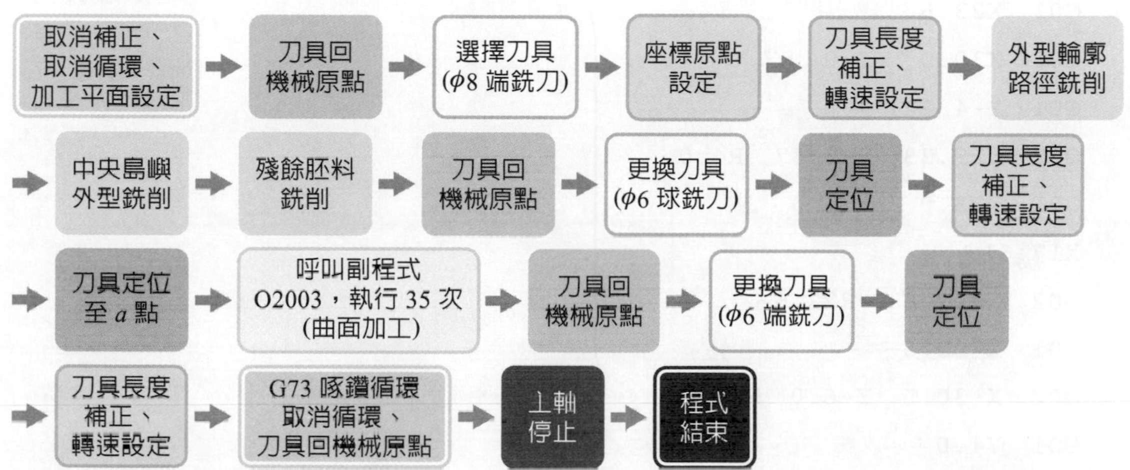

6. 加工程式

```
O6087；
  G00  G40  G80  G17；
  G91  G28  X0  Y0  Z0；
  (G91  G30  Z0；)
  N1  T02  M06；································2 號刀具(φ6 端銑刀)
  G90  G54  X0  Y0；
  G43  Z10.0  H32  S600  M03；
```

```
M08；
G42  X-30.5  D02；            .....刀具偏右補正，補正值 D02=2.98
G01  Z-6.03  F80；
Y4.84  F100；
G02  X-29.33  Y7.67  R4.0；
G01  X-23.0  Y14.0；
X-17.61；
G02  X17.61  R22.5；
G01  X23.5；                  ..................... 外形輪廓銑削
G02  X30.5  Y7.0  R7.0；
G01  Y-4.84；
G02  X29.33  Y-7.67  R4.0；
G01  X23.0  Y-14.0；
X17.61；
G02  X-17.61  R22.5；
G01  X-22.5；
G02  X-30.5  Y-6.0  R8.0；
G01  Y4.0；
N2  X-5.0  Y10.0；
Y-3.0；
G91  G03  X3.0  Y-3.0  R3.0；  ................中央島嶼外形銑削
G01  X4.0；
G03  X3.0  Y3.0  R3.0；
G01  Y6.0；
G03  X-3.0  Y3.0  R3.0；
G01  X-4.0；
```

```
G03  X-3.0  Y-3.0  R3.0；
N3  G90  G40  G01  X-22.0  Y7.0；
Y-7.0；
X-17.0；
Y7.0；
X-13.5；
Y-7.0；                              ………………… 殘餘胚料銑削
Y7.0；
G02  X13.5  R16.5；
G01  X22.0；
Y-7.0；
X17.0；
Y7.0；
X13.5；
Y-7.0
G02  X-13.5  R16.5；
G00  Z5.0；
G91  G28  Z0  M05；
(G91  G30  Z0  M05；)
N4  T03  M06；………………………………… 3 號刀(φ6 球銑刀)
G90  X8.0  Y-7.0；……………………… 刀具定位至島嶼右下方(a)
G43  Z10.0  H33  S800  M03；
G01  Z-0.224  F120；…………… 刀具下拉至 a 點(設 Z0 為球銑刀之圓心)
M98  P2003  L35；……………… 呼叫副程式 O2003，執行 35 次(曲面)
G90  G00  Z10.0；
G91  G28  Z0  M05；
(G91  G30  Z0  M05；)
N5  T04  M06；………………………………… 2 號刀(φ6 端銑刀)
G90  X23.5  Y7.0；……………………… 定位至φ6 孔中心座標
G43  Z10.0  H34  S600  M03；
G98  G73  R5.0  Z-17.0  Q5000  F60；……………… φ6 孔鑽削循環
G91  G80  G28  Z0  M05；
M09；
M30；
O2003；………………………………………… 副程式號碼
```

```
G18  G91  G01  Y0.2  F120；  ··········· 刀具往 Y 軸切削 0.2mm(ZX 平面)
G02  X-16.0  Z0  R15.5 ·························· 順時針圓弧切削 a→b
G01  Y0.2； ································ 刀具往 Y 軸正向切削 0.2mm
G03  X16.0  Z0  R15.5； ··············· 逆時針圓弧切削，半徑 R=15.5
M99； ··················································· 副程式結束
```

範例 6-54 CNC 銑床乙級技術士檢定試題四

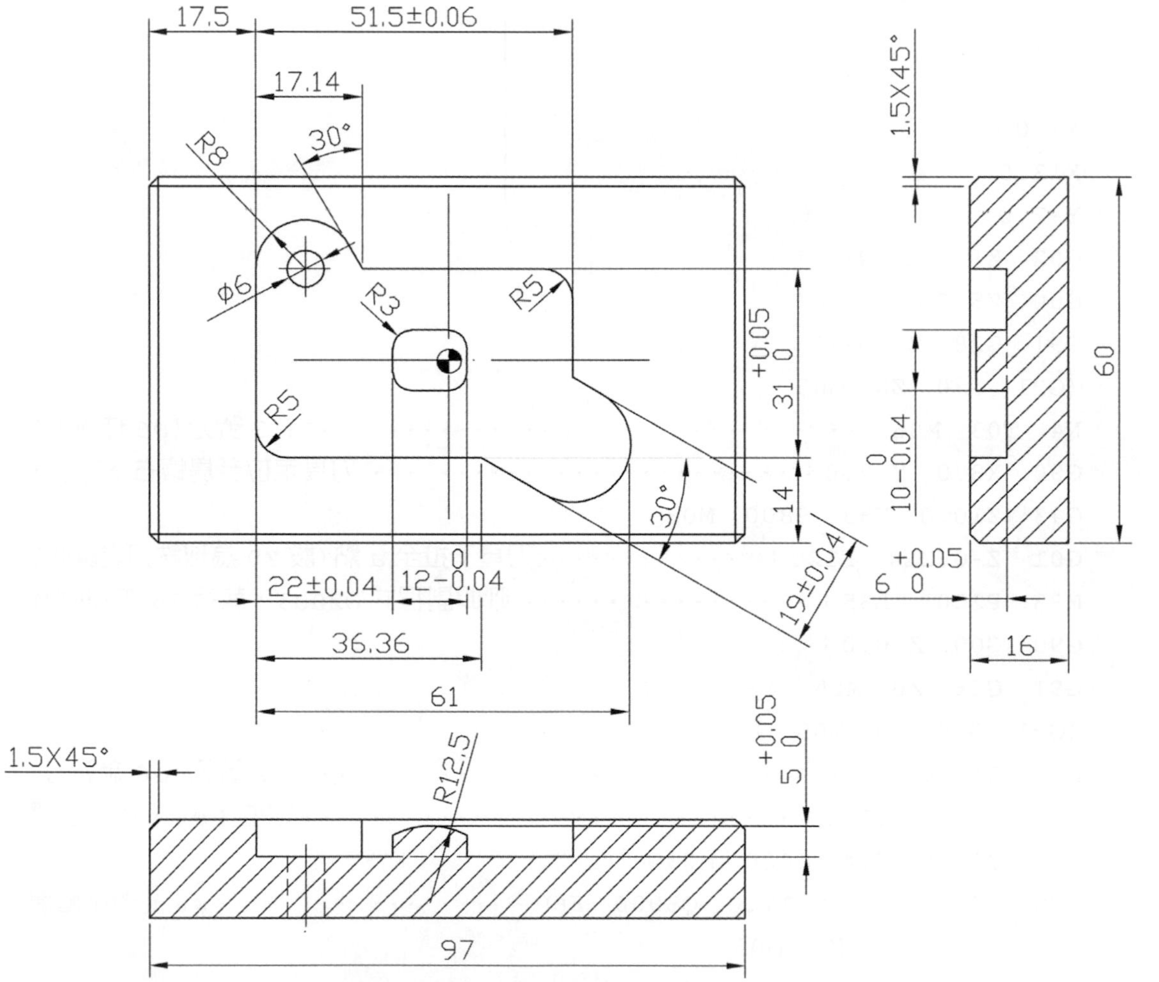

圖 6-89

1. 使用刀具

(1) T_1：ϕ75 面銑刀，以 MPG 手動操作方式，銑削工件表面，以作爲加工平面之基礎。

(2) T_2：ϕ8 端銑刀(2 刃)。

(3) T_3：ϕ6 球銑刀。

(4) T_4：ϕ6 端銑刀(2 刃)。

2. 材料

S30C，t16×60×97

3. 實習技能項目

面銑、端銑、外形輪廓銑削、規則曲面之切削、鑽孔循環加工、副程式加工。

4. 座標計算

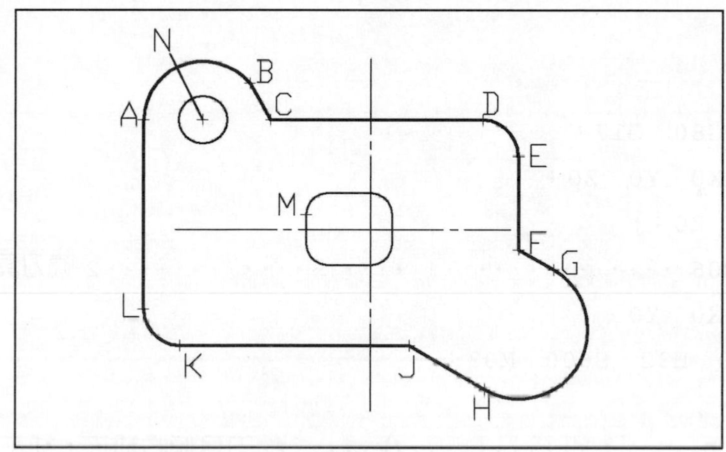

圖 6-90

表 6-14

點	座　標	點	座　標
A	-31.0，15.0	K	-26.0，-16.0
B	-16.72，19.96	L	-31.0，-11.0
C	-13.86，15.0	M	-9.0，2.0
D	15.5，15.0	N	-23.0，15.0
E	20.5，10.0	a	5，-7，-0.224
F	20.5，-2.8.8	b	-11，-7，-0.224
G	25.25，-5.54	c	5，7，-0.224
H	15.75，-22.0	d	-11，7，-0.224
J	5.36，-16.0		

5. 流程圖

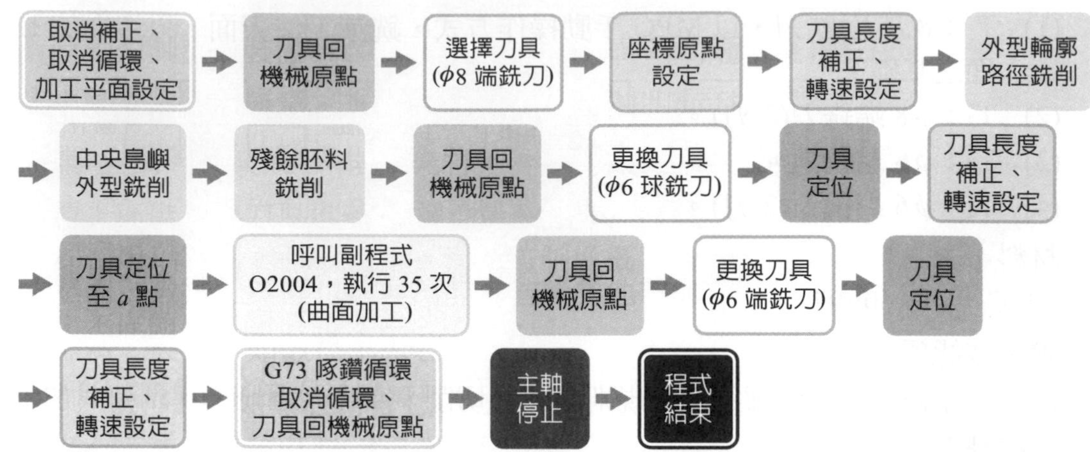

6. 加工程式

```
O6089；
  G00  G40  G80  G17；
  G91  G28  X0  Y0  Z0；
  (G91  G30  Z0；)
  N1  T02  M06 ································ 2 號刀具(φ8 端銑刀)
  G90  G54  X0  Y0；
  G43  Z10.0  H32  S600  M03；
  M08；
  G42  X-31.0  D02；··············· 刀具偏右補正，補正值 D02=3.98
  G01  Z-6.03  F80；
  Y15.0  F100；
  G02  X-16.72  Y19.96  R8.0；
  G01  X-13.86  Y15.0；
  X15.5；
  G02  X20.5  Y10.0  R5.0；                ····················· 外形輪廓銑削
  G01  Y-2.8；
  X25.25  Y-5.54；
  G02  X15.75  Y-22.0  R9.5；
  G01  X5.36  Y-16.0；
  X-26.0；
  G02  X-31.0  Y-11.0  R5.0；
```

```
G01  Y10.0；
N2  X-9.0；
Y-2.0；
G91  G03  X3.0  Y-3.0  R3.0；
G01  X6.0；
G03  X3.0  Y3.0  R3.0；                  ……………… 中央島嶼外形銑削
G01 Y4.0；
G03  X-3.0  Y3.0  R3.0；
G01  X-6.0；
G03  X-3.0  Y-3.0  R3.0；
N3  G90  G40  G01  X-20.0  Y12.0；
Y-11.0；
G00  Z5.0；
X8.5  Y7.0；                              ……………… 殘餘胚料銑削
G01  Z-6.03；
Y-7.0；
X22.5  Y-15.0；
G00  Z5.0；
G91  G28  Z0  M05；
(G91  G30  Z0  M05；)
N4  T03  M06；…………………………………… 3 號刀(φ6 球銑刀)
G90  X5.0  Y-7.0；……………………………… 刀具定位至島嶼右下方(a)
G43  Z10.0  H33  S800  M03；
G01  Z-0.224；  ………………………刀具下拉至 a 點(設 Z0 為球銑刀之圓心)
M98  P2004  L35；………………… 呼叫副程式 O2004，執行 35 次(曲面)
G90  G00  Z10.0；
G91  G28  Z0  M05；
(G91  G30  Z0  M05；)
N5  T04  M06；…………………………………… 4 號刀(φ6 端銑刀)
G90  X-23.0  Y15.0；……………………………定位至φ6 孔中心座標
G43  Z10.0  H34  S600  M03；
G98  G73  R5.0  Z-17.0  Q5000  F60；…………………φ6 孔鑽削循環
```

```
  G91  G80  G28  Z0  M05；
  M09；
  M30；
O2004；································································ 副程式號碼
  G18  G91  G01  Y0.2  F100；···········刀具往 Y 軸切削 0.2mm(ZX 平面)
  G02  X-16.0  Z0  R15.5；··························順時針圓弧切削 a→b
  G01  Y0.2；································刀具往 Y 軸正向切削 0.2mm
  G03  X16.0  Z0  R15.5；·················逆時針圓弧切削，半徑 R=15.5
  M99；·································································· 副程式結束
```

範例 6-55 CNC 銑床乙級技術士檢定試題五

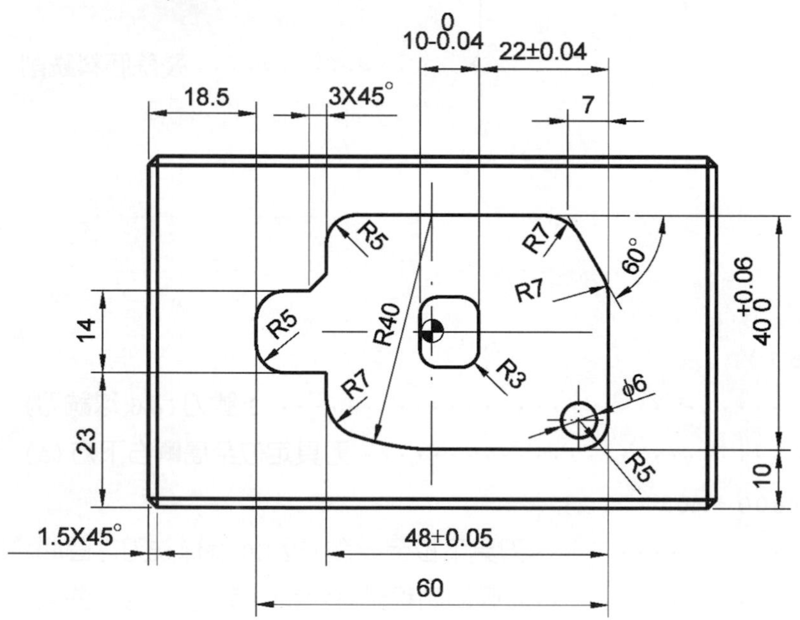

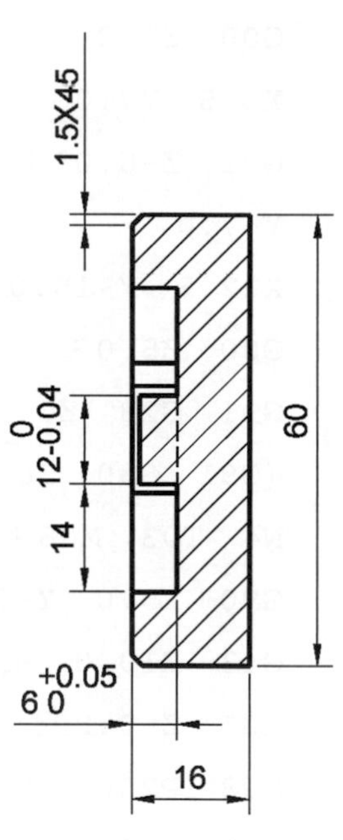

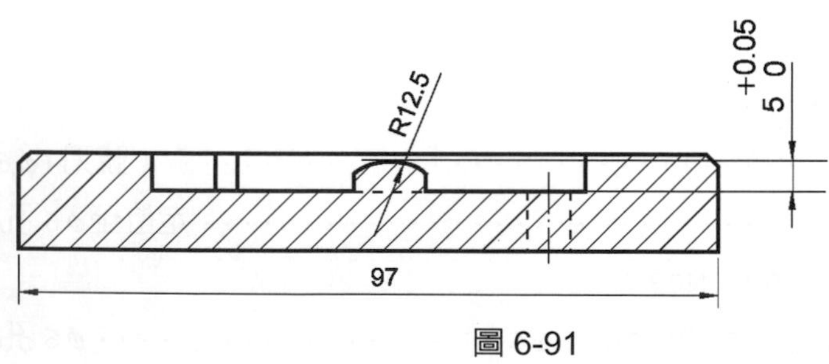

圖 6-91

1. **使用刀具**

(1) T_1：ϕ75 面銑刀，以 MPG 手動操作方式，銑削工件表面，以作為加工平面之基礎。

(2) T_2：ϕ8 端銑刀(2 刃)。

(3) T_3：ϕ6 球銑刀。

(4) T_4：ϕ6 端銑刀(2 刃)。

2. **材料**

S30C，t16×60×97

3. **實習技能項目**

面銑、端銑、外形輪廓銑削、規則曲面之切削、鑽孔循環加工、副程式加工。

4. **座標計算**

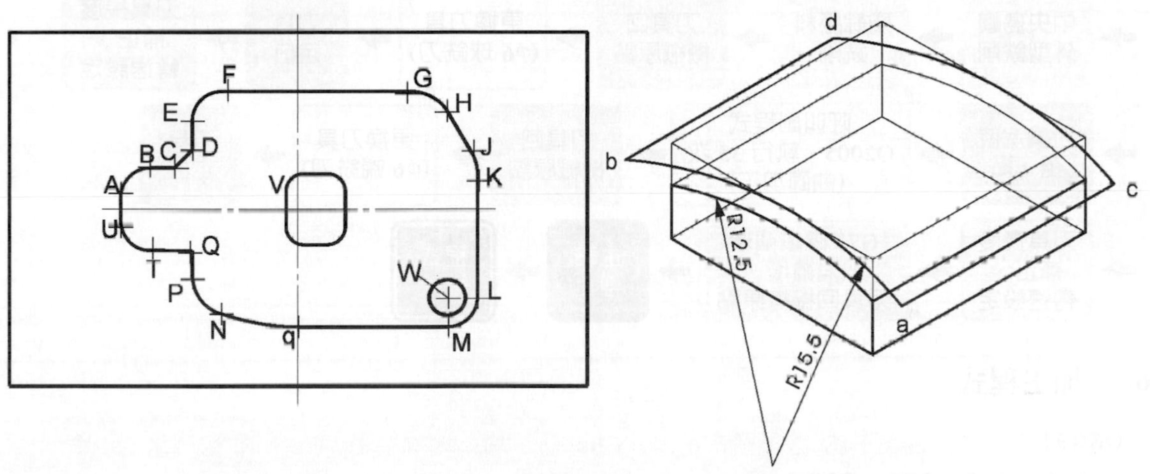

圖 6-92

表 6-15

點	座　標	點	座　標
A	-30.0，2.0	q	0，-20.0
B	-25.0，7.0	N	-13.33，-17.71
C	-21.0，7.0	P	-18.0，-11.11
D	-18.0，10.0	Q	-18.0，-7.0
E	-18.0，15.0	T	-25.0，-7.0
F	-13.0，20.0	U	-30.0，-2.0

表 6-15(續)

點	座　標	點	座　標
G	18.96，20.0	V	-2.0，3.0
H	25.02，16.5	W	25.0，-15.0
J	29.06，9.5	a	11，-7，-0.224
K	30.0，6.0	b	-5，-7，-0.224
L	30.0，-15.0	c	11，7，-0.224
M	25.0，-20.0	d	-5，7，-0.224

5. 流程圖

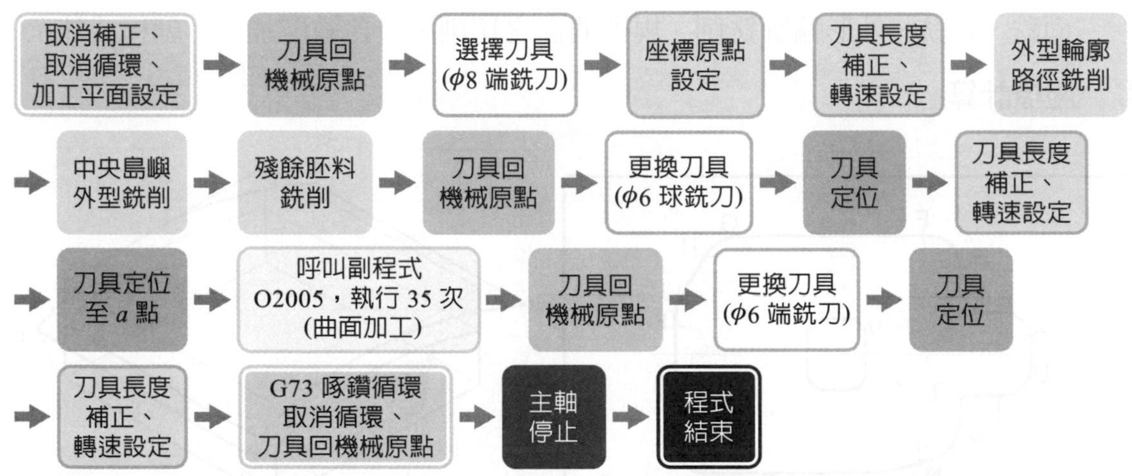

6. 加工程式

```
O6091；
  G00  G40  G80  G17；
  G91  G28  X0  Y0  Z0；
  (G91  G30  Z0；)
  N1  T02  M06；································2 號刀具(φ8 端銑刀)
  G90  G54  X0  Y0；
  G43  Z10.0  H32  S600  M03；
  M08；
```

```
G42  X-30.0  D02；                    ···刀具偏右補正，補正值 D02=3.98
G01  Z-6.03  F80；
Y2.0  F100；
G02  X-25.0  Y7.0  R5.0；
G01  X-21.0；
X-18.0  Y10.0；
Y15.0
G02  X-13.0  Y20.0  R5.0；
G01  X18.96；
G02  X25.02  Y16.5  R7.0；
G01  X29.06  Y9.5；                   ···················外形輪廓銑削
G02  X30.0  Y6.0  R7.0；
G01  Y-15.0；
G02  X25.0  Y-20.0  R5.0；
G01  X0；
G02  X-13.33  Y-17.71  R40.0；
X-18.0  Y-11.11  R7.0；
G01  Y-7.0；
X-25.0；
G02  X-30.0  Y-2.0  R5.0；
G01  Y2.0；
N2  G00  Z5.0；
X-2.0  Y10.0；
G01  Z-6.03  F80；
Y-3.0
G91  G03  X3.0  Y-3.0  R3.0；
G01  X4.0；                           ················· 中央島嶼外形銑削
G03  X3.0  Y3.0  R3.0；
G01  Y6.0；
G03  X-3.0  Y3.0  R3.0；
G01  X-4.0；
G03  X-3.0  Y-3.0  R3.0；
N3  G40  G90  G01  X-12.5  Y14.0；
Y-13.0；
X13.5；
Y13.0；                               ··············· 殘餘胚料銑削
X19.0；
Y-13.0；
```

```
  G00  Z5.0；
  G91  G28  Z0  M05；
  (G91  G30  Z0  M05；)
  N4  T03  M06；································ 3 號刀(φ6 球銑刀)
  G90  X11.0  Y-7.0；······················ 刀具定位至島嶼右下方(a)
  G43  Z10.0  H33  S800  M03；
  G01  Z-0.224； ································ 刀具下拉至 a 點
  M98  P2005  L35；················ 呼叫副程式 O2005，執行 35 次(曲面)
  G90  G00  Z10.0；
  G91  G28  Z0  M05；
  (G91  G30  Z0  M05；)
  N5  T04  M06；································ 4 號刀(φ6 端銑刀)
  G90  X25.0  Y-15.0；························ 定位至φ6 孔中心座標
  G43  Z10.0  H34  S600  M03；
  G98  G73  R5.0  Z-17.0  Q5000  F60；················ φ6 孔鑽削循環
  G91  G80  G28  Z0  M05；
  M09；
  M30；
O2005；········································ 副程式號碼
  G18  G91  G01  Y0.2  F120； ··········· 刀具往 Y 軸切削 0.2mm(ZX 平面)
  G02  X-16.0  Z0  R15.5；······················ 順時針圓弧切削 a→b
  G01  Y0.2； ···························· 刀具往 Y 軸正向切削 0.2mm
  G03  X16.0  Z0  R15.5；················ 逆時針圓弧切削，半徑 R=15.5
  M99；········································ 副程式結束
```

Chapter 7

CNC 銑床之基本操作

CNC 銑床與傳統銑床相似，於實際生產作業中，係以平面銑削、曲面銑削、溝槽銑削及孔之加工，如鑽孔、搪孔、攻牙、鉸孔等工作爲主。拜電腦科技之所賜，CNC 銑床得以執行複雜之圓弧加工，甚至三度空間以上之曲面加工。CNC 銑床之操作原理與傳統銑床相同，操作方式則稍有差異，本單元將循序漸進，詳細介紹 CNC 銑床之基本操作。

7-1 CNC 銑床之切削刀具

CNC 銑床之切削加工，包括鑽孔、搪孔、攻牙、鉸孔、平面銑削、槽銑削、曲面銑削等，種類繁多，且加工之變化性較大，所以刀具種類也相對較多，以下將擇要介紹主要之銑削刀具。

1. 搪孔刀

CNC 銑床使用之搪孔刀，依其使用場合，可分爲粗搪孔刀及精密搪孔刀兩種，差別在於精搪孔之搪孔刀其搪削直徑可以微調，粗搪孔之搪孔刀則無此功能。搪孔刀之規格標註方式則大致相同，除了錐度號數外，尚包括最小搪削直徑與刀桿長度，如 BT40-30(d_1) ×150(l_1)，圖 7-1 與圖 7-2，分別爲粗搪孔刀與精搪孔刀之圖示。

2. 平面銑刀

平面銑刀爲多刃刀具，銑床工作中，大平面之加工，均仰賴此種刀具。CNC 銑床所使用之平面銑刀，通常其刀刃數都在 3 片以上，且大多採用捨棄式刀片，如圖 7-4。選購平面銑刀時，除了標示銑刀(架)之規格外，銑刀刀片之尺寸也不得忽略。平面銑刀之規格，一般均包含下列項目：

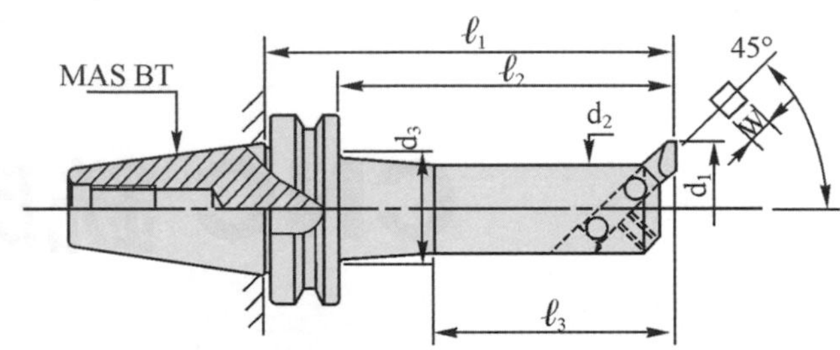

圖 7-1　粗搪孔刀(正河源機械配件)

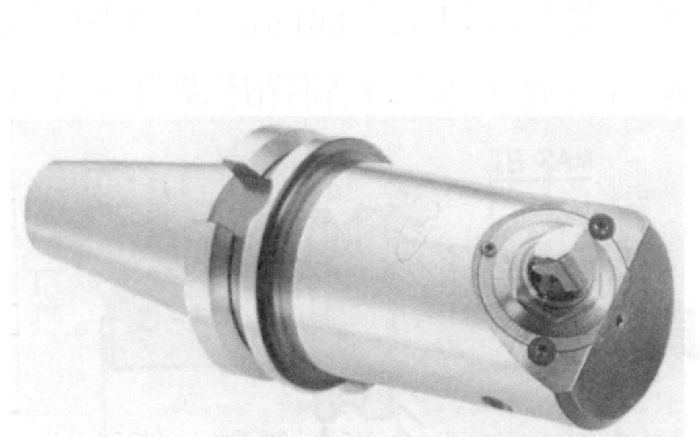

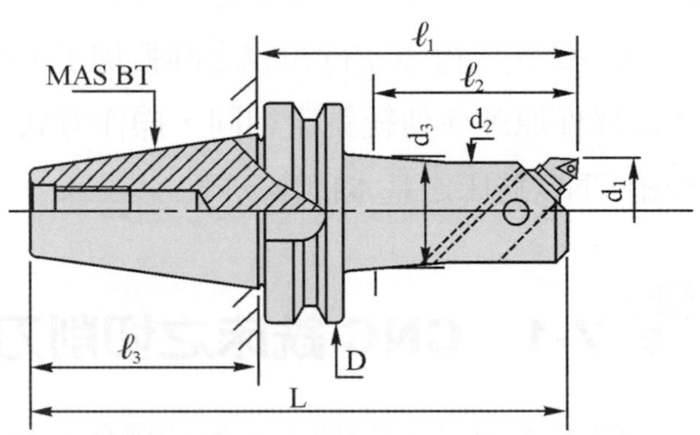

圖 7-2　精搪孔刀(正河源機械配件)

(1) 角度：銑削平面與銑刀側面所形成之角度，常用者有 45°、65°、75°與 95°等四種角度，如圖 7-3。

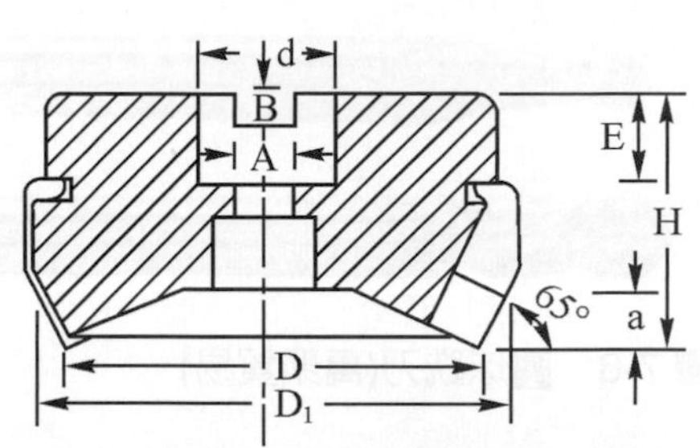

圖 7-3 平面銑刀之角度(正河源機械配件)　　圖 7-4 捨棄式平面銑刀(扶德有限公司)

(2) 外徑：平面銑刀之直徑，常用者為 80～500mm 之間。

(3) 內徑：內圓直徑，一般為 1"～$1\frac{7}{8}$"之間。

(4) 高度：常用者為 55mm 或 60mm 兩種。

(5) 刀片數：3 片至 20 片或 22 片以上。

至於刀片尺寸，主要為寬度與厚度，如$\frac{5}{8}$"×$\frac{3}{16}$"，$\frac{1}{2}$"×$\frac{3}{16}$"，$\frac{1}{2}$"×$\frac{1}{8}$"等。

3. 端銑刀

銑刀之端面及圓周均有刀刃，適合小平面、側面、凹槽、鍵座之銑削，依用途之不同，端銑刀可分為二刃、三刃及四刃等三種形式。二刃端銑刀可用於鑽孔及一般之粗切削，三刃及四刃端銑刀則常用於較硬材質之輕切削加工，如圖 7-5。

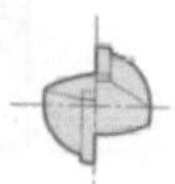

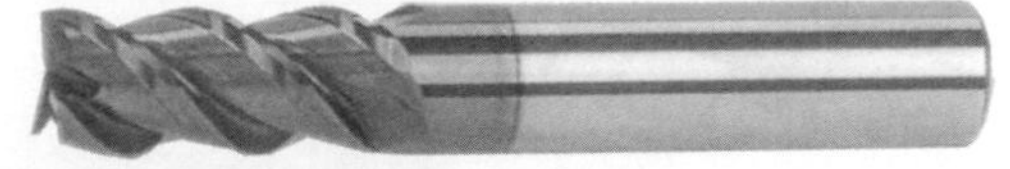

圖 7-5 端銑刀(扶德有限公司)

端銑刀之規格，主要爲刃徑、刃長、柄徑、全長等四種尺寸及刀刃數。爲因應較深溝槽之加工，另有加長刃之端銑刀。不論短刃或長刃端銑刀，其刃長均隨刃徑之增加而增長。

4. 球銑刀

外形與端銑刀相似，唯其刃端爲圓弧形，通常用於圓弧槽、圓弧面及曲面之加工。一般使用爲二刃之圓球銑刀，若銑刀之刃徑較大(R16)以上，則亦有製成四刃者。規格則除了前端之弧角半徑以外，其餘與端銑刀相同，如圖 7-6。

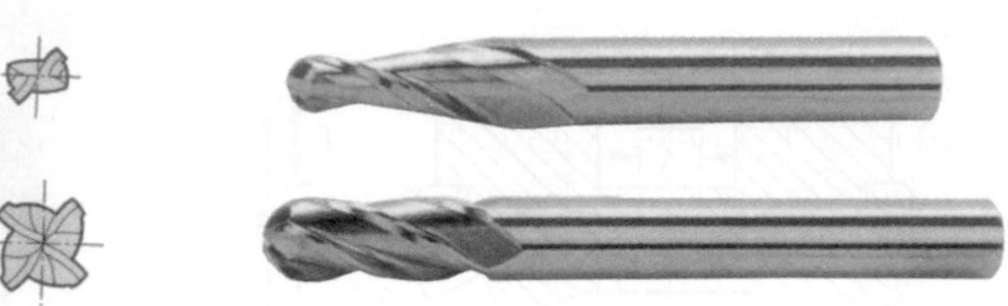
圖 7-6　圓球銑刀(萬聚貿易)

5. 槽銑刀

銑削溝槽專用之銑刀，常用者有鍵槽銑刀、鳩尾槽銑刀及外圓槽銑刀三種。規格大同小異，包括刃徑、刃長、柄徑、柄長及全長等，如圖 7-7～7-9。

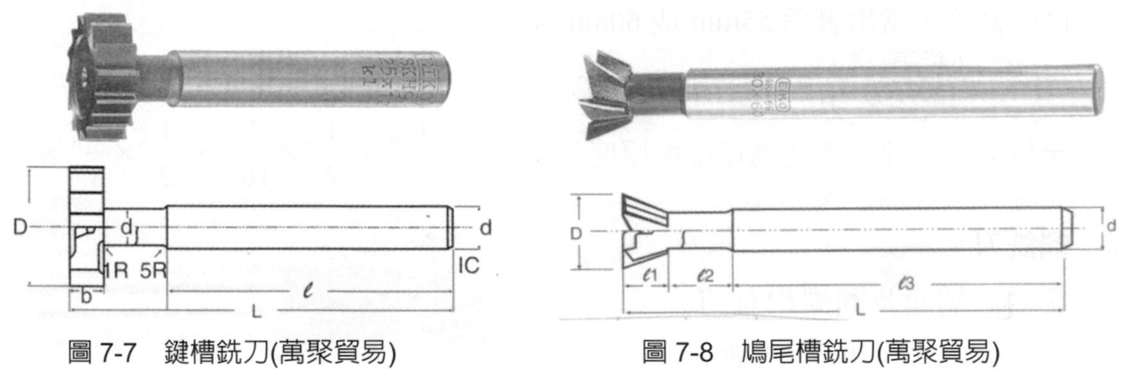

圖 7-7　鍵槽銑刀(萬聚貿易)　　圖 7-8　鳩尾槽銑刀(萬聚貿易)

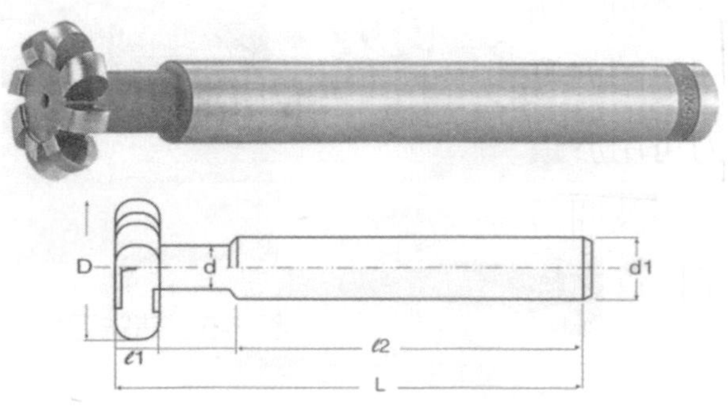

圖 7-9　圓弧槽銑刀(萬聚貿易)

7-2 控制面盤操作

一、機械控制面盤之操作(一)

CNC 銑床之控制面盤，各工具機製造廠商雖各有不同之功能按鈕與安排方式，但操作之方式卻是大同小異，以下將以台中精機之面盤與永進機械之面盤為例，逐項說明個別操作按鈕之功能與操作方法。圖 7-10 為台中精機之 CNC 綜合加工機中文操作面盤。

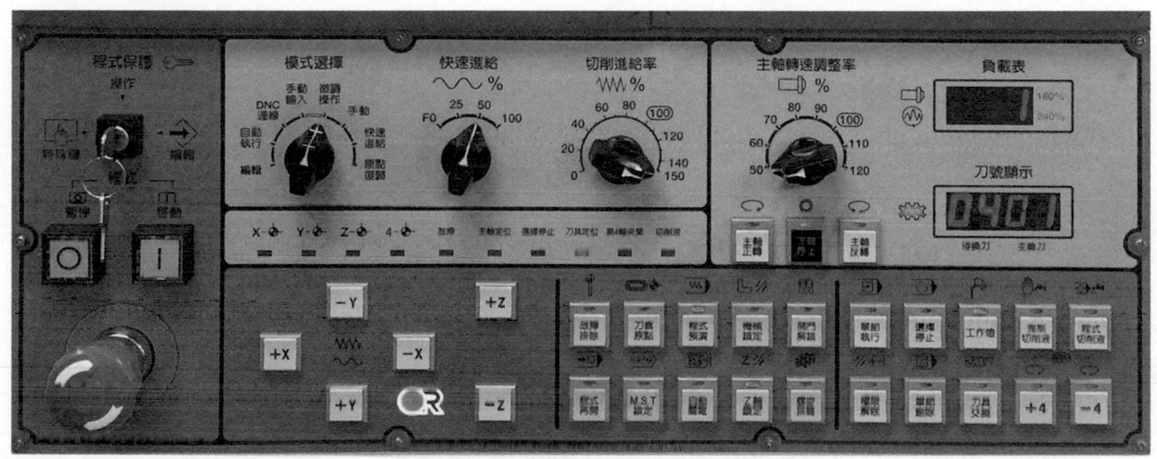

圖 7-10　操作面盤(台中精機)

1. 編輯：

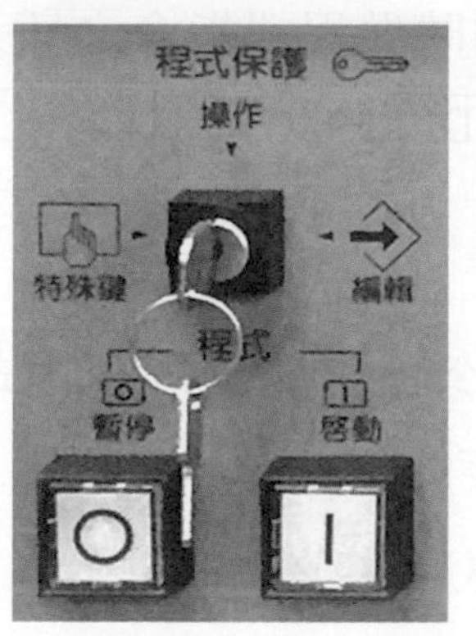

當程式保護鍵之開關切換至此位置時，系統可進行模式選擇(MODE)之程式編輯(EDIT)模式，編輯模式也僅能在此位置進行工作程式之編輯與修改。

2. **操作**：程式保護鍵開關切換至此位置時，系統可進行模式選擇(MODE)之自動執行(AUTO)模式，DNC 連線，手動輸入，微調操作，手動，快速進給，原點復歸等模式之執行。

3. **特殊鍵**：設定程式預演，M.S.T 鎖定，刀具故障排除，程式再啓動，機械鎖定，Z 軸鎖定及自動切電等功能之開與關。

4. **啓動**：循環啓動鈕(CYCLE START)，此開關可執行以下四種指令、動作：

   (1) 手動輸入(MDI)指令：模式選擇開關置於"手動輸入"(MDI)之位置，輸入程式單節指令，按下此開關，即可執行指令之位移及動作。

   (2) 執行記憶體內之程式指令：模式選擇開關置於自動執行(AUTO)，按下此開關(CYCLE START)，即開始執行記憶體內之程式。

   (3) 重新執行加工程式：程式執行過程中，若按下暫停(FEED HOLD)開關，加工程式隨即停止。若於此時按此開關(CYCLE START)，則將繼續執行未完之程式指令。

5. **暫停**：進給暫停開關(FEED HOLD)，程式指令執行中，若按此開關，則燈號亮起，各軸向之位移均將停止，但主軸仍繼續旋轉。

6. **編輯**：

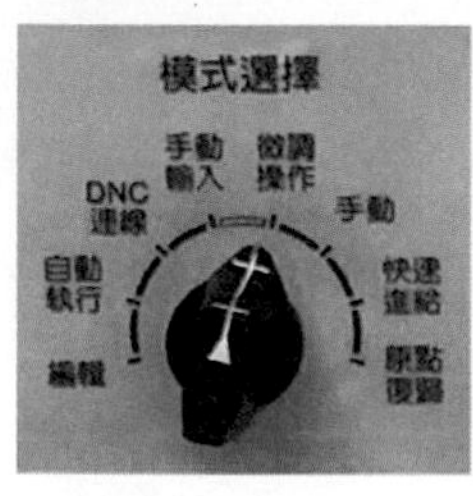

程式編輯模式(EDIT)，編輯加工程式並將其輸入電腦記憶體。編輯程式時，可同時做程式指令之插入(INSERT)、替換(ALTER)、刪除(DELETE)等動作。

7. **自動執行**：自動執行模式(AUTO)，機器將執行存在於記憶體內之加工程式，對工件進行預期之加工或刀具路徑之模擬與指令動作之執行。

8. **DNC 連線**：控制器與電腦連線，執行加工程式"邊傳邊做"之功能。

9. **手動輸入**：手動資料輸入(MDI)，以控制器面盤(CRT/MDI)上之按鍵，逐一輸入程式指令，可爲一單節動作或數單節程式路徑之加工或刀具位移指令，並使機器執行之，此模式亦可輸入補正值及其他數據。

10. **微調操作**：

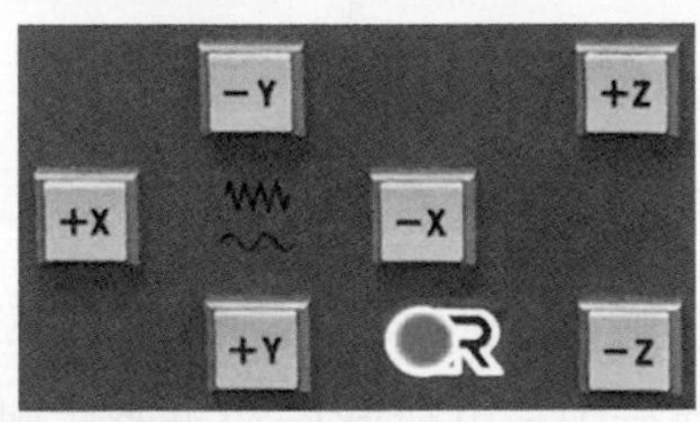

手輪操作步進模式(HANDLE & STEP)，利用手輪操作，選擇位移軸向之一軸(X，Y，Z)，設定位移單位(0.001, 0.01, 0.1mm 或 0.0001, 0.001, 0.01inch)，控制床台之移動或刀具之進給。

11. **手動**：寸動進給模式(JOG)，配合軸向選擇開關，調整切削進給率，可進行各軸向指定進給之位移。

12. **快速進給**：快速進給開關(RAPID)，按下軸向選擇開關，則 X、Y 軸最快可以 24m/min、Z 軸 18m/min 之速度行快速進給之動作。

13. **原點復歸**：機械原點復歸(ZERO RETURN)，按下軸向選擇開關"十"方向，床台或刀具即以快速定位之速度，回復機械原點。快速位移之速度由快速進給率之百分比旋鈕調整，接近機械原點前將減速，直到各軸向之燈亮，且不再閃爍，即達原點。系統剛開機時、即可以此模式，執行各軸向之原點復歸。

14. **快速進給率%**：

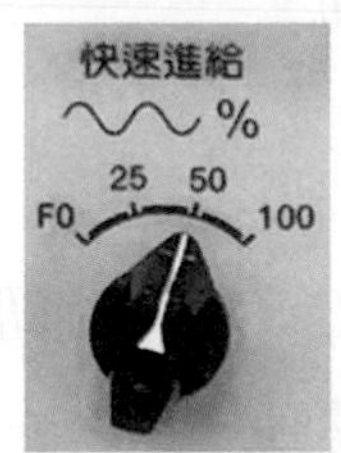

快速位移速率百分比調整(RAPID OVERRIDE%)，快速定位(G00)之速率，可經由此旋鈕調整其速率百分比，範圍爲 F0、25%、50%、100%等四種。

15. 切削進給率%：

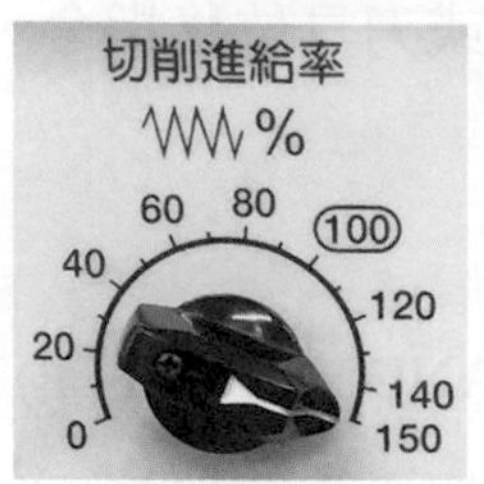

進給速率百分比調整鈕(FEEDRATE OVERRIDE %)，於執行手動輸入(MDI)、自動執行(AUTO)、手動(JOG)之指令動作時，可藉調整此旋鈕，選擇 0%至 150%，以增加或減少進給(F)之速率。

16. 主軸轉速調整率%：

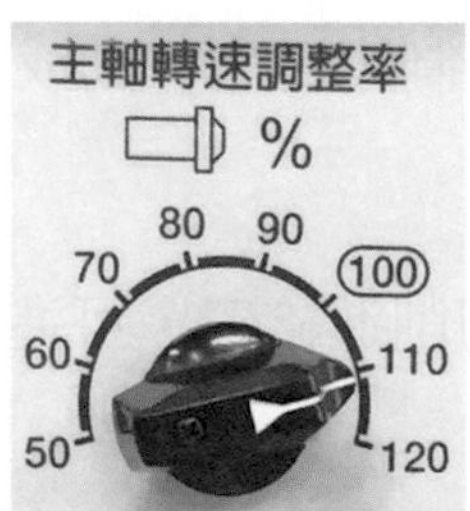

主軸轉速百分比調整鈕(SPINDLE SPEED OVERRIDE%)，加工程式執行中，可藉此旋鈕調整主軸之轉速(S)，範圍爲 50%至 120%。

17. 緊急停止：

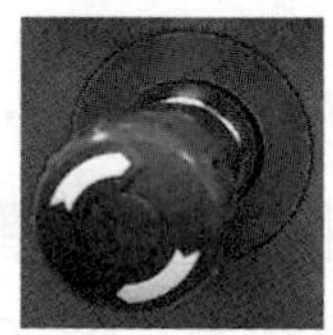

緊急停止旋鈕(EMERGENCY)，按下此按鈕，所有動作立即中斷，伺服系統隨即斷電。順時針方向旋轉此按鈕，即可恢復原始狀況。

18. 主軸正轉：

主軸順時針旋轉(SPINDLE C.W)，模式選擇(MODE)旋鈕置於手動(JOG)位置時，按下此開關，則主軸順時針轉動。

19. 主軸反轉：

主軸逆時針旋轉(SPINDLE C.C.W)，模式選擇(MODE)旋鈕置於手動(JOG)位置時，按下此開關，則主軸逆時針轉動。

20. 主軸停止：

主軸停止開關(SPINDLE STOP)，模式選擇(MODE)旋鈕置於手動(JOG)位置時，按下此開關，則主軸將停止轉動。

21. 故障排除開關：

ATC 換刀系統故障時，故障排除使用。操作程序為：模式切至手動輸入，程式保護鍵切至特殊鍵，按下刀具故障排除開關，同時按下暫停開關不放，至診斷畫面修改 DGN600 之設定值。

(1) ATC　按+X(微調操作模式)正轉換刀臂至原點位置。
　　　　或–X(微調操作模式)反轉換刀臂至原點位置。

(2) MAG　按+X(微調操作模式)正轉刀倉至原點位置。
　　　　或–X(微調操作模式)反轉刀倉至原點位置。

(3) POT　按+X(微調操作模式)刀套上升。
　　　　或–X(微調操作模式)刀套下降。

22. 刀倉原點(MAGAZINE ZERO RETURN)：

按此按鈕將使刀倉回到原點位置。

23. 程式預演：

試車開關(DRY RUN)，此開關“ON”時，於自動執行(AUTO)模式下之加工程式中，快速進給與切削進給之速率(F)均由進給率調整鈕所控制，程式中之設定值將失效。

24. 機械鎖定：

機械鎖定開關(MACHINE LOCK)，此開關“ON”，則床台與刀具均遭鎖定，無法進給或位移，唯 M、S、T 之功能，仍將持續執行。

25. 單節執行：

單節開關(SINGLE BLOCK)，按下此開關，燈號亮起時，當自動執行(AUTO)程式指令時，僅能做單節之操作，須待按下啓動開關(CYCLE START)後，才能繼續執行下一單節之程式指令。

26. 選擇停止：

選擇性停止開關(OPTIONAL STOP)，配合“M01”選擇性程式停止指令使用。若開關燈亮，即功能位於“ON”之位置，則 M01 有效，程式隨即停止，此時 M01 之作用與“M00”程式停止指令相同。待按下啓動開關(CYCLE START)後，程式始繼續執行。若此開關“OFF”，則“M01”指令將毫無作用。

27. 切削液強制開關、切削液程式開關：

切削液“強制”噴出或由“程式控制”之選擇開關。

28. 程式再開：

使加工中斷之程式，得以繼續執行。惟刀具之位置必須與加工中斷前相同。

29. M.S.T 鎖定：

M.S.T 機能鎖定開關(M.S.T LOCK)，此開關“ON”，則輔助機能(M)、轉速機能(S)、刀具機能(T)，均遭鎖定，不予執行，但床台之位移，仍將持續。此功能通常配合程式預演開關(DRY RUN)，做加工程式之試車與檢驗工作。

30. 自動關電：

此開關 ON 時，程式執行至 M02 或 M30 之單節時，系統將自動關閉電源。

31. Z 軸鎖定：

Z 軸鎖定開關(Z AXIS NEGLECT)，此開關“ON”，則鎖定 Z 軸，刀具無法位移。通常配合試車開關(DRY RUN)使用，做程式之檢驗、試車。

32. 螺旋排屑：

特殊規格，鐵屑以螺旋狀排至出屑車。

33. 極限解除：

解除“行程極限設定”之開關。模式選擇置於“手動”之位置，按此按鈕，同時按住電源“ON”之位置，可解除“行程極限”之設定。

34. 單節刪除：

單節刪除開關(BLOCK SKIP)，配合“選擇性單節跳越”符號(/)使用，若此開關 “ON”，則有 “/” 單節跳越符號之該單節程式指令將不予執行，若此開關 “OFF”，則 “/” 符號失效，該單節指令仍將被執行。

35. 刀具交換：

於手動模式下，按此按鈕可執行換刀動作。

36. +4，－4 按鈕：

此二按鈕是用以做爲第四軸之旋轉進給使用。

二、機械控制面盤之操作(二)

上一單元爲台中精機公司之機械操作面盤，個別之開關功能與操作方法。本單元將再舉永進機械之機械操作面盤爲例，逐一介紹個別開關之功能與操作方法，圖 7-11 爲永進機械公司之 CNC 綜合加工機機械操作面盤。

圖 7-11　操作面盤(永進機械)

1. 電源開關－開(ON)：

按下此按鈕，開啓電源，系統開始運轉。(本機型電源開關，位於控制器面盤之左側。)

2. **電源開關－關(OFF)：**

按下此按鈕，電源關閉，一切動作停止。

3. **操作模式選擇旋鈕(MODE)：**

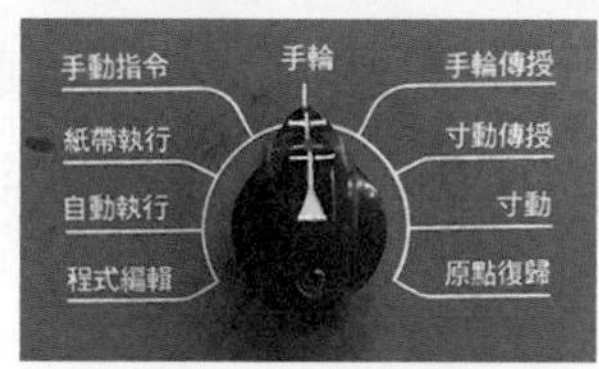

(1) 程式編輯模式(EDIT)：編輯加工程式並將其輸入電腦記憶體。編輯程式時，可同時做程式指令之插入(INSERT)、替換(ALTER)、刪除(DELETE)等動作。

(2) 自動執行模式(AUTO)：選擇此模式，機器將執行存在於記憶體內之加工程式，對工件進行預期之加工或刀具路徑之模擬與指令動作之執行。

(3) 紙帶執行：於此功能下，控制器透過 RS-232 轉接線與電腦連接，可以將電腦連接，可以將電腦磁碟中的程式傳過來。

(4) 手動指令(MDI)模式：以控制器面盤上之按鍵，逐一輸入程式指令，可爲一單節動作或數單節程式路徑之加工或刀具位移指令，並使機器執行之。指令動作執行完畢後，程式將消失而不存在於記憶體內。此模式亦可輸入補正值及其他數據。

(5) 手輪操作步進模式(HANDLE & STEP)：

利用手輪操作，選擇位移軸向之一軸(X，Y，Z，A)，設定位移單位(0.001, 0.01, 0.1mm 或 0.0001, 0.001, 0.01inch)，控制床台之移動或刀具之進給。(本機型手輪爲外掛式)

(6) 手動傳授模式(TEACH IN HANDLE)：手輪配合位移軸向選擇開關之各軸向位移量，轉換爲程式來執行。

(7) 寸動傳授模式(TEACH IN JOG)：將寸動進給(JOG)各軸向選擇開關之位移量，轉換爲程式來執行。

(8) 寸動模式(JOG)：配合軸向選擇開關，調整寸動進給旋鈕，可進行各軸向指定進給之位移。若同時押下快速進給開關，則可做指定軸向之快速位移動作。

(9) 機械原點復歸(ZERO RETURN)：選擇此模式，按下開關"+"方向，床台或刀具即以快速定位之速度，回復機械原點。快速位移之速度由快速位移速度之百分比旋鈕調整，接近機械原點前將減速，直到各軸向之燈亮，且不再閃爍，即達原點。系統剛開機時，即可以此模式，執行各軸向之原點復歸。

4. 試車開關(DRY RUN)：

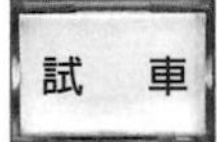

此開關"ON"時，可執行 AUTO、MDI、TEACH IN HANDLE 或 TEACH IN JOG 程式之試車工作，以檢驗程式之正確性。於試車運轉時，程式指令之進給率(F)與快速定位 G00 之速率，均經由調整寸動進給率來控制，若於此時按下快速進給(RAPID)之開關，則系統將以寸動之最高速率移動試車。

5. 單節開關(SINGLE BLOCK)：

按下此開關，燈號亮起時，當自動執行(AUTO)程式指令時，僅能作單節之操作，需待按下循環啓動開關(CYCLE START)後，才能繼續執行下一單節之程式指令。

6. 手動絕對開關(MANUAL ABSOLUTE)：

此開關"ON"，則手動位移量將加入絕對座標內，"OFF"則否。

7. 單節跳略開關(BLOCK SKIP)：

配合"選擇性單節跳越"符號(/)使用，若此開關"ON"，則有"/"單節跳越符號之該單節程式指令將不予執行，若此開關"OFF"，則"/"符號失效，該單節指令仍將被執行。

8. 選擇性停止開關(OPTIONAL STOP)：

配合"M01"選擇性程式停止指令。若開關燈亮，即功能位於"ON"之位置，則 M01 有效，程式隨即停止，此時 M01 之作用與"M00"程式停止指令相同。待按下循環啓動開關(CYCLE START)後，程式繼續執行。若此開關"OFF"，則"M01"指令將毫無作用。

9. 機械鎖定開關(MACHINE LOCK)：

此開關"ON"，則床台與刀具均遭鎖定，無法進給或位移，唯 M、S、T 之功能，仍將持續執行。

10. Z 軸鎖定開關(Z AXIS NEGLET)：

此開關"ON"，則鎖定 Z 軸，刀具無法位移。通常配合試車開關(DRY RUN)使用，做程式之檢驗、試車。

11. M、S、T 鎖定開開(M,S,T LOCK)：

此開關"ON"，則輔助功能(M)、轉速機能(S)、刀具機能(T)，均遭鎖定，不予執行，但床台之位移，仍將持續。此功能通常配合試車開關(DRY RUN)，做加工程式之試車與檢驗工作。

12. 循環啓動(CYCLE START)開關：

此開關可執行以下四種指令、動作：

(1) 手動指令：模式選擇開關置於 MDI 之位置，輸入程式單節指令，按下此開關，即可執行指令之位移及動作。

(2) 執行記憶體內之程式指令：模式選擇開關置於 AUTO，按下此開關(CYCLE START)，即開始執行記憶體內之程式。

(3) 重新執行加工程式：程式執行過程中，若按下(20.)進給暫停(FEED HOLD)開關，加工程式隨即停止。若於此時按此開關(CYCLE START)，則將繼續執行未完之程式指令。

(4) 執行手動傳授，寸動傳授指令動作：程式若已完成在 TEACH IN HANDLE 及 TEACH IN JOG 之模式位移時，按下此開關(CYCLE START)，即可執行已完成之程式。

13. 循環停止開關(FEED HOLD)：

程式指令執行中，若按此開關，則燈號亮起，各軸向之位移均將停止，但主軸仍繼續旋轉。

14. 緊急停止按鈕(EMERGENCY)：

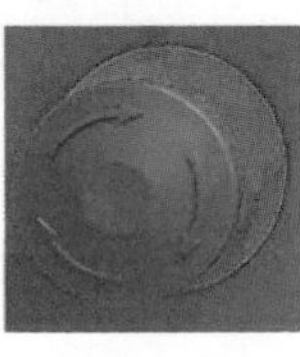

按下此按鈕，所有動作立即中斷，伺服系統隨即斷電。順時針方向旋轉此按鈕，即可恢復原始狀況。

15. 進給速率百分比(FEEDRATE OVERRIDE%)調整鈕：

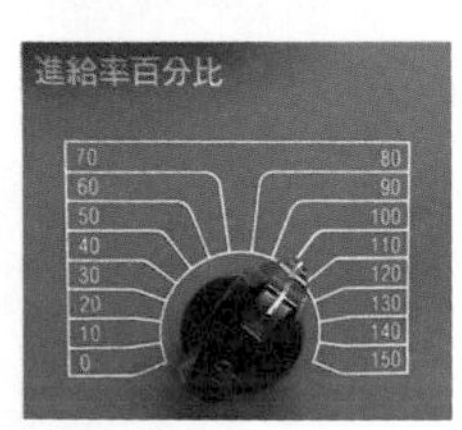

於執行 MDI、AUTO、TEACH IN HANDLE、TEACH IN JOG 中之指令時，可藉調整此旋鈕選擇 0%至 150%，以增加或減少進給(F)之速率。

16. 切削劑開關(FLOOD COOLANT)：

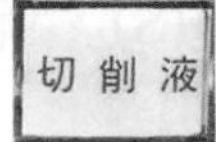

此開關“ON”，則切削劑噴出，“OFF”則關閉。切削劑之“開”與“關”由以下三種方式控制：

(1) 程式中設定：程式中以 M08/M09 控制切削劑之開/關，於 AUTO 執行程式時，即由程式來控制。

(2) MDI 設定：於 MDI(手動資料輸入)模式中，輸入 M08 或 M09，亦可控制切削劑之開與關。

(3) 直接開/關：模式選擇(MODE)旋鈕置於 JOG(寸動)之位置時，可直接按下切削劑開關(FLOOD COOLANT)，以控制切削劑之開/關。

17. 雙手操作：

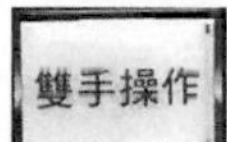

爲了避免在“寸動”模式下，啓動主軸，操作者肢體與主軸不慎接觸，造成傷害。於“寸動”模式下，啓動主軸，必須同時按著“主軸正轉”與“雙手操作”的按鍵，始得以啓動主軸。因此，“雙手操作”爲一安全性之按鍵。

18. 刀庫往前或退後(MAGAZINE FORWARD)開關：

刀具在換刀位置時，MDI 執行 M19 指令後，按下此開關，刀具庫即往前或退後，需注意此時刀庫上該刀座不得有任何刀具。

19. 刀具庫轉動(MAGAZINE INDEX)開關：

按下此開關，刀具庫做順時針方向轉動。

20. 等待刀號，主軸刀號： 主軸刀號爲目前主軸夾持之刀具號碼，等待刀號爲刀具庫內，即將跟主軸刀具交換的刀具號碼。

21. 主軸轉速百分比(SPINDLE SPEED OVERRIDE%)調整鈕：

加工程式執行中，可藉此旋鈕調整主軸之轉速(S)，範圍爲 50%至 120%。

22. 主軸定角度：

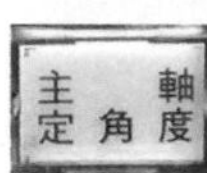

於"寸動"模式下，押此按鍵，主軸隨即執行定位(M19)之功能，爲換刀或裝卸刀具，預做準備。

23. 主軸正轉開關(SPINDLE C.W)：

模式選擇(MODE)旋鈕置於"寸動"位置時，押"雙手操作"按鍵，另一手同時押下此按鍵，則主軸順時針轉動。

24. 主軸反轉開關(SPINDLE C.C.W)：

模式選擇(MODE)旋鈕置於"寸動"位置時，雙手同時押下"雙手操作"與此開關，則主軸逆時針轉動，於"寸動"模式下，按下主軸正、反轉開關，主軸之轉速將與最近一次設定之轉速相同。此外，主軸正、反轉開關，與切削劑開關(16.)相同，除了以"寸動"模式直接按下開關啓動主軸正、反轉外，亦可以程式控制或 MDI 輸入其轉速與轉向。

25. 停止開關(SPINDLE STOP)：

任何模式中，按下此開關，均能使主軸停止轉動。

26. 快速位移速率百分比(RAPID OVERRIDE%)調整鈕：

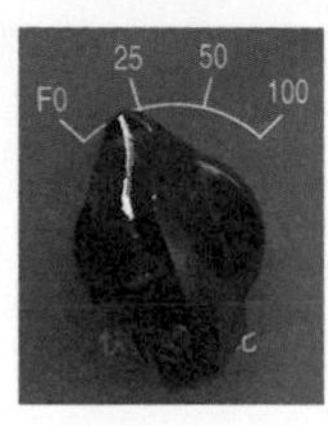

快速定位(G00)之速率，可經由此旋鈕調整其速率百分比，範圍爲 F0、25%、50%、100%四種。

27. 過行程釋放開關(O.T RELEASE)：

床台(X，Y)或主軸(Z)之位移，超過極限行程，以致碰到緊急停止開關時，將此開關"ON"，反向位移，手動拉回床台或主軸至極限行程內，按下控制器面盤上之重置鍵(RESET)，即可恢復系統之正常運作。

28. 編輯鎖定開關：

此開關為程式保護之功能，編輯鎖定開關 ON，則記憶體內之程式，將不得刪除、修改、鍵入、編輯。此功能 OFF，則程式即可執行編輯、修改、刪除之動作。

29. 寸動進給速率(JOG FEEDRATE)調整鈕：

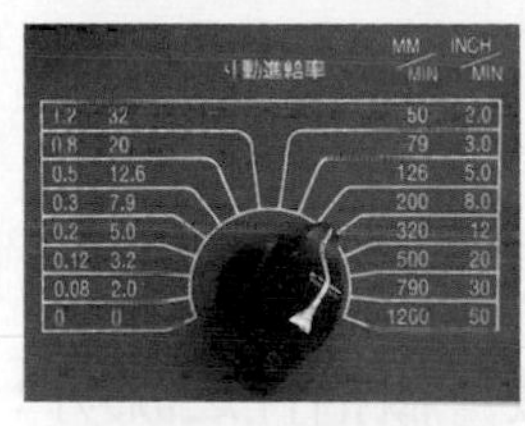

此旋鈕之功能乃用以調整寸動(JOG)及試車(DRY RUN)之速率，速率之範圍由 0～1260mm/min 或 0～50inch/min。

30. 寸動之軸向選擇開關：模式選擇開關，旋鈕置於"寸動"進給之位置時，須配合此開關，選定各軸之位移方向，依寸動進給率旋鈕(29.)之速率進給，各軸向正、負號意義如下：

X 軸
+床台往左(刀具往右)移動
−床台往右(刀具往左)移動

Y 軸
+床台往後(刀具往前)移動
−床台往前(刀具往後)移動

Z 軸
+主軸升起(刀具往上)
−主軸下降(刀具往下)

<table>
<tr><td rowspan="2">A 軸</td><td>+X 軸向之旋轉軸逆時針轉(CCW)</td></tr>
<tr><td>–X 軸向之旋轉軸順時針轉(CW)</td></tr>
</table>

31. 快動開關(RAPID)：

刀具定位或切削進給，若採取寸動進給模式(JOG)，配合此開關，同時按下軸向選擇開關(30.)，則 X、Y 軸可以 12m/min、Z 軸 8m/min 之速度行快速進給之動作，放鬆 RAPID 開關，則隨即恢復寸動之進給速率(29.)。

32. 自動斷電開關：

此開關 ON，則工作程式執行完畢，系統將自動切斷電源(關機)，開關 OFF，則系統仍正常運作。

三、控制面盤操作程序

機械控制面盤與控制器面盤(5.2 二、)，個別按鍵開關之功能與操作方法，已於先前之單元介紹完畢。以下將就面盤操作之正常程序，做一概括性之說明：

1. 開機前之動作

開機前，先做好例行之機械外觀檢查及日常之保養工作(參考 7-6 維護與保養)，確定操作之機械一切狀況正常後，才開機工作。

2. 開機後之機械原點復歸

(1) 開總開關。

(2) 開控制面盤之電源開關(順時針方向旋轉“緊急停止按鈕”使其跳起)。

(3) 等待機器運轉 3～5 分鐘後，才開始做機械原點復歸之操作。手動機械原點復歸之程序如下：

① 模式選擇旋鈕(3.)(MODE)置於原點復歸位置。

② 確定各軸位置距離機械原點 25mm 以上。

③ 按下軸向選擇開關(30.)各軸之"+"向位移，(通常先選擇 +Z ，再做 +X 與 +Y 之原點復歸)。原點復歸之行程，各軸向快到原點時，會先行減速，直到各軸向燈亮且不再閃爍，即表示機械原點復歸之動作已完成。

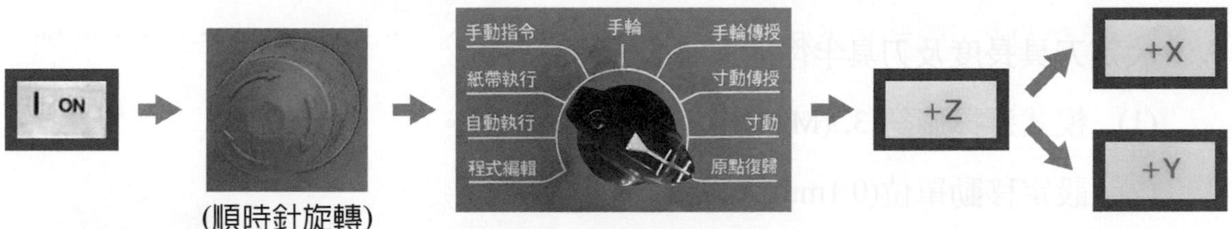

(順時針旋轉)

3. 程式之編輯

模式選擇旋鈕(3.)(MODE)置於程式編輯位置，於控制器面盤下方之按鍵選擇 PRGRM 程式畫面。按新的程式號碼，再按 INSRT 輸入新程式號碼。按 EOB 鍵，再按 INSRT 鍵，完成新程式號碼與建立空白畫面。接著陸續利用程式編輯鍵 ALTER 、 INSRT 、 DELET 、 EOB 、 CAN 等，完成所有程式之輸入工作。

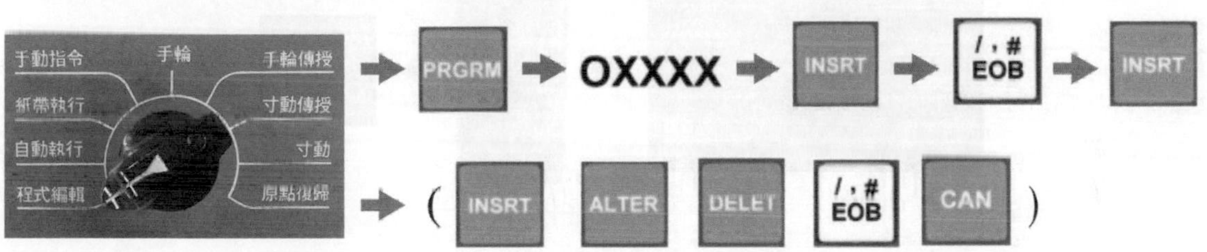

4. 設定主軸轉速

(1) 模式選擇旋鈕(3.)(MODE)，置於手動指令(MDI)位置。

(2) 輸入轉向與轉速(選擇 PRGRM 畫面)，例如 M03 S800 或 S300 M03……等。

(3) 按啓動開關(CYCLE START)。

(4) 轉速設定完成，主軸依指定轉速、轉向旋轉。

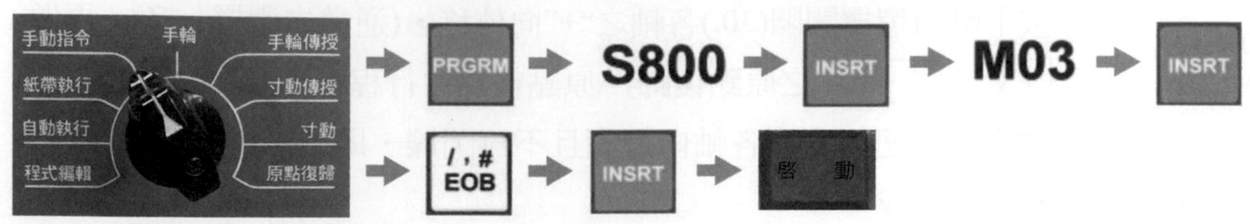

5. **設定刀具長度及刀具半徑補正值**

(1) 模式選擇旋鈕(3.)(MODE)，置於手輪位置。

(2) 設定移動單位(0.1mm)，選擇軸向。

(3) 操作手輪(3.(5))，快速接近工件，做刀具之長度補正值測定(下一單元再予介紹)。

(4) 模式選擇旋鈕(3.)(MODE)，置於手動指令(MDI)位置。按控制器面盤下方之 MENU OFSET 鍵，將刀具半徑補正值與測得之刀具長度補正值，輸入到相對應之補正號碼內(必須與程式之補正號碼相同)。

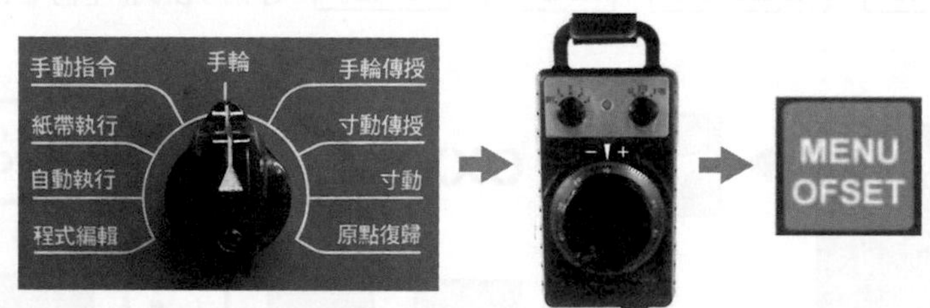

6. **設定程式原點**

(1) 模式選擇旋鈕(3.)(MODE)，置於手輪位置。

(2) 設定移動單位(0.1mm)，選擇軸向。

(3) 操作手輪(3.(5))，快速接近工件，利用尋邊器，設定工件之程式原點。(下一單元再予介紹)。

(4) 模式選擇旋鈕(3.)(MODE)，置於手動指令(MDI)位置。按 MENU OFSET 鍵，將程式原點座標(機械座標)，輸入到"WORK ZERO OFFSET"欄(G54～G59)或以程式編輯(EDIT)模式，輸入 G92 的 X、Y 座標位置。

P.S：G54～G59→第一～第六工作座標系統。

G92→絕對原點設定。

7. 程式模擬與試車

(1) 模式選擇旋鈕(3.)(MODE)，置於自動執行(AUTO)模式，按下機械鎖定(9.)開關。

(2) 按循環啓動(CYCLE START)開關(12.)，測試已存在於記憶體內之程式，是否有指令錯誤或"過切"等現象。

(3) 關閉機械鎖定(9.)開關重新做三軸向之機械原點復歸(ZERO RETURN)動作(見程序 2)。

(4) MODE 置於自動執行(AUTO)位置，按下 Z 軸鎖定開關(10.)(Z AXIS NEGLECT)，試車開關(4.)(DRY RUN)。

(5) 調整寸動進給率(29.)(JOG FEEDRATE)，按單節開關(5.)(SINGLE BLOCK)。

(6) 按循環啓動(CYCLE START)開關(12.)，開始試車。如圖 7-12。

8. 自動執行加工程式

(1) Z 軸往下拉(試車後，雖然原先 Z 軸鎖定，但座標位置已改變)。

(2) 模式選擇(MODE)，置於機械原點復歸(ZERO RETURN)位置，依序做 Z 軸、X 軸、Y 軸之機械原點復歸(關閉試車開關)。

(3) 模式選擇(MODE)，置於 AUTO 自動執行模式，調整進給率百分比開關(FEEDRATE OVERRIDE%)，快速位移速率百分比(RAPID OVERRIDE%)開關，主軸轉速百分比開關(SPINDLE SPEED OVERRIDE%)。

(4) 按循環啓動開關(CYCLE START)，自動執行(AUTO)程式之加工。如圖 7-13。

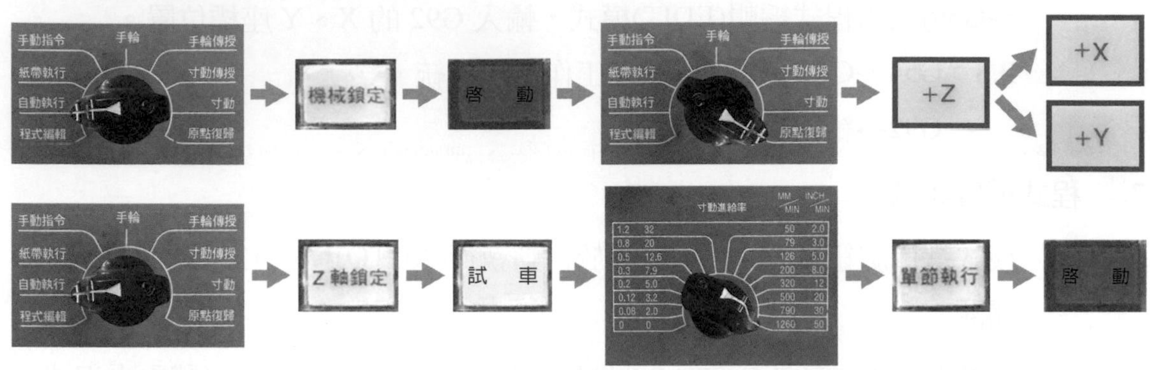

圖 7-12　程式模擬及試車

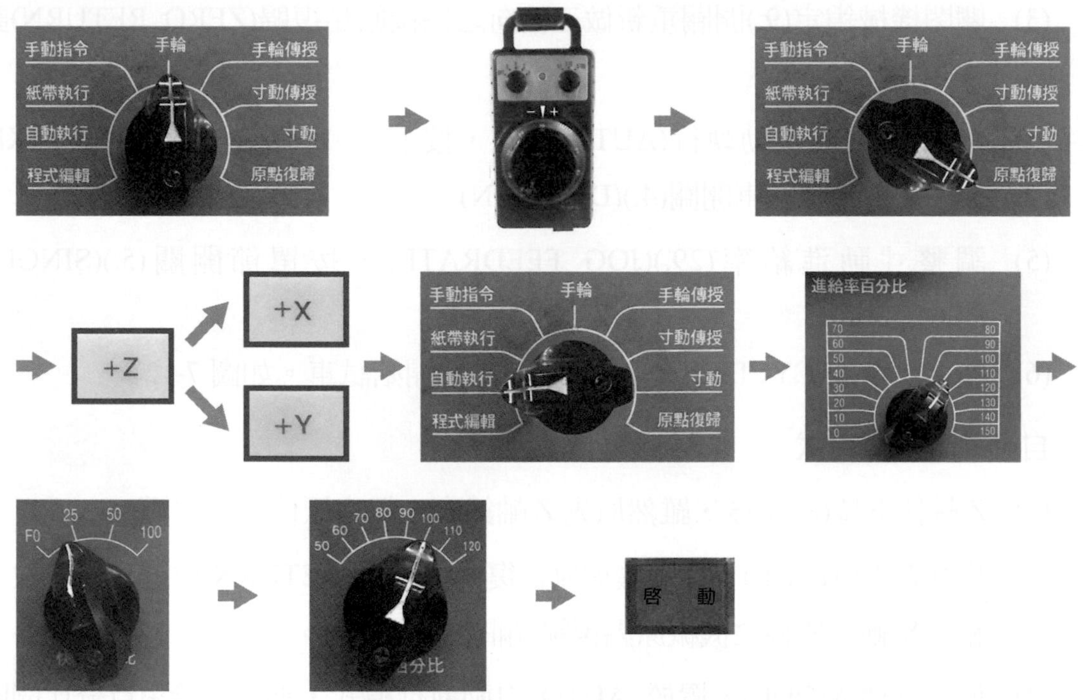

圖 7-13　自動執行加工程式

7-3 工件之夾持

CNC 銑床係由程式控制其刀具路徑，加工之自由度較大，諸如圓弧之切削，直線或圓弧之分度，斜線、斜面之加工，曲面之加工等，均可輕易的完成，不同於傳統銑床須借助於特定之附件如立銑頭附件、迴轉盤、分度頭等。儘管如此，工作物夾持，仍然是 CNC 銑床工作中最重要且困難的部份。工件之夾持，不僅需要牢固，工作物夾持於床台之位置是否適當，加工面間之垂直度、平行度是否精確，都將直接影響加工之品質。

一、工件夾持方式

工作物固定於床台之方法，不外乎以虎鉗夾持或直接固定於床台兩種，至於夾持方法，則大略有以下幾種：

1. 虎鉗夾持

CNC 銑床夾持工件所使用之虎鉗，大致有兩種，即角固式虎鉗與附旋轉盤之萬能虎鉗兩種，如圖 7-14。不論以何種虎鉗夾持工件，以下幾點均需特別注意：

(1) 虎鉗鉗口底面與鉗口之垂直度是否精確。

(2) 虎鉗鉗口底面與銑床台面之平行度是否精確。

(3) 虎鉗之固定鉗口與活動鉗口是否平行。

以上三項虎鉗之垂直度與平行度是否良好，直接影響工件加工之品質與精確度。至於校正的方法，將於稍後單元中，再做介紹。

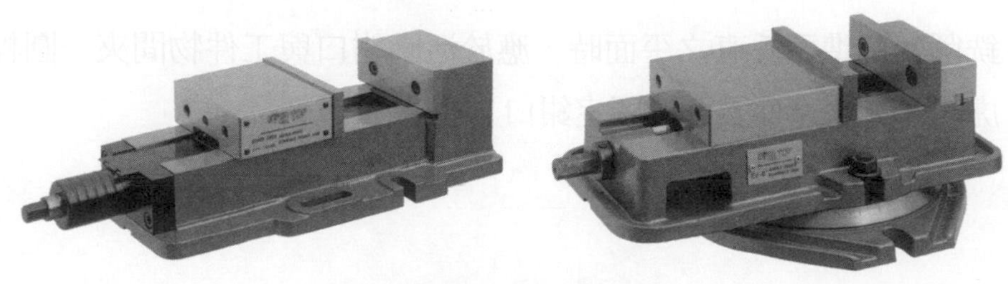

圖 7-14　虎鉗(鋒升企業)

虎鉗手柄長度，乃配合虎鉗大小而設計。以虎鉗夾持工件時，僅須用手扳緊手柄即已足夠，不須再以加長鐵管或鎚擊以增加夾持力。鬆開時，以手掌用力拍打，即可鬆開之狀況爲最佳。至於虎鉗安裝之位置，則不論以機器本身或加工之精確度而言，床台中央均應是最理想之位置。

使用虎鉗夾持工作物之一般原則如下：

(1) 夾持粗糙工作物如鑄件之胚料時，應於兩鉗口上均使用軟金屬如銅、鋁質鉗口罩，以增加夾持面積及夾持力，並於工件之底下與虎鉗鉗口底面間加墊較厚之一疊紙張。

(2) 盡量使固定鉗口承受切削力。

(3) 工件應夾持於虎鉗之鉗口中央位置，以增加夾持力。

(4) 長方體之工作物，應夾持其長方向，較爲穩固。

(5) 工件露出虎鉗鉗口部份，應盡量減少，如圖 7-15。

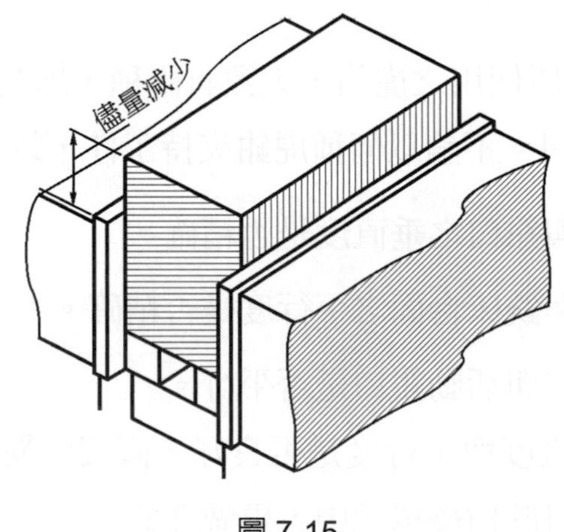

圖 7-15

(6) 銑削與基準面垂直之平面時，應於活動鉗口與工件物間夾一圓桿，鎖緊虎鉗，使基準面緊貼於固定鉗口，如圖 7-16。

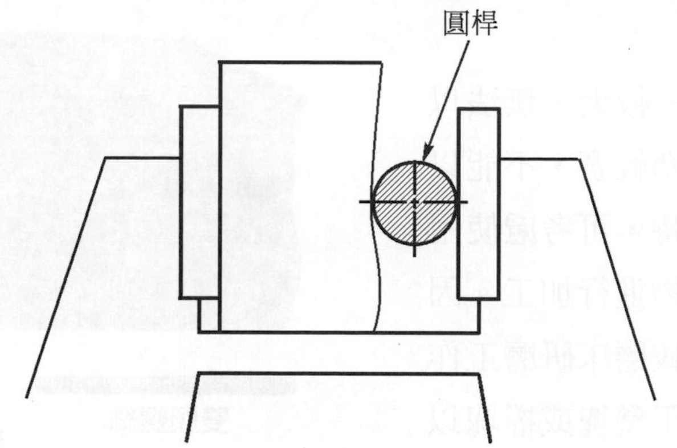

圖 7-16　活動鉗口與工件物間夾一圓桿，增加夾持力

2. 直角板夾持

工作物之外形若較複雜或較大，無法使用虎鉗夾持時，直角板便是工件夾持之另一選擇。直角板夾持工件物之優點爲簡單、快速，工作物之基準面可以和床台成直角，缺點則爲直角板之剛性較差，夾持狀態不是十分穩定，因此必須配合千斤頂、停止器、壓板等夾具使用，效果較佳，如圖 7-17。

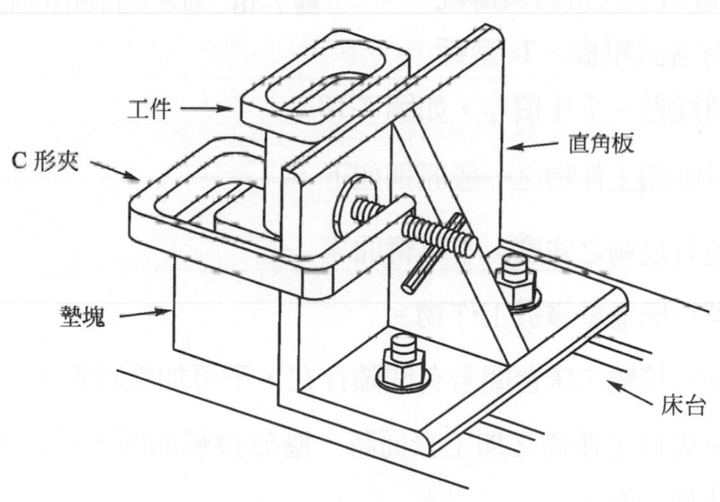

圖 7-17　直角板夾持工件

3. 磁力夾頭夾持

工件物倘因面積較大，無法以虎鉗夾持或加工範圍較廣，不能以直角板鎖固於床台時，可考慮使用電磁盤以吸住工作物進行加工。因銑削時切削力往往較磨床研磨工作爲大，因此常須使用墊塊或擋塊以增加工件之穩固。

4. 其他夾持具夾持

銑床工作，常因工作物之體積龐大，外形複雜，加工耗時，必須將工作物直接鎖固於床台時，經常用到的工具就是銑床的一些夾持具。

CNC 銑床常用之夾持具與傳統銑床相同，計有各式壓板、T 型螺栓、梯枕、各種螺帽、千斤頂等，如圖 7-18。

雙頭螺絲
級枕
帶頭螺帽
T型螺帽
六角螺帽
壓板

圖 7-18　基本夾持具(正河源機械配件)

利用夾持具固鎖工件物之一般原則如下：

(1) 壓板應有足夠之強度，不可彎曲。

(2) 固定螺栓應盡量靠近工作物。

(3) 工作物與接觸之床台間若有間隙存在，不可加壓固定。

(4) 夾持具夾持工件物之加工表面時，應於接觸面間，墊以軟質金屬，以保護工件加工面。

(5) 夾持具夾持工作物時，不得因而影響加工之進行。

(6) 工作物懸空部份應有所支撐，較薄之工件底下可使用千斤頂支撐(圖 7-19)。

(7) 使用夾持具夾持工件時，所有夾持具之鎖固，必須牢靠，不可有鬆脫之情形。

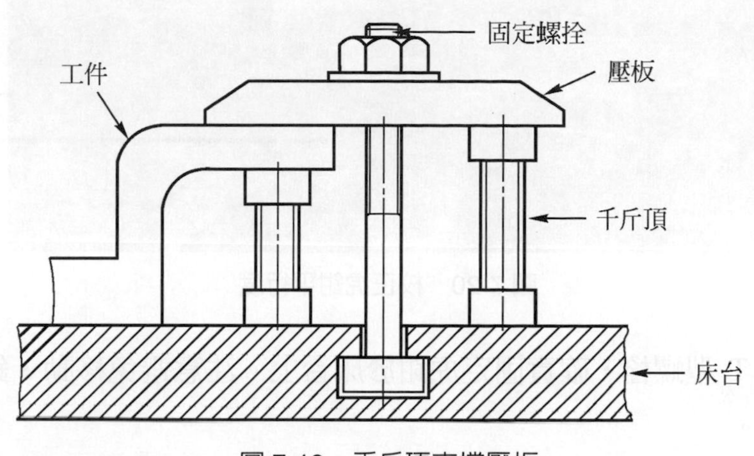

圖 7-19　千斤頂支撐壓板

二、工件之夾持

工件之夾持方式於前已做介紹，計有虎鉗夾持、直角板夾持、磁力夾頭夾持及壓板、螺栓夾持等各種方式。其中以虎鉗夾持爲最常使用，且較爲快速方便之工作物夾持法，其操作之步驟如下：

1. 裝置虎鉗於工作台上

(1) 將虎鉗表面、底面及鉗口部份擦拭乾淨，若底部稍有損傷，可用油石加以磨平。

(2) 將虎鉗輕輕放置於銑床之工作台上，以 T 型螺栓固定於床台之 T 型槽，並使鉗口大致與床台平行。

(3) 將量錶固定於主軸上，左右(或前後)移動床台，校正鉗口(固定邊)之平行度。校正過程中，可以軟錘輕輕敲打虎鉗底座，做適度調整，直到鉗口與床台之左右移動方向平行爲止，如圖 7-20。

圖 7-20　校正虎鉗平行度

(4) 鎖緊 T 型螺栓，確實固定虎鉗於床台上。注意避免移動，鎖緊後須重新校正。

2. **工作之夾持**

(1) 旋轉虎鉗手柄，調整活動鉗口與固定鉗口之距離，約略比工件稍大。

(2) 放置等高之兩片平行塊於兩鉗口間。

(3) 放置工作物於兩鉗口間(必要時墊以軟金屬鉗口罩)的兩平行塊上，夾緊工作物。

(4) 以軟質手鎚敲擊工作物表面，使工作物緊貼於平行塊或虎鉗底面(如圖 7-21)。

圖 7-21　虎鉗夾持工作物

7-4 刀具之設定

CNC 銑床，刀具之設定，除了直接影響加工時間之外，對於加工精度、產品品質、生產成本而言，都是非常重要的因素。

一、刀具設定方式

刀具之設定，主要爲刀具半徑補正值與刀具長度補正值之設定。

1. 刀具半徑補正值之設定

一般銑床或切削中心機於執行加工程式時，若刀具中心沿著工件之外形輪廓切削，將導致每一加工路徑皆有一刀具半徑值之過切削現象。刀具半徑補正之功能，係指刀具於切削時，刀具路徑與程式指令路徑間，保持一個刀具半徑值(理論值，可於試切削後，再做修正)之偏位，使得加工後，工件之外形尺寸，完全符合加工圖面之要求，如圖 7-22。

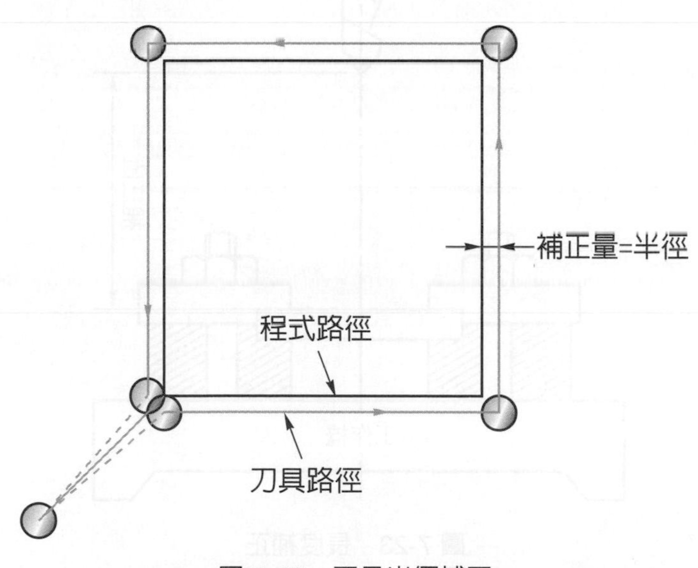

圖 7-22　刀具半徑補正

圖 7-22 中，刀具路徑與程式路徑相差一刀具半徑補正量，切削完成後，工件外形將全與程式路徑一致。如此，則製作加工程式時，只須依照加工圖上之尺寸、

外形輪廓，撰寫路徑程式，配合刀具半徑補正機能，無須考慮刀具半徑所造成之過切現象，即可順利完成尺寸精確之加工成品。

2.　刀具長度補正值之設定

CNC 銑床或切削中心機上加工每一工件，使用之刀具頗多，且長度不一，每一把刀具，於切削加工之前，皆須做刀具長度補正之設定，即 Z 軸向之位置補正，以修正不同刀具間長度之差值，使得刀具能依程式指令，正確的接近工件，並順利完成 Z 軸向精確深度之加工。

長度補正值，通常以兩種方式測得。一為自 Z 軸之機械原點，使刀具往下移動，直到接觸工件表面，而測量自 Z 軸機械原點之刀尖位置到工件表面間之距離，如圖 7-23。

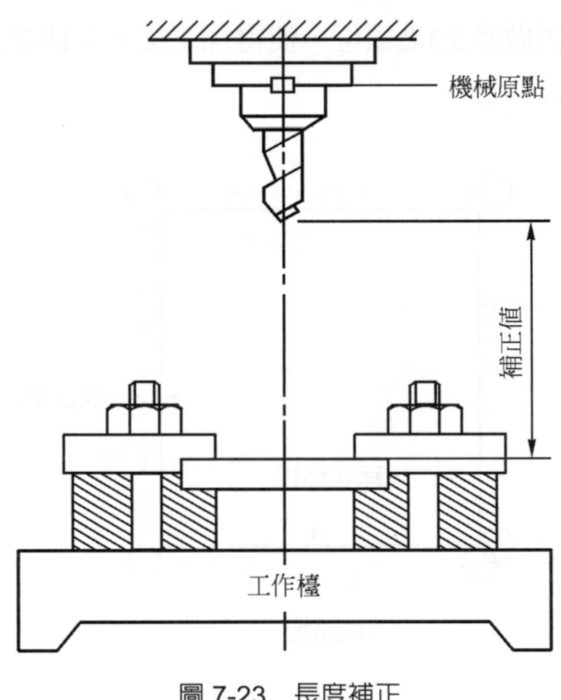

圖 7-23　長度補正

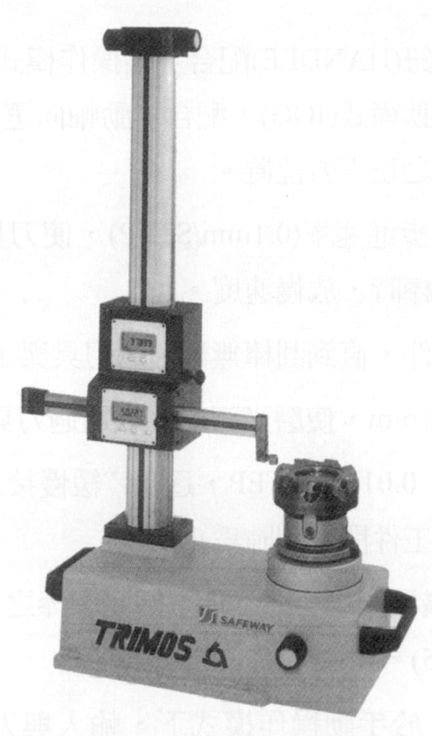

圖 7-24　刀具設定儀(協威機械工業)

另一種方法，則選定一把刀具爲基準，精確測量此刀具自機械原點之刀尖至工件表面之距離，爲刀具長度補正值之基準。爾後所使用之其他刀具，則以其與基準刀具之長度差值，換算各刀具之長度補正值。圖 7-24 爲精確測量刀具長度與半徑之量測儀。

二、刀具長度之設定

刀具之設定，包括刀具長度設定與刀具半徑補正設定兩種。刀具半徑補正之設定，將於下一單元再予介紹，在此僅就刀具長度補正之設定程序加以說明。

刀具長度補正值之設定，無固定之方式，以下提供兩種方式，供讀者參考。

1.　以工件表面爲 Z 軸之原點，設定長度補正值，操作程序如下

(1)　Z 軸回歸機械原點(ZERO RETURN)。

(2) 手輪軸向選擇旋鈕(HANDLE)配合手輪操作模式(HANDLE & STEP)，操縱手輪；或以寸動模式(JOG)，配合寸動軸向選擇開關，驅動床台，使工件約略位於刀具之正下方位置。

(3) 操縱手輪，調高步進速率(0.1mm/STEP)，使刀具快速下降，至接近置於工件上之磨光圓棒時，放慢速度。

(4) 刀具緩緩接近工件，直到圓棒無法通過刀具與工件間之間隙。

(5) 刀具往上拉升 0.1mm，使磨光圓棒得以通過刀具與工件間之間隙。

(6) 降低步進速度爲 0.01mm/STEP，逐“步”緩慢接近工件，直到推動圓棒，無法通過刀具與工件間之間隙爲止。

(7) 此時 Z 軸向之機械座標，往下加上磨光圓棒之直徑，即爲該刀具之長度補正值(如圖 7-25)。

(8) 將以上補正值，於手動操作模式下，輸入與刀具相對應之補正號碼欄(MENU OFSET)內，即完成該刀具之長度補正設定。

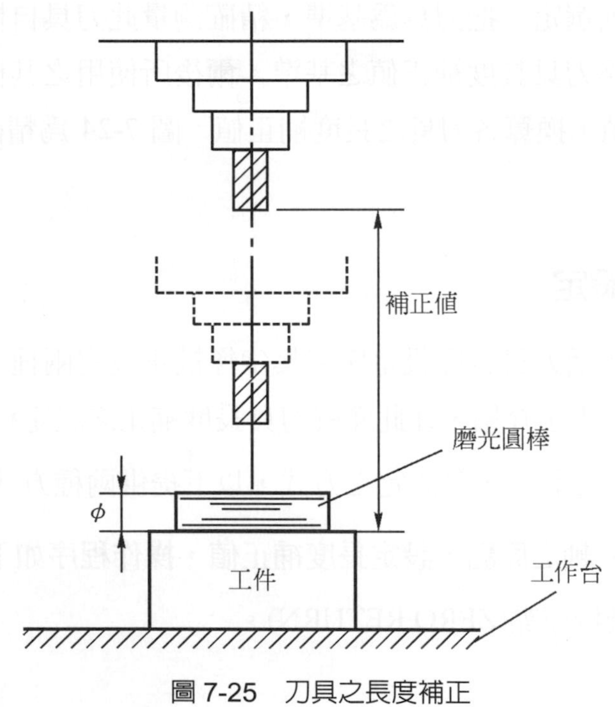

圖 7-25　刀具之長度補正

2. 以 Z 軸設定器，設定長度補正值

Z 軸設定器，業界常用者，爲量表式 Z 軸設定器(圖 7-26)與光電式 Z 軸設定器(圖 7-27)兩種。

圖 7-26 量表式 Z 軸設定器 (正河源機械配件)

圖 7-27 光電式 Z 軸設定器 (正河源機械配件)

使用 Z 軸設定器，設定刀具長度補正值之程序如下：

(1) Z 軸回歸機械原點(ZERO RETURN)。

(2) 將 Z 軸設定器裝置於工件上(Z 軸設定器本身有磁性底座)。

(3) 手輪軸向選擇旋鈕(HANDLE)配合手輪操作模式(HANDLE & STEP)，操縱手輪；或以寸動模式(JOG)，配合寸動軸向選擇開關，驅動床台，使工件約略位於刀具之正下方位置。

(4) 調整 Z 軸設定器。

量表式 Z 軸設定器：用手下壓頂部凸出之金屬面至盡頭，小表將顯示“0”，再將大表之“0”，旋轉至對準大指針，將歸零桿旋轉至“USE”狀態。

光電式 Z 軸設定器：調整下方之微調機構，並以平行塊規比測，調整至 50mm。

(5) 操縱手輪，調高步進速率(0.1mm)，使刀具快速下降，至接近 Z 軸設定器時，放慢速度。

(6) 刀具緩緩接近工件，隨刀具之位置，調整步進速率。

圖 7-28 量表式 Z 軸設定器之使用

量表式 Z 軸設定器：隨刀具接觸設定器，到達定位點時，大表、小表同時顯示"0"，此時設定器之高度為 100mm。即刀具此時之 Z 軸機械座標，往下加上 100mm，即為刀具之長度補正設定值。如圖 7-28。

光電式 Z 軸設定器：刀具以較高之步進速率(0.1mm)下降，碰觸設定器時，光電式設定器之紅燈將亮起，此時刀具往上拉升 0.1mm，隨即燈熄，再以步進速率 0.01mm，逐"步"接近設定器至紅燈再度亮起，設定器之高度為 50mm，此時之 Z 軸機械座標，往下加上 50mm，即為刀具之長度補正設定值。

(7) 將以上補正值，於手動操作模式下，輸入與刀具相對應之補正號碼欄(MENU OFSET)內，即完成該刀具之長度補正值設定。

7-5 原點設定

CNC 銑床程式之原點，為加工路徑中，每一座標位置之基準點。因此其位置之設定是否恰當、精確，不僅關係加工程序是否順利，加工成品之品質亦深受影響。

程式原點可設定於任何位置。程式原點之測量，通常只求 X、Y 軸之座標，Z 軸原點則已於上一單節 7-4 中詳加介紹，請自行參閱。以下將舉三例，實際說明程式原點之設定方式及操作步驟。

1. 以工件之一隅(兩基準邊之交點)爲程式原點

程式原點設定於工件之角落(圖 7-29)時，因爲是兩基準邊之交點，所以，必須求一邊之X軸原點座標及鄰邊之Y軸原點座標。

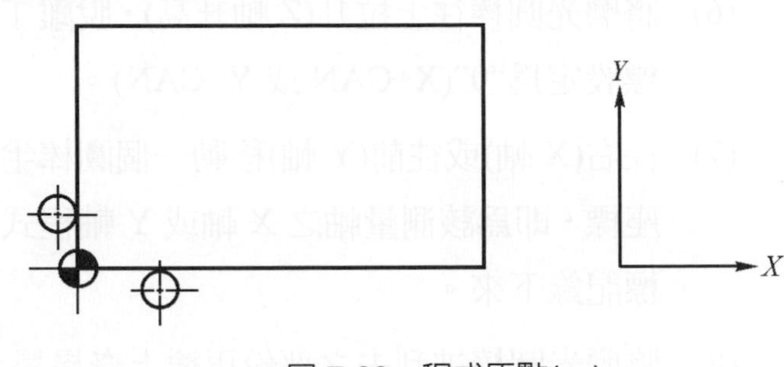

圖 7-29　程式原點(一)

尋找基準邊之軸向原點，通常採用尋邊器或尺寸精確之磨光圓棒爲之。在此，將以磨光圓棒之使用，說明軸向原點之求法。爲了便於觀察，通常將圓棒之下半部塗上奇異墨水，其操作程序如下：

(1) X、Y 軸回歸機械原點(ZERO RETURN)。

(2) 選擇手動資料輸入模式(MDI)，設定轉速 500rpm(僅供參考)。

(3) 手輪操作模式(HANDLE & STEP)配合手輪軸向選擇旋鈕(HANDLE)，操作手輪；或以寸動模式(JOG)，配合寸動軸向選擇開關，驅動三軸，使夾持於心軸上之磨光圓棒，快速接近工件之基準邊。

(4) 目測圓棒接近工件基準邊時，減低手輪步進速率(0.01mm/STEP)，緩緩靠近。

(5) 磨光圓棒與工件基準邊微微接觸時，圓棒塗上奇異墨水部份，將因接觸工件而產生一道道橫向刮痕，清晰而明顯(圖 7-30)。

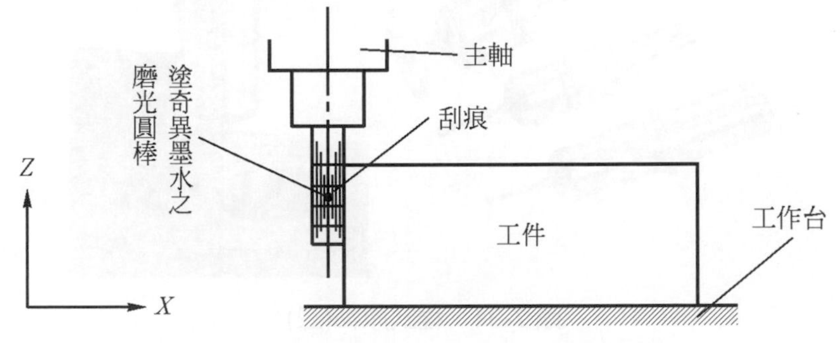

圖 7-30　磨光圓棒接觸工件產生刮痕

(6) 將磨光圓棒往上拉升(Z 軸升高)，脫離工件，螢幕上相對座標之 X(Y)軸座標設定爲“0”(X+CAN 或 Y+CAN)。

(7) 往右(X 軸)或往前(Y 軸)移動一個圓棒半徑之距離，此位置之 X(Y)軸機械座標，即爲該測量軸之 X 軸或 Y 軸程式原點，將此位置之 X(Y)軸機械座標記錄下來。

(8) 將磨光圓棒被刮去之部份再塗上奇異墨水。

(9) 重覆(2)～(7)之操作步驟，求取另一軸向之程式原點位置，並將該位置之 Y(X)軸機械座標記錄下來。

(10) 將記錄下來之兩軸向機械座標，輸入程式中原點設定之相關單節，例如：

G91 G00 X-182.45 Y-168.74;

G92 X0 Y0;

或以手動操作模式，將求得之 X、Y 軸機械座標，輸入於“WORK ZERO OFSET”工作原點補正(G54～G59)欄之 X、Y 座標中。

2. 以工件之中心點爲程式原點

程式原點設定於工件之中心點(圖 7-31)時，工件長度及寬度之一半位置，即爲 X、Y 軸程式原點之所在。於此例中，將以尋邊器爲求取程式原點之工具，說明程式原點之另一種求法。

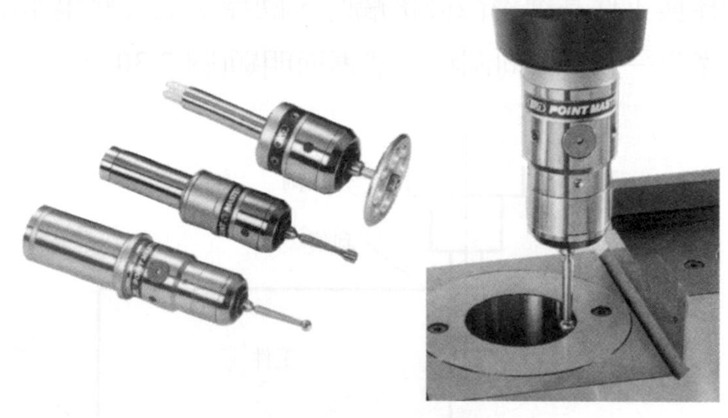

圖 7-31　程式原點(二)

工業界經常使用之尋邊器有二種，即機械式尋邊器(圖 7-32)與光電式尋邊器(圖 7-33)。

以尋邊器求取工作程式原點之操作程序如下：

(1) X、Y 軸回歸機械原點(ZERO RETURN)。

(2) 選擇手動資料輸入模式(MDI)，設定轉速 300rpm(僅供參考)。

(3) 手輪操作模式(HANDLE & STEP)，配合手輪軸向選擇旋鈕(HANDLE)，操作手輪；或以寸動模式(JOG)，配合寸動軸向選擇開關，驅動三軸，使夾持於心軸上之尋邊器，快速接近工件之基準邊。

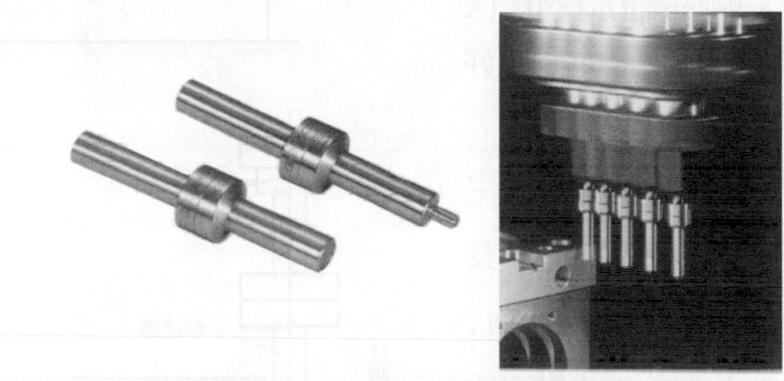

圖 7-32　機械式尋邊器(菱鵬貿易)

圖 7-33　光電式尋邊器(菱鵬貿易)

(4) 尋邊器緩緩接近工作物基準邊時，減低手輪步進速率至 0.01mm/STEP 甚至 0.001mm/STEP，此時

① 光電式尋邊器，只要測頭微微接觸工作物基準邊，立即亮燈且發出嗶、嗶之聲響。

② 機械式尋邊器，量測端慢慢靠近工作物基準邊時，與夾持端之偏心量將逐漸縮小，搖晃程度慢慢趨緩，終至同心，不再搖晃。若基準邊再一次極微細之移動(0.01 以下)，將再度造成量測端與夾持端之偏心與搖

晃，而就在此刻，尋邊器量測端與夾持端由同心而再次偏心的位置，即表示主心軸距離工件基準邊一個量測頭半徑值。如圖 7-34。

(5) 將尋邊器往上拉升(Z 軸升高)，脫離工件，螢幕上相對座標之 X(Y)軸座標設定為"0"(X+CAN 或 Y+CAN)。

(6) 往右(X 軸)移動一個量測頭半徑的距離，再次將螢幕上相對座標之 X 軸座標設定為"0" (X + CAN)(此時主軸中心線正好對正基準邊)。

(7) 再次往右(X 軸)移動長度一半之距離，即圖 7-34 中 $\frac{X}{2}$ 長度，此位置之 X 軸機械座標，即為工件 X 軸程式原點之所在，將此時之 X 軸機械座標記錄下來。

(8) 重覆(2)～(7)之操作步驟，求取另一軸 Y(X)向之程式原點位置，並將該位置之 Y(X)軸機械座標記錄下來。

(9) 將記錄下來之兩軸向機械座標，輸入程式中原點設定之相關單節(G92)中，或以手動操作模式，輸入於"WORK ZERO OFSET"工作原點補正(G54～G59)欄之 X、Y 座標中。

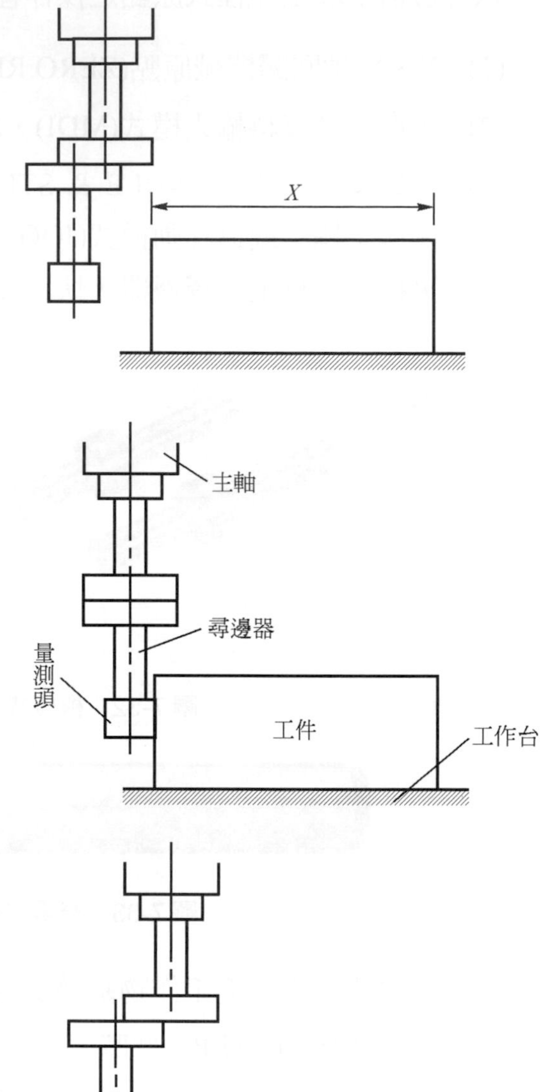

圖 7-34　尋邊器　偏心→同心→偏心　之過程

3. 以工件之圓孔中心為程式原點

程式原點設定於工件之圓孔中心(圖 7-35)時，通常以槓桿式量表，安置於主軸上，校正其孔中心之位置，操作之步驟如下：

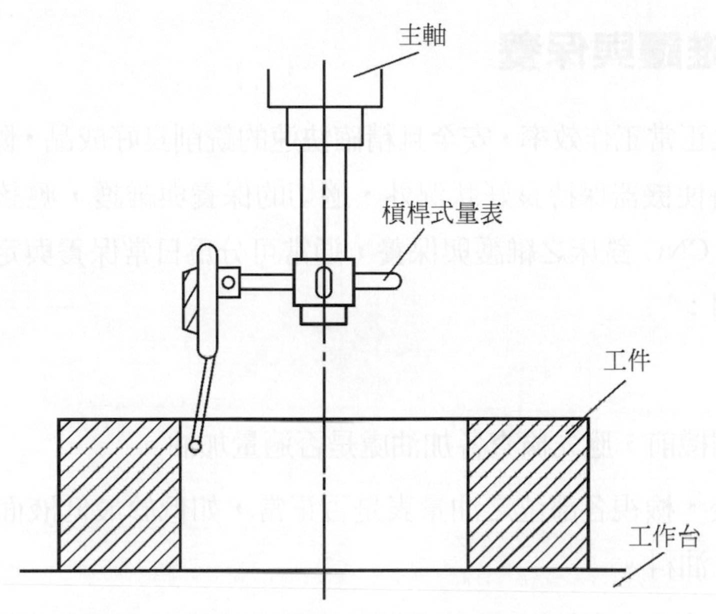

圖 7-35　槓桿式量表校正圓孔中心

(1) X、Y 軸回歸機械原點(ZERO RETURN)。

(2) 手輪操作模式(HANDLE & STEP)配合手輪軸向選擇旋鈕(HANDLE)，操作手輪，驅動三軸，使吸附於心軸上之槓桿式量表，接近工件之圓孔。

(3) 主軸下降，使量表之觸針接觸圓孔之內壁。

(4) 調整圓孔之 X、Y 軸位置(減低步進速率至 0.01mm/STEP 或 0.001mm/STEP)，同時緩緩轉動主軸，藉二者之互動，使圓孔圓心與主軸中心得以在同一軸線(類似車床上校正圓孔中心)。此時主軸所在位置，即為程式 X、Y 軸原點之所在。

(5) 主軸往上拉升，卸下槓桿式量表，同時記錄此位置 X、Y 軸之機械座標。

(6) 將記錄下來之兩軸向機械座標，輸入程式中原點設定(G92)之相關單節，或以手動操作模式，輸入於“WORK ZERO OFFSET”工作原點補正(G54～G59)欄之 X、Y 座標之位置。

7-6 維護與保養

維持機具之正常工作效率，安全且精確快速的銑削良好成品，除了妥善安裝，正確使用，隨時使機器保持良好狀況外，適切的保養與維護，應該是最重要且不可忽略的因素。CNC 銑床之維護與保養，通常可分爲日常保養與定期檢查，以下將予以扼要說明：

1. 日常保養

(1) 每日開機前，應先檢查各加油處是否適量加油。

(2) 開機後，檢視各部位之油量表是否正常，如低於最低液面，應立即補充相關之油料。

(3) 機器開機後，應稍待 3～5 分鐘，俟潤滑油已充分到達各部位後，才開始正常之操作。

(4) 以氣壓驅動換刀裝置之機器，應先啓動空壓機，待壓力到達換刀所需時，始進行換刀。

(5) 裝卸工件時，避免過重之敲擊，以免影響床台精度。

(6) 機器使用完畢，應將電源關閉。

(7) 關機時，X、Y、Z 三軸向避免處於機械原點位置。

(8) 收工時，不可以氣壓裝置清潔工作台。以免鐵屑崁進滑軌，影響精度。

(9) 收工時，機器應擦拭乾淨，滑動面應抹上適度之防鏽油。

2. 定期檢查

(1) 定期檢視機器各部位固定螺絲是否鬆脫。

(2) 電源之開關、插座、接觸是否正常，線路接點是否牢固。

(3) 切削劑之過濾網，是否填塞、淤積。

(4) 機器各部位之潤滑油、氣壓油、油壓油，是否依規定期限更換。如發現潤滑油中含有水分時，應立即更換。

(5) 切削劑是否需要補充、更換。

(6) 至少每年一次檢查機器之各項精度。

CNC 銑床之保養與維護，除了以上所言每日保養與定期檢查外，機器所處之環境，應維持通風良好，不可太過潮濕，否則控制器之電路板極易故障。避免陽光照射，否則機台將因熱脹冷縮而影響精度。不論機器處於停機狀態或正在運轉中，一發現任何異常狀況，應立即排除，才是維護保養的第一要務。

7-7 安全注意事項

"安全"是無可取代的。爲了維護工作安全、增進工作效率，以下將針對一般性之安全注意事項與操作銑床時之安全注意事項，做條列式說明：

1. 一般性安全注意事項

(1) 適宜之穿著：與一般銑床之操作相同，避免寬鬆之衣袖、領帶，被運轉中之機器捲入，而遭致危險。不可戴手套、戒指、手錶亦盡量避免。

(2) 保持工作環境之整潔，地面上之鐵屑應清理乾淨，油污則應以木屑粉覆蓋處理。

(3) 機器啓動之前，應確實檢查工作物與刀具是否夾持穩固。

(4) 不得倚靠機台操作機器，兩人以上操作同一部機器，應輪流操作，不可同時"分工"進行。

(5) 工作中，不可交談、閒聊，以免分心，發生危險。

(6) 操作人員發生任何事故、損傷，均應立即處理，不可拖延。

(7) 工作場所，應有充足之光線與照明設備，熟悉防火設備之使用與急救箱之存放位置。

(8) 不得操作未經學習或不熟悉之機器。

(9) 避免使用不合適之刀具、扳手或其他工具，以免發生危險。

(10) 工作完畢，應使用刷子清除鐵屑，不可使用壓縮空氣，否則將使切屑殘留於床台或機件之縫隙內。

2. CNC 銑床操作之安全注意事項

(1) 操作 CNC 銑床，安全門應確實關上，工作燈應開啓。

(2) 啓動機器後或操作進行中，應與工作台保持適當之安全距離，以免床台快速移動或做機械原點復歸時，發生遭床台撞擊之危險。

(3) 不得於機器運轉中，作潤滑、清洗、調整或維修之工作。

(4) 不可用手停止主軸之運轉。

(5) 熟悉緊急停止機器運轉之操作。

(6) 身體任何部位，不得接近迴轉中之銑刀。

(7) 銑刀與銑刀夾頭應保持清潔。

(8) 加工用之銑刀，應隨時保持鋒利，避免破損，以確保工作安全。

(9) 移動床台、調整工作物位置、或做程式原點設定時，床台與銑刀間必須保持安全距離。

(10) 注意刀具或刀把的長度、重量，換刀時之旋轉動作，是否將傷及工作物。

(11) 儲刀倉之刀具擺設是否恰當，刀具於交換過程中，是否將發生干涉之情形。

(12) 卸下銑刀或刀把、刀具夾頭時，應以抹布握持，以免受傷。

附錄 A

綜合加工機範例

APPENDIX A

專題製作一

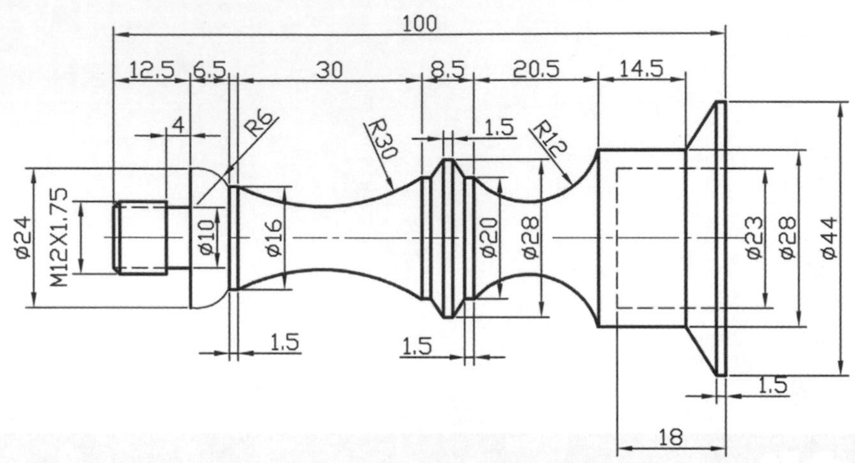
100
12.5
6.5
30
8.5
20.5
14.5
4
R6
R30
1.5
R12
ø24
M12X1.75
ø10
ø16
ø20
ø28
ø23
ø28
ø44
1.5
1.5
1.5
18

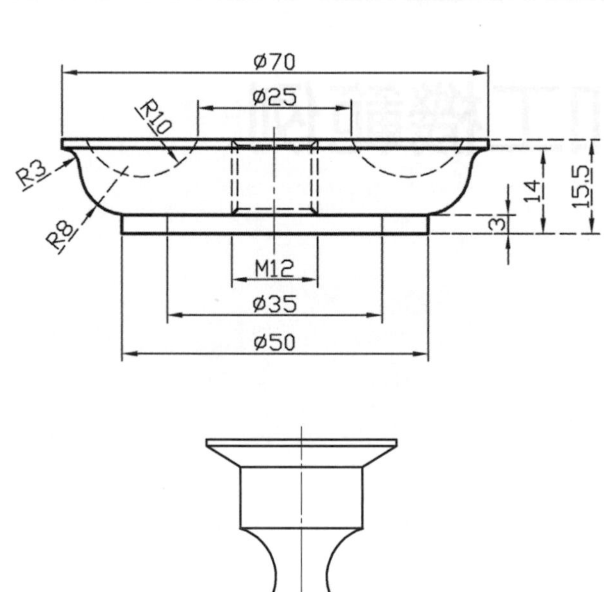
ø70
ø25
R10
R3
R8
14
15.5
3
M12
ø35
ø50

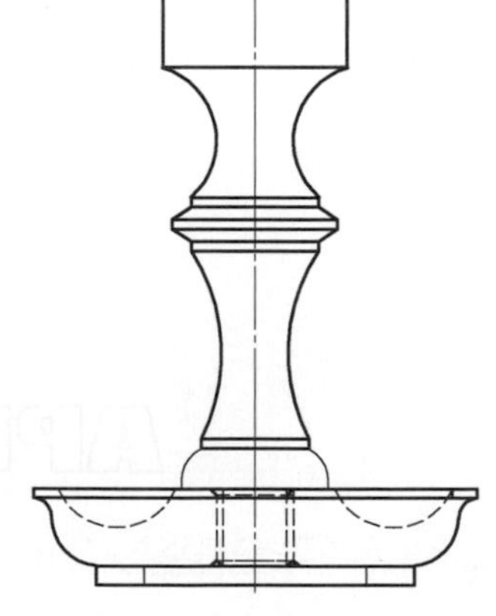

```
O1011 ; (PART1-1)
G50  S1200 ;
G96  S120  M03 ;
 T0101 ;
G00  X40.0  Z5.0 ;
G71  U2.0  R1.0 ;
G71  P02  Q16  U0.6  W0.1  F0.3 ;
N02  G00  X11.8 ;
N04  G01  Z–12.5  F0.15 ;
N06  X23.0 ;
N08  Z–52.0 ;
N10  X28.0 ;
N12  Z–94.0 ;
N14  X44.0  Z–98.5 ;
N16  Z–102.0 ;
 G70  P02  Q16 ;
 G28  X100.0  Z100.0 ;
 T0707 ; (60° V 牙刀)
 G97  S800  M03 ;
 M08 ;
 G00  X12.0  Z5.0  M08 ;
 G76  P011060  Q030  R0.02 ;
 G76  X9.5  Z–9.0  P1150  Q250  F1.75 ;
 G28  X100.0  Z100.0 ;
 T0505 ; (寬 4 mm 切槽刀)
 G97  S1000  M03 ;
 G00  X25.0  Z–12.5 ;
 G01  X10.0  F0.15 ;
```

```
N1  G00  X25.0 ;
  Z–22.3 ;
  G01  X20.0 ;
  G00  X25.0 ;
  Z–24.7 ;
  G01  X16.3 ;
  G00  X25.0 ;
  Z–28.2 ;
  G01  X13.5  F0.15 ;
N2  G00  X25.0 ;
  Z–32.0 ;
  G01  X11.5 ;
N3  G00  X25.0 ;
  Z–35.9 ;
  G01  X10.3 ;
N4  G00  X26.0 ;
  Z–39.7 ;
  G01  X11.5 ;
N5  G00  X26.0 ;
  Z–43.5 ;
  G01  X14.0 ;
N6  G00  X26.0 ;
  Z–47.2 ;
  G01  X18.5 ;
  G00  X50.0 ;
  M09 ;
  G28  X100.0  Z100.0 ;
  T1111 ;(左手刀)
```

```
   G96  S120  M03 ;
   G00  X30.0  Z–36.0 ;
   G01  X9.5  F0.15 ;
   G03  X16.0  Z–20.0  R30.2 ;
   G01  W1.5 ;
   G02  X22.6  Z–12.4  R5.2 ;
   G00  X30.0 ;
   G28  X100.0  Z100.0 ;
   T0303 ;
   G00  X30.0  Z–36.0 ;
   G01  X9.5  F0.15 ;
   G02  X20.0  Z–50.5  R30.0 ;
   G01  W–1.5 ;
   X28.0  W–1.5 ;
   G00  X30.0 ;
   G28  X100.0  Z100.0 ;
   T0505 ;
   G97  S1000  M03 ;
   M08 ;
N7  G00  X27.0  Z–62.0 ;
   G01  X19.5  F0.15 ;
   G00  X27.0 ;
   Z–63.5 ;
   G01  X18.0  F0.15 ;
N8  G00  X27.0 ;
   Z–65.5 ;
   G01  X15.0 ;
   G00  X27.0 ;
```

```
   Z–67.3 ;
   G01   X12.0 ;
N9  G00   X27.0 ;
   Z–71.0 ;
   G01   X11.7 ;
N10 G00 X27.0 ;
   Z–74.9 ;
   G01   X17.0 ;
   G00   X50.0 ;
   M09 ;
   G28   X100.0   Z100.0 ;
   T1111 ;
   G96   S120   M03 ;
   G00   X30.0   Z–67.5 ;
   G01   X9.5 ;
   G03   X20.0   Z–59.0   R12.0 ;
   G01   W1.5 ;
   X28.0   W2.0 ;
   G00   X50.0 ;
   G28   X100.0   Z100.0 ;
   T0303 ;
   G00   X30.0   Z–67.5 ;
   G01   X9.5   F0.15 ;
   G02   X28.0   Z–79.5   R12.0 ;
   G00   X50.0 ;
   G28   X100.0   Z100.0 ;
   T0505 ;
   G00   X45.0   Z–106.0   M08 ;
```

```
  G01  X0  F0.1 ;
  G00  X50.0 ;
  G28  X100.0  Z100.0 ;
  T0101  M05 ;
  M09 ;
  M30 ;
O1021 ; (PART2-1)
G50  S1800 ;
T0101 ;
G96  S120  M03 ;
T0909 ; (60°肩角刀)
G00  X61.0  Z5.0 ;
G01  Z0  F0.15 ;
  X42.5  Z–2.0 ;
  X27.0  Z0.2 ;
G00  X60.0 ;
G01  X45.0  Z–3.8 ;
  X27.0  Z0.2 ;
G00  X60.0 ;
G01  X52.0  Z–3.2 ;
  X42.5  Z–5.0 ;
  X33.5  Z–4.0 ;
  X27.0  Z0.2 ;
G00  X61.0  Z0.05 ;
G03  X25.0  Z0.05  R10.0 ;
G28  X100.0  Z100.0  M05 ;
  T0101 ;
  M30 ;
```

```
O1022；(PART2-2)
G50  S3000；
G96  S120  M03；
T0101；
G00  X70.0  Z5.0；
G71  U1.5  R0.5；
G71  P02  Q10  U0.8  W0.1  F0.25；
N02  G00  X50.0；
N04  G01  Z–3.0  F0.15；
N06  G03  X66.0  Z–11.0  R8.0；
N08  G02  X69.0  Z–14.0  R3.0；
N10  G01  Z–18.0；
  G70  P02  Q10；
  G28  X100.0  Z100.0；
  T0909；(60°肩角刀)
  G97  S1000  M03；
  G00  X34.0  Z5.0；
  G01  Z0  F0.15；
  X32.0  Z–1.2；
  X8.0；
  G00  Z2.0；
  X34.0；
  G01  X30.0  Z–2.5；
  X8.0；
  Z0.1；
  G00  X35.0；
  G03  X29.0  Z–3.0  R3.0；
  G01  X8.0；
```

```
  G00  Z10.0；
  G28  X100.0  Z100.0；
  T0101  M05；
  M30；
O1023；(PART2-3)
G50  S1500；
G96  S120  M03；
T0101；
G00  X45.0  Z0；
G01  X–0.1  F0.15；
G28  X100.0  Z100.0；
T0202；(中心鑽)
G30  X0；
G00  Z5.0；
G01  Z–7.0  F0.1；
G00  X100.0；
T0404；(ϕ20 鑽頭)
M08；
G97  S600  M03；
G00  Z5.0；
G01  Z–20.0  F0.15；
G00  Z100.0；
G28  X100.0  Z100.0；
T0606  M09；(內孔刀)
G96  S120  M03；
G00  X20.0  Z5.0；
G71  U0.8  R0.5；
G71  P02  Q06  U–0.4  W0.1  F0.25；
```

```
N02  G00  X23.0 ;
N04  G01  Z–18.0  F0.1 ;
N06  X–0.1 ;
  G70  P02  Q06 ;
  G28  X100.0  Z100.0 ;
  T0101  M05 ;
  M30 ;
```

專題製作二

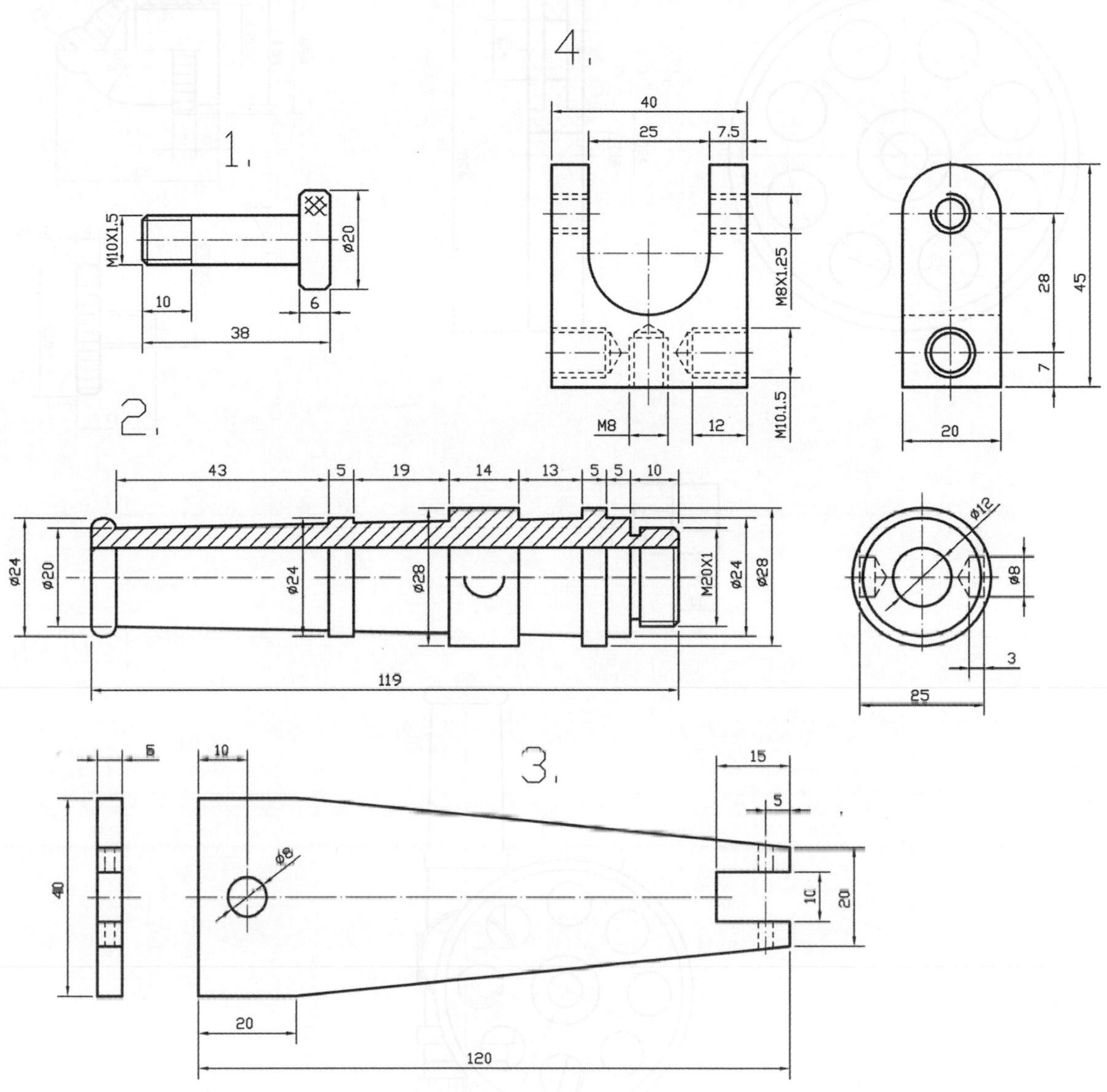
1.
M10X1.5
ø20
10
6
38
2.
43
5
19
14
13
5
5
10
ø24
ø20
ø24
ø28
M20X1
ø24
ø28
119
ø12
ø8
3
25
3.
6
10
15
5
40
ø8
10
20
20
120
4.
40
25
7.5
M8X1.25
M8
12
M10.1.5
28
45
7
20

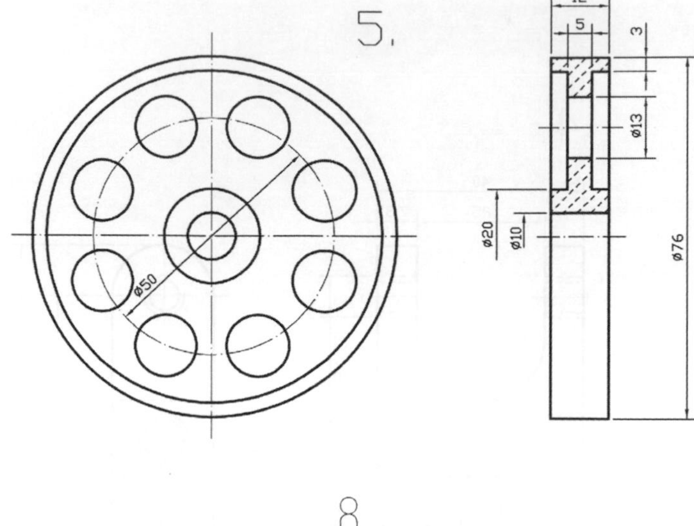
5.
12
5
3
ø13
ø20
ø10
ø76
ø50

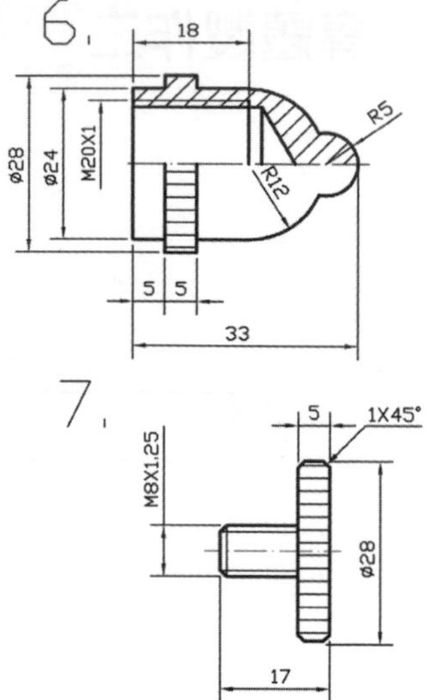
6.
18
R5
ø28
ø24
M20X1
R12
5
5
33
7.
5
1X45°
M8X1.25
ø28
17

8.

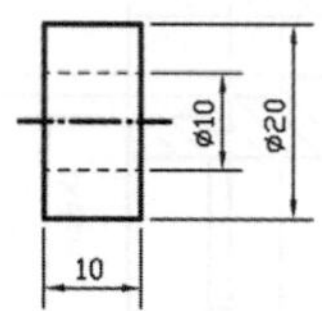
ø10
ø20
10

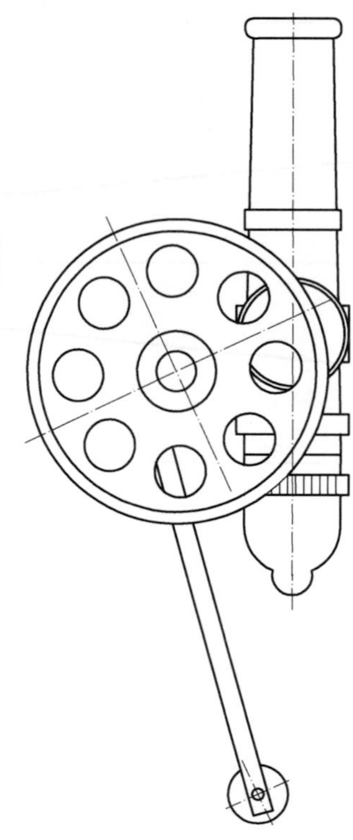

```
O2011 ;
G50   S2000 ;
G96   S120   M03 ;
T0101 ;
G00   X25.0   Z5.0 ;
G71   U1.5   R0.5 ;
G71   P02   Q12   U0.8   W0.1   F0.3 ;
N02   G00   X8.0 ;
N04   G01   Z0   F0.15 ;
N06   X10.0   Z–1.0 ;
N08   Z–32.0 ;
N10   X18.0 ;
N12   X20.0   Z–33.0 ;
G70   P02   Q12 ;
G28   X100.0   Z100.0 ;
T0707 ;
G97   S600   M03 ;
G00   X12.0   Z5.0   M08 ;
G76   P010560   Q040   R020 ;
G76   X8.0   Z–10.0   P1000   Q300   F1.5 ;
G28   X100.0   Z100.0 ;
T0101   M09 ;
M05 ;
M30 ;
```

```
O2021 ; (PART2-1)
G50   S2000 ;
```

```
G96  S120  M03 ;
  T0101 ;
G00  X32.0  Z5.0 ;
G71  U1.5  R1.0 ;
G71  P02  Q20  U0.8  W0.1  F0.3 ;
N02  G00  X18.0 ;
N04  G01  Z0  F0.15 ;
N06  X19.8  Z-1.0 ;
N08  Z-10.0 ;
N10  X23.0 ;
N12  X24.0  Z-10.5 ;
N14  Z-15.0 ;
N16  X27.0 ;
N18  X28.0  Z-16.5 ;
N20  Z-50.0 ;
  G70  P02  Q20 ;
  G28  X100.0  Z100.0 ;
  T0505 ;
  G97  S500  M03 ;
  G00  X35.0  Z-10.0 ;
  G01  X17.0  F0.15 ;
  G04  P500 ;
  G00  X32.0 ;
  Z-24.0 ;
  G75  R1.0 ;
  G75  X24.5  Z-33.0  P5000  Q3000  F0.15 ;
  G01  X24.0  F0.1 ;
  Z-33.0 ;
```

```
X27.0 ;
X28.0   Z–33.5 ;
G00   X32.0 ;
G28   X100.0   Z100.0 ;
T0707 ;
G97   S300   M03 ;
G00   X22.0   Z5.0 ;
M08 ;
G76   P021060   Q030   R0.02 ;
G76   X18.4   Z–8.0   P650   Q200   F1.0 ;
G28   X100.0   Z100.0 ;
T0202 ; (中心鑽)
G30   X0 ;
G00   Z5.0 ;
G96   S120   M03 ;
G01   Z–7.0   F0.1 ;
G00   Z120.0 ;
T0404 ; (φ12 鑽頭)
G00   Z5.0 ;
G97   S600   M03 ;
G01   Z–70.0   F0.1 ;
G00   Z30.0 ;
G28   X100.0   Z100.0   M05 ;
T0101   M09 ;
M30 ;
02022 ; (PART2-2)
G50   S2000 ;
G96   S120   M03 ;
```

```
T0101 ;
G00  X32.0  Z5.0 ;
G71  U1.5  R1.0 ;
G71  P02  Q08  U0.8  W0.1  F0.3 ;
N02  G00  X24.5 ;
N04  G01  Z–72.0  F0.15 ;
N06  X27.0 ;
N08  X29.0  Z–73.0 ;
  G70  P02  Q08 ;
  G28  X100.0  Z100.0 ;
  T0303 ;
  G00  X24.5  Z5.0 ;
  G01  Z–5.5  F0.15 ;
  X21.0 ;
  X24.0  Z–47.8 ;
  X30.0 ;
  G00  Z5.0 ;
  G01  X19.0 ;
  Z0 ;
  G03  X24.0  Z–2.5  R2.5 ;
  X20.0  Z–5.0  R2.5 ;
  G01  X22.0  Z–48.0 ;
  X24.0 ;
  Z–53.0 ;
  X23.0 ;
  X24.0  Z–72.0 ;
  G28  X100.0  Z100.0 ;
  T0202 ; (中心鑽)
```

```
  G30   X0 ;
  G00   Z5.0 ;
  G01   Z–7.0   F0.15 ;
  G00   Z120.0 ;
  T0404 ; (φ12 鑽頭)
  G97   S500   M03 ;
  G00   Z5.0   M08 ;
  G01   Z–60.0   F0.1 ;
  G00   Z30.0   M05 ;
  G28   X100.0   Z40.0   M09 ;
  T0101 ;
  M30 ;
02031 ; (PART3-1) 銑床程式
G92   X0   Y0   Z10.0 ; (φ8 端銑刀)
S1200   M03 ;
G90   G01   Z–6.0   F80 ;
G00   Z5.0 ;
G41   X115.0   Y5.0   D02 ;
G01   Z–6.0   F80 ;
  X95.0 ;
  Y–5.0 ;
  X115.0 ;
G00   G40   Z10.0   M05 ;
  M30 ;
O2032 ; (PART3-2) 銑床程式
G92   X0   Y0   Z10.0 ; (φ10 端銑刀)
  S1000   M03 ;
G90   G01   Z0   F80 ;
```

```
  X20.0 ;
  X120.0  Z–10.0 ;
G00  Z10.0  M05 ;
  M30 ;
```

```
02033 ; (PART3-3)
G92  X0  Y0  Z10.0 ; (φ3 端銑刀)
  S2000  M03 ;
G90  G01  Z–8.0  F100 ;
G00  Z10.0  M05 ;
M30 ;
```

```
02041 ; (PART4-1) 銑床程式
G00  G40  G49  G80  G17 ;
G91  G28  X0  Y0  Z0 ;
T01  M06 ; (φ10 端銑刀)
G90  G54  X0  Y0 ;
  S1200  M03 ;
G43  Z10.0  H31  /M08 ;
G41  X23.0  Y15.0  D01 ;
G91  G03  X5.0  Y–5.0  R5.0 ;
  G02  Y–20.0  R10.0 ;
  G03  X–5.0  Y–5.0  R5.0 ;
G00  G40  G28  Z0  M05 ;
  T02  M06 ; (中心鑽)
  S1500  M03 ;
```

```
G90   G43   Z10.0   H32 ;
  X0   Y0 ;
G01   Z–7.0   F100 ;
G00   Z5.0 ;
  X28.0 ;
G01   Z–7.0   F100 ;
G00   Z5.0 ;
G91   G28   Z0   M05 ;
  T03   M06 ; (φ8.5 鑽頭)
G90   G43   Z10.0   H33   S800   M03 ;
  X0   Y0 ;
G01   Z–12.0   F100 ;
G00   Z10.0 ;
G91   G28   Z0   M05 ;
  T04   M06 ; (φ6.75 鑽頭)
  S1000   M03 ;
G90   G43   Z10.0   H34 ;
G01   Z–10.0   F100 ;
G00   Z10.0 ;
G91   G28   Z0   M05 ;
T05   M06 ; (M10×1.5 螺絲攻)
S200   M03 ;
G90   G43   Z20.0   H35 ;
G98   G84   X0   Y0   Z–11.0   R5.0   F300 ;
G91   G28   Z0   M05 ;
  T06   M06 ; (M8×1.25 螺絲攻)
  S200   M03 ;
G90   G43   Z20.0   H36 ;
```

```
G98  G84  X28.0  Y0  Z–8.0  R5.0  F250 ;
G91  G28  Z0  M05 ;
  M09 ;
  M30 ;


02042 ; (PART4-2) 銑床主程式
G00  G40  G49  G80  G17 ;
G91  G28  X0  Y0  Z0 ;
T02  M06 ; (φ10 端銑刀)
G90  G54  X0  Y0 ;
S800  M03 ;
G43  Z10.0  H32  M08 ;
G01  Z–7.0  F100 ;
M98  P2001 ;
G90  G01  Z–14.0  F100 ;
M98  P2001 ;
G90  G01  Z–21.0  F100 ;
M98  P2001 ;
G90  G41  G01  Y12.5  F100  D02 ;
G91  X–23.0  F120 ;
G03  Y–25.0  R12.5 ;
G01  X23.0 ;
G28  Z0  M09 ;
M05 ;
M30 ;
  O2001 ; (副程式)
G01  G91  G41  Y12.0  F100  D02 ;
```

```
  X–23.0 ;
G03  Y–24.0  R12.0 ;
G01  X23.0 ;
G40  Y12.0 ;
  M99 ;
```

O2051 ; (PART5) 銑床程式

```
G92  X0  Y0  Z10.0 ;
  S1200  M03 ;
G90  G01  Z–13.0  F100 ;
G00  Z10.0 ;
X15.0 ; (φ10 端銑刀)
G01  Z–3.5  F120 ;
G03  I–15.0  F150 ;
G01  X24.0
G03  I–24.0 ;
G01  X30.0 ;
G03  I–30.0 ;
G00  Z10.0 ;
G98  G81  X23.1  Y9.57  R5.0  Z–10.0  F100 ;
          X9.57  Y23.1 ;
          X–9.57  Y23.1 ;
          X–23.1  Y9.57 ;
          X–23.1  Y–9.57 ;
          X–9.57  Y–23.1 ;
          X9.57  Y–23.1 ;
          X23.1  Y–9.57 ;
```

```
G80   G00   Z20.0   M05 ;
  M30 ;


  O2061 ; (PART6-1)
G50   S2000 ;
G96   S120   M03 ;
T0101 ;
G00   X38.0   Z5.0 ;
G71   U1.5   R1.0 ;
G71   P02   Q16   U0.8   W0.1   F0.3 ;
N02   G00   X0 ;
N04   G01   Z0   F0.15 ;
N06   G03   X10.0   Z–5.0   R5.0 ;
N08   G03   X24.0   Z–17.0   R12.0 ;
N10   G01   Z–23.0 ;
N12   X26.0 ;
N14   X28.0   Z–24.0 ;
N16   Z–35.0 ;
  G70   P02   Q16 ;
  G28   X100.0   Z100.0 ;
  T0505 ;
  G97   S1000   M03 ;
  M08 ;
  G00   X30.0   Z–32.0 ;
  G01   X24.0   F0.1 ;
  G00   X30.0 ;
  Z–35.0 ;
```

```
  G01  X24.0；
  G00  X40.0；
  Z–37.0；
  M28；
  G01  X0  F0.15；
  G00  X40.0；
  G28  X100.0  Z100.0；
  T0101；
  M05；
  M09；
  M30；


  02062；(PART6-2)
G97  S1000  M03；
T0202；(中心鑽)
G30  X0；
G00  Z5.0；
G01  Z–7.0  F0.1；
G00  Z100.0；
T0404；(φ18 鑽頭)
G00  Z5.0；
G01  Z–20.0；
G00  Z50.0；
T0606；(內孔刀)
G00  X19.0  Z5.0；
G01  Z–20.0；
  X18.0；
```

```
G00  Z50.0 ;
T0808 ; (內牙刀)
G00  X18.8  Z5.0 ;
G76  P010560  Q030  R020 ;
G76  X20.0  Z–18.0  P500  Q250  F1.0 ;
G28  X100.0  Z100.0  M09 ;
T0101  M05 ;
M30 ;
```

附錄 B

0M、0T 控制器程式錯誤與故障警告表

APPENDIX B

1. 程式錯誤，(P/S 故障)

數目	內容	註明
000	其中有參數須在電源關掉時，才被輸入。關掉電源。	
001	TH 故障，(有不正確之文字組被輸入)須更換正確的紙帶。	
002	TV 故障，(在單節中是奇數的文字數目)當 TV 對照有效時，這種故障才會產生。須換正確的紙帶。	
003	被輸入之資料超過最大容許值之範圍。(要依照各項之最大程式容許值輸入)	
004	在一個單節的開端，沒有一個位址而被輸入數目字或符號"–"時所產生的故障。	
005	位址不能跟隨專用資料，但是能跟隨其它位址或是程式終了碼。	
006	將"–"輸入錯了。(在一個位址之後被輸入"–"的符號，而它是不能使用的。或是兩個十進位點被輸入。)	
007	十進位點"."輸入錯了。(在一個位址之後被輸入十進位點，而他是不能使用的。或是兩個十進位點被輸入)	
009	在有意義的區域內輸入不用的文字。(A，B，C，E，L，U，V，W)	
010	輸入不使用的 G 碼指令。	
011	在切削速率中沒有進給速率。或是進給速率不適當。	
014	在可變導螺絲槓攻絲時，以地址 K 指令的螺絲增減值超過最大指令值，或發出了使導螺絲處於負值的指令。	適用於 T
	無切削螺紋/同步進給特殊機能，而指令同步進給。	只用於 M 系列
015	指令軸數超過同時控制軸數。	僅用於 M
021	軸不包含在選擇面內(如使用 G17，G18，G19)被指令於循環插間中。	僅用於 M
023	在循環補間中指定使用半徑值。而於位址 R 被指令爲負值。	僅用於 T
029	H 碼的補正值指定太大了。	僅用於 M
	T 碼的補正值。	僅用於 T
030	補正數目說明在 H 碼是刀長補正或切削補償太大了。	僅用於 M
	補正數目在 T 機構內說明補正太大了。	僅用於 T
031	使用 G10 設定補正量，這補正數跟隨於位址 P。它是額外或未被指定。	
032	使用 G10 設定補正量，這個補正數是過度的。	
033	交叉點的一點，不能用切削補正 C 來決定。	僅用於 M
	交叉點的一點，不能用刀尖半徑補正值來決定。	僅用於 T
034	開始工作或消除執行於 G02 或 G03 型式內的切削補正 C。	僅用於 M
	開始工作或消除執行於 G02 或 G03 型式內的刀尖半徑補正。	僅用於 T
035	使用 G39 指令消除切削補償 B 或在補正面板以外的面板上。	僅用於 M
	於刀尖半徑補正型式中，跳躍指令 G31 被執行。	僅用於 T

(續前表)

數目	內　容	註　明
036	切削補正型式中，跳躍指令 G31 被執行。	僅用於 T
037	G40(補正消除)在面板上或其它補正面板內是切削補償 B 指令這個面板的選擇是使用 G17，G18 或 G19 交換切削補償 C 型式。	僅用於 M
038	過切削將產生於切削補償 C 內，因為這弧的起點或終點一致於弧的中心。	僅用於 M
	過切削將產生於刀尖半徑補正內，因為這弧的起點或終點一致於弧的中心。	僅用於 T
039	倒角或角 R 被指定於開始工作，或消除，或開關於 G41 與 G42 之間內刀尖半徑補償。這個程式於倒角或角 R 中可以成為過切削的產生。	僅用於 T
040	過切削將產生於刀尖半徑補正內的自動循環切削 G90 或 G94。	僅用於 T
041	在切削補正 C 時將產生過切削。	僅用於 M
	在刀尖半徑補正時將產生過切削。	僅用於 T
042	在刀尖半徑補正時指令刀具位置補正。	僅用於 M
044	於自動循環型式中使用 G27 到 G29 之指令。	僅用於 M
046	第 2、3、4 參考點復歸的指令，而指令 P2、P3、P4 以外的指令。	
050	在一個車牙指令單節內，指示了倒角或角 R 的指令。	僅用於 T
051	一個包函倒角 R 指令單節後的單節，未使用 G01 的指令。	僅用於 T
052	一個直接移動或移動數量的單節內跟隨著不適當的倒角或角 R 指令。	僅用於 T
053	倒角或邊角半徑指令上，在 I，K，P 之中指令了兩個以上。或在圖紙尺過直接輸入上，逗點(，)後面不是 C 或 R。	僅用於 T
054	一個倒角或角 R 的單節說明中包函了斜度的指令。	僅用於 T
055	單節移動距離內，包函了倒角房角 R 的說明，而其小於倒角數目或角 R。	僅用於 T
056	在角度指定程序塊(A)的下一個程序塊指令上，終點和角度的沒被指定。 在倒角指令上，在 X 軸(Z 軸)上指令了 I(K)。	僅用於 T
057	在直接尺寸圖紙程序編製上，程序塊終點沒被正確計算。	僅用於 T
058	在直接尺寸圖紙程序編製沒找到程序塊終點。	僅用於 T
059	於外部的程式號碼尋找內，無法尋找到程式的選擇號碼。	
060	於順序號碼尋找內無法得到指令的順序號碼。	
061	位址 P 或 Q 是不能說明於 G70，G71，G72 或 G73 指令內。	僅用於 T
062	‧於 G71 或 G72 的切削深度是零或負數值。 ‧於 G73 內反覆的出顯零或負數值。 ‧使用大於零的值表示於位址 U 或 W，然而於 G74 或 G75 內△i 或△k 是零。 ‧△d 是用負數值表示，但直接換於 G74 或 G75 內是被限定的。 ‧於 G74 或 G75 內的△i 或△k 使用負數值表示。 ‧零或負數值表示於車牙的高或 G76 第一次切的寬度。 ‧於 G76 切削內，最低寬度的表示比車牙的高度大。 ‧未用的刀尖角度表示於 G76 內。	僅用於 T

(續前表)

數目	內　　　　　　　　　　容	註　　明
063	用位址 P 來表示順序號碼，於 G70，G71，G72 或 G73 的指令內是不能尋找的。	僅用於 T
065	‧在 G71，G72 或 G73 指令內以位址 P 做爲順序編號，在這單節中 G00 或 G01 不能被指令。 ‧在 G71 或 G72 內以位址 P 做爲順序號碼，在這單節內位址 Z(W)或 X(U)能被反覆性的命令。	僅用於 T
066	一個未使用 G 碼被指令於兩個單節之間，以 P 及 Q 指定於 G71，G72 或 G73 內。	僅用於 T
067	G70，G71，G72 或 G73 指令用位址 P 及 Q 表示於 MDI 模式內。	僅用於 T
069	G70，G71，G72 及 G73 終了，有一角 R 的倒角，這最終移動指令，在這單節內以位址 P 及 Q 表示。	僅用於 T
070	記憶體不足。	
071	位址沒辦法尋找。或是這程式有特別的程式號碼，在程式號碼中無法尋找到。	
072	超過 63 或 125 個程式號碼的儲存。	
073	這個程式號碼指令早已使用過。	
074	程式號碼超過 1 到 9999。	
076	M98 指令或 G65 指令，在這單節內不能使用位址 P。	
077	副程式被呼叫 3 或 5 次。	
078	在一個單節內以位址 P 來表示程式號碼或順序號碼，在 M98，M99 或 G66 時無法得到。	
079	記憶程式內容與紙帶對照不相同時。	
080	以參數數表示的區域內。而確認位址到達信無法動作。(自動刀具補償機能)	僅用於 T
081	自動刀具補償不用 T 碼來表示。(自動刀具補償機能)	僅用於 T
082	在同一單節內 T 碼及自動刀具補償被表示。(自動刀具補償動能)	僅用於 T
083	在自動刀具補償內，一個無用的軸被指令或是這指令爲增量值。(自動刀具補償機能)	僅用於 T
085	使用 ASR 或讀打帶介面，輸入資料進入記憶體時，產生過速或成組，組織錯誤時，是輸入資料位元數或傳送速率設定正確。	
086	當使用讀打帶介面，輸入資料進入記憶體時，這讀帶準備信號(DR)被切斷。	
087	當使用讀打帶介面，輸入資料進入記憶體時，而讀端指令仍然表示著，於讀入 10 個字之後未中斷。	
090	參考點復歸不能正常執行，因爲這個參考點復歸的起動點對參考點太近。或是速度太慢。	
092	指令軸以 G27(參考點復歸對照)無法做參考點復歸。	

(續前表)

數目	內容	註明
094	程序再起動時不能指令 P 型。(中途停止程序後，進行了設定坐標系的操作。)	僅用於 M
095	程序再起動時不能指令 P 型。(中途停止程序後，外部工件偏置量改變了。)	僅用於 M
096	程序再起動時不能指令 P 型。 (中途停止程序後，工件偏置量改變了。)	僅用於 M
097	程序再起動時不能指令 P 型。 (在接通電源後，緊急停止後或 P/S 94～97 復位後，一次也沒有進行自動運轉。)	僅用於 M
098	接通電源，緊急停止後，一次也沒有進行參考點復歸的狀態下，指令再起動程序，正在搜索中找到了 G28。	僅用於 M
099	程序再起動時搜索完畢後，以 MDI 進行了移動指令。	僅用於 M
100	設定資料 PWE 是設定 1，改爲 0 同時重置這系統。	
101	電源被切斷時，編輯操作及儲存程式資料內的記憶內容被改寫。這個故障產生時，將設定資料 PW 設定爲 1 及電源送上同時按著消除鍵，將記憶消除。	
110	固定小數點顯示的資料絕對值超越容許範圍。	
111	變數插入計算結果，超出如下的範圍。(–2 到 2–1)	
112	分配以 0 被表示。(包函切線 90 度)	
113	指令客戶自設程式群不可使用的指令。	
114	一個未定義的 H 碼，指令於 G 的單節內。	
	<式>以外的格式有誤。	客戶自設程式群 B
115	一個未定義的數值之變數號碼被指定。	
116	P 是被禁止指定做爲變數的指令。	
	代入式的左邊代入禁止的變數。	客戶自設程式群 B

前頭的內容不適當，會產生以下的警示。高速循環加工用。

(1) 被呼叫的加工循環號碼對應的前頭無法找到。

(2) 循環連接情報超過容許範圍(0～999)。

(3) 前頭中的資料數超過容許範圍(1～32767)。

(4) 執行格式資料的儲存開始資料的變數號碼超過容許範圍(#20000～85535)。

(5) 執行格式資料的儲存最後資料的變數號碼超過#85535。

(6) 執行格式資料的儲存開始資料的變數號碼與前頭的變數號碼重疊。

數目	內容	註明
118	括弧的多重度超越上限(5 重)。	
119	SQRT 及 BCD 是反對使用負數。	
	SQRT 的自變數爲負值。或 BCD 的自變數爲負值，或 BIN 的自變數的各位數爲 0-9 以外的值。	客戶自設程式群 B
122	於二次內指令叫變數模式。	僅用於 M
123	DNC 操作時，使用程式群控制指令。	
124	DO-END 非 1 對 1。	
125	於 G65 單節內，有表示不使用的位址。	
	<式>的格式錯誤。	
126	Don 中 1≦n≦3 不成立。	客戶自設程式群 B
127	NC 指令和客戶自設程式群混在一起。	
128	分歧指令中分歧點的順序號碼非 0～9999。或無分歧點的順序號碼。	
129	<自變數指定>使用禁止的位址。	
130	在第 3 軸控制上，正在進行 Cf 控制時，指令了以 PMC 進行的軸控制，並與此相反地正在從 PMC 進行軸控制時，試進行 Cf 控制。	僅用於 M
131	外部警示訊息發生 5 個以上警示。	
132	無對應於外部警示訊息消除的警示號碼。	
133	外部警示訊息及外部操作者訊息的小區分資料錯誤。	
135	在一次也沒有進行主軸定向的情形下，試進行主軸分度。	僅用於 M
136	在與主軸分度的地址——C，H 同一的程序塊上進行了其它軸移動指令。	僅用於 M
137	在與有關主軸分度的 M 代碼同一程序塊上進行了其它軸移動指令。	僅用於 M
139	PMC 軸控制時指令中已選擇軸。	
141	刀具補正模式中指令 G51(放大指令)。	僅用於 M
142	放大倍率使用 1～999999 以外的值。	僅用於 M
143	放大移動量、坐標量、圓弧的半徑超過最大的值。	僅用於 M
144	坐標旋轉平面和圓弧或刀具徑補正 C 的平面不同。	僅用於 M
145	極坐標插位開始或取消時條件不正確。 ・G40 以外的模式中，使用 G112/G113 指令。 ・平面選擇錯誤(參數設定錯誤)。	僅用於 T
146	極坐標插位模式中，指令不能使用的 G 碼。	僅用於 T
148	自動轉肚調整的減速比及判定角度在可設定範圍外。	僅用於 M
150	刀具群號碼超過容許最大值。	僅用於 M
151	加工程式中指定的刀具群未設定。	僅用於 M

(續前表)

數目	內　　　　　　　　　　　容	註　　明
152	1 群內的刀具支數超過可登記的最大值。	僅用於 M
153	設定刀具群的程式中，該有 T 碼的單節未含 T 碼。	僅用於 M
154	無群指令而指令 H99 或 D99。	僅用於 M
155	加工程式中和 M06 同一單節的 T 碼，和使用中的群不對應。	僅用於 M
156	設定刀具群的程式先頭無 P、L 指令。	僅用於 M
157	想設定的分具群數超過容許最大值。	僅用於 M
158	想設定的壽命最大值太大。	僅用於 M
159	執行設定用程式中電源關。	僅用於 M
160	在 HEAD 1 和 HEAD 2 使用不同的 M 碼當待命 M 碼。	只用於 OTT
165	想執行 HEAD 偶數的 0 號碼或 HEAD 奇數的 0 號碼程式。	只用於 OTT
175	圓筒插位開始或取消時條件不正確。 1.G107 及同時旋轉軸半徑無指令。 2.G107 及同時 2 軸指令。 3.刀尖半徑 R 指令中使用 G107。	僅用於 T
176	圓筒插位模式中指令不能使用的 G 碼。	僅用於 T
178	指令在 G41/G42 模式中。	
179	參數 597 設定控制軸數超過最大控制軸數。	
190	在周速一定控制時，指定錯誤軸(程式失誤)。	僅用於 M
197	COFF 信號 ON 時，程式指令 Cf 軸移動。	
200	剛性攻牙的 S 值在範圍外或未指令(程式失誤)。	
201	剛性攻牙未指定 F(程式失誤)。	
202	剛性攻牙主軸的分配量太多(程式失誤)。	
203	剛性攻牙 M29 或 S 的指令位置不對(程式失誤)。	
204	剛性攻牙 M29 和 G84(G74)單節間，有軸移動指令(程式失誤)。	
205	剛性攻牙指令 M29，執行 G84(G74)時，剛性模式 DI 信號未 ON(PMC 異常)。	
210	排程操作中執行 M198，M099DNC 操作中執行 M198。	
211	高速跳越特殊機能用每轉指令時，使用 G31。	
212	含付加軸的平面指令直接尺寸輸入指令。	僅用於 M
	非在 Z-X 平面上，執行不能使用的指令。	僅用於 T
213	同期控制軸標已被指令移動。	僅用於 T
214	同期控制軸中設定坐標系或漂移型刀具補正被執行。	僅用於 T
217	在 G251 模式中再指令 G251。	僅用於 T
218	G251 單節中無指令 P 或 Q，及指令值超過範圍。	僅用於 T

(續前表)

數目	內　　容	註　　明
219	G250，G251 不是使用在單獨單節內。	僅用於 T
220	同期操作中 NC 程式或 PMC 軸控制介面執行移動指令。	僅用於 T
221	多邊形加工同期操作及 Cs 軸控制或平衡切削同時執行。	僅用於 T
222	後台編輯中輸出輸入同時執行操作。	

註　表中 T 為 0-TC、00-TC，M 為 0-MC、00-MC 的總稱。

2. 故障均產生於絕對脈波檢出器(APC)

數目	內　　容	註　　明
310	手動參考點復歸，要求於 X 軸。	
311	X 軸 APC 訊號錯誤。	傳送資料失敗
312	X 軸 APC 過時間故障。	傳送資料失敗
313	X 軸 APC 組織錯誤。	傳送資料失敗
314	X 軸 APC 成對錯誤。	傳送資料失敗
315	X 軸 APC 脈波錯誤故障。	APC 故障
316	X 軸 APC 用電池電壓曾經降低到不能維持數據的水平。	APC 故障
317	X 軸 APC 用電池電壓正在處於需要更換電池電壓水平。	APC 故障
318	X 軸 APC 用電池電壓曾經(包括關閉電源時在內)降低到需要更換電池的電壓水平。	APC 故障
320	手動參考點復歸是要求 Z 軸(T)或 Y 軸(M)。	
321	Z 軸 APC 訊號錯誤。(T) Y 軸 APC 訊號錯誤。(M)	傳送信號失敗
322	Z 軸 APC 過時間的錯誤。(T) Y 軸 APC 過時間的錯誤。(M)	傳送信號失敗
323	Z 軸 APC 組織的錯誤。(T) Y 軸 APC 組織的錯誤。(M)	傳送信號失敗
324	Z 軸 APC 成對的錯誤。(T) Y 軸 APC 成對的錯誤。(M)	傳送信號失敗
325	Z 軸 APC 脈波錯誤的故障。(T) Y 軸 APC 脈波錯誤的故障。(M)	APC 故障
326	APC 用電池(組)的電壓曾有過低到不能保持資料的水準之事於 Y 軸(M)域 Z 軸(T)。	APC 故障

(續前表)

數目	內　　　　容	註　　明
327	APC 用電池(組)的電壓現在已到達必須更換電池(組)的電壓水準了於 Y 軸(M)域 Z 軸(T)。	APC 故障
328	APC 用電池(組)的電壓水準過去(包含電源切開時)曾有過必須更換時於 Y 軸(M)域 Z 軸(T)。	APC 故障
330	手動參考點復歸是要求於 Z 軸。(M)	
331	Z 軸 APC 訊號的錯誤。(M)	傳送資料失敗
332	Z 軸 APC 過時間的錯誤。(M)	傳送資料失敗
333	Z 軸 APC 組織的錯誤。(M)	傳送資料失敗
334	Z 軸 APC 成對的錯誤。(M)	傳送資料失敗
335	Z 軸 APC 脈波錯誤的故障。(M)	APC 故障
336	APC 用電池(組)的電壓曾有過低到不能保持資料的水準之事。	APC 故障
337	APC 用電池(組)的電壓現在已到達必須更換電池(組)的電壓水準了。	APC 故障
338	APC 用電池(組)的電壓水準過去(包含電源 OFF 時)曾有過必須更換時。	APC 故障
340	手動參考點復歸是要求於第 4 軸。(M)	
341	第四軸 APC 訊號的錯誤。(M)	傳送資料失敗
342	第四軸 APC 過時間的錯誤。(M)	傳送資料失敗
343	第四軸 APC 組織的錯誤。(M)	傳送資料失敗
344	第四軸 APC 成對的錯誤。(M)	傳送資料失敗
345	第四軸 APC 脈波錯誤的故障。(M)	APC 故障
346	第四軸 APC 用電池(組)的電壓曾有過低到不能保持資料的水準。只用於 M。	APC 故障
347	第四軸 APC 用電池(組)的電壓現在已到達必須更換電池(組)的電壓水準，只用於 M。	APC 故障
348	第四軸 APC 用電池(組)的電壓水準過去(包含電源切開時)曾有過必須更換時。只用於 M。	APC 故障
350	第 5 軸一定要手動原點復歸。(PMC 軸控制)	
351	第 5 軸。	APC 傳送失敗
352	第 5 軸。	APC 過時失敗
353	第 5 軸。	APC 架構失敗
354	第 5 軸。	APC 配對失敗
355	第 5 軸。	APC 誤波警示
356	第五軸 APC 用電池(組)的電壓曾有過低到不能保持資料。	
357	第五軸 APC 用電池(組)的電壓現在已到達必須更換電池(組)的電壓水準。	

(續前表)

數目	內　　　　　　　容	註　　明
358	第五軸 APC 用電池(組)的電壓水準過去(包含電源 OFF 時)曾有過必須更換時。	
360	第 6 軸一定要手動原點復歸(PMC 軸控制) 。	
361	第 6 軸。	APC 傳送失敗
362	第 6 軸。	APC 過時失敗
363	第 6 軸。	APC 架構失敗
364	第 6 軸。	APC 配對失敗
365	第 6 軸。	APC 誤波警示
366	第六軸 APC 用電池(組)的電壓曾有過低到不能保持資料。	
367	第六軸 APC 用電池(組)的電壓現在已到達必須更換電池(組)的電壓水準。	
368	第六軸 APC 用電池(組)的電壓水準過去(包含電源 OFF 時)曾有過必須更換時。	
400	第 1 軸、第 2 軸過負載。	
401	第 1 軸、第 2 軸速度控制的 READY 信號(VRDY)關。	
402	第 3 軸、第 4 軸過負載。	
403	第 3 軸、第 4 軸速度控制的 READY 信號(VRDZ)關。	
404	位置控制準備完了信號(REDY)切斷，當速度控制準備完了信號(VRDY)沒有切斷的時候，或是速度控制準備完了信號(VRDY)仍然接上。也就是、當電源供應按上時，準備完了信號(PRDY)未接上。	
405	一個位置控制系統錯誤，一個參考點復歸失敗期間使 CNC 或伺服系統內產生麻煩。須再從新操作手動參考點復歸一次。	
410	於移動期間於 X 軸內，位置逸出量比設定值還大。	
411	於移動期間於 X 軸內，位置逸出量比設定值還大。	
412	X 軸的漂移量是超過。(超過 500 VELO)	
413	X 軸的錯誤記數容量超過±32767，或是 DA 變換器的速度指令值於–8192 到 +8191 的範圍外。	
414	X 軸數位伺服系統異常。詳細內容看 DGNOS720 號。	數位伺服系統警示
415	一個企圖於 X 軸內，以每秒超越 511875 的檢出單位的速率指令。這個錯誤的由來，是 CMP 設定的失敗。	
416	X 軸的位置檢出系統脈波碼內有一個錯誤(中斷故障)。	
417	X 軸有以下諸條件之一，就造成此警示。 (a)參數 8120 的馬達形式，設定指定範圍外的值。 (b)參數 8122 的馬達旋轉方向，未設定正確值(111 或–111)。 (c)參數 8123 的馬達 1 轉的速度回饋脈波數，設定 0 以下的不正確資料。 (d)參數 8124 的馬達 1 轉的速度回饋脈波數，設定 0 以下的不正確資料。	

(續前表)

數目	內容	註明
420	於移動期間於 Z 軸內，位置逸出量比設定值還大。	僅用於 T
	於移動期間於 Y 軸內，位置逸出量比設定值還大。	僅用於 T
421	Y 軸(M)或 Z 軸(T)，位置逸出量是大於設定值於移動期間。	
423	Y 軸(M)或 Z 軸(T)位置逸出量超過±32767。或是 DA 變換器的速度指令值在–8192 到+8191 的範圍外這個錯誤的由來是可變設定定的失敗。	
424	Y 軸(M)或 Z 軸(T)的數位伺服系統的異常。詳細內容見 DGNOS 72 號。	數位伺服系統警示
425	一個企圖於 Y 軸(M)或 Z 軸(T)內，以每秒超越 511875 的檢出單位的速率指令，這個錯誤的由來，是 CMR 設定的失敗。	
426	Y 軸脈波碼(M)或 Z 軸脈波碼(T)，位置檢出系統的錯誤(中斷故障)。	
427	Y 軸(M)或 Z 軸(T)有以下諸條件之一，就造成此警示。 (a)參數 8220 的馬達形式，設定指定範圍外的值。 (b)參數 8222 的馬達旋轉方向，未設定正確值(111 或–111)。 (c)參數 8223 的馬達 1 轉的速度回饋脈波數，設定 0 以下的不正確資料。 (d)參數 8224 的馬達 1 轉的速度回饋脈波數，設定 0 以下的不正確資料。	數位伺服系統警示
430	於停止第三軸內，位置逸出量比設定值還大。	僅用於 T
	於停止於 X 軸內，位置逸出量比設定值還大。	僅用於 M
431	位置逸出量大於設定值於移動期間或 Z 軸停止內。	僅用於 M
433	Z 軸的位置逸出量超過±32767，或 DA 變換器的速度指令在–8192 到+8191 的範圍外。 這個錯誤的由來是可變設定的失敗。	僅用於 M
434	Z 軸(M)或第 3 軸(T)的數位伺服系統的異常。詳細內容見 DGNOS 722 號。	數位伺服系統警示
435	一個企圖於 Z 軸內，以每秒超越 511875 的檢出單位的速率指令，這個錯誤的由來，是 CMR 的設定失敗。	僅用於 M
436	Z 軸脈波碼的位置檢出系統錯誤(中斷故障)。	僅用於 M
437	Y 軸(M)或第 3 軸(T)有以下諸條件之一，就造成此警示。 (a)參數 8320 的馬達形式，設定指定範圍外的值。 (b)參數 8322 的馬達旋轉方向，未設定正確值(111 或–111)。 (c)參數 8323 的馬達 1 轉的速度回饋脈波數，設定 0 以下的不正確資料。 (d)參數 8323 的馬達 1 轉的速度回饋脈波數，設定 0 以下的不正確資料。	
440	於停止於第四軸內，位置逸出量比設定值還大。	僅用於 M
441	第四軸於停止或移動期間其位置逸出量大於其設定值。	僅用於 M
443	第四軸的位置逸出量超越±32767。或是 DA 變換器的速率指令值在–8192 到+8191 的範圍外。	僅用於 M
444	第 4 軸的數位伺服系統的異常。詳細內容見 DGNOS 723 號。	數位伺服系統警示

(續前表)

數目	內　容	註　明
445	一個企圖於第四圖，以每秒超過 511875 的檢出單位的速率指令。	僅用於 M
446	第四軸脈波碼的位置檢出系統錯誤(中斷故障)。	僅用於 M
447	第四軸有以下諸條件之一，就造成此警示。 (a)參數 8420 的馬達形式，設定指定範圍外的值。 (b)參數 8422 的馬達旋轉方向，未設定正確值(111 或–111)。 (c)參數 8423 的馬達 1 轉的速度回饋脈波數，設定 0 以下的不正確資料。 (d)參數 8424 的馬達 1 轉的速度回饋脈波數，設定 0 以下的不正確資料。	數位伺服系統警示
450	第 5 軸在停止時位置逸出量比設定值還大。	
451	第 5 軸在移動中，位置逸出量大於設定值。	
452	第 5 軸漂移量過大(超過 500 VELO)。	
453	第 5 軸的誤差記錄內容超過±32767，DA 變換器的速度指令值在–8192～+8192 範圍外。	
454	第 5 軸的數位伺服系統的異常。詳細內容見 DGNOS NO.724。	
455	第 5 軸，指令速度超過 511875 檢出單位/sec 以上。此種警示發生在 CMR 設定失誤。	
456	第 5 軸的脈波檢出器系統異常。(中斷故障)	
457	第 5 軸有下列條件之一，就產生此警示。 (a)參數 8420 的馬達形式，設定指定範圍外的值。 (b)參數 8422 的馬達旋轉方向，未設定正確值(111 或–111)。 (c)參數 8423 的馬達 1 轉的速度回饋脈波數，設定 0 以下的不正確數值。 (d)參數 8424 的馬達 1 轉的速度回饋脈波數，設定 0 以下的不正確數值。	
460	第 6 軸在停止時位置逸出量比設定值還大。	
461	第 6 軸在移動中，位置逸出量大於設定值。	
462	第 5 軸漂移量過大(超過 500 VELO)。	
463	第 5 軸的誤差記錄內容超過±32767，DA 變換器的速度指令值在–8192～+8192 範圍外。	
464	第 5 軸的數位伺服系統的異常。詳細內容見 DGNOS NO.725。	
465	第 6 軸的脈波檢出器系統異常。(中斷故障)	
467	第 6 軸有下列條件之一，就產生此警示。 (a)參數 8620 的馬達形式，設定指定範圍外的值。 (b)參數 8622 的馬達旋轉方向，未設定正確值(111 或–111)。 (c)參數 8623 的馬達 1 轉的速度回饋脈波數，設定 0 以下的不正確數值。 (d)參數 8624 的馬達 1 轉的速度回饋脈波數，設定 0 以下的不正確數值。	
490	伺服側過負載信號。	

(續前表)

數 目	內　　容	註　　明
491	伺服側的位置控制 READY 信號(VRDY)OFF。	
494	伺服側的位置控制 READY 信號(PRDY)OFF 時，速度控制的 READY 信號(VRDY)沒有 OFF。 或電源供應時，READY 信號(PRDY)尚未 ON 時，速度控制的 READY 信號(VRDY)已經 ON。	
495	伺服側的位置控制異常。CNC 內部或伺服系統異常，無法正確的原點復歸。 須再從新手動原點復歸(PMC 軸控制)。	

數位伺服系統警示的 NO.4□4 的詳細內容，依 X 軸、Y(Z)軸、Z(C、PMC)軸、第 4(Y、PMC)軸的順序，顯示於診斷號碼 720、721、722、723、724、725。

GNOS NO.

721～723	OVL	LV	OVC	HCAL	HCAL	DCAL	FBAL	OFAL
	7	6	5	4	3	2	1	0

OFAL ：發生溢量警示。

FBAL ：發生斷線警示。

DCAL ：發生回生放電電路顯示。

HVAL ：發生過電壓警示。

HCAL ：發生異常電流警示。

OVC ：發生過電流警示。

LV ：發生不足電壓警示。

OVL ：發生過負載警示。

註　新設參數 NO.593～596 限界值須設定。

3.　過行程故障

數 目	內　　容	註　　明
510	X 軸過行程，超過(+)行程設定。	
511	X 軸過行程，超過(–)行程設定。	
512	X 軸過行程，超過(+)第二行程設定。	

(續前表)

數目	內　　　　　　容	註　　明
513	X 軸過行程，超過(–)第二行程設定。	
514	X 軸+側的硬體 OT 超過。	僅用於 M
515	X 軸–側的硬體 OT 超過。	僅用於 M
520	Y 軸(M)或 Z 軸(T)過行程，超過(+)行程設定。	
521	Y 軸(M)或 Z 軸(T)過行程，超過(+)行程設定。	
522	Z 軸過行程，超過(+)第二行程設定。	
523	Z 軸過行程，超過(–)第二行程設定。	
524	Y 軸+側的硬體 OT 超過。	僅用於 M
525	Y 軸–側的硬體 OT 超過。	僅用於 M
530	Z 軸過行程，超過(+)行程設定。	
531	Z 軸過行程，超過(–)行程設定。	
532	Z 軸+側的第二行程限制超過。	
533	Z 軸–側的第二行程限制超過。	
534	Z 軸+側的硬體 OT 超過。	僅用於 M
535	Z 軸–側的硬體 OT 超過。	僅用於 M
540	第四軸過行程，超過(+)行程設定。	僅用於 M
541	第四軸過行程，超過(–)行程設定。	僅用於 M
560	第 5 軸+側行程限制超過。	
561	第 5 軸–側行程限制超過。	
570	第 7 軸+側行程限制超過。	
571	第 7 軸–側行程限制超過。	
580	第 8 軸+側行程限制超過。	
581	第 8 軸–側行程限制超過。	
600	不正確指令干擾產生的。	
601	PMC RAM 成對錯誤產生的。	
602	PMC 系列傳送錯誤產生的。	
603	PMC 看門狗錯誤的產生。	
604	PMC ROM 成對錯誤產生的。	
605	超過 PMC 內所能儲存的階梯容量。	

4. 過熱故障

數 目	內 容	註 明
700	主機板過熱。	
704	因檢測主軸變動而引起的主軸過熱。	

5. 系統故障

數 目	內 容	註 明
910	RAM 成對錯誤(低位組)。更換主機板。	
911	RAM 成對錯誤(高位組)。更換主機板。	
912	數位伺服的共有 RAM同位錯誤(Low)。	
913	數位伺服的共有 RAM同位錯誤(High)。	
914	數位伺服的地區 RAM同位錯誤。	
920	看門狗故障，更換主機板。	
930	CPC 錯誤(不正常中斷)。更換主機板。	
940	有以下諸條件之一，就造成此警示。 (a)數位伺服系統的印刷電路板的不良。 (b)控制軸在 3 軸以上時，但卻無第 3 軸(第 3/4 軸)控制印刷電路板。 例：OM 的 Z 軸爲第 3 軸。 (c)使手類比伺服用主印刷電路板。	
950	保險絲斷線警示。請更換+24E、FX14 的保險絲。	
998	ROM 成對錯誤。	

6. 後台編輯警告(BP/S)

數 目	內 容	註 明
???	在與通常程序編輯時發生的 P/S 警告。 (070，071，072，073，074 等)	OT OM
140	在後台上選擇或刪除正於前台上選擇中的程序。	

註 後台編輯時的警告不顯示於通常的警告畫面，而顯示於後台編輯畫面的鍵輸入行，下次進行任何 MDI 鍵操作時，便可復位。

得 分

數控工具機 班級：

學後評量 學號：

CH01 概論 姓名：

一、選擇題

( ) 1. 下列何者可為數值控制機械之資料傳輸媒體 (A)磁碟機 (B)磁帶機 (C)孔帶閱讀機 (D)以上均可。

( ) 2. 數控車床如缺乏夾具輔助，則下列何種工作將無法順利完成？ (A)錐度車削 (B)偏心車削 (C)圓弧切削 (D)螺紋車削。

( ) 3. 數控工具機最適宜做 (A)大量工件之生產 (B)中量生產 (C)少量生產 (D)以上皆是。

( ) 4. 第一部數控工具機為 1952 年 (A)美國太空總署 (B)日本富士通公司 (C)美國麻省理工學院 (D)日本牧野公司 所研發推出。

( ) 5. 電腦化數值控制系統，一般簡稱為 (A) CNC (B) DNC (C) MNC (D) NC。

( ) 6. 利用一監控電腦，同時控制多部數控工具機之作動者為 (A) CNC (B) DNC (C) MNC (D) NC 系統。

( ) 7. 數控工具機之伺服系統，無法做位置檢出者為 (A)開環系統 (B)閉環系統 (C)半閉環系統 (D)以上皆非。

( ) 8. 以下何者為數值控制機械之缺點 (A)初期投資成本高 (B)投資報酬率低 (C)加工製造之適應性不佳 (D)操作員之訓練成本高。

( ) 9. 數控車床無法完成的工作項目是 (A)螺紋 (B)錐度 (C)圓弧 (D)曲軸車削。

( ) 10. 以下何者非數控機械之優點 (A)人為因素影響少 (B)設備費用低 (C)不需鑽模 (D)檢驗費用低。

(　　) 11. FMS 代表　(A) CNC 工具機之一種　(B)自動化作業　(C)機器人系統　(D)彈性製造系統。

(　　) 12. CAD 意指　(A)電腦輔助設計　(B)電腦數值控制　(C)電腦輔助製造　(D)彈性製造系統。

(　　) 13. CAM 指的是　(A)自動刀具程式　(B)電腦輔助設計　(C)電腦輔助製造　(D)彈性製造系統。

(　　) 14. 數控工具機與一般自動機構(單能機)不同之處為　(A)須以手工操作　(B)加工範圍小　(C)加工適應性大　(D)適合大量生產。

二、問答題

1. 試述數值控制之意義與加工流程。
2. 最適宜使用數值控制工具機之場合為何？
3. 簡述我國之數控發展史。
4. 數控工具機如依數控系統技術應用層次之不同，則可作何種不同等級之分類？
5. 數控工具機如何依伺服驅動系統之不同而分類？
6. 試簡述數控工具機之優越性與其缺失不足之處？
7. 數值控制機械未來之發展趨勢如何？

得 分

數控工具機 班級：

學後評量 學號：

CH02 數值控制工具機之構造與系統分類 姓名：

一、選擇題

(　　) 1. 以下何種加工，主心軸須具備低速大轉矩 (A)小徑深孔鑽削 (B)貫穿孔搪削 (C)盲孔攻牙 (D)以上皆非。

(　　) 2. 下列何者非 DC 心軸馬達之優點 (A)輸出功率大 (B)加減速迅速 (C)溫升少 (D)不需整流刷。

(　　) 3. 利用曲線連結器作固定角度之分度時，每一嚙合角度爲 (A) 5' (B) 1° (C) 5° (D) 12°。

(　　) 4. 工作台若採用旋轉式光學編碼器作任意角度之分度，則最小分度單位爲 (A) 0.001° (B) 0.01° (C) 0.1° (D) 1°。

(　　) 5. 大型數控工具機之床台，目前大多採用 (A)特殊之滑道與滑面設計 (B)塔塞特滑動材 (C)線性運動軸承 (D)以上皆非 以減低其摩擦。

(　　) 6. ATC 自動刀具交換裝置中，儲刀倉刀具容量最多者爲 (A)轉塔型 (B)圓筒型 (C)鏈條型 (D)不一定。

(　　) 7. ATC 臂按刀庫之刀具編號，依加工需要就近選取者爲 (A)順序選刀 (B)任意選刀 (C)以上均可。

(　　) 8. 目前數控機械使用最爲廣泛之伺服馬達爲 (A)脈衝馬達 (B)步進馬達 (C) DC 伺服馬達 (D) AC 伺服馬達。

(　　) 9. 以下有關於脈衝馬達之敘述，何者有誤？ (A)構造簡單 (B)用於開環系統 (C)較適合小功率之驅動 (D)轉動時無噪音。

(　　) 10. 滾珠螺桿之傳動係爲 (A)滾動接觸 (B)滑動接觸 (C)滾動兼滑動 (D)以上皆非。

(　　) 11. 目前 CNC 銑床大多採用　(A)直接連結式　(B)減速齒輪連結式　(C)時規皮帶連結式　(D)以上皆非　連結伺服馬達與滾珠螺桿。

(　　) 12. 光學尺測量床台之線性移動，精度可達　(A) 0.05μm　(B) 0.1μm　(C) 0.5μm　(D) 1μm。

(　　) 13. 量測系統之轉換器元件中，不受螺桿精度影響者爲　(A)解析器　(B)編碼器　(C)圓形感應尺　(D)光學尺。

(　　) 14. (A)數控系統　(B)伺服驅動系統　(C)量測系統　(D)以上皆是　號稱爲"數值控制機械"之大腦。

(　　) 15. (A)中央處理機　(B)記憶體　(C)輸出入介面　(D)以上皆非　是爲 CNC 之心臟。

(　　) 16. 目前大型之數控工具機，爲求高精度之加工，大多採用　(A)開環系統　(B)閉環系統　(C)半閉環系統　(D)併合伺服系統　作位置之檢出。

(　　) 17. 下列何種工具機爲定位型數控機械　(A) CNC 銑床　(B) CNC 線切割機　(C) CNC 鑽床　(D) CNC 車床。

(　　) 18. 數控機械之導螺桿爲　(A)方牙螺桿　(B)愛克姆螺桿　(C)圓形螺桿　(D)滾珠螺桿。

(　　) 19. 設有位置檢出，回饋裝置的數控系統爲　(A)開環　(B)閉環　(C)循環　(D)直線迴路　系統。

(　　) 20. 數控機械之螺桿節距爲 12mm，若驅動馬達轉動 3 度時，床台或刀具移動　(A) 0.1　(B) 0.15　(C) 0.2　(D) 0.25　mm。

(　　) 21. 加工中心機之 ATC 裝置，是指　(A)自動刀具程式　(B)自動刀具交換　(C)自動程式輸入　(D)自動材料裝卸。

(　　) 22. 下列何者非數控車床之構造特點？　(A)主軸無段變速　(B)滾珠螺桿傳動　(C)多級變速齒輪箱　(D)油壓自動夾頭。

(　　) 23. 數控車床車削錐度時，通常採用何種方法？　(A)以程式控制　(B)複式刀座車削　(C)尾座偏置　(D)靠模車削。

二、問答題

1. 請略述數值控制機械之構造。
2. CNC 綜合加工機之自動刀具交換(ATC)，其步驟如何？
3. 滾珠導螺桿較之傳統愛克姆梯型牙螺桿，有何優越之處？
4. 數控工具機之伺服馬達與滾珠導螺桿，可以哪幾種方式連結？
5. 數控工具機中常用之位置檢出器有哪些？
6. 試述數值控制機械中數控系統之組成。
7. 數控工具機若依刀具路徑型態之不同，則該如何分類？
8. 數控工具機依伺服驅動系統之不同，可作哪些不同之分類？
9. 數控工具機，可依據座標系統之不同作何種分類？

得 分

全華圖書（版權所有，翻印必究）

數控工具機 班級：

學後評量 學號：

CH03 數值控制工具機之座標軸向設定 姓名：

一、選擇題

(　　) 1. 所謂“平面座標系統”係指 (A)二軸向座標系統 (B)三軸向座標系統 (C)立體座標系統 (D)旋轉軸座標系統。

(　　) 2. 車床工作，若將座標原點置於工件之右端面，則各軸之尺寸為 (A) X 軸、Z 軸皆為正值 (B) X 軸正值，Z 軸負值 (C) X 軸負值，Z 軸正值 (D) X 軸、Z 軸皆為負值。

(　　) 3. “立體座標系統”係指 (A)二軸向座標系統 (B)平面座標系統 (C)三平面座標系統 (D)旋轉軸座標系統。

(　　) 4. 機械原點係指 (A)固定零點 (B)移動零點 (C)浮動零點 (D)程式原點。

(　　) 5. 目前數控程式之設計，大多採用 (A)固定零點 (B)移動零點 (C)浮動零點 (D)機械零點系統。

(　　) 6. 工件之外形呈 (A)階梯狀 (B)複雜曲線 (C)對稱形 (D)以上皆非，則以絕對值座標標註尺寸較為合宜。

(　　) 7. 以下何者為二軸向之數控機械？ (A) CNC 銑床 (B) CNC 鑽床 (C) CNC 加工中心機 (D) CNC 外圓磨床。

(　　) 8. 數控工具機之心軸方向，通常設定為 (A) X 軸 (B) Y 軸 (C) Z 軸 (D)不一定。

(　　) 9. 數控車床之坐標軸，於程式設計中係以 (A) X 軸與 Y 軸 (B) Y 軸與 Z 軸 (C) X 軸與 Z 軸 (D) X，Y，Z 三軸 來表示。

(　　) 10. 數控銑床為 (A) X，Y 軸 (B) Y，Z 軸 (C) X，Z 二軸 (D) X，Y，Z 軸 自動控制之工作母機。

(　　) 11. 數控車床之縱向進刀軸爲　(A) X 軸　(B) Y 軸　(C) Z 軸　(D) A 軸。

(　　) 12. 數控車床之橫向進刀軸爲　(A) X 軸　(B) Y 軸　(C) Z 軸　(D) A 軸。

(　　) 13. 數控車床車刀由工件軸心向外退出之軸向爲　(A) +X　(B) –X　(C) +Z　(D) –Z。

(　　) 14. 右手定則，右手中指的數控坐標軸向爲　(A) +Z 軸　(B) +Y 軸　(C) +X 軸　(D) –Z 軸。

二、問答題

1. 試述數控工具機之二軸向座標系統。
2. 何謂數控工具機之三軸向座標系統。
3. 座標原點設定時，固定零點與浮動零點有何不同？
4. 絕對值與增量值座標系統有何差異？試舉例說明。
5. 請概述"右手座標系統"。
6. 數控工具機之 Z 軸向如何設定？

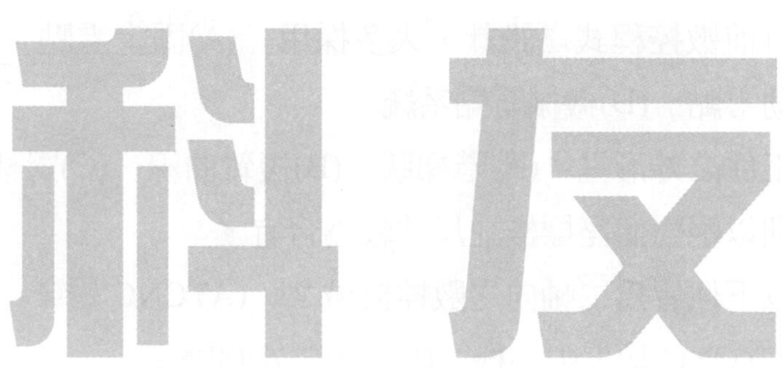

得 分

全華圖書（版權所有，翻印必究）

數控工具機 班級：

學後評量 學號：

CH04 CNC 車床工作程式設計 姓名：

一、選擇題

( ) 1. 程式設計時，乃假設 (A)工件固定，刀具移動 (B)工件移動，刀具固定 (C)工件、刀具皆固定 (D)工件、刀具皆移動。

( ) 2. G01 X___Z___F___；其中 X、Z 之座標係指 (A)終點座標 (B)增量值 (C)向量大小 (D)無法判定。

( ) 3. 車床程式單節指令 G01 U___W___F___；其中 U、W 之座標係指 (A)終點座標 (B)絕對尺寸 (C)增量之向量值 (D)無法確定。

( ) 4. 每一 CNC 程式均由 (A)順序號碼 (B)程式號碼 (C)原點設定指令 (D)單位設定指令開始。

( ) 5. 下列何種機能指令，可以使用小數點表示其值？ (A)轉速機能 (B)刀具機能 (C)進給機能 (D)輔助機能。

( ) 6. 若"選擇性單節刪除"之開關在"ON"之位置，則具"/"單節跳越符號之單節指令 (A)不予執行 (B)仍然執行 (C)視須要決定 (D)以上皆非。

( ) 7. 指令工作機械之刀具作何種方式之移動或加工之機能為 (A)準備機能 (B)刀具機能 (C)進給機能 (D)輔助機能。

( ) 8. 若一單節指令為 G00 G01 X___Z___；則 (A)僅 G00 指令有效 (B)僅 G01 指令有效 (C)二指令皆有效 (D)二指令皆無效。

( ) 9. 下列有關於"G00"快速定位指令之敘述，何者正確？ (A)路徑必為一直線 (B)路徑不一定為一直線 (C)進給速度以"F"值設定 (D)定位速度始終一致。

( ) 10. 若圓弧切削時，圓心之位置，同時以 I、K、R 表示時，則以 (A) I 值優先 (B) K 值優先 (C) R 值優先 (D)以參數設定，選擇優先順序。

(　　) 11. 下列有關"G04"暫停指令之設定，何者錯誤　(A) X2.5　(B) U2.5　(C) P2.5　(D) P2500。

(　　) 12. 欲使刀具切削至槽底，主軸旋轉五轉後，稍作停留，再行退刀，則刀具應暫停幾秒？(設主軸每分鐘旋轉 600rpm)　(A) 0.5 秒　(B) 1 秒　(C) 2 秒　(D) 5 秒。

(　　) 13. G28 X___Z___；自動原點復歸指令中，X___Z___之座標係指　(A)復歸點座標　(B)機械原點座標　(C)程式原點座標　(D)中間點座標。

(　　) 14. 切削螺紋之節距爲 P=2.5，主軸轉速 300rpm，則前置量至少應爲　(A) 1.2mm　(B) 1.8mm　(C) 2.4mm　(D) 3.0mm。

(　　) 15. 螺紋切削循環中，若第一刀之進刀深度爲 1.2mm，則第三刀應爲　(A) 0.265mm　(B) 0.382mm　(C) 0.514mm　(D) 0.820mm。

(　　) 16. 若一螺紋之車削，8 次進刀完成工作，倘以 G92 指令爲之，則至少須　(A) 1　(B) 4　(C) 8　(D) 32　個單節指令。

(　　) 17. 車床工作，若徑向之切除量遠大於軸向時，則複合型循環指令應使用　(A) G71　(B) G72　(C) G73　(D) G70　爲之較爲適宜。

(　　) 18. 車床工作，當所欲加工之工件爲已粗具外形之結晶時，複合型循環指令應使用　(A) G70　(B) G71　(C) G72　(D) G73　較爲合適。

(　　) 19. 副程式指令 M98 P0031005；其意指所呼叫之副程式重複執行　(A) 3 次　(B) 5 次　(C) 10 次　(D) 31 次。

(　　) 20. 主程式呼叫副程式執行指令時，至多可作　(A)三迴路　(B)四迴路　(C)五迴路　(D)無限多迴路　之呼叫。

(　　) 21. 使用精修過之軟爪夾持工件，以下敘述何者爲非？　(A)同心度較佳　(B)接觸面較佳　(C)可固定夾持工件之長度　(D)適合夾持粗糙之工件表面。

(　　) 22. 夾爪夾持工件之行程，最好爲其最大開、閉行程的　(A) 1/8　(B) 1/4　(C) 1/2　(D) 2　倍。

(　　) 23. 調整油壓夾頭夾持壓力，主要考量因素為　(A)工件外徑　(B)工件材質　(C)工件長度　(D)切削速度。

(　　) 24. 夾持細小工件，以何種夾具最為迅速、確實？　(A)雞心　(B)彈簧套筒　(C)三爪夾頭　(D)鑽頭　夾頭。

(　　) 25. K 類材質之車刀刀片中，以　(A) K01　(B) K10　(C) K20　(D) K30　之硬度最高。

(　　) 26. P 類材質之車刀刀片中，以　(A) P10　(B) P20　(C) P30　(D) P40　之韌性最高。

(　　) 27. 裝置刀具後之刀尖位置誤差，X 軸為+0.2mm，Z 軸為– 0.1mm，則該刀具應輸入之補正值為　(A) X = – 0.4，Z = 0.2　(B) X = 0.4，Z = 0.2　(C) X = –0.2，Z = 0.1　(D) X = 0.2，Z = –0.1。

(　　) 28. 模式選擇鈕(MODE)在手動操作(MPG)位置，可作　(A)單節操作　(B)紙帶操作　(C)驅動主軸　(D)記憶操作。

(　　) 29. 暫停指令 G04 P200；若此時主軸轉速為"M03 S900"，則主軸於時間內將空轉　(A) 2 圈　(B) 3 圈　(C) 4 圈　(D) 5 圈。

(　　) 30. 外徑車削完畢後，刀具作機械原點復歸，可採用以下那一單節之程式　(A) G28 U0 W0；　(B) G28 X0 E0；　(C) G91 G28 X0 Z0；　(D) G91 G28 U0 W0；。

(　　) 31. 以下暫停指令之寫法，何者為非？　(A) G04 X0.3；　(B) G04 P0.3；　(C) G04 P300；　(D) G04 U0.3；。

(　　) 32. 以鍵盤方式輸入程式指令時，模式選擇(MODE)鈕應置於　(A) MPG　(B) EDIT　(C) AUTO　(D) JOG　之位置。

(　　) 33. 程式指令中 G 碼所代表之意義為　(A)準備　(B)輔助　(C)選擇　(D)順序　機能。

(　　) 34. 以下何者為程式選擇性停止之指令？　(A) M00　(B) M01　(C) M02　(D) M30。

(　　) 35. 徑向車削之材料較縱向爲多時，宜採用何種指令車削？　(A) G90　(B) G92　(C) G94　(D) G96。

(　　) 36. 使用切槽循環指令 G75 之主要目的爲　(A)增加切削深度　(B)減緩進刀速度　(C)節省程式製作時間　(D)提高表面光度。

(　　) 37. 副程式呼叫指令 M98 中之 P 值表示　(A)主程式號碼　(B)副程式號碼　(C)執行次數　(D)刀具號碼。

(　　) 38. CNC 車床程式，執行暫停指令"G04"時，以下位址字碼何者不得用以表示暫停時間？　(A) X　(B) U　(C) Z　(D) P。

(　　) 39. 車削圓弧時，使用半徑指令 R，僅限於　(A) 360°　(B) 270°　(C) 180°　(D) 90°　範圍內之圓弧。

(　　) 40. 手動輸入單節資料時，模式選擇鈕(MODE)應置於　(A) AUTO　(B) MDI　(C) MPG　(D) JOG　之位置。

(　　) 41. 切削之工件結果，發覺尺寸有些微誤差時，可以　(A)調整刀具位置　(B)磨礪刀具　(C)換新刀具　(D)作刀具磨耗補正。

(　　) 42. POS 按鍵之意義爲　(A)位置座標　(B)重新設定　(C)參數內容　(D)警示訊號。

(　　) 43. OFSET 鍵之意義爲　(A)位置座標　(B)刀具補正　(C)重新設定　(D)參數資料。

(　　) 44. 順時針方向之圓弧切削指令以　(A) G02　(B) G03　(C) G04　(D) M04　指令之。

(　　) 45. 數控工具機中，ZX 平面之選擇機能爲　(A) G17　(B) G18　(C) G19　(D) G20。

(　　) 46. G04 P500；係表示　(A)暫停 5 秒　(B)暫停 0.5 秒　(C)暫停 500 秒　(D)暫停 500 轉。

(　　) 47. 外徑(縱向)切削複循環之指令爲　(A) G70　(B) G71　(C) G72　(D) G73。

(　　) 48. 刀具偏右補正之指令爲　(A) G40　(B) G41　(C) G42　(D) G43。

(　　) 49. 精車削循環之機能指令爲　(A) G70　(B) G71　(C) G72　(D) G73。

(　　) 50. 外徑車刀(右手)之假想刀尖方向號碼為　(A) 1　(B) 2　(C) 3　(D) 4。(後刀座車床)

(　　) 51. 搪孔車刀(右手)之假想刀尖方向號碼為　(A) 1　(B) 2　(C) 3　(D) 4。(後刀座車床)

(　　) 52. 消除警告狀態之按鍵為　(A) CAN　(B) RESET　(C) DELETE　(D)ALTER。

(　　) 53. 消除輸入緩衝器內之字元須按按鍵　(A) CAN　(B) RESET　(C) DELETE　(D) ALTER。

(　　) 54. ABSOLUTE 顯示之座標位置，係為　(A)絕對　(B)相對　(C)工件　(D)機械。

(　　) 55. 工作程式編輯時，欲插入語碼，應選　(A) INSERT　(B) ALTER　(C) INPUT　(D) DELETE。

(　　) 56. 以下何種準備機能為鑽削循環？　(A) G73　(B) G74　(C) G75　(D) G76。

(　　) 57. 每分鐘進給量(mm/min)之設定指令為　(A) G96　(B) G97　(C) G98　(D) G99。

(　　) 58. 設定車削速度(m/min)之指令為　(A) G96　(B) G97　(C) G98　(D) G99。

(　　) 59. 設定固定轉速(rpm)之指令為　(A) G96　(B) G97　(C) G98　(D) G99。

(　　) 60. 設定每迴轉進給量(mm/rev)之指令為　(A) G96　(B) G97　(C) G98　(D) G99。

(　　) 61. 以下何者為單節模式機能　(A) G04　(B) G40　(C) G41　(D) G42。

(　　) 62. 編輯程式時，順序號碼係以　(A) M　(B) N　(C) S　(D) T　指令之。

(　　) 63. M98 P0042345；其副程式號碼為　(A) O0042　(B) O4234　(C) O2345　(D) O0345。

(　　) 64. 同上題，其副程式之執行次數為　(A) 2　(B) 3　(C) 4　(D) 5　次。

(　　) 65. 以下何者為螺紋車削之複循環指令？　(A) G32　(B) G33　(C) G76　(D) G92。

(　　) 66. 程式編輯時，輔助機能係以 (A) M (B) N (C) S (D) T 指令之。

(　　) 67. 程式 G01 X30.0 K-2.0 F0.2；係切削 (A)端面 (B)倒角 (C)肩角 (D)圓弧。

(　　) 68. 程式 G01 X30.0 R-3.0 F0.2；係切削 (A)端面 (B)倒角 (C)肩角 (D)圓弧。

(　　) 69. M05 指令之動作爲 (A)程式停止 (B)主軸停止 (C)進給停止 (D)程式結束。

(　　) 70. 以下何者爲端面(X 軸)粗車削循環？ (A) G71 (B) G72 (C) G73 (D) G74。

(　　) 71. 程式結束指令爲 (A) M00 (B) M01 (C) M02 (D) M05。

(　　) 72. G96 S250；指令中之 S250 係表示 (A)主軸轉速 (B)切削速度 (C)進刀速度 (D)最高轉速限制。

(　　) 73. G97 S250；指令中之 S250 係表示 (A)主軸轉速 (B)切削速度 (C)進刀速度 (D)最高轉速限制。

(　　) 74. 工件直徑爲 60mm，切削速度設定爲 180m/min，則主軸之轉速應該用 (A)1000 (B)1200 (C)1500 (D)1800 rpm。

(　　) 75. 以下何者不是螺紋車削指令？ (A) G32 (B) G72 (C) G76 (D) G92。

(　　) 76. 精車削循環指令 G70 P_ Q_；其中 P 和 Q 所代表的意義是 (A)序號 (B)精車削之預留量 (C)進刀速率 (D)退刀距離。

(　　) 77. 切削速度設定指令 G96，最適宜車削 (A)深孔 (B)端面 (C)螺紋 (D)溝槽。

(　　) 78. 粗車削時，以下刀具之角度何者較佳？
(A) 35° (B) 55° (C) 60° (D) 80°。

(　　) 79. 徑向車削量遠大於軸向時，宜選用何種切削循環指令？ (A) G90 (B) G92 (C) G94 (D) G96。

(　　) 80. “G00”指令定位過程中，刀具所經過之路徑爲 (A)直線 (B)曲線 (C)圓弧 (D)連續多段直線。

(　　) 81. 以下語碼，何者可使用小數點？ (A) N (B) O (C) P (D) I。

(　　) 82. 以下語碼，何者不可使用小數點？ (A) X (B) Z (C) N (D) J。

(　　) 83. 小數點以下之數字具有效用之址碼為 (A) M (B) N (C) O (D) P。

(　　) 84. “T0204”指令中，“04”係表示 (A)刀具號碼 4 號 (B)取消 4 號補正 (C)刀具補正號碼 4 號 (D)取消所有刀具補正。

(　　) 85. “G01 U2.0 W-1.0 F0.3；”以上指令，其倒角大小為 (A) 0.5×45 (B) 1×45 (C) 2×45 (D) 3×45 度。

(　　) 86. “G04 P1；”，其中 P 值之單位為 (A) 1 分 (B) 1 秒 (C) 0.1 秒 (D) 0.001 秒。

(　　) 87. 錐度長 40mm，二端直徑分別為 55 和 50mm，則其錐度為 (A) 1/10 (B) 1/8 (C) 1/5 (D) 1/4。

(　　) 88. 車削直徑 400 公厘之心軸，若其切削速度為 250m/min，則其主軸之每分鐘轉速宜選用 (A) 100 (B) 200 (C) 400 (D) 800 rpm。

(　　) 89. 以下切削刀具之材質，何者不適宜作為捨棄式刀具？ (A)被覆碳化鈦 (B)陶瓷 (C)碳化鎢 (D)高速鋼。

(　　) 90. 車削時，未作刀鼻半徑補正，則將影響車削工件之 (A)外徑 (B)長度 (C)孔徑 (D)錐度及圓弧之精度。

(　　) 91. 車削工件外徑時，產生火花現象，主要原因為 (A)車削速度太慢 (B)進刀太快 (C)工件太硬 (D)刀具鈍化。

(　　) 92. 車削面有明顯之震刀痕跡，主要原因是 (A)工件太軟 (B)進刀太慢 (C)工件伸長太長 (D)刀鼻半徑太小。

(　　) 93. 撰寫 CNC 車床程式時，第一步驟為 (A)快速定位 (B)直線車削 (C)定進給率 (D)定刀具原點。

(　　) 94. CNC 車床程式指令 G97 S150 中，S 之指令值表示 (A)周轉速設定 (B)主軸最高轉速 (C)切削速度 (D)主軸每分鐘轉速。

(　　) 95. G04 P500；暫停指令中，P500 係指暫停 (A) 0.5 秒 (B) 5 秒 (C) 500 秒 (D) 0.5 分鐘。

(　　) 96. 同上題，若主軸轉速爲 1200rpm，則暫停期間，主軸旋轉　(A) 5　(B) 10　(C) 15　(D) 20　轉。

(　　) 97. 選擇 3 號刀具，做 2 號補正，指令爲　(A) T0203　(B) T2030　(C) T0302　(D) T3020。

(　　) 98. CNC 車床通常以何種方法車削錐度？　(A)斜度附件　(B)尾座偏置　(C)複式刀座旋轉法　(D)程式控制。

(　　) 99. 下列工作，何者須於程式中設定偏右補正(G42)？　(A)外徑車削　(B)螺紋車削　(C)外錐度車削　(D)車削內孔。

(　　)100. G76 螺紋車削指令，其車削螺紋方法爲　(A)直進法　(B)斜進單邊車削　(C)斜進雙邊車削　(D)直、斜進均可。

(　　)101. G92 螺紋車削單循環指令，車削螺紋之方法爲　(A)直進法　(B)斜進單邊車削　(C)斜進雙邊車削　(D)直、斜進均。

(　　)102. 數控車床程式指令 G96 S120；其中 S 係指示　(A)切削速度　(B)迴轉速　(C)進給速率　(D)時間。

二、程式寫作

1. 文鎮加工，如圖，加工材料—$\phi 40 \times 100$(可作兩件加工成品)，試撰寫其加工程式。

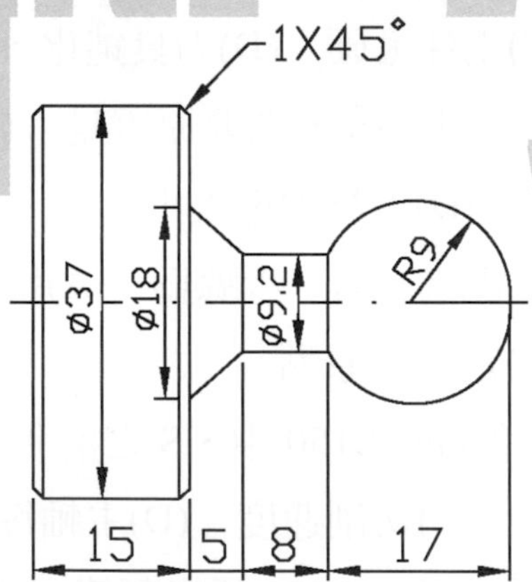

2. 連續圓弧切削之加工程式設計，如圖，試製作其加工程式。

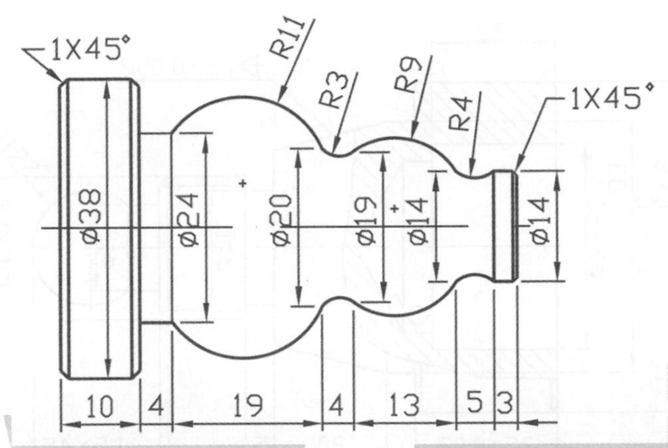

3. CNC 車床丙級技術士檢定試題六，材料 S45C，*ϕ* 65×95*l*，試製作其加工程式。

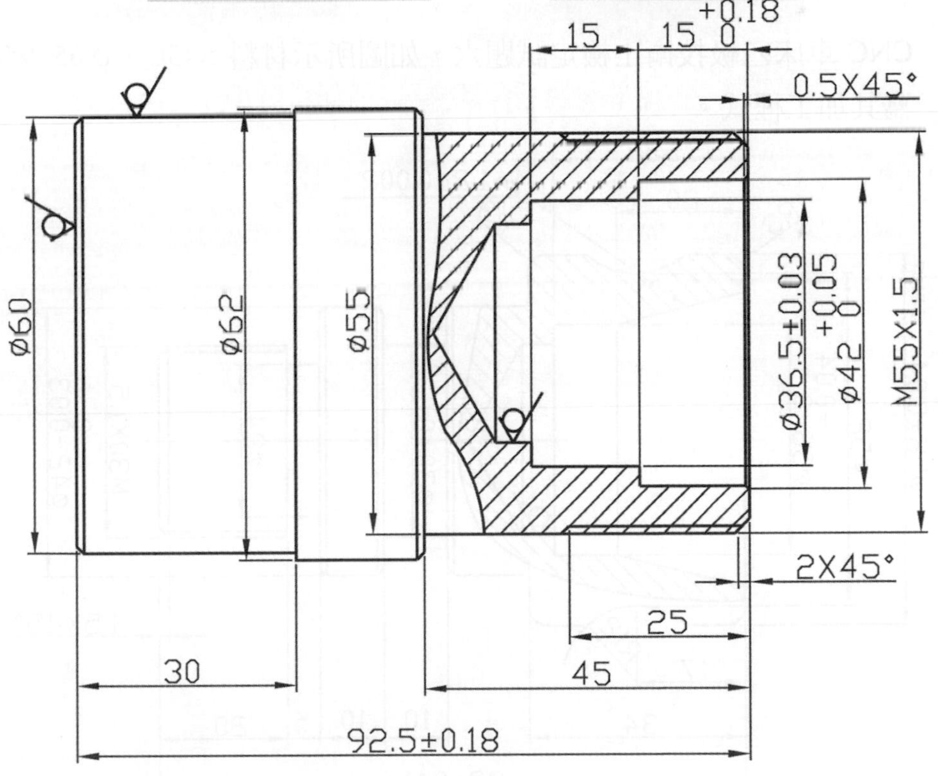

註 未標示尺度之去角為 1×45°。

4. CNC 車床乙級技術士檢定試題五，材料 S45C，ϕ 65×95*l*，如圖，試撰寫其加工程式。

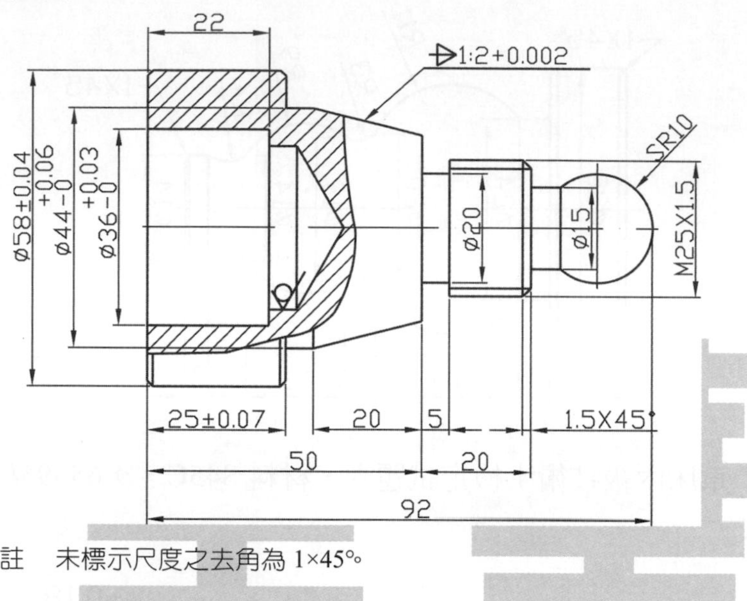

註　未標示尺度之去角為 1×45°。

5. CNC 車床乙級技術士檢定試題六，如圖所示材料 S45C，ϕ 65×95*l*，試撰寫其加工程式。

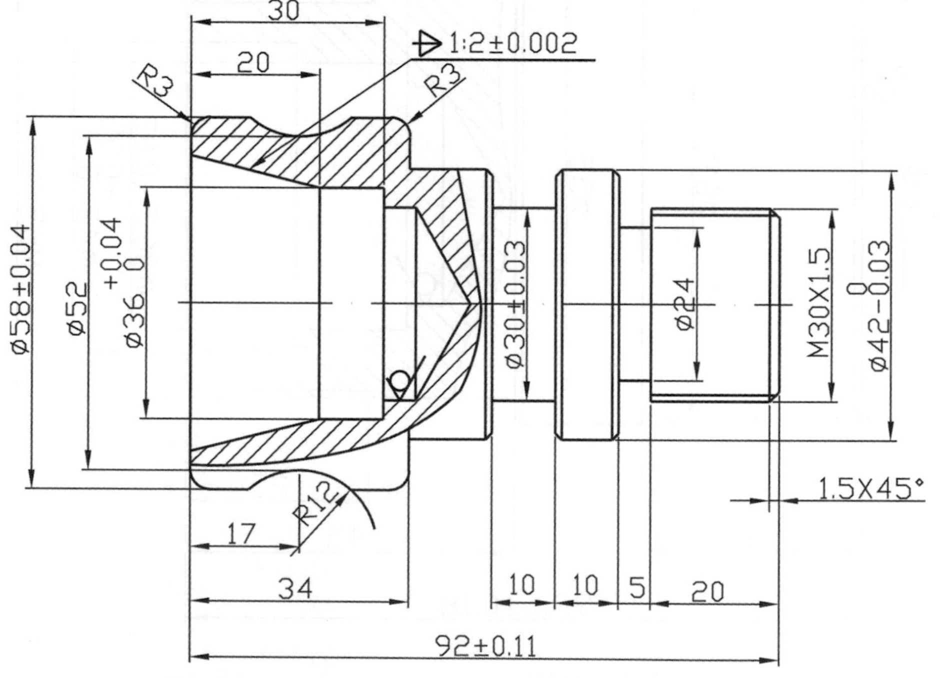

註　未標示尺度之去角為 1×45°。

得 分

數控工具機　　班級：

學後評量　　學號：

CH05　CNC 車床之基本操作　　姓名：

一、選擇題

(　　) 1. 使用精修過之軟爪來夾持工件，以下敘述何者爲非？ (A)同心度較佳 (B)接觸面較佳 (C)可固定夾持工件之長度 (D)適合夾持粗糙之工件表面。

(　　) 2. 夾爪夾持工件之行程，最好爲其最大開、閉行程的 (A) 1/8 (B) 1/4 (C) 1/2 (D) 2 倍。

(　　) 3. 調整油壓夾頭夾持壓力，主要考量因素爲 (A)工件外徑 (B)工件材質 (C)工件長度 (D)切削速度。

(　　) 4. 夾持細小工件，以何種夾具最爲迅速、確實？ (A)雞心 (B)彈簧套筒 (C)三爪夾頭 (D)鑽頭 夾頭。

(　　) 5. K 類材質之車刀刀片中，以 (A) K01 (B) K10 (C) K20 (D) K30 之硬度最高。

(　　) 6. P 類材質之車刀刀片中，以 (A) P01 (B) P10 (C) P20 (D) P30 之韌度最高。

(　　) 7. 模式選擇鈕(MODE)在手動操作(MPG)位置，可作 (A)單節操作 (B)紙帶操作 (C)驅動主軸 (D)記憶操作。

(　　) 8. 以鍵盤方式輸入程式指令時，模式選擇(MODE)鈕應置於 (A) MPG (B) EDIT (C) AUTO (D) JOG 之位置。

(　　) 9. 手動輸入單節資料時，模式選擇鈕(MODE)應置於 (A) AUTO (B) MDI (C) MPG (D) JOG 之位置。

(　　) 10. POS 按鍵之意義爲　(A)位置座標　(B)重新設定　(C)參數內容　(D)警示訊號。

(　　) 11. OFFSET 鍵之意義爲　(A)位置座標　(B)刀具補正　(C)重新設定　(D)參數資料。

(　　) 12. 消除警告狀態之按鍵爲　(A) CAN　(B) RESET　(C) DELETE　(D)ALTER。

(　　) 13. 消除輸入緩衝器內之字元須按鍵　(A) CAN　(B) RESET　(C) DELETE　(D) ALTER。

(　　) 14. ABSOLUTE 顯示之座標位置，係爲　(A)絕對　(B)相對　(C)工件　(D)機械　座標。

(　　) 15. 工作程式編輯時，欲插入語碼，應選　(A) INSERT　(B) ALTER　(C) INPUT　(D) DELETE。

(　　) 16. 粗車削時，以下刀具之角度何者較佳？
(A) 35°　(B) 55°　(C) 60°　(D) 80°。

(　　) 17. 以下切削刀具之材質，何者不適宜作爲捨棄式刀具？　(A)被覆氮化鈦　(B)陶瓷　(C)碳化鎢　(D)高速鋼。

(　　) 18. 車削工件外徑時，產生火花現象，主要原因爲　(A)車削速度太慢　(B)進刀太快　(C)工件太硬　(D)刀具鈍化。

(　　) 19. 車削面有明顯之震刀痕跡時，主要原因是　(A)工作太軟　(B)進刀太慢　(C)工件伸長太長　(D)刀鼻半徑太小。

(　　) 20. 數控機械之導螺桿爲　(A)方牙螺桿　(B)愛克姆螺桿　(C)圓形螺桿　(D)滾珠螺桿。

二、問答題

1. 試簡述 CNC 車床之種類？
2. CNC 車床之規格通常如何表示？

3. 請簡單說明 CNC 車床刀具之種類與規格？
4. CNC 車床工作，工件之夾持方法有哪些？
5. CNC 車床工作，刀具選用之原則爲何？
6. 請扼要說明機械操作面盤上“AUTO”，“EDIT”，“MDI”等按鍵之功能？
7. 試簡述控制面盤之操作程序？
8. 試述工件夾持之步驟與注意事項？
9. 請簡述刀具設定之方式與步驟？
10. 程式原點設定之方式有哪些？請扼要說明？

得 分

全華圖書(版權所有，翻印必究)

數控工具機 班級：

學後評量 學號：

CH06 CNC 銑床工作程式製作 姓名：

一、選擇題

( ) 1. 下列有關增量值座標系統之敘述，何者有誤？ (A)工件外形複雜時使用 (B)工件呈階梯形狀時採用 (C)工件呈對稱形狀時使用 (D)易造成誤差之累積。

( ) 2. CNC 銑床之進給單位通常設定為 (A) mm/min (B) mm/rev (C) rps (D) rpm。

( ) 3. 工件座標系統以 G10 L2 P(n) X___Y___Z___；單節指令選擇時，其中 n 值為 3，則表示 (A) G54 (B) G55 (C) G56 (D) G57 工作座標系統。

( ) 4. 公(英)制單位設定改變時，則下列何種數據須隨之改變？ (A)切削進給率 (B)半徑補正值 (C)增量進給之移動距離 (D)以上皆是。

( ) 5. G27 機械原點復歸檢測指令，格式為 G27 X___Y___Z___；其中 X、Y、Z 之座標係指 (A)機械原點座標 (B)中間點座標 (C)程式原點座標 (D)設定點之座標。

( ) 6. G29 X___Y___Z___；從機械原點自動復歸指令，其中 X、Y、Z 之座標係指 (A)機械原點座標 (B)中間點座標 (C)程式原點座標 (D)復歸點之座標。

( ) 7. G17 G41 G01 X___Y___D___；單節指令中，那一軸向不具補正功能 (A) X (B) Y (C) Z (D)三軸同時補正。

( ) 8. G43 G01 Z–20.0 H01 F150；單節指令中，其刀尖於 Z 軸之實際位置為？(設 H01 = –5.0) (A) – 25.0 (B) – 15.0 (C) – 20.0 (D) – 30.0。

(　　) 9. G91　G47　G01　X–30.0　D02；單節指令中，設 D02= –5.0，則刀具於 X 軸之實際位移為　(A) – 20.0　(B) – 25.0　(C) – 35.0　(D) – 40.0。

(　　) 10. G91　G48　G01　X–30.0　D02；單節指令中，設 D02= –5.0，則刀具於 X 軸之實際位移為　(A) – 20.0　(B) – 25.0　(C) – 35.0　(D) – 40.0。

(　　) 11. 應用 G45～G48 指令銑削圓弧時，以下何種圓弧無法一次銑削完成　(A) 1/4 圓　(B) 1/2 圓　(C) 3/4 圓　(D)以上均可。

(　　) 12. 固定循環指令中之 Q 值，於以下何種指令單節中係用於表示切削深度？(A) G73　(B) G76　(C) G87　(D)以上皆非。

(　　) 13. G84 右旋牙攻絲循環中，若主軸正轉 300rpm，螺牙節距為 2mm，則進給速率 F 應為　(A) 150　(B) 300　(C) 600　(D) 800　mm/min。

(　　) 14. 固定循環指令單節中，唯一不可使用 G99(回復參考點)指令之機能為　(A) G74　(B) G76　(C) G85　(D) G87　循環指令。

(　　) 15. 所謂"平面座標系統"是指　(A)二軸向座標系統　(B)三軸向座標系統　(C)立體座標系統　(D)旋轉軸座標系統。

(　　) 16. "立體座標系統"係指　(A)二軸向座標系統　(B)平面座標系統　(C)三軸向座標系統　(D)旋轉軸座標系統。

(　　) 17. 工件之外形呈　(A)階梯狀　(B)複雜曲線　(C)對稱形狀　(D)以上皆可則以絕對值指令撰寫程式，較為適宜。

(　　) 18. 數控工具機之心軸方向，通常設定為　(A) X 軸　(B) Y 軸　(C) Z 軸　(D)不一定。

(　　) 19. 數控銑床為　(A) X、Y 軸　(B) Y、Z 軸　(C) Z、X 軸　(D) X、Y、Z 三軸　自動控制之工作母機。

(　　) 20. 工件外形呈　(A)階梯狀　(B)複雜曲線　(C)對稱形狀　(D)以上均可時，以增量值編輯程式，較為適宜。

(　　) 21. 機械鎖定(MACHINE LOCK)時　(A)程式鎖定，不得修改　(B)機械不動，程式執行　(C)程式、機械均鎖定　(D)電源切斷機械須重新啓動。

(　　) 22. G17　G02　X___Y___R___Z___F___；程式中，執行直線切削之軸向爲　(A) X 軸　(B) Y 軸　(C) Z 軸　(D) A 軸。

(　　) 23. G91 與 G90 指令之使用，差別在於　(A)無差別　(B)累積誤差　(C)座標之尋找較爲方便　(D)加工精確度較高。

(　　) 24. CNC 銑床執行手動換刀時，以何種指令執行 Z 軸原點復歸較爲方便　(A) G27　(B) G28　(C) G29　(D) G30。

(　　) 25. CNC 銑床編輯加工程式時，不須使用　(A) INSERT　(B) ALTER　(C) DELETE　(D) INPUT　程式。

(　　) 26. 主軸轉速 S=200 rpm，使用 G84 指令攻牙 M8×1.25 時，進刀 F 值爲　(A) 1.25　(B) 200　(C) 250　(D) 300。

(　　) 27. 銑削半徑爲 R 之圓弧時，以下敘述何者爲非　(A)圓心角小於 180°時，R 值爲正　(B)圓心角等於 180°時，R 值爲正　(C)圓心角大於 180°時，R 值爲負　(D)R 值之正、負號，與圓心角無關。

(　　) 28. 以 G41 D02；指令銑削工件外形尺寸，經測量後若工件外形尺寸大於圖面尺寸，則應修改　(A) G41 爲 G42　(B)增加 D02 之補正量　(C)減少 D02 之補正量　(D)與補正值無關。

(　　) 29. 取消固定循環指令如 G73，G74，G76...，應採用　(A) G40　(B) G49　(C) G80　(D) G89。

(　　) 30. 程式指令 G09，G61 之功用爲　(A)單節刪除　(B)進給停止　(C)跳越切削　(D)確實停止指令。

(　　) 31. M07 與 M08 指令之差別在於　(A)切削劑之種類　(B)切削劑之供給方式　(C)主軸之轉向　(D)進給之快慢。

(　　) 32. 以下何種指令，於切削過程中會執行主軸定位停止(M19)之動作　(A) G81　(B) G82　(C) G74　(D) G76。

(　　) 33. 以下何種指令，爲啓動電源時，系統內定之狀態？　(A) G90　(B) G91　(C) G98　(D) G99。

(　　) 34. 設定 ZX 平面，須選擇指令　(A) G17　(B) G18　(C) G19　(D) G20。

(　　) 35. G04 暫停指令之最大指令值爲　(A) 9999.999 秒　(B) 999.999 秒　(C) 99.999 秒　(D) 9.999 秒。

(　　) 36. 下列關於 G84 右螺旋攻牙循環之敘述，何者錯誤？　(A)刀具加工至孔底時反轉　(B)退至 R 點，主軸恢復原來轉向　(C) F 值單位爲 mm/rev　(D) F 值單位爲 mm/min。

(　　) 37. G91　G28　X___Y___Z___；程式中 X、Y、Z 值爲　(A)程式原點　(B)機械原點　(C)中間點　(D)參考點。

(　　) 38. G90　M98　P03　L4；呼叫副程式指令，其中執行次數是用那一個指令？　(A) G90　(B) M98　(C) P03　(D) L4。

(　　) 39. G44 指令是　(A)刀具半徑補正　(B)刀具長度正向補正　(C)刀具長度負向補正　(D)刀具長度補正取消。

(　　) 40. 銑削速度 V=200m/min，若銑刀直徑爲 75mm，則 rpm 應爲　(A) 680　(B) 850　(C) 980　(D) 1050。

(　　) 41. 銑削 ZX 平面之圓弧，須使用指令　(A) G17　(B) G18　(C) G19　(D) G20。

(　　) 42. 程式 G91　G01　G45　X8.0　F80　D01；若 D01 值爲–5.0mm，則實際位移爲　(A) –3mm　(B) 3mm　(C) 13mm　(D) –13mm。

(　　) 43. 使用 G20，G21 轉換單位後，下列何者不受影響？　(A)進給率　(B)各種補正值　(C)手動脈衝產生器(MPG)之單位　(D)迴轉速。

(　　) 44. 面銑刀有 10 片刀刃，若主軸轉速爲 100rpm，工件移動速率爲 10mm/sec，則每一刀齒之進給率爲　(A) 0.6 mm/齒　(B) 1.2 mm/齒　(C) 2.4 mm/齒　(D) 3.6 mm/齒。

(　　) 45. 刀具交換之指令爲　(A) T06　(B) G06　(C) M06　(D) T0101。

(　　) 46. 下列何種指令，非鑽孔循環程式所必須之設定？　(A)座標系統設定　(B)復歸點設定　(C)指定固定循環指令　(D)輔助機能。

( ) 47. 程式指令 G87 X___Y___R___Z___Q___F___；係用於 (A)粗搪孔 (B)精搪孔 (C)啄鑽 (D)背(BACK)搪孔 循環。

( ) 48. 銑削如ϕ100 之大孔，爲使圓弧光滑平順，通常於程式中 (A)加入引導圓弧 (B)加入引導直線 (C)於圓弧內側鑽孔 (D)於圓弧起點加入G04 指令。

( ) 49. 程式 G18 G02 X___Y___Z___I 20.0 F___；加工之結果爲 (A) ϕ40 圓 (B) ϕ20 圓 (C)螺旋 (D)直線。

( ) 50. 銑削圓弧之圓心角若大於 180 時，圓弧半徑 R 值應爲 (A)正值 (B)負值 (C)正負值均可 (D)不可用 R 值。

( ) 51. 銑床加工，於何種狀況下，應降低切削速度？ (A)精加工時 (B)切刃已磨損 (C)不考慮刀具壽命 (D)被削材料較軟時。

( ) 52. 銑削速度常用之單爲位 (A) mm/rev (B) rev/min (C) m/min (D) mm/min。

( ) 53. 執行刀具半徑補正切削時，首先要設定 (A)工作座標 (B)極座標 (C)加工平面 (D)機械原點。

( ) 54. 銑刀直徑 10mm，轉速 800rpm，則銑削速度約爲多少 m/min？ (A) 20 (B) 25 (C) 30 (D) 35。

( ) 55. 銑刀直徑ϕ 120mm，銑削鑄鐵，切削速度爲 120m/min，則主軸轉速約爲 (A) 250rpm (B) 300rpm (C) 320rpm (D) 360rpm。

( ) 56. ϕ 12 端銑刀，不適合銑削 (A) R6 外圓角 (B) R6 內圓角 (C) R5 外圓角 (D) R5 內圓角。

( ) 57. 撰寫 CNC 程式時，一般均假設 (A)刀具不動，工作移動 (B)工件不動，刀具移動 (C)工件、刀具均不動 (D)工件、刀具均移動。

( ) 58. 若 G41 指令之補正量輸入負值，則其刀具路徑 (A)不補正 (B)偏左補正 (C)偏右補正 (D)補正取消。

( ) 59. 欲於銑削過程中，抽樣檢測工件尺寸，採用何種方式較爲適宜？ (A)加入 G04 指令 (B)使用 G09 指令 (C)使用 M00 指令 (D)使用 M01 指令。

( ) 60. 銑削加工進行時，若 X 軸進給率爲 40 mm/min，Y 軸進給原爲 30 mm/min，則斜線銑削時(X、Y 軸同時加工)之進給率爲 (A) 30 (B) 40 (C) 50 (D) 60 mm/min。

( ) 61. 表示程式結束之指令爲 (A) M00 (B) M01 (C) M02 (D) M03。

( ) 62. 下列何者爲刀具補正指令 (A) G41 (B) G43 (C) G45 (D)以上皆是。

( ) 63. 圓弧切削指令 G02 X___Y___R–20.0；表示圓弧中心角 (A)大於 180° (B)等於 180° (C)小於 180° (D)小於 90°。

( ) 64. 程式指令中輔助機能以英文字母 (A) T (B) S (C) M (D) F 表示之。

( ) 65. G04 P500；表示暫停 (A) 0.5 秒 (B) 5 秒 (C) 50 秒 (D) 500 秒。

( ) 66. G04 P500；若此時主軸轉速爲 1200rpm，則暫停時間內，主軸共旋轉 (A) 5 轉 (B) 10 轉 (C) 20 轉 (D) 50 轉。

( ) 67. 以下何種指令表示程式結束，記憶還原？ (A) M00 (B) M01 (C) M02 (D) M30。

( ) 68. 刀具半徑補正取消指令爲 (A) G40 (B) G49 (C) G80 (D) G99。

( ) 69. 刀具長度補正取消指令爲 (A) G40 (B) G49 (C) G80 (D) G99。

( ) 70. 鑽孔循環取消指令爲 (A) G40 (B) G49 (C) G80 (D) G99。

( ) 71. 下列關於“G00”指令之敘述，何者正確？ (A)路徑爲一直線 (B)進給速率以“F”値設定 (C)移動路徑依座標而定 (D)進給速率依座標位置而定。

( ) 72. G91 G43 G00 Z10.0 H31；若 H31= –180.0 則刀具於 Z 軸之實際移動距離爲 (A) –180 (B) –170 (C) 170 (D) 180。

( ) 73. 程式 G90 G99 G73 X___Y___R___Z___Q___F___；其 R 值爲 (A)R 點至加工之孔底距離 (B)開始進行 F 值進刀之位置 (C)孔底之 Z 軸座標 (D)視狀況而定。

(　　) 74. 同上題，其 Z 軸為 (A) R 點至加工孔底之距離 (B)開始 F 值進刀之位置 (C)孔底之 Z 軸座標 (D)視狀況而定。

(　　) 75. 以下何種指令，於加工過程中，將會執行主軸定位停止(M19)的動作 (A) G73 (B) G76 (C) G83 (D) G86。

(　　) 76. 孔徑 29.80mm，如欲搪孔至 30.00mm，則搪孔刀應向外調整多少 mm？ (A) 0.1mm (B) 0.2mm (C) 0.3mm (D) 0.4mm。

(　　) 77. 銑削工件，斜度 1/5，長度為 50mm，若大端尺寸為 35mm，則小端尺寸為 (A) 15mm (B) 20mm (C) 25mm (D) 30mm。

(　　) 78. 工作座標系統以 G10 L2 P(n) X__Y__Z__；單節指令選擇時，其中 n 值為 3，則表示 (A) G54 (B) G55 (C) G56 (D) G57 工作座標系統。

(　　) 79. 公(英)制單位設定改變時，下列何種數據須隨之改變？ (A)切削進給率 (B)半徑補正值 (C)增量進給之距離 (D)以上皆是。

(　　) 80. G27 X___Y___Z___；機械原點復歸檢測指令，其中 X、Y、Z 之座標係指 (A)機械原點座標 (B)中間點座標 (C)程式原點座標 (D)設定點之座標。

(　　) 81. G29 X___Y___Z___；從機械原點自動復歸指令，其中 X、Y、Z 之座標係指 (A)機械原點座標 (B)中間點座標 (C)程式原點座標 (D)復歸點之座標。

(　　) 82. G17 G41 G01 X___Y___Z___D___F___；單節指令中，那一軸向不具補正功能？ (A) X (B) Y (C) Z (D)三軸同時補正。

(　　) 83. G43 G01 Z-20.0 H01 F150；設 H01= –5.0，則單節指令中，其刀尖於 Z 軸之實際位置為？ (A) –25.0 (B) –20.0 (C) –15.0 (D) –30.0 mm。

(　　) 84. G91 G47 G01 X–30.0 D02 F80；單節指令中，設 D02= –5.0，則刀具於 X 軸之實際位移為 (A) –20.0 (B) –25.0 (C) –35.0 (D) –40.0 mm。

(　　) 85. G91 G48 G01 Y–30.0 D02 F80；單節指令中，設 D02= –5.0，則刀具於 Y 軸之實際位移為 (A) –20.0 (B) –25.0 (C) –35.0 (D) –40.0 mm。

(　　) 86. 應用 G45~G48 指令銑削圓弧時，以下何種圓弧無法一次銑削完成？
(A) $\frac{1}{4}$圓　(B) $\frac{1}{2}$圓　(C) $\frac{3}{4}$圓　(D)以上皆可。

(　　) 87. 固定循環指令中之 Q 值，於以下何種指令單節中係用於表示切削深度？
(A) G73　(B) G76　(C) G87　(D) G89。

(　　) 88. G84 右旋牙攻絲循環中，若主軸正轉 300rpm，螺牙節距為 2mm，則進給速度 F 應為　(A) 150　(B) 300　(C) 600　(D) 800　mm/min。

(　　) 89. 固定循環指令中，唯一不可使用 G99(回復參考點)指令之機能為
(A) G74　(B) G76　(C) G85　(D) G87　循環指令。

二、程式撰寫：試寫出下列工件之加工程式

1.　副程式與外形輪廓切削之綜合應用

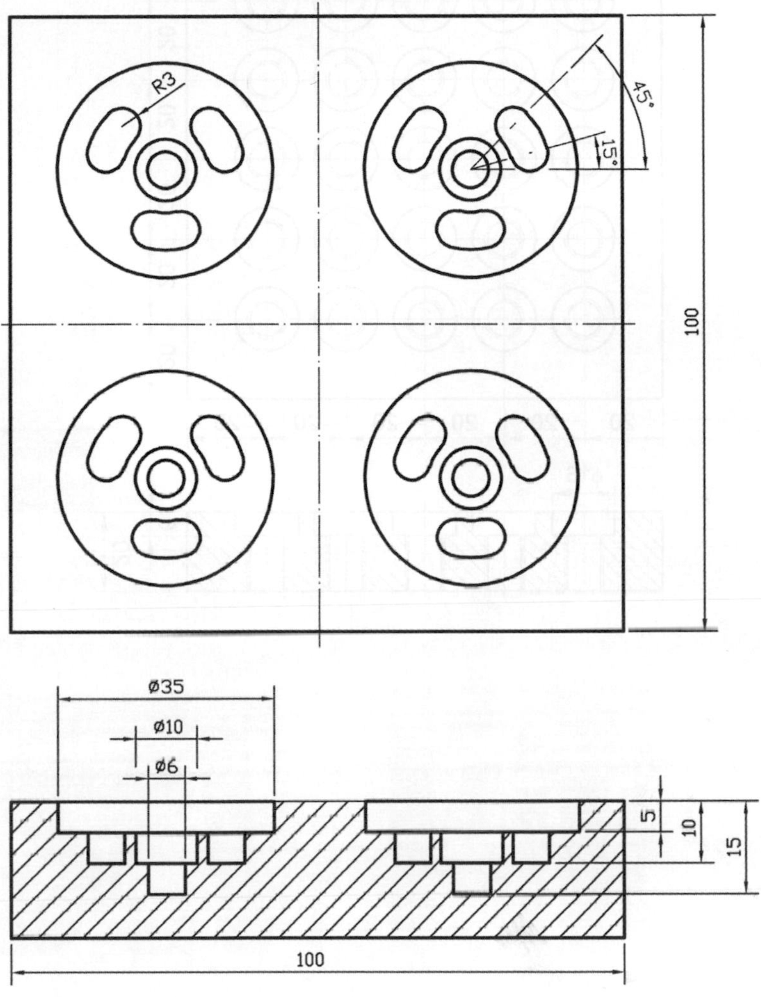

2. 副程式與循環指令綜合練習

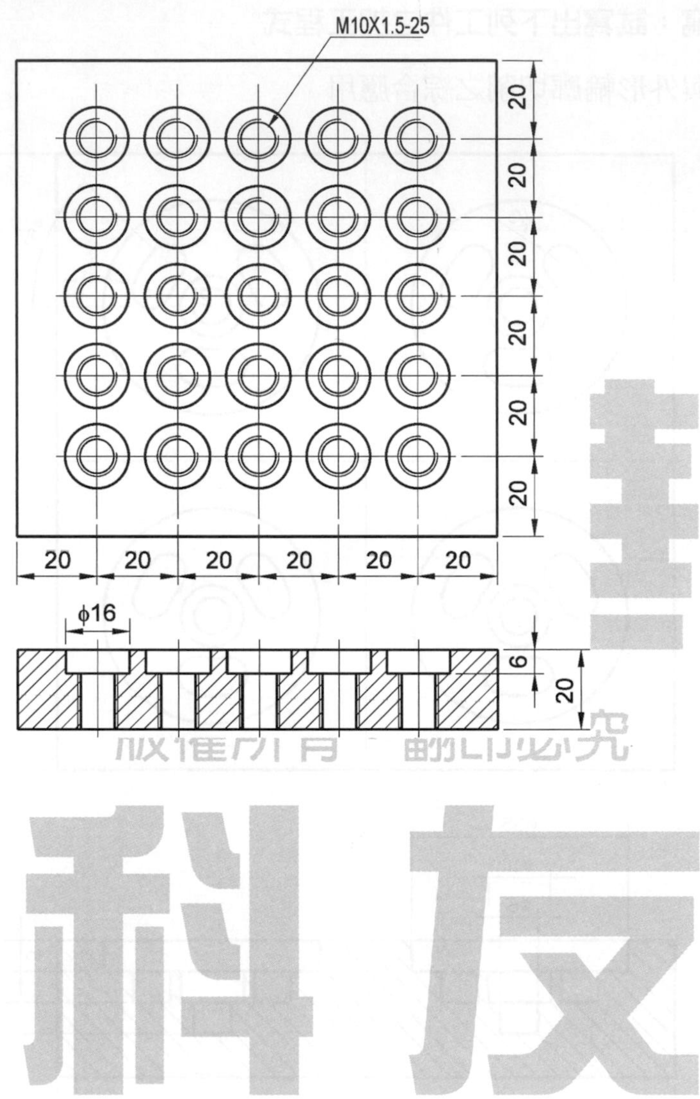

3.　外形輪廓切削與 2.5D 副程式綜合練習

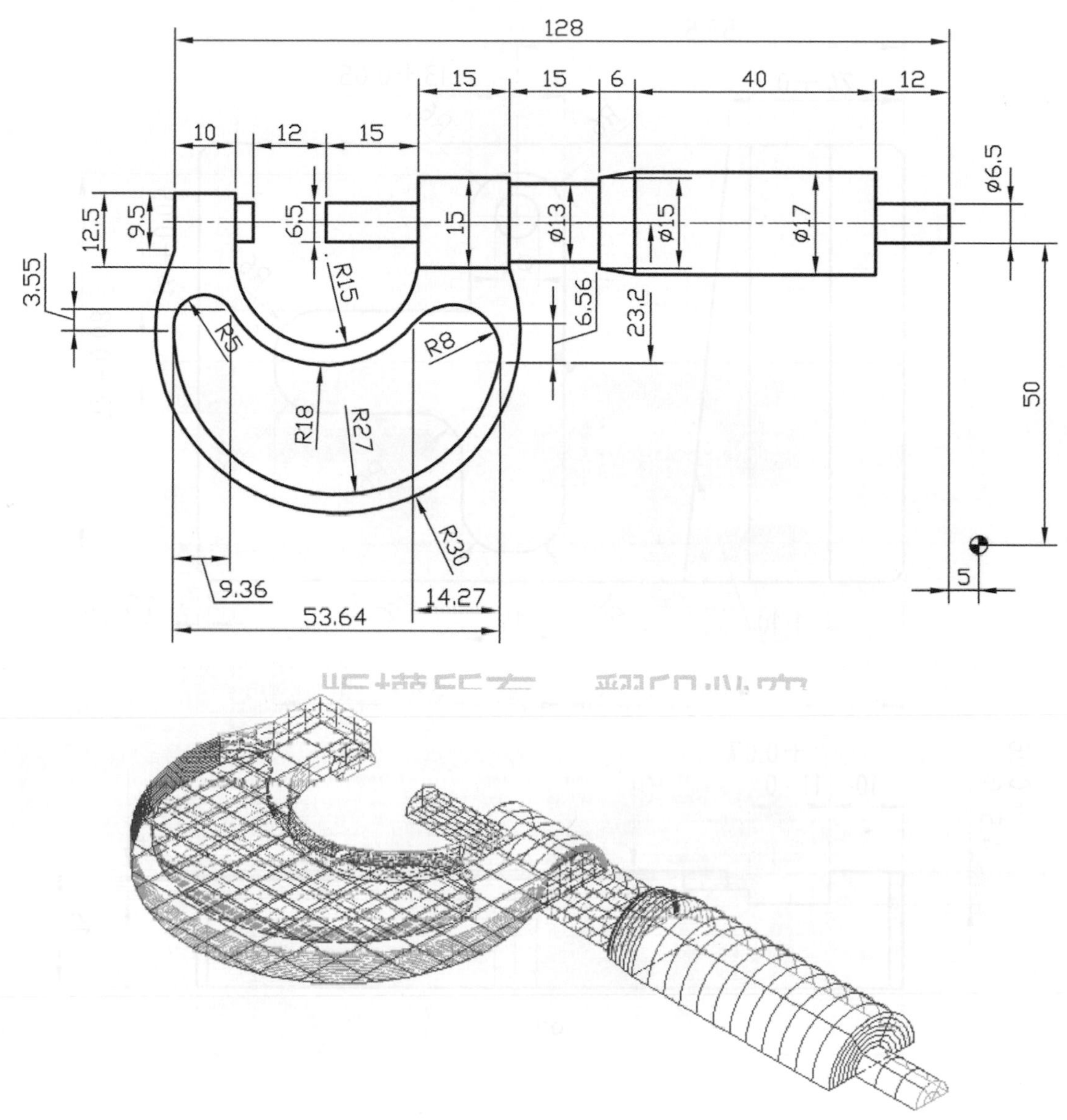

4.　綜合切削練習一

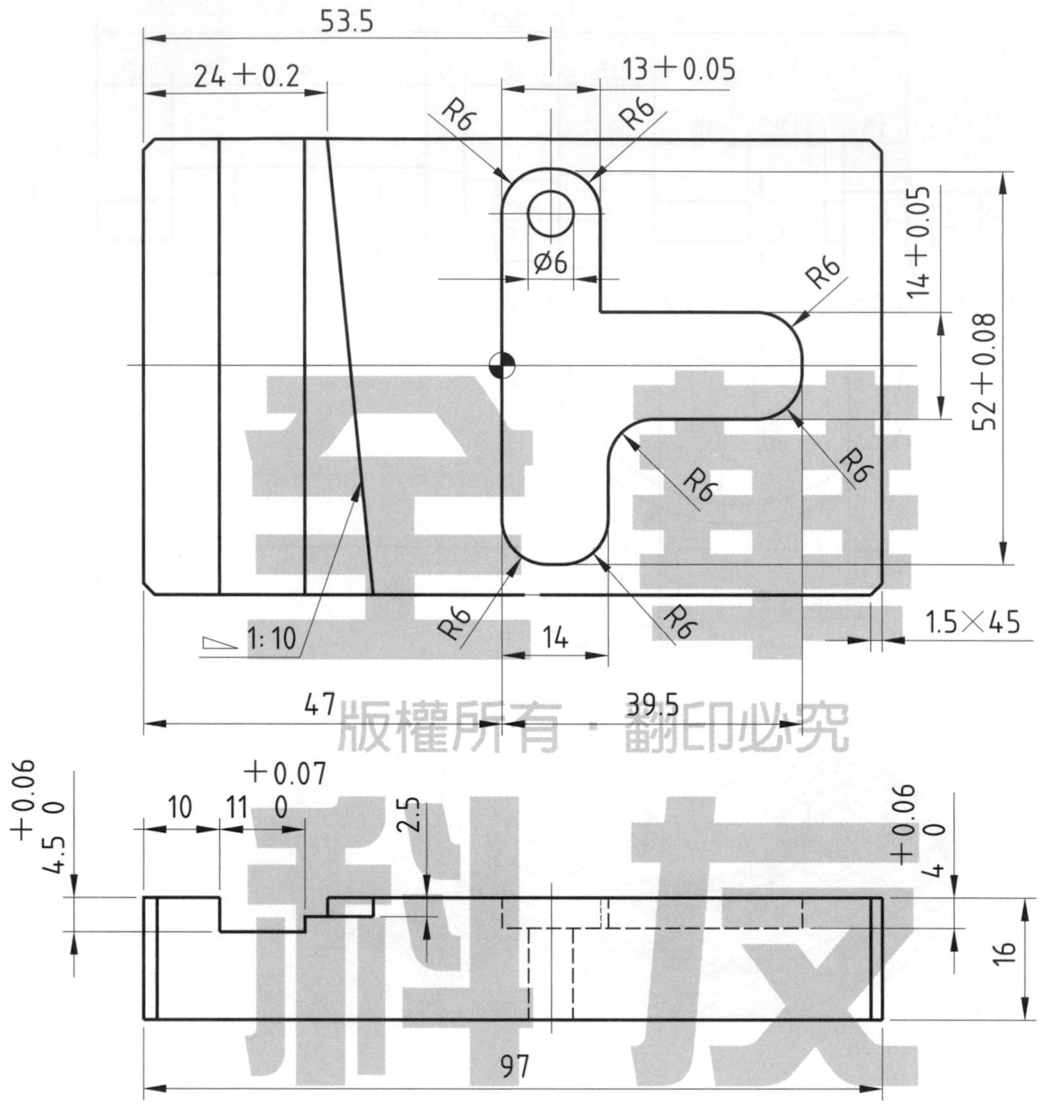
53.5
24＋0.2
13＋0.05
R6
R6
Ø6
R6
14＋0.05
52＋0.08
R6
R6
R6
R6
1.5×45
1:10
14
47
39.5
+0.07
0
10
11
2.5
+0.06
0
4.5
+0.06
0
4
16
97

5. 綜合切削練習二

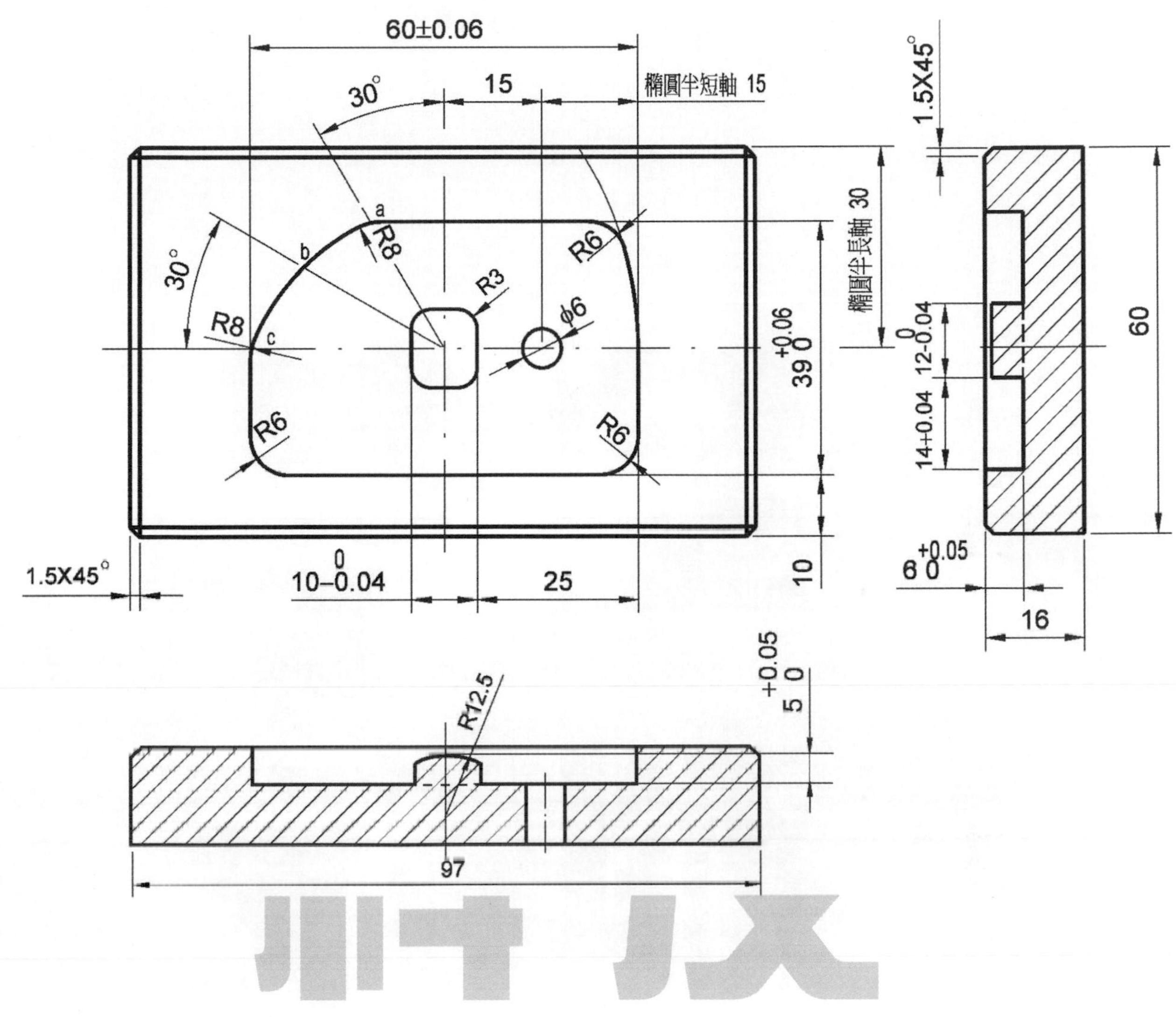

60±0.06
15
30°
橢圓半短軸 15
1.5X45°
a
R8
b
R6
30°
R3
橢圓半長軸 30
R8
c
ϕ6
+0.06 39 0
0 12-0.04
60
R6
R6
14+0.04
1.5X45°
0 10-0.04
25
10
+0.05 6 0
16
+0.05 5 0
R12.5
97

得 分

全華圖書（版權所有，翻印必究）

數控工具機　　　　班級：

學後評量　　　　學號：

CH07　CNC 銑床之基本操作　　　　姓名：

一、選擇題

(　　) 1. 手動單節操作(MDI)，每次可輸入多少單節之指令？ (A) 1 (B) 2 (C) 3 (D)許多。

(　　) 2. 夾持薄形工件，使用何種夾具較佳？ (A)虎鉗，平行塊 (B)轉盤，虎鉗，平行塊 (C)虎鉗，平行塊及壓楔 (D)虎鉗即可。

(　　) 3. C 型夾宜配合下列何者以夾持工件？ (A)壓板 (B) V 型枕 (C)塊規 (D)角板。

(　　) 4. 以下何者正確？ (A)工件應盡可能凸出虎鉗鉗口上面 (B)工作露出鉗口部份應盡量減少 (C)夾持工件不需去除毛邊 (D)爲達到良好平行度，工件下方可不墊平行塊。

(　　) 5. 校正虎鉗之器具爲 (A)高度規 (B)游標卡尺 (C)量表 (D)分厘卡。

(　　) 6. 以壓板固定工件時，壓板螺栓之位置應靠近 (A)中央處 (B)頂塊 (C)工件 (D)任意位置。

(　　) 7. V 型枕通常用於夾持下列何種形狀之工件？ (A)圓棒 (B)圓錐 (C)六角柱 (D)不規則形狀。

(　　) 8. 形狀複雜，體積較大之工件一般都 (A)直接夾持於床台上 (B)用虎鉗夾持 (C)工件本身夠重不需夾持 (D)銲在床台上。

(　　) 9. 銑床虎鉗配合圓棒夾持粗胚工件時，圓棒之材質以 (A)黃銅 (B)鑄鐵 (C)碳鋼 (D)不鏽鋼 較佳。

(　　) 10. 以下何者可用以夾持虎鉗？ (A)壓板 (B)固定塊 (C) T 型螺栓 (D)銑刀心軸。

(　　) 11. 下列何者，非夾持工件所要考慮之項目？ (A)夾持穩固 (B)工件硬度 (C)工件定位 (D)工件之變形。

(　　) 12. 校正夾持於虎鉗上之粗胚鑄件所用之量具，以下何者最爲適宜？ (A)量表 (B)塊規 (C)直角板 (D)劃線台。

(　　) 13. 銑床虎鉗安裝於立式 CNC 銑床上，應先校正 (A)鉗口平行度 (B)鉗口垂直度 (C)鉗口底面平面度 (D)鉗口側面與虎鉗底面之垂直度。

(　　) 14. 校正固定於虎鉗上工件之位置，可用 (A)鋼質手鎚 (B)橡膠鎚 (C)鐵塊 (D)游標卡尺 敲打。

(　　) 15. 銑削圓柱工件，以虎鉗夾持時宜配合 (A) V 枕 (B)平行塊 (C)塊規 (D)圓棒。

(　　) 16. 工作應盡可能夾持於虎鉗鉗口之 (A)右方 (B)左方 (C)中央 (D)任意位置。

(　　) 17. 用於精銑削之端銑刀，應選用 (A) 2 刃 (B) 3 刃 (C) 4 刃 (D) 5 刃。

(　　) 18. 錐柄鉸刀之錐度常用 (A)莫氏 (B)白氏 (C)加諾 (D)銑床標準錐度。

(　　) 19. 銑刀刀柄之標準錐度爲 (A) 1/4 (B) 1/5 (C) 1/6 (D) 7/24。

(　　) 20. 螺旋刃端銑刀之排屑效果直刃端銑刀 (A)較差 (B)較好 (C)一樣 (D)不一定。

(　　) 21. 機器操作完畢後，床台床鞍之位置，應位於機器之 (A)右邊 (B)左邊 (C)中央 (D)任意位置 較爲適宜。

(　　) 22. 一般端銑刀直徑 20mm 以下之柄爲 (A)直柄 (B)莫氏錐柄 (C)白氏錐柄 (D)銑床標準錐度。

(　　) 23. 銑削 2 次元斜面時，一般選用之銑刀爲 (A)端銑刀 (B)球銑刀 (C)側銑刀 (D)成形銑刀。

(　　) 24. 適宜重切削加工之端銑刀不應爲 (A)較多刀刃數 (B)較少刀刃數 (C)較大螺旋角 (D)較大直徑。

(　　) 25. 於圓柱工件上銑削方鍵座應選用　(A)面銑刀　(B)端銑刀　(C)球銑刀　(D)鳩尾銑刀。

二、問答題

1. CNC 銑床常用之切削刀具有哪些？
2. 請說明 CNC 銑床之控制面盤上，“編輯”(EDIT)、“自動執行”(AUTO)與“啓動”(CYCLE START)之功能。
3. CNC 銑床換刀系統(ATC)故障時，如何排除？
4. 請扼要說明機械控制面盤之操作程序。
5. 試述加工程式之模擬與試車之程序。
6. CNC 銑床加工，工件之夾持方式有哪幾種？
7. CNC 銑床，刀具長度補正，如何設定？
8. CNC 銑床，程式原點，如何設定？
9. 請說明操作 CNC 銑床之安全注意事項。

歡迎加入 全華會員

● 會員獨享

會員享購書折扣、紅利積點、生日禮金、不定期優惠活動…等。

● 如何加入會員

掃 QRcode 或填妥讀者回函卡直接傳真（02）2262-0900 或寄回，將由專人協助登入會員資料，待收到 E-MAIL 通知後即可成為會員。

如何購買 全華書籍

1. 網路購書

全華網路書店「http://www.opentech.com.tw」，加入會員購書更便利，並享有紅利積點回饋等各式優惠。

2. 實體門市

歡迎至全華門市（新北市土城區忠義路 21 號）或各大書局選購。

3. 來電訂購

(1) 訂購專線：(02) 2262-5666 轉 321-324
(2) 傳真專線：(02) 6637-3696
(3) 郵局劃撥（帳號：0100836-1　戶名：全華圖書股份有限公司）
※ 購書未滿 990 元者，酌收運費 80 元。

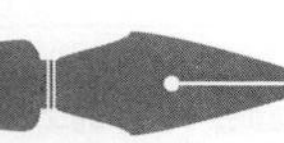

全華網路書店 www.opentech.com.tw
E-mail: service@chwa.com.tw

※ 本會員制如有變更則以最新修訂制度為準，造成不便請見諒。

廣　告　回　信
板橋郵局登記證
板橋廣字第540號

行銷企劃部　收

23671 新北市土城區忠義路 21 號
全華圖書股份有限公司

（請由此線剪下）

讀者回函卡

掃 QRcode 線上填寫 ▶▶▶

姓名：＿＿＿＿＿＿ 生日：西元＿＿＿＿年＿＿＿月＿＿＿日 性別：□男 □女

電話：（ ）＿＿＿＿＿＿ 手機：＿＿＿＿＿＿

e-mail：（必填）＿＿＿＿＿＿

註：數字零，請用 Φ 表示，數字 1 與英文 L 請另註明並書寫端正，謝謝。

通訊處：□□□□□＿＿＿＿＿＿

學歷：□高中・職 □專科 □大學 □碩士 □博士

職業：□工程師 □教師 □學生 □軍・公 □其他

學校／公司：＿＿＿＿＿＿ 科系／部門：＿＿＿＿＿＿

・需求書類：

□ A. 電子 □ B. 電機 □ C. 資訊 □ D. 機械 □ E. 汽車 □ F. 工管 □ G. 土木 □ H. 化工 □ I. 設計

□ J. 商管 □ K. 日文 □ L. 美容 □ M. 休閒 □ N. 餐飲 □ O. 其他

・本次購買圖書為：＿＿＿＿＿＿ 書號：＿＿＿＿＿＿

・您對本書的評價：

封面設計：□非常滿意 □滿意 □尚可 □需改善，請說明＿＿＿＿＿＿

內容表達：□非常滿意 □滿意 □尚可 □需改善，請說明＿＿＿＿＿＿

版面編排：□非常滿意 □滿意 □尚可 □需改善，請說明＿＿＿＿＿＿

印刷品質：□非常滿意 □滿意 □尚可 □需改善，請說明＿＿＿＿＿＿

書籍定價：□非常滿意 □滿意 □尚可 □需改善，請說明＿＿＿＿＿＿

整體評價：請說明＿＿＿＿＿＿

・您在何處購買本書？

□書局 □網路書店 □書展 □團購 □其他＿＿＿＿＿＿

・您購買本書的原因？（可複選）

□個人需要 □公司採購 □親友推薦 □老師指定用書 □其他＿＿＿＿＿＿

・您希望全華以何種方式提供出版訊息及特惠活動？

□電子報 □ DM □廣告（媒體名稱＿＿＿＿＿＿）

・您是否上過全華網路書店？（www.opentech.com.tw）

□是 □否 您的建議＿＿＿＿＿＿

・您希望全華出版哪方面書籍？＿＿＿＿＿＿

・您希望全華加強哪些服務？＿＿＿＿＿＿

感謝您提供寶貴意見，全華將秉持服務的熱忱，出版更多好書，以饗讀者。

填寫日期：　／　／

2020.09 修訂

親愛的讀者：

感謝您對全華圖書的支持與愛護，雖然我們很慎重的處理每一本書，但恐仍有疏漏之處，若您發現本書有任何錯誤，請填寫於勘誤表內寄回，我們將於再版時修正，您的批評與指教是我們進步的原動力，謝謝！

全華圖書　敬上

勘 誤 表

書 號		書 名		作 者	
頁 數	行 數	錯誤或不當之詞句		建議修改之詞句	

我有話要說：（其它之批評與建議，如封面、編排、內容、印刷品質等・・・）